T0206990

DAS MANAGEMENT-HANDBUCH FÜR CHIEF DATA OFFICER

AUFBAU UND BETRIEB DER DATEN-SUPPLY CHAIN EINES UNTERNEHMENS

Martin Treder

 Springer Vieweg

Das Management-Handbuch für Chief Data Officer Aufbau und Betrieb der Daten-Supply Chain eines Unternehmens

Martin Treder
Königswinter, Nordrhein-Westfalen, Deutschland

ISBN-13 (pbk): 978-1-4842-9345-4   ISBN-13 (electronic): 978-1-4842-9346-1
https://doi.org/10.1007/978-1-4842-9346-1

Die Deutsche Nationalbibliothek verzeichnet diese Publikation in der Deutschen Nationalbibliografie; detaillierte bibliografische Daten sind im Internet über http://dnb.d-nb.de abrufbar.

Copyright © 2023 by

Der/die Herausgeber bzw. der/die Autor(en), exklusiv lizenziert an APress Media, LLC, ein Teil von Springer Nature

Das Werk einschließlich aller seiner Teile ist urheberrechtlich geschützt. Jede Verwertung, die nicht ausdrücklich vom Urheberrechtsgesetz zugelassen ist, bedarf der vorherigen Zustimmung des Verlags. Das gilt insbesondere für Vervielfältigungen, Bearbeitungen, Übersetzungen, Mikroverfilmungen und die Einspeicherung und Verarbeitung in elektronischen Systemen.

Die Wiedergabe von allgemein beschreibenden Bezeichnungen, Marken, Unternehmensnamen etc. in diesem Werk bedeutet nicht, dass diese frei durch jedermann benutzt werden dürfen. Die Berechtigung zur Benutzung unterliegt, auch ohne gesonderten Hinweis hierzu, den Regeln des Markenrechts. Die Rechte des jeweiligen Zeicheninhabers sind zu beachten.

Planung/Lektorat: Shivangi Ramachandran

Der Verlag, die Autoren und die Herausgeber gehen davon aus, dass die Angaben und Informationen in diesem Werk zum Zeitpunkt der Veröffentlichung vollständig und korrekt sind. Weder der Verlag, noch die Autoren oder die Herausgeber übernehmen, ausdrücklich oder implizit, Gewähr für den Inhalt des Werkes, etwaige Fehler oder Äußerungen. Der Verlag bleibt im Hinblick auf geografische Zuordnungen und Gebietsbezeichnungen in veröffentlichten Karten und Institutionsadressen neutral.

Springer Vieweg ist ein Imprint der eingetragenen Gesellschaft APress Media, LLC und ist ein Teil von Springer Nature.

Die Anschrift der Gesellschaft ist: 1 New York Plaza, New York, NY 10004, U.S.A.

Jeder vom Autor in diesem Buch referenzierte Quellcode oder anderes ergänzendes Material ist für die Leser auf GitHub über die Produktseite des Buches unter www.apress.com/9781484261149 verfügbar. Weitere Informationen finden Sie unter http://www.apress.com/source-code.

Für meine Familie

Inhaltsverzeichnis

Teil I: Entwurf eines wirksamen Data Office

Teil II: Die Psychologie des Datenmanagements

Teil III: Praktische Aspekte des Datenmanagements

Über den Autor

Martin Treder ist ein erfahrener Daten-Executive mit mehr als 25 Jahren Erfahrung in internationalen Konzernen. In den vergangenen Jahren hat Martin globale Datenmanagement-Organisationen bei DHL Express, TNT Express und FedEx Express International etabliert und geleitet. Er hat sich mit Disziplinen wie Daten-Governance, Masterdaten-Management, Datenmodellierung, Datenqualität, Data Science und Data Analytics beschäftigt.

Martin, der studierter Mathematiker ist (Hauptfächer: Operations Research und Angewandte Statistik), hat sich dabei stets darauf konzentriert, durch ein gutes Datenmanagement langfristigen wirtschaftlichen Mehrwert zu schaffen und dafür eine datengesteuerte Kultur zu entwickeln.

Außerdem ist Martin ein gefragter Redner und Panellist auf internationalen Kongressen zu Themen rund um Daten, Digitalisierung und Analytics. Er hat auch das Buch *Becoming a data-driven Organisation* (Springer Vieweg, 2019) geschrieben, um Führungskräfte von der Notwendigkeit zu überzeugen, Daten aktiv zu managen.

Danksagungen

Ein universell anwendbares Buch kann nicht auf der Grundlage der Erfahrung einer einzelnen Person geschrieben werden. Ich möchte der globalen Datengemeinschaft danken, dass sie durch zahlreiche Gespräche ihre Herausforderungen, Ansätze, Erfolge und Misserfolge geteilt hat. Die Liste der Namen würde ein ganzes Buch füllen.

Ich sollte jedoch die Organisationen erwähnen, die durch Konferenzen, Veranstaltungen und Messen den notwendigen Austausch unter Datenprofis ermöglichen.

Ich hatte das Vergnügen, auf Veranstaltungen von **Data Leaders** (UK), **IQPC** (USA), **ThinkLinkers** (Tschechische Republik), **Corinium Global Intelligence** (UK), **Vonlanthen Group** (Tschechische Republik), **GIA Global Group** (Tschechische Republik), **Encore Media Group** (UK), **Platinum Global Solutions** (UK), **Marcus Evans** (Tschechische Republik), **Cintona** (Schweiz), **Khaleej Times** (Vereinigte Arabische Emirate), **Information Services Group** (USA), **Corporate Partners** (Tschechische Republik), **Hyperight AB** (Schweden), **Engaged Communications** (Deutschland), **DataCampus** (Deutschland), **The Economics Times** (Indien) und **IMH** (Zypern) sprechen zu dürfen. Vielen Dank dafür!

Es ist immer eine bereichernde Erfahrung, zu Ihren Veranstaltungen beizutragen und von anderen Rednern und Teilnehmern zu lernen!

Geleitwort

Auf einer ziemlich elitären CDO-Konferenz, die im Schatten des Schlosses des Herzogs von Northumberland am Rande von London stattfand, ging ich durch die Gänge des Buffets. Als Vorsitzender der Veranstaltung plauderte ich höflich mit jedem, aber in diesem Moment war ich ein bisschen hungrig und auch etwas müde von der Reise. Während ich, was durchaus ungewöhnlich für mich ist, ganz in Gedanken versunken war und mir ein besonders leckeres Stück Hühnchen griff, wurde ich durch eine donnernde Stimme von der anderen Seite der Servierplatten erschreckt.

„Ich wette, dir hat nicht gefallen, was der letzte Redner gesagt hat?",

In meiner Rolle musste ich diplomatisch und möglichst kritiklos gegenüber jedem Präsentator sein. „Wie bitte?", antwortete ich.

„Ich sage, ich wette, dir hat die Aussage des letzten Redners nicht gefallen: dass sich die meisten CDOs irgendwann zu CD-A-Os entwickeln sollten!"

Dieser Kommentar hatte während der Sitzung einen Nerv getroffen, und dieser Kerl wusste genug über mich, um zu wissen, welchen Nerv er getroffen hatte.

„Nein!", Rief ich, „nicht!"

„Ich wusste, dass du es nicht mögen würdest", lächelte er.

Und so begann meine sofortige Freundschaft mit Martin Treder. Nach ihm erkannte auch ich, dass wir uns in vielen Punkten einig sind, besonders was die Bedeutung von Daten betrifft.

Ich bin Scott Taylor, bekannt als The Data Whisperer. Ich helfe Daten, sich zu beruhigen. Das ist es, was wir alle im Datenmanagement-Bereich tun: Daten beruhigen. Daten sind ungezähmt, Daten sind groß, Daten sind unstrukturiert, sie müssen beruhigt werden.

Wie Martin glaube ich fest an die strategische Bedeutung eines ordnungsgemäßen Datenmanagements. Wir teilen uns ein gegenseitiges Verständnis dafür, was notwendig ist, um Daten zu managen. Wir verstehen, wie Daten, insbesondere grundlegende Daten, einem Unternehmen dabei helfen können, sich zu entwickeln, zu verbessern und sein Geschäft zu schützen. Ich glaube auch, dass Dinge wie Analytics, so wichtig sie sind, unverhältnismäßig viel Aufmerksamkeit erhalten. Das sind die coolen, modischen, sexy Themen. Also mache ich mich zum Fürsprecher für die unbekannten, relativ langweiligen, aber kritisch wichtigen Sachen. Es gibt keine analytische Erkenntnis ohne eine ordnungsgemäße Datengrundlage.

Wir beide sind schon lange auf dieser Mission, um Organisationen zu predigen, dass sie ihren Daten Aufmerksamkeit schenken müssen. Dass sie sich nicht nur um die bunten Diagramme und Berichte kümmern sollten, sondern auch darum, dafür gute Grundlagen zu schaffen. Aus meiner Perspektive sind Daten und Datenmanagement darauf ausgerichtet, die Wahrheit zu ermitteln. Analytics und Business Intelligence sind hingegen darauf ausgerichtet, Bedeutung abzuleiten. Ich vermute, dass die meisten Datexperten das bereits wissen. Sie unterstützen es. Sie verstehen es. Sie glauben daran. Tatsächlich denkt kein Datenexperte, den ich je getroffen habe, dass Daten nicht mehr Wert schaffen, wenn sie richtig in Analytics verwendet werden. Martin und ich verstehen das auch. Wenn man an Daten und Analytics denkt, arbeiten sie zusammen. Sie brauchen sich gegenseitig. Diese beiden Dinge sind miteinander verbunden, aber es hilft, sie getrennt zu denken. „Bei jedem Unternehmen", wie Martin sagt, „besteht die Notwendigkeit für eine solide Datengrundlage für all die extravaganten Dinge, die die Leute mit Daten vorhaben."

Die heutigen Macrotrends drehen sich um die „extravaganten Dinge": Alles über Cloud, Data Science, Analytics on the Edge und andere coole Sachen. Das alles braucht aber immer noch eine solide Datengrundlage. Egal, wo wir waren, egal, wo wir jetzt sind, egal, wohin wir gehen, was auch immer die Zukunft ist, Sie werden immer „eine solide Datengrundlage für all die extravaganten Dinge" brauchen.

Ich trete daher für die „profanen Dinge" und die selten gepriesenen Daten-Profis im Datenmanagement, in der Daten-Governance, bei MDM, RDM, Masterdaten, Metadaten und dergleichen ein, die jeden Tag wissen, dass ihre Arbeit grundlegend ist, dass erst sie es ist, die es einem Unternehmen ermöglicht, sich durch perfekt informierte Analytics zu entwickeln.

Wenn Sie eine gesunde Organisation wollen, ist das Lebensblut, das durch Ihre Organisation fließt, Ihre Daten, und Sie müssen daran arbeiten. Es ist als wenn Sie versuchen, abzunehmen und in besserer Form zu sein: Sie müssen anders essen. Sie müssen trainieren. Sie müssen die Grundlagen verstehen und beherrschen. Sie müssen die harte Arbeit leisten. Es gibt keinen Zauber da draußen.

Ich hoffe, Sie können jetzt erkennen, dass ich gut darin bin, „über Daten zu sprechen". Ich konzentriere mich auf das „strategische WARUM" und nicht auf das „praktische WIE". Ich gehe davon aus, dass Sie, da Sie dieses Buch lesen, mehr als nur eine gute Geschichte brauchen werden, um sie im Aufzug mit Ihrem CEO zu teilen. Sie werden praktische Ratschläge von einem erfahrenen Datenprofi benötigen – jemandem, der sich die Zeit genommen hat, die Fehler gemacht, die Herausforderungen überwunden, die Erfolge gefeiert und das aktuelle und zukünftige CDO-Rollenverständnis versteht. Aus diesem Grund wird das *Chief Data Officer Management Handbook* zu Ihrer wertvollen Referenz. Martin taucht in sein umfangreiches Wissen und die Erfahrungen ein, die andere Fachleute geteilt haben, um Ihnen zu helfen, das Design, die Ausführung und sogar die Psychologie der wichtigsten Ergänzung der C-Suite der letzten Jahrzehnte zu verstehen – **den CDO**. (Und beachten Sie, dass ich das „A" bewusst weggelassen habe.)

Was Martin liefert, ist umsetzbarer Rat, keine akademische Theorie. Dies ist ein *Handbuch*, kein Lehrbuch. Es ist einfach, aber nicht *zu* einfach. Es wird Ihnen helfen, die Fähigkeiten zu entwickeln, die Sie über Ihr technisches Wissen hinaus benötigen. Lassen Sie dieses Buch zu einem hilfreichen Leitfaden in Ihrer täglichen Arbeit als aktueller (oder auch angehender) Chief Data Officer werden.

Ich habe Martin vor einem Raum voller DatenFührungskräften sprechen sehen. Er kann eine Zuhörerschaft mit seiner unbändigen Begeisterung aufmischen. Er kann sie mit seiner reinen Entschlossenheit über den Wert und die Macht der Daten inspirieren. Manchmal scheint er bereit zu sein, vom Podium zu springen, die Ärmel hochzukrempeln und sich auf Ihre Daten zu stürzen. Mein Wunsch ist, dass Sie diese Energie irgendwann selbst erleben können; bis dahin haben Sie in Ihren Händen einen hervorragenden Ersatz. Lesen Sie dieses Buch, und Sie werden mehr als genug bekommen. Und vielleicht werden Sie irgendwann einmal das Glück haben, dass er Sie persönlich inspiriert, oder dass Sie sogar bei einem Buffet mit ihm ins Gespräch kommen. Viel Spaß!

Scott Taylor

The Data Whisperer
MetaMeta Consulting

Vorwort

Sie haben dieses Buch aus einem bestimmten Grund geöffnet.

Ihre Organisation hat Sie möglicherweise darum gebeten, ihr Datenmanagement in Ordnung zu bringen. Ihr CEO könnte außer sich geraten sein, als er erfuhr, dass bestimmte Daten nicht verfügbar sind oder dass Prognosen präzise, aber falsch waren.

Oder Sie haben beobachtet, wie Ihre Organisation mit Daten umgeht, und gedacht, dass es einen besseren Weg geben muss.

Auf jeden Fall berühren Sie mit Ihrer Arbeit ein Thema, das von den meisten Menschen in unserer Zeit stark unterschätzt wird:

Die Notwendigkeit einer soliden Datengrundlage für all die schicken Dinge, die die Menschen mit Daten vorhaben.

Haben Sie sich jemals gefragt, warum so viele Organisationen Daten als „Öl des 21. Jahrhunderts" bezeichnen und gleichzeitig so sehr damit kämpfen, wirklich datengesteuert zu sein?

Auf diese Frage gibt es keine einfache Antwort. Unterschiedliche Probleme tragen zu diesem Problem in unterschiedlichem Maße bei.

Aber das Verständnis dieser Faktoren ist entscheidend, wenn Sie Ihrer Organisation helfen möchten, Daten auf kurze und lange Sicht erfolgreich einzusetzen.

Ich lade Sie ein, in dieses Buch einzutauchen und zu lesen, was einige der Pioniere dieses Fachgebiets herausgefunden haben.

Aber noch wichtiger ist, dass Sie darüber nachdenken, was Sie in Bezug auf die Organisation, in der Sie selbst arbeiten, erfahren.

Hunderte von Seiten über Datenmanagement sind viel zu lesen, wenn man bedenkt, wie wenig freie Zeit Sie haben, nicht wahr? Keine Sorge, dies ist kein Roman! Sie können starten, wo Sie möchten, die Themen auswählen, die Sie am meisten interessieren, und Ihre individuelle Lese-Reihenfolge bestimmen. Sie werden einige Querverweise finden, aber keines der Kapitel erfordert, dass Sie die vorhergehenden Teile des Buches gelesen haben.

Viel Spaß!

Einleitung

Der Chief Data Officer (CDO) ist auf dem Vormarsch.

Bereits 2018 schrieb Randy Bean[1] auf Forbes.com:

> Während nur 12% der Führungskräfte berichteten, dass ihr Unternehmen 2012 einen Chief Data Officer ernannt hatte, gab es in den letzten Jahren einen deutlichen und kontinuierlichen Anstieg der Einführung dieser neuen CxO–Rolle. In der 2018 veröffentlichten Umfrage berichten nun fast zwei Drittel der Führungskräfte - 63,4% -, dass ihr Unternehmen einen CDO hat. Offensichtlich ist der Chief Data Officer zu einer etablierten Rolle innerhalb einer Mehrheit führender Unternehmen geworden.

Und im März 2020 schrieb Gary Richardson[2] in Forbes.com:

> Die Zahl der CDOs in den Fortune 500-Unternehmen hat sich in den letzten drei Jahren mehr als verdoppelt. Die Zahl der CDOs in den Fortune 1000-Unternehmen hat sich in den letzten drei Jahren mehr als verdreifacht. Die Zahl der CDOs in den Fortune 2000-Unternehmen hat sich in den letzten drei Jahren mehr als vervierfacht.

Und eine Studie von Gartner[3] berichtete über weitere Steigerungen:

> Die Rolle des Chief Data Officer (CDO) entwickelt sich weiter und gewinnt innerhalb der Branche an Fahrt - 70 Prozent der Unternehmen haben jetzt einen CDO ernannt, im Vergleich zu 12 Prozent im Jahr 2012. Der Erfolg der Rolle ist entscheidend für das Wachstum des Unternehmens, und es ist klar, dass CDOs ihre Rolle als Agenten des Wandels weiterentwickeln müssen, weg von einer defensiven Datenstrategie.[4]

---

[1] Randy Bean ist CEO und geschäftsführender Partner der Beratungsfirma NewVantage Partners.

[2] Gary Richardson ist der CEO von Richardson Consulting.

[3] Gartner ist ein weltweit führendes Beratungsunternehmen für Informationstechn ??? Gary Richardson ist der MD für Emerging Technology bei 6point6 und leitet ein Team, das sich mit der Entwicklung von AI- und Machine-Learning-Lösungen beschäftigt.

[4] Gary Richardson, „CDO - Sie haben den Job bekommen, jetzt müssen Sie nur noch verhindern, dass Sie gefeuert werden", ITProPortal, 2. März 2020, www.itproportal.com/features/cdo-you-got-the-job-now-how-do-you-avoid-getting-fired/

Gleichzeitig scheinen sich Datenexperten jedoch weiterhin schwer zu tun, um ihre Organisationen wirksam auf ein datengesteuertes Mindset auszurichten.

Ich habe es mir zur Gewohnheit gemacht, den Bedenken von Datenexperten aus allen Arten von Organisationen genau zuzuhören.[5] Immer mehr dieser ursprünglich hochengagierten Veränderungsagenten berichten von einem steigenden Grad an Frustration. Die meisten von ihnen kamen zu dem Schluss, dass es fast unmöglich ist, datenzentriertes Denken in Organisationen von unten nach oben einzuführen.

Aber selbst an der Spitze, wo man genügend Autorität erwarten würde, um den Wandel voranzutreiben, scheint die Situation herausfordernd zu sein. Erst im Februar 2020 erklärte Professor Michael Wade[6], dass die durchschnittliche Amtszeit eines CDO 31 Monate beträgt, also kürzer als bei anderen C-Suite-Rollen.[7]

Warum ist das so?

In den meisten Fällen liegt das Problem der CDOs nicht bei ihren Konzepten oder ihrem Wissen. Man kann davon ausgehen, dass die meisten dieser CDOs erfahrene Datenexperten sind.

Die Bedeutung von Daten und die Wissenschaft dahinter zu verstehen, ist tatsächlich hilfreich. Aber es ist nicht ausreichend. Die Herausforderung besteht darin, Menschen zu begeistern - sowohl die Führungskräfte als auch die Leute vor Ort.

Ein CDO ohne formelle Autorität ist ein zahnloser Tiger. Aber Macht allein wird einem CDO ebenfalls nicht zum Erfolg verhelfen.

Die Fähigkeiten, die ein CDO entwickeln muss, lassen sich in der Regel in die folgenden drei Kategorien unterteilen:

1. Datenexpertise
2. Organisations- und Geschäftsorientierung
3. Diplomatische und kommunikative Fähigkeiten

[5] Großartige Gelegenheiten zum Zuhören und Lernen sind Datenkonferenzen und Expertengruppen in professionellen Netzwerken.
[6] Michael Wade ist Professor für Innovation und Strategie, Cisco Chair in Digital Business Transformation an der IMD Business School in Lausanne/Schweiz.
[7] Michael Wade, „Von bezaubernd bis abgeschoben - warum Chief Digital Officers zum Scheitern verurteilt sind", World Economic Forum, 12. Februar 2020, https://www.weforum.org/agenda/2020/02/chief-digital-officer-cdo-skills-tenure-fail/.

Kaum einem CDO mangelt es an der ersten Fähigkeit. CDOs verfolgen üblicherweise die fachliche Entwicklung und wissen daher, wovon sie reden.

Während ein Datenmanagement-Buch ohne die Abdeckung dieser Kategorie unvollständig wäre, liegt der Hauptfokus dieses Buches daher auf den beiden anderen Punkten.

Damit ein CDO Erfolg hat, schlage ich einen dreistufigen Ansatz vor:

1. Verstehen Sie Ihre Organisation.

2. Entwickeln Sie Ihre Zielstruktur.

3. Erstellen und befolgen Sie Ihren Implementierungsplan.

Dieses Buch soll Sie auf dieser Reise unterstützen. Es ist in drei Hauptteile unterteilt:

- Der erste Teil (Kap. 1–11) handelt davon, ein effektives Datenoffice aufzusetzen. Es behandelt die Struktur einer Datenmanagement-Organisation als Reaktion auf die heutigen Lücken und Möglichkeiten.

- Der zweite Teil (Kap. 12–15), Die Psychologie des Datenmanagements, behandelt typische Herausforderungen bei der Entwicklung eines Unternehmens hin zu einer datengetriebenen Organisation.

- Der dritte Teil (Kap. 16–23) ist unter dem Titel Praktische Aspekte des Datenmanagements zusammengefasst. Er behandelt typische Themen eines Data Office.

In diesem Buch verwende ich das Akronym CDO als Abkürzung für Chief Data Officer. Ihre Rolle wird in Ihrer Organisation vielleicht anders genannt, da sich noch immer kein de facto-Standard entwickelt hat. Aber selbst wenn Sie ein *Business Information Manager*, ein *Chief Data and Analytics Officer* oder ein *Head of Data Management* sind, lesen Sie bitte weiter. Der Titel sollte Ihre geringste Sorge sein.

Entwurf eines wirksamen Data Office

Unternehmen, die noch keine Datenstrategie und kein starkes Daten-management aufgebaut haben, müssen dies sehr schnell nachholen oder ihren Ausstieg planen.

—Thomas H. Davenport, "What's your data strategy?"
(Davenport, 2017)

Verstehen Sie Ihre Organisation

„Achtung! Hier kommt das intelligente Unternehmen!"

Abb. 1-1. Das intelligente Unternehmen

© Der/die Autor(en), exklusiv lizenziert an APress Media, LLC, ein Teil von
Springer Nature 2023
M. Treder, *Das Management-Handbuch für Chief Data Officer*,
https://doi.org/10.1007/978-1-4842-9346-1_1

Jeder spricht über „Daten". Wenn Sie einen Unternehmensmanager nach der Bedeutung von Daten fragen, ist die typische Antwort uneingeschränkte Zustimmung. Tatsächlich erkennen immer mehr Organisationen, dass Daten jeden Tag an Bedeutung gewinnen.

Ja, Unternehmen waren jahrelang, wenn nicht jahrzehntelang, erfolgreich, ohne dass ein dediziertes Datenmanagement erforderlich war. Aber es bedarf keines Datenexperten, um zu erkennen, wie die Entwicklung der Technik aktives Datenmanagement unerlässlich macht. Es gibt viele Möglichkeiten, die sich durch Daten ergeben, und viele Wettbewerbsnachteile für jene, die sich nicht damit beschäftigen.

Bedeutet dies, dass die meisten Organisationen gut darauf vorbereitet sind, sowohl die Herausforderungen als auch die Chancen der Daten-Ära anzugehen?

Sie werden erraten haben, dass diese Frage rhetorisch gemeint war. Aber was hindert Organisationen eigentlich daran, den entscheidenden Schritt vom Bewusstsein zum aktiven Handeln zu machen?

Lassen Sie uns einen genaueren Blick darauf werfen.

Um eine Organisation zu ändern, müssen Sie zunächst die Organisation verstehen.

Um zu verstehen, wie Organisationen heute mit Daten umgehen, lohnt es sich, die historische Entwicklung zu betrachten: Daten sind nicht plötzlich aufgetaucht. Die Bedeutung von Daten hat sich in den letzten Jahrzehnten allmählich entwickelt.

Als Folge davon gab es oft nicht *den* einen Moment oder *das* eine Ereignis, das eine Organisation dazu veranlasste, zu entscheiden: „Wir müssen Daten managen und koordinieren". Genau wie der kochende Frosch in der Fabel[1] haben viele Organisationen, die auf ein Big-Bang-Erscheinen von Daten sofort reagiert hätten, die allmähliche Zunahme der Bedeutung von Daten nicht bemerkt.

Stattdessen haben immer mehr kluge Menschen in verschiedenen Bereichen einer Organisation die Notwendigkeit oder die Möglichkeit gesehen, etwas zu unternehmen. Oft wurde das IT-Department zum Inkubator, in dem Menschen die technischen Möglichkeiten erkannten. In vielen anderen Fällen jedoch haben nicht-technische Menschen in den Fach[2]-Abteilungen den Schmerz gespürt und entschieden, etwas dagegen zu unternehmen.

---

[1] Eine gute Beschreibung finden Sie unter Wikipedia – Boiling Frog, 2019.
[2] Ich verwende die Begriffe „Business" und „Fachbereiche" in diesem Buch, um die Teile einer Organisation zu beschreiben, die von einem gut gemanagten Datenbestand profitieren. Natürlich ist diese Abgrenzung nicht wirklich präzise, da sie eine klare Trennung zwischen Daten-Service-Anbietern und Daten-Service-Nutzern suggeriert. Tatsächlich ist die IT jedoch meist sowohl ein Service-Anbieter in diesem Kontext als auch ein Nutzer, wenn Daten dabei helfen, das IT-Geschäft zu verwalten.

Im Laufe der Zeit hat dies zu einer Reihe typischer Ansätze (und damit verbundener Probleme) geführt. Lassen Sie uns einen genaueren Blick darauf werfen.

Fünf implizite Data Governance-Modelle

Sie können den Umgang mit Daten nicht NICHT regeln. Daten sind überall um Sie herum, und Menschen werden damit umgehen. Sie werden das tun, was in ihrer jeweiligen Situation am besten erscheint, innerhalb des Rahmens dessen, was erlaubt ist, und soweit, wie ihre Organisation nicht erlaubte Aktivitäten sanktioniert.

Diese Situation ähnelt der eines politischen Staates und seines Regierungssystems, was es mir ermöglicht, fünf Modelle des organisatorischen Ansatzes zur Datenverwaltung unter Verwendung politischer Bezeichnungen zu beschreiben (Abb. 1-2).

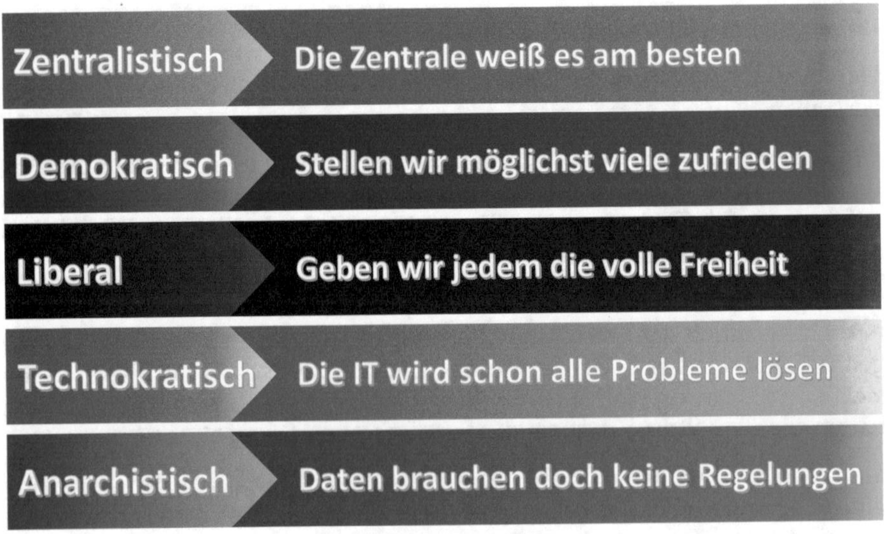

Zentralistisch	Die Zentrale weiß es am besten
Demokratisch	Stellen wir möglichst viele zufrieden
Liberal	Geben wir jedem die volle Freiheit
Technokratisch	Die IT wird schon alle Probleme lösen
Anarchistisch	Daten brauchen doch keine Regelungen

Abb. 1-2. De facto Governance-Modelle in Organisationen

Wir werden sehen, dass das, was am besten als Form der Staatsregierung funktioniert, nicht unbedingt auch in Organisationen am besten funktioniert. Dies gilt insbesondere für weitreichende Themen wie das Datenmanagement.

Versuchen Sie einmal, diese Modelle in Ihrer Organisation wiederzuerkennen. Die Erkennung bestimmter Muster hilft Ihnen, die damit verbundenen Risiken zu adressieren.

Zentralisierte Daten-Governance

Zentralisierte Modelle tendieren dazu, sich in Organisationen mit einer eng gemanagten Struktur zu entwickeln. Oft findet man sie in traditionellen, nicht-digitalen Organisationen. Ich nenne es manchmal auch das „Elfenbeinturm-Modell", weil es oft versäumt, lokales Wissen und Erfahrung zu berücksichtigen.

In vielen Fällen ist der positive Ausgangspunkt die Überzeugung einer Organisation gewesen, dass „irgendjemand verantwortlich sein muss", und zwar in allen Situationen.

Im wirklichen Leben führt dieser Ansatz oft zu folgender Situation, wenn es um die Verarbeitung von Daten geht:

- Alle Datenexperten einer Organisation gehören einem zentralen Team an.

- Von anderen Abteilungen wird erwartet, dass sie sich an dieses Team wenden, um Einblicke zu erhalten. Eigene Abteilungsaktivitäten sind verboten oder erhalten keine Finanzierung.

- Der Fokus des Teams liegt ausschließlich auf der Daten-Analyse. Einige zentralisierte Organisationen haben auch ein zentrales Team, das sich mit Masterdaten befasst, aber die beiden Teams werden normalerweise nicht dazu gezwungen, zusammenzuarbeiten.

Dieses sehr traditionelle Setup birgt jedoch einige Risiken:

(i) Separierung

Die Menschen sind entweder Geschäftsexperten oder Datenexperten. Sie können sich gegenseitig nicht verstehen. Es kann niemanden geben, der sowohl das Geschäftsproblem als auch die Möglichkeiten versteht, es durch Datenmanagement anzugehen.

(ii) Interessenkonflikte

Datenleute und Fachabteilungen haben oft unterschiedliche Ziele. Es ist häufig kein Mechanismus zur Priorisierung der Aktivitäten eines Datenteams auf der Grundlage der Relevanz für die Geschäftsziele vorhanden. Als Folge dessen können sich Datenteams auf die Themen mit einer höheren Erfolgschance oder auf die Projekte konzentrieren, die aus datenwissenschaftlicher Perspektive mehr Spaß machen.

(iii) Fehlgeleitete Loyalität

Wenn Sie eine klare Unterscheidung zwischen den Fachabteilungen und ihren zentralen „Dienstleistern" haben, fühlen sich die Menschen nicht als Teil einer größeren Gruppe. Sie denken leicht in Begriffen wie „sie" (der anderen Seite) und „uns". Infolgedessen fühlen sich Datenexperten oft nicht als Teil der auf ihren Beiträgen basierenden Geschäftsentscheidungen und sehen den Zusammenhang zu ihrer Arbeit nicht. Und wenn Fachabteilungen erfolgreich sind, werden sie tendenziell mit allen feiern, die sie als Teil von „uns" betrachten – was oft die „Dienstleister" ausschließt.

Alles in allem ist das zentralistische Modell nicht mehr geeignet, eine Geschäftswelt zu unterstützen, die zunehmend auf cross-funktionale Zusammenarbeit angewiesen ist.

Demokratische Daten-Governance

Demokratische Datenverwaltung klingt gut, oder?

Wir sollten uns bewusst sein, dass die Demokratie für Gemeinschaften wie politische Staaten entwickelt wurde. Die meisten Mitglieder solcher Gemeinschaften sind langfristige „Aktionäre" und interessieren sich daher weniger für kurzfristige Gewinne.

Um den Schritt vom groben Konzept der Beteiligung Aller zu einer nachhaltigen Demokratie zu machen, mussten diese Gemeinschaften bestimmte Regeln einführen, um kurzfristige Gewinne für Mehrheiten zu vermeiden, die die gesamte Bevölkerung auf lange Sicht negativ beeinflussen würden.

BEISPIEL

Stellen Sie sich eine Gemeinschaft auf einer abgelegenen Insel vor. In einem Versuch, ihr gemeinschaftliches Leben zu verbessern, einigen sie sich darauf, alle Entscheidungen auf demokratische Weise zu treffen.

Nach einer Weile organisieren sich die ärmsten Dreiviertel dieser Gemeinschaft. Sie schlagen vor, regelmäßig das Vermögen des reichsten Viertels gleichmäßig unter der gesamten Bevölkerung zu verteilen.

Leider hat die Inselgemeinschaft keine „Regel", die das Eigentum schützt. Als Folge davon wird ein Gesetz zur Umverteilung des Reichtums verabschiedet, da 75 Prozent der Bevölkerung für diesen Vorschlag gestimmt haben.

Von diesem Moment an versuchten die Menschen jedoch nicht mehr, Teil des reichsten Viertels der Bevölkerung zu werden. Produktivität und Kreativität stagnierten, und der Wohlstand der Insel wurde stark getroffen.

Den meisten Demokratien ist es im Laufe der Zeit gelungen, sich auf einen Satz von Regeln zu einigen, um solche Situationen zu vermeiden.[3] Sie haben verstanden, dass das, was für eine Mehrheit unmittelbar vorteilhaft ist, die Gemeinschaft als Ganzes auf lange Sicht gefährden kann.

Während eine solche Einrichtung für Staaten hervorragend ist, hat sich herausgestellt, dass sie für Organisationen suboptimal ist. Hier könnten Manager versuchen, den Erfolg ihrer eigenen Abteilung durch die Gewinnung einer Mehrheit egoistisch zu steigern. Wenn ihr Vorschlag zu geringen Vorteilen für zwei Drittel der Organisation führt, aber für das verbleibende Drittel eine Katastrophe ist, könnten sie immer noch eine Mehrheitszustimmung erhalten, ohne der gesamten Organisation einen Nutzen zu bringen.

Im besten Fall können solche Manager hoffen, dass die Organisation groß genug ist, um ihre Egoismen zu überleben. Im schlimmsten Fall können sie die Organisation jederzeit verlassen und haben damit einen anscheinend beeindruckenden Erfolg auf ihrem Lebenslauf.

Wie sieht also eine typische Einrichtung einer demokratischen Organisation aus?

- Alle Abteilungen sind Teil des Dialogs (was definitiv eine gute Sache ist!).

- Einigung (manchmal sogar formelle Zustimmung) wird immer von allen Beteiligten gesucht.

- Das Hauptkriterium für eine Entscheidung ist ein Konsens oder eine Mehrheitsentscheidung.

Diese Einrichtung birgt einige Risiken:

- „Von einer Mehrheit vereinbart" ist nicht gleichbedeutend mit „die beste Lösung". Eine Mehrheitsentscheidung kann wertmäßig eine Minderheit darstellen und so zu einem

---

[3] In modernen Regierungsformen wird ein solcher Satz von Regeln als „Verfassung" bezeichnet.

insgesamt negativen Einfluss auf die gesamte Organisation führen.

- Persönliche Agenden können den Weg einer Organisation blockieren.

- Manager werden dafür belohnt, dass sie sich den Vorschlägen ihrer Kollegen angeschlossen haben, indem diese Kollegen später ihren eigenen Vorschlägen zustimmen.

- Ein demokratischer Prozess kann mit einer langen Vorlaufzeit verbunden sein, bevor eine Entscheidung endlich getroffen werden kann.

- Fehlende Unterstützung der Mehrheit kann als Ausrede für Inaktivität verwendet werden: „Ich habe alles versucht, aber die Organisation wollte nicht folgen."

Es ist eine erhebliche Gefahr dieses Modells, dass es sich richtig anhört. Wer würde es wagen, sich gegen die Demokratie auszusprechen?

Liberale Daten-Governance

Einige Organisationen entscheiden sich dafür, die Handhabung von Daten nicht zu regulieren.

Interessanterweise sprechen wir hier nicht vorrangig über traditionelle Organisationen, die mit modernen Datenthemen wie Digitalisierung nichts am Hut haben.

Stattdessen sehen wir eine erhebliche Anzahl von High-Tech-Startups, die dieses Modell anwenden. Der Grund ist in den meisten Fällen, dass sich diese Organisationen mit hoher Geschwindigkeit auf die Entwicklung ihres Kerngeschäfts konzentrieren und keine internen Regulierungen haben wollen, die sie ausbremsen könnten.

Dieses Verhalten erinnert mich an die Protagonisten der ersten Dotcom-Welle. Viele von ihnen sind aufgrund des Fehlens einer soliden Finanzorganisation gescheitert. Das Fehlen eines CFO damals entspricht dem Fehlen eines CDO heute. Und erwarten Sie bitte ähnliche Konsequenzen!

Liberale Daten-Governance geht typischerweise mit den folgenden Merkmalen einher:

- Totale Autonomie für alle Beteiligten.
- Verantwortlichkeiten in Datenangelegenheiten werden auf Abteilungsebene definiert, in unterschiedlichem Umfang.
- Viele Pseudo-Experten in Datenangelegenheiten.
- Wo immer Menschen sich öffentlich über ihre Datenansätze austauschen, steht nicht die Überzeugung anderer im Fokus, sondern Selbstlob.

Ein solches Umfeld kommt mit einer langen Liste von Risiken:

- Viele Insellösungen (z. B. mehrere unabhängige, untereinander inkompatible Glossare).
- Langsame Änderungen des Geschäftsmodells.
- Die Menschen sehen Probleme, wissen aber nicht, mit wem sie sprechen sollen.
- Die Hälfte der Menschen wird zu Fatalisten. Die andere Hälfte wird zu Egoisten (leicht übertrieben).
- Die Komplexität der Veränderung: Niemand hat einen Überblick über die gesamten Auswirkungen einer bestimmten Änderung. Aus diesem Grund erfordern signifikante Geschäftsänderungen in der Regel eine vollständige Bewertung der IT-Landschaft.

Technokratische Daten-Governance

Auf einer Datenkonferenz im September 2019 hörte ich jemanden sagen: „Die Lösung für unsere Datenprobleme ist nicht die Technologie, sondern die Architektur!" Natürlich arbeitete diese Person für das Architekturteam ihrer Organisation …

Während ich mit dem ersten Teil der Aussage einverstanden bin, spiegelt der zweite Teil eine typische Perspektive wider: Die Annahme, dass Sie mit dem richtigen Teil der *Lösung* beginnen müssen. Ein technokratischer Ansatz vergisst oft, dass Sie stattdessen mit dem *Problem* beginnen sollten.

Mein Rat für technokratische Organisationen: Damit Daten wirksam geregelt werden, müssen *alle* Disziplinen ihren Beitrag leisten – aber bitte die Reihenfolge beachten und nicht mit der Technologie beginnen. (Hinweis: Beginnen Sie auch nicht mit der Architektur!)

Aber wie sieht eine technokratische Organisation aus? Wir finden hier typischerweise folgende Situation:

- Die Menschen sehen Daten als ein technisches Thema.

- Die Verantwortlichkeiten in datenbezogenen Angelegenheiten sind klar definiert – aber alles liegt bei der IT.

- Es gibt viel Software, um Daten zu verwalten und zu analysieren – aber kaum jemand auf der Fachseite versteht den Hintergrund.

- Ansatz: „Hier ist die Lösung. Hast du ein passendes Problem?"

Risiken:

- Es werden dort Chancen verpasst, wo sowohl die Geschäftssituation als auch die technischen Optionen verstanden werden müssen.

- Es gibt ein abnehmendes Engagement auf der Fachseite: „Lass es die IT machen."

Und die IT erkennt die Situation oft nicht einmal als Problem. „Es funktioniert …"

Anarchistische Daten Governance

Oft werden erfahrene Geschäftsleute an ihr Vertrauen in ihre Jahrzehnte lange Erfahrung gewöhnt. Die Nutzung von Erfahrung und Bauchgefühl ist in solchen Organisationen oft gut geregelt. Sie finden viele Lenkungsausschüsse, in denen die Manager ihre Ansichten austauschen und irgendwie zu einer Entscheidung kommen. Aber niemand hat je versucht, den Weg „vom Bauch zum Verstand" zu beschreiben: Wie überprüft man seine Gefühle, wie stellt man sie in den übergeordneten Kontext, wie passt man sie an greifbare Geschäftsziele an?

Anstelle dessen wird das, was ein erfahrener Manager sagt, als Ergebnis eines sorgfältigen (unbewussten) Bewertungsprozesses angesehen, den dieser Manager ausgeführt hat.

In einem solchen Modell gibt es kaum Platz für Daten, außer auf einer anekdotischen Basis. (Würden Sie „Ich habe so etwas schon zweimal diesen Monat gesehen!" als Nutzung von Daten zählen?)

Kaum eine bewusste Entwicklung der Governance würde in ein solches Daten-Governance-Modell münden.

Und tatsächlich wird anarchistische Daten-Governance nicht als Ergebnis einer Entscheidung eingeführt. Sie steht vielmehr für das *Fehlen* eines bewusst eingeführten Modells.

Leider ist genau dies die Situation, in der sich viele Organisationen beim Umgang mit Daten befinden!

Anarchistische Daten-Governance kommt typischerweise mit den folgenden Merkmalen (und ich übertreibe nur geringfügig):

- Daten sind außerhalb regulierter Bereiche kein Thema.

- Der Respekt vor den Managern ist proportional zu ihrer Firmenzugehörigkeit. Jemand mit 30 Jahren Diensterfahrung muss es wissen.

- „John hat es gesagt!" wird als gültiges Argument angesehen.

- Es ist schwierig, die Entscheidungen der Führungskräfte nachzuvollziehen.

- Die Umsetzung von Änderungen am Geschäftsmodell ist riskant, da niemand sich traut, Vorstands-Positionen in Frage zu stellen.

Dieses Governance-Modell hat ein grundlegendes Risiko gemeinsam mit dem liberalen Modell:

- Die Komplexität der Änderung: Niemand kann die Auswirkungen einer Änderung abschätzen, da es keinen Überblick über die Datenlandschaft gibt. Aus diesem Grund erfordert jede größere Geschäftsumstellung eine vollständige Bewertung der IT-Landschaft.

In einer solchen Umgebung ist es schwierig, aus Fehlern durch Ursachenanalysen zu lernen. Stattdessen neigen die Menschen dazu, Entscheidungen zu vermeiden, die zuvor zu einem Fehler geführt haben, ohne nach der Kausalität zu fragen (Abb. 1-3).

„Ich treffe eine Entscheidung! Hören Sie auf, mich mit Fakten zu verwirren!"

Abb. 1-3. Fakten als Feind der Entscheidung

Verhaltensmuster in Datenangelegenheiten

Es ist wichtig, den aktuellen Daten-Governance-Ansatz in Ihrer Organisation zu verstehen. Konkrete Maßnahmen erfordern jedoch ein tieferes Verständnis dafür, wie (und warum) die Menschen in Ihrer Organisation auf die Datenherausforderung reagieren.

„Daten sind eine IT-Aufgabe"

Wenn Sie 100 zufällig ausgewählte Mitarbeiter einer Organisation fragen „Sind Daten ein IT-Thema?", werden Sie mindestens 95 Mal ein „ja" hören.

Warum denken so viele Menschen so? Schließlich gab es Daten, lange bevor es Computer gab.

Sie möchten ein Beispiel hören? Gerne!

Die Bibel beginnt die Beschreibung der Geburt Jesu Christi mit den folgenden Worten:[4]

> *1 In jener Zeit erließ Kaiser Augustus den Befehl an alle Bewohner seines Weltreichs, sich in Steuerlisten eintragen zu lassen. 2 Es war das erste Mal, dass solch eine Erhebung durchgeführt wurde; damals war Quirinius Gouverneur von Syrien. 3 So ging jeder in die Stadt, aus der er stammte, um sich dort eintragen zu lassen. (Lukas, 2012)*

---

[4] Lukas 2, 1-3, Die Bibel. Neue Genfer Übersetzung. Neues Testament und Psalmen. 1. Auflage. Deutsche Bibelgesellschaft, Stuttgart 2011, ISBN 978-3-438-02761-0

Diese Volkszählung ist ein antikes Beispiel für das Datenmanagement. Wir können davon ausgehen, dass Kaiser Augustus keine IT-Abteilung hatte. Es kann aber gut sein, dass er eine **Daten**-Abteilung hatte.

Betrachten wir die Rolle der IT. Seit diese Disziplin entwickelt wurde, hat sie durch Hardware und Software dazu beigetragen, diese Daten effektiver zu verarbeiten.

Als Folge davon musste sich jeder, der Daten erhalten wollte, an die IT wenden. Das Gleiche galt für die Erfassung, Übertragung und Speicherung von Daten.

Und die IT steht zweifellos für enorme Fortschritte! Ohne die heutige Technik könnten wir nur einen Bruchteil des Werts unserer Daten nutzen. Kaiser Augustus hätte sich gefreut, wenn er zumindest einige der heutigen Möglichkeiten für die Verarbeitung der Daten gehabt hätte, die er gesammelt hatte.

Was vielen Menschen scheinbar vergessen haben: IT steht für Information *Technology*, nicht für die Information selbst. Die IT soll den Fachabteilungen Lösungen anbieten, die ihnen die Verarbeitung ihrer Daten erleichtern.

Können wir jetzt schließen, dass wir „Daten" von der IT wegnehmen müssen?

Tatsächlich ist es für den Erfolg eines Data Office gar nicht entscheidend, ob es unter dem CIO sitzt oder nicht. Es zählt das **Mandat** und die Unterstützung. Und ein Data Office muss ein eigenständiges Team sein, also nicht mit einer anderen Disziplin gemischt.

Unter diesen Umständen sollte das Data Office dort sitzen, wo seine Glaubwürdigkeit und Wirksamkeit am höchsten sind. Dies kann die IT-Abteilung oder eine andere Funktion sein, je nach Kultur und Tradition der Organisation.

Ungeachtet der vorhergehenden Erklärung sollten Sie den Mitarbeitern auf jeden Fall mitteilen, dass Daten *nicht* Teil der Information Technology sind.

„Wir können uns auf die Analyse konzentrieren"

Die Datenwelt ist zu groß und zu vernetzt, um sich auf einen einzigen Aspekt zu konzentrieren. Um ein nachhaltiges Datenmanagement zu erreichen, müssen Sie das gesamte Datenuniversum betrachten. Aber Sie werden immer wieder feststellen, dass Menschen „Daten" und „Analytics" als Synonyme verwenden.

Die Situation erinnert mich an diese alte Geschichte:

Eines Tages versammelt die Henne ihre Küken und sagt ihnen feierlich:„Jetzt, da ihr alt genug seid, kann ich euch ein Stück Weisheit mitteilen. Bisher wurde euch gesagt, dass der Zaun des Hühnerstalls das Ende der Welt ist." Sie deutete mit dem Flügel in die Ferne und teilte ihre Weisheit mit der nächsten Generation:„Der Zaun ist **nicht** *das Ende der Welt! Die Welt endet erst dort hinten, am Rand des Waldes …"*

Wenn die Datenaktivitäten einer Organisation direkt mit Data Science und Analytics beginnen, können Sie möglicherweise nicht die gewünschten Ergebnisse erzielen. Dies liegt daran, dass die Datenwelt weit über Analytics hinausgeht.

Aus diesem Grund sollten Sie zunächst eine ordnungsgemäße **Daten-Grundlage** erstellen, um sicherzustellen, dass Struktur, Sprache und Qualität der verwendeten Daten gut verstanden werden. Eine solche Grundlage muss sowohl Masterdaten als auch Transaktionsdaten umfassen und sollte sowohl für interne als auch für externe Daten gelten. Eine sorgfältig definierte Daten-Governance ist erforderlich, um sicherzustellen, dass alle nach denselben Regeln spielen.

Wenn Sie Daten mit einem Eisberg vergleichen, ist Analytics der sichtbare Teil. Denken Sie daran, dass dies der weitaus kleinere Teil ist!

Aber wie können Sie erkennen, ob eine Organisation einen umfassenden Blick auf Daten hat oder sich zu sehr auf Analytics konzentriert?

Schauen Sie sich die Rolle der hochrangigsten Daten-Führungskraft der Organisation an. Selbst wenn die Rolle „Head of Data Management" oder „Chief Data Officer" heißt – wenn die Beschreibung die eines Chief Analytics Officer oder eines Machine Learning-Teamleads ist – hat die Organisation es möglicherweise falsch verstanden.

Ein typisches Alarmsignal ist die Erwartung einer Organisation, dass ein Chief Data Officer die Data Scientists technisch anleiten soll, z. B. bei der Implementierung von unüberwachten Machine Learning-Modellen mittels Python und TensorFlow. Eine solche Organisation verwechselt tatsächlich einen CDO mit einem Data Science-Teamleiter.[5]

Dies ist eine gefährliche Situation, wenn sie nicht frühzeitig angegangen wird. Schließlich wird die Lücke nicht zu früh sichtbar, da ein solches Datenteam weiterhin „Ergebnisse" liefert.

„Es ist Digitalisierung"

Digitalisierung ist einer von vielen Bereichen, die ein ordnungsgemäßes Datenmanagement erfordern. Aber es ist nicht der einzige. Folglich sollten die Prioritäten beim Verwalten Ihrer Organisation Daten nicht von Ihrem Digitalisierungsteam (noch von einem anderen einzelnen Bereich, der Daten erfordert) gesetzt werden.

---

[5] Eine moderne Organisation benötigt beide Rollen. Und selbst wenn der Head of Data Science dem CDO unterstellt ist, muss letzterer nicht unbedingt ein höheres Gehalt erhalten, nach dem Prinzip von Angebot und Nachfrage.

Digitalisierung kann sich als das wichtigste Thema Ihres Data Office herausstellen. Aber Sie können es nur durch eine bereichsübergreifende Überprüfung aller Bereiche herausfinden!

Lähmung durch Hinterfragen mittels Daten: Paralysis by Analysis

Einige Organisationen sind davon überzeugt, datengetrieben zu sein, während sie in Wirklichkeit datengehindert sind.

Ich spreche von Organisationen, die Missbrauch von Daten ermöglichen. Als Folge werden Daten zu einer Waffe, oder Leute verwenden Daten, um jede Entscheidung zu hinterfragen, die sie nicht mögen.

Wie Sie wissen, können Sie mit Daten fast alles widerlegen – wenn Sie entscheiden, welche Daten Sie verwenden und wie es geht.

Aber meistens trauen sich die Leute nicht zu entscheiden, ohne dass sie 100 Prozent Datenunterstützung haben. Ein typischer Fall ist eine Wahl zwischen „Entscheide dich für X" und „Entscheide dich nicht für X", bei der Daten beweisen können, dass beide Optionen Risiken bergen. Datengehinderte Organisationen treffen in einem solchen Fall KEINE Entscheidung. Stattdessen wird der Anfragende gebeten, seine Bewertung zu überdenken und mit mehr Beweisen zurückzukommen. Schließlich wird entweder überhaupt keine Entscheidung getroffen, oder der Anfragende manipuliert die Daten so, dass sie eine der Optionen voll unterstützt. Natürlich ist keines der beiden Ergebnisse wünschenswert.

Ein solches Verhalten bietet einen guten Fall für ein Data Office. Aufgrund seiner Neutralität hat es kein Interesse daran, irgendeine der Parteien zu erfreuen.

Das ist auch ein guter Grund für Organisationen, *nicht* mehr als einen einzigen (obersten) CDO zu haben: Jemand muss das letzte Wort haben.

„Digital Natives wissen, wie man es macht"

Tun sie das wirklich?

Die meisten Digital Natives sind vorwiegend mit der *Verwendung* von Daten vertraut. Sie wissen nicht unbedingt, wie man Daten erwerben, verwalten, organisieren und bereitstellen kann.

Hier stehen wir vor zwei grundlegend unterschiedlichen Fähigkeiten. Sie werden kein Sternekoch, dadurch, dass Sie wissen, wie man am königlichen Tische isst.

Das größte Problem unter den Digital Natives ist oft ihre vereinfachte Sicht auf Daten. Da sie Nutzer moderner Geräte sind, neigen sie dazu, nur die einfachen Teile davon zu sehen. Oder wie *c't*, Europas führendes Magazin für IT und Technik, sagte: „Die Digital Natives können zwar alle Selfies auf Instagram posten, aber kaum einer weiß, was eine Kommandozeile ist – geschweige denn, wie man progammiert." (Gieselmann, 2020).

Stattdessen brauchen wir Leute, die wissen, wie man die Wünsche dieser Digital Natives erfüllt. Leider ist dies eine seltene Spezies.

„Unsere Geschäftsbereiche können Daten auf eigene Faust verwalten"

Oft wird angenommen, dass Fachleute aus allen möglichen Bereichen genauso in der Lage sind, sich mit den Datenaspekten ihrer Arbeit auseinanderzusetzen. Diese Annahme ist nicht nur in vielen Fällen falsch. Sie führt auch zu **Silo-Denken**, Inkonsistenzen und Doppelarbeit.

„Alles ist gut"

Das ist mit Abstand die häufigste Aussage, die ich von Führungskräften gehört habe. Sie fragen: „Welches Problem möchten Sie überhaupt lösen?"

Sie hören diese Aussage häufig in traditionellen Organisationen, die seit Jahrzehnten erfolgreich sind, obwohl sie noch nicht einmal darüber nachgedacht haben, ein dediziertes Datenmanagement einzuführen.

Aber Sie finden sie auch in dynamischen Startups, die sich gut darauf vorbereitet fühlen, effektive Berichte, Datenanalysen und KI durchzuführen.

Dieser Fall ist der anspruchsvollste. Die Frage selbst ist berechtigt. Aber sie wird unbeantwortet bleiben, wenn die Person, die sie stellt, nicht bereit ist zuzuhören – Ihnen oder irgendeiner anderen Person, die als vertrauenswürdiger Berater gelten sollte.

„Aufräumen und Häkchen setzen"

Nicht alle Organisationen versäumen es zu erkennen, dass sie ein Datenproblem haben. Die Auswirkungen schlecht gemanagter Daten sind zu offensichtlich geworden, oder erforderliche Daten sind einfach nicht verfügbar.

Aber nicht alle Reaktionen sind gleichermaßen geeignet, die Probleme nachhaltig zu lösen. Eine sehr gefährliche Wahl ist der „one-off"-Ansatz: Einrichtung eines Projekts zur Behandlung der Datenprobleme einer Organisation und die Absicht, nach Projektabschluss wieder zum Tagesgeschäft zurückzukehren.

Wie sieht so ein Ansatz aus? Eine solche Organisation würde nicht nach einem Chief Data Officer suchen oder sogar ein Data Office einrichten. Stattdessen würden sie eine externe Beratungsfirma beauftragen oder nach einem temporären Datenmanager suchen, um „unsere Datenprobleme zu lösen."

Wie Sie sich vielleicht denken können, ist diese Art des Denkens zum Scheitern verurteilt, genauso wie Sie ein technisches Gerät nicht „für immer" reparieren, also nicht erwarten können, dass es nie wieder kaputt geht.

Es ist daher entscheidend, das Wissen in die Organisation zu integrieren, dass Daten ähnlich wie andere Vermögenswerte gepflegt werden müssen – was die Notwendigkeit eines dauerhaften aktiven Managements bedeutet.

Dr. Jürgen Schubert, der damalige Leiter Master Data Governance bei Infineon Technologies, sagte es einmal so: „Daten sind kein Projekt mit einem Enddatum. Sie müssen permanent Energie investieren."

Aber warum ist es so, dass die gleichen Organisationen, die nie annehmen würden, dass sie die Wartung ihrer Sachanlagen irgendwann einstellen können, denken, dass sie ihre Daten in einer einmaligen Aktion für alle Zeit in Ordnung bringen können?

Während der letzten Jahre bin ich auf drei Hauptmuster gestoßen:

(i) **Daten werden nicht als Vermögenswert betrachtet.**

Der erste Grund ist zweifellos, dass Daten noch nicht als vollwertiger Vermögenswert betrachtet werden.

In solchen Fällen empfehle ich den expliziten Vergleich mit den traditionellen (greifbaren) Vermögenswerten der Organisation sowie einen genaueren Blick auf andere immaterielle Vermögenswerte wie Patente. Die Menschen werden mehr Gemeinsamkeiten finden, als man auf den ersten Blick denken würde. Als Ergebnis hat solch ein Vergleich in der Regel eine Überraschungswirkung.

Weitere Gedanken zu Daten als Vermögenswert finden Sie in Kap. 16.

(ii) **Taktisches Datenmanagement.**

Einige Organisationen verfolgen den praktischen Ansatz „Wenn es kaputt ist, werden wir es reparieren!". Sie sind bereit, sobald es wieder nötig wird, ein weiteres Datenreparaturprojekt zu starten.

Wenn Sie dieser Situation gegenüberstehen, kann es helfen, externes Expertenwissen zu zitieren. Schon 1993 (damals hat kaum jemand über Datenmanagement gesprochen) haben G. Labovitz und Y. Chang in ihrem berühmten Buch *Making Quality Work: A Leadership Guide for the Results-Driven Manager* (Labovitz, Chang, & Rosansky, 1993) die **1-10-100 Regel** beschrieben. Diese Regel quantifiziert die versteckten Kosten schlechter Qualität.

Nach der 1-10-100 Regel können Sie die Kosten eines Fehlers um den Faktor zehn reduzieren, wenn Sie ihn korrigieren, bevor er Schaden anrichtet. Und Sie können die Kostensenkung sogar um den Faktor 100 erhöhen, wenn Sie einen Fehler von vornherein verhindern.[6]

Selbst wenn es keine wissenschaftliche Evidenz für die genauen Faktoren gibt, so wurde die Größenordnung dieser Regel im Laufe der Zeit in verschiedenen Bereichen, einschließlich jenem der Datenqualität, bestätigt.

Mit anderen Worten: Ja, das laufende Datenmanagement kostet Geld. Aber wenn es dazu verwendet wird, die Datenqualität in einem guten Zustand zu halten, wird Ihre Organisation im Vergleich zur Notwendigkeit, die Qualität der Daten immer wieder zu reparieren, viel Geld sparen, und Sie werden im Vergleich zu den durch unzureichende Datenqualität verursachten Schäden sogar noch mehr Geld sparen.

Es sollte nicht allzu schwierig sein, diese Regel mit Beispielen zu untermauern, die Sie in Ihrer Organisation beobachten können.

Weitere Gedanken zum Thema Datenqualität finden Sie in Kap. 10.

(iii) Daten werden als Konkurrent betrachtet.

Ein ganz anderer, völlig anderer Grund für nicht nachhaltige Ansätze ist die Angst aktueller Führungskräfte, Einfluss oder Unabhängigkeit zu verlieren. Sie würden lieber ein externes Team einstellen, das jederzeit nach Hause geschickt werden kann, als eine dauerhafte zusätzliche Autorität anzuerkennen.

---

[6] Sie werden wahrscheinlich schon der 1-10-100-Pyramide begegnet sein, die oft verwendet wird, um diese Regel grafisch darzustellen.

Die Herausforderung bei dieser Situation ist, dass niemand zugeben wird, von solchen Motiven getrieben zu werden. Wenn Sie das Gefühl haben, dass eine Führungskraft es „besser wissen sollte", sollten Sie tiefer graben und weitere Fragen stellen, um die wahren Treiber ihres ablehnenden Verhaltens zu verstehen.

Wenn Sie das Data Office als dauerhaftes Angebot der Unterstützung positionieren, können Sie seinen unmittelbaren Wert veranschaulichen. Die Menschen müssen verstehen, dass das Hauptziel eines Data Office darin besteht, anderen Funktionen zu helfen, besser zu werden, nicht sie zu ersetzen.

Weitere Gedanken zum Thema Stakeholder-Management finden Sie in Kap. 4.

Aspekte eines effektiven Datenmanagements

www.timoelliott.com

„Wenn ihr beide mit euren Meinungen fertig seid, habe ich tatsächlich Daten!"

Abb. 2-1. Meinungen sind gut - Daten sind besser

© Der/die Autor(en), exklusiv lizenziert an APress Media, LLC, ein Teil von
Springer Nature 2023
M. Treder, *Das Management-Handbuch für Chief Data Officer*,
https://doi.org/10.1007/978-1-4842-9346-1_2

Reifegradbewertung

Für ein effektives Datenmanagement müssen viele unterschiedliche Aspekte berücksichtigt werden. Dieses Kapitel soll Ihnen einen Überblick über die wichtigsten Elemente geben, bevor in den folgenden Kapiteln ein tieferer Einblick erfolgen wird.

Sie könnten sich wünschen, für Ihre Organisation eine **Reifegradbewertung** im Vergleich zum „Idealzustand" durchzuführen, während Sie dieses Kapitel lesen. Ich empfehle Ihnen, nicht zu viel Mühe in die Formalisierung dieser Bewertung zu investieren. Es ist ausreichend, so zu messen, dass Sie den Fortschritt quantifizieren können, während Sie fortschreiten.

Es ist jedoch unerlässlich, zu verstehen, dass es zwei unterschiedliche Zielgruppen für eine Reifegradbewertung gibt, die völlig unterschiedliche Ansätze erfordern:

- Die erste Zielgruppe besteht aus Ihnen selbst und allen, die sich bereits voll und ganz dafür einsetzen, dass Ihre Organisation datengesteuert wird. Diese Zielgruppe muss wissen, wie viel noch zu tun ist, wo und wie hoch der Widerstand sein wird.

- Die zweite Gruppe besteht aus allen Beteiligten, die noch überzeugt werden müssen, dass „wir heute ein Problem haben". Für diese Gruppe würde eine Gap-Analyse verpasste Chancen und ungelöste Probleme aufzeigen, zusammen mit den jeweiligen finanziellen Auswirkungen.

Idealerweise arbeiten Sie an beiden Bewertungen parallel. Sie sollten erstere nicht Ihren Stakeholdern vorstellen, bevor diese überzeugt sind. Sobald sie es sind, ist diese Reifegradbewertung jedoch eine solide Grundlage für eine Roadmap und eine offene Diskussion über die Prioritäten.

Die zwei Hauptlücken

Wie wir im vorherigen Kapitel gesehen haben, scheint keines der häufig beobachteten Data Governance-Modelle die Herausforderungen und Chancen, die mit dem Datenmanagement und der Analyse verbunden sind, ausreichend zu adressieren.

Was sind also die wichtigsten Lücken in allen Modellen?

Die meisten Organisationen stehen vor den folgenden zwei Herausforderungen:

- **Mangel an Zusammenarbeit**
- **Mangel an Übernahme von Verantwortung**

Ich empfehle Ihnen, diese beiden Bereiche genau zu untersuchen, wenn Sie Ihre Organisation bewerten. Sie werden immer wieder auftauchen und sollten in allen Datenmanagement-Disziplinen angegangen werden.

Subsidiarität

Wir haben gesehen, dass historisch entwickelte Wege, mit Daten umzugehen, in politischen Begriffen beschrieben werden können. Aber selbst wenn wir versuchen, nützliche **Lösungsansätze** zu entwickeln, finden wir dafür gute Analogien im Bereich der Staatsführung.

Ein Rezept, das sich in beiden Welten erfolgreich bewährt hat, ist die *Subsidiarität.*

Subsidiarität ist „das Prinzip, dass eine zentrale Behörde nur solche Aufgaben wahrnehmen sollte, die auf keiner lokaleren Ebene durchgeführt werden können".[1]

Aber was bedeutet dieses Prinzip im Kontext der Datenverwaltung?

Oft finden Sie Führungskräfte, die sich selbst fragen:

- Sollen Daten von einem befugten, hochspezialisierten Team zentral verwaltet werden?

- Oder soll die Datenverwaltung allen im Unternehmen überlassen werden?

Wenn Sie das Prinzip der Subsidiarität befolgen, werden Sie feststellen, dass es für **keines** dieser beiden Extreme steht.

Stattdessen schlägt Subsidiarität vor, dass Sie die Verantwortung für Daten dort zentralisieren, wo es Sinn macht, und den Rest den „Fachbereichen" überlassen - was für Geschäftsfunktionen, Tochtergesellschaften oder geographische Einheiten stehen kann, je nach Aufbau Ihrer Organisation.

Die intelligente Aufteilung von Verantwortlichkeiten allein wird Ihre Probleme aber nicht lösen. Um dies zum Laufen zu bringen, müssen Sie alle beteiligten Teams mit allem ausstatten, was sie brauchen!

In diesem Buch finden Sie Empfehlungen dazu, welche Bereiche der Datenverwaltung delegiert oder zentralisiert werden sollten. Für den Moment können wir unseren ersten Satz formulieren.

---

[1] Oxford English Dictionary; https://en.oxforddictionaries.com/definition/subsidiarity

DATA MANAGEMENT THEOREM #1

Die Organisation von Verantwortlichkeiten und Aktivitäten im Zusammenhang mit Daten erfordert eine sorgfältige Abwägung zwischen Zentralisierung und Delegation.

- Jede Zentralisierung erfordert gute Gründe.
- Jede Delegation muss Vertrauen und Unterstützung beinhalten.

Businessorientierung

Technikorientierte Menschen sind oft versucht, direkt mit einer Lösung zu beginnen. Die Idee dahinter ist, dass „für diese neue, tolle Technologie bestimmt eine Anwendung existiert!"

Wenn Sie vermeiden möchten, in die Falle der ungenutzten Hochtechnologie zu geraten, fangen Sie nicht mit der Lösung an, sondern mit dem Problem oder der Chance.

Die Erfahrung hat gezeigt, dass dieser Paradigmenwechsel schwer zu verdauen ist, insbesondere für erfahrene IT-Führungskräfte. Sie sind es gewohnt, stets die modernsten Lösungen anzubieten.

Um diese Herausforderung zu bewältigen, können Sie die folgenden drei Empfehlungen in Betracht ziehen:

- Fragen Sie stets: Liegt hier ein **Problem** (etwas funktioniert nicht so, wie es sollte), eine **Chance** (es funktioniert, aber Verbesserung ist möglich) oder eine **Innovation** (ein neues Geschäftsmodell) vor? Bestimmen und quantifizieren Sie den tatsächlichen Schmerz oder den möglichen Gewinn.

- Suchen Sie den Dialog: Hypothesen über die Vorteile gemeinsam erarbeiten und gemeinsam mit den jeweiligen Fachabteilungen verifizieren.

- Entwickeln Sie ein Produkt-Mindset: Der Wechsel vom Projektmanager zum Produktverantwortlichen, also dem „Product Owner" ist für das Datenmanagement vorteilhaft. Er fügt die langfristige Sicht hinzu, über das Ende eines Projekts hinaus!

Ich verwende zwei Diagramme, um diese Veränderung zu veranschaulichen. Die vorgeschlagene Erhöhung des Einflusses der Fachseite wird im zweiten Diagramm durch eine Zunahme der hellen Farbe widergespiegelt.

So haben IT-Teams seit Jahrzehnten gearbeitet (Abb. 2-2).

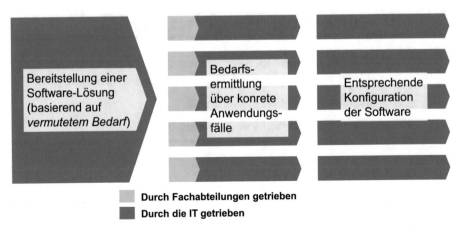

Abb. 2-2. Die traditionelle Schrittfolge

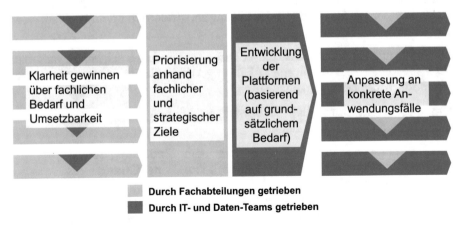

Abb. 2-3. Der fachseitig geführte Ansatz

Und das ist das neue Modell, das die Beteiligung von Geschäftsfunktionen von Anfang an vorsieht (Abb. 2-3).

Ein wichtiger Aspekt dieses Modells ist der fehlende singuläre Übergabepunkt: Beide Seiten sind während des gesamten Zyklus Teil des Dialogs. Dies ist sogar für ein Wasserfall-Projekt oder während der gesamten Lebensdauer eines Produkts möglich.

Sehr kleine Unternehmen stehen in der Regel nicht vor einem Mangel an Businessorientierung. Hier sind IT-Leute oft nah an der Geschäftswelt, schlicht aus Gründen der Größe. Manchmal ist die Person, die einen Prozess optimiert, auch für die anschließende Änderung der Software verantwortlich.

Dieser zugegebenermaßen sehr effektive Ansatz ist jedoch nicht skalierbar. Wenn Organisationen wachsen, steigt der Bedarf an Spezialisierung. Aber eine Spezialisierung der Rollen erfordert einen bewusst orchestrierten Dialog zwischen all diesen Spezialisten.

Hier kommt das aktive Datenmanagement ins Spiel.

Die Lücke zwischen der Geschäftssicht und der Technologie liegt meist im Bereich von Prozessen und Daten.

Darüber hinaus glauben die Menschen auf beiden Seiten oft, dass sie offen sind, während sie unbewusst an ihren alten Denkweisen festhalten. Und viele von ihnen sind davon überzeugt, dass sie dabei im Sinne der Organisation denken und handeln (Abb. 2-4).

Können Sie mir bei meinen Analysen helfen?

Tut uns leid - wir sind zu sehr damit beschäftigt, die perfekte Analyse-Infrastruktur aufzubauen...

TimoElliott.com

Abb. 2-4. Analytics zu beschäftigt für Analytics

Um diese Situation zu bewältigen, benötigt ein Data Office Teammitglieder,

- die die Prozesse und Daten verstehen

- die verstehen, was sowohl IT-Spezialisten als auch die Fachseite antreibt

- denen es gelingt, „neutral" zu bleiben, d. h. sie haben keine vorgefasste Perspektive und sind gleichermaßen offen für die Ideen und Bedenken beider Seiten

- die moderieren können und Empathie zeigen

Wieder muss ein solches Data Office-Mandat von ganz oben kommen, während Respekt und Glaubwürdigkeit durch gute Arbeit des Data Office erarbeitet werden müssen.

DATA MANAGEMENT THEOREM #2

Datenmanagement ist die Aufgabe aller Mitarbeiter – in der gesamten Organisation. Es ist insbesondere keine IT-Aufgabe und beginnt auch nicht mit Technologie.

Es geht darum, Brücken zwischen der Fachseite und der IT zu bauen, auf der Grundlage eines soliden Verständnisses beider Seiten.

Kommerzielle Ausrichtung

Sofern Sie nicht für eine öffentliche oder gemeinnützige Organisation arbeiten, müssen Sie bei der Datenverarbeitung messbare Aktionärswerte hinzufügen.

Irgendwann möchte jede Organisation, die in Daten investiert, eine Rendite dieser Investition sehen. Ich nenne es *Return on Data*.

Dieser Ausdruck wird aus dem finanziellen Begriff „Return on Investment" (RoI) abgeleitet - der für jede Aktivität, die Geld kostet, von entscheidender Bedeutung ist: Sie tun es nur, wenn es sich lohnt.

Die Idee hinter dem Ausdruck „Return on Data" ist, dass das Datenmanagement kein Selbstzweck ist. Alle Datenaktivitäten müssen anhand ihrer Auswirkungen auf die Gesamtsituation der Organisation beurteilt werden.

Dazu gehören indirekte und langfristige Auswirkungen sowie die Vermeidung von potentiellen Problemen (was auch bedeutet, mit Risiken zu arbeiten).[2]

Kurzfristig stimmen einige Führungskräfte möglicherweise zu, in Daten zu investieren, weil „jeder es tut", „es die Zukunft ist" oder „wir nicht zurückbleiben sollten". Auf lange Sicht möchte jedoch insbesondere der CFO den Nachweis eines Ertrages sehen.

Die Erstellung überzeugender Business Cases, wie in Kap. 16 beschrieben, soll nicht dazu führen, Investitionen in Daten attraktiver erscheinen zu lassen, nur damit Finanzmittel bereitgestellt werden. Stattdessen benötigen Sie von Anfang an eine kommerzielle Ausrichtung.

---

[2] Ich hatte den Begriff „Return on Data" und seine Definition in meinem Buch *Becoming a data-driven organisation* (Treder, 2019) eingeführt.

Zusammenarbeit

Zusammenarbeit ist aus mehreren Gründen unerlässlich:

- Jeder Beteiligte ist involviert.

- Alle Bereiche der Organisation sind involviert.

- Die Organisation profitiert von der gemeinsamen Kreativität und dem Wissen aller Mitarbeiter.

- Es werden keine parallelen doppelten Arbeiten durchgeführt (was zu Ineffizienz und Inkonsistenzen führt).

Leider geschieht Zusammenarbeit nicht automatisch. Das Konzept der Zusammenarbeit in Bezug auf Daten ist eine der ersten Veränderungen, die ein CDO in eine Organisation bringen sollte.

Zusammenarbeit erfordert eine Umgebung, die sie ermöglicht und fördert. Diese Umgebung umfasst Governance und Organisation, erfordert jedoch auch Anreize und Training. Menschen müssen verstehen, warum es für sie vorteilhaft ist, ihre Silos zu verlassen.

Das Data Office

Eine koordinierte Zusammenarbeit erfordert einen leistungsstarken Angelpunkt, ohne eigene funktionale Interessen (außer dem Gesamterfolg der Organisation). Das Data Office ist per Definition ein solcher Ort.

Wenn Sie die gesamte Belegschaft Ihrer Organisation involvieren und nutzen möchten, ist dies meine starke Empfehlung:

Setzen Sie im Data Office ein dediziertes Kollaborations-Team auf, das darauf ausgerichtet ist, die Zusammenarbeit zwischen allen Beteiligten zu fördern und zu koordinieren.

Klare Datenverantwortung

Ohne klare Datenverantwortung fühlt sich jeder berechtigt, mit allen Arten von Daten zu arbeiten, während niemand für die Daten verantwortlich ist. Ein solches Verhalten führt zu Inkonsistenzen zwischen den Silos.

Verantwortung sorgt dafür, dass Menschen miteinander sprechen. „Ich brauche X und ich weiß, wer es mir geben kann. Deshalb werde ich mit dieser Person sprechen" ist das Verhalten, das Sie sehen möchten.

Ein Entscheidungs- und Eskalationsprozess

Sie benötigen keinen Eskalationsprozess, wenn sich die Leute sehr gut verstehen?

Ich stimme nicht zu.

Wenn Sie das Ergebnis von Meinungsverschiedenheiten den persönlichen Beziehungen überlassen, ist es wahrscheinlich, dass Sie keine optimale Entscheidung treffen.

Im Gegensatz dazu geht ein auf Fakten und Regeln basierter Entscheidungsprozess davon aus, dass

- alle Beteiligten mit guten Absichten handelten und ihre jeweilige Funktion vertreten.

- die resultierenden Schlussfolgerungen unbewusst beeinflusst sein können.

- Aber auch funktionale Schlussfolgerungen, die auf Fakten basieren, könnten suboptimal sein, wenn sie sich auf deren Einfluss auf eine einzige Funktion beschränken.

DATENMANAGEMENT-THEOREM # 3

Es reicht nicht aus, Entscheidungen auf *einige* Fakten zu stützen. Sie müssen *alle* relevanten Fakten berücksichtigen – in der gesamten Organisation.

Als Teil eines solchen Entscheidungsprozesses bedeutet „Eskalation" einfach, die Entscheidung eine Hierarchiestufe weiter nach oben zu bringen. Idealerweise verlagern Sie sie von einer Abteilungsperspektive auf eine funktionale Perspektive (die eine Verzerrung mindert) und schließlich auf eine übergreifende „Aktionärs"-Perspektive (die eine Verzerrung beseitigt).

Ein solcher Prozess fördert Entscheidungen, die weitestmöglich frei von persönlichen Perspektiven und Motiven sind.

Darüber hinaus werden die Mitarbeiter auch auf niedrigeren Hierarchieebenen ermutigt, von Anfang an Vorschläge zu entwickeln, die am Wohle der gesamten Organisation ausgerichtet sind – in der Erwartung, dass sie gebeten werden, eine funktionsübergreifende Perspektive einzunehmen.

Informationsaustausch

Sie möchten sicherlich sowohl offizielle Informationen als auch Ideen teilen. Und das ist keine Einbahnstraße. Jeder sollte seine eigenen Ideen mit anderen teilen können, idealerweise auf systematische Weise.

Im Wesentlichen benötigen Sie eine oder mehrere technische Plattformen, aber Ihre Governance muss sie auch zum einzig gültigen Ort erklären. Und von den Mitgliedern des Data Office kann erwartet werden, dass sie die ersten sind, die diese Plattformen aktiv nutzen.

Ein Netzwerk für Datenverantwortung

Wie erfahren Sie über verschiedene Perspektiven in allen Organisationsbereichen? Schließlich besteht jede Organisation aus funktionell ausgerichteten Menschen, geographisch ausgerichteten Menschen, kostenorientierten Menschen, kundenorientierten Menschen und anderen unterschiedlichen Schattierungen des Fokus.

Ja, Sie müssen ein Netzwerk formen, um sie alle zusammenzubringen.

Neben einer Kollaborationsplattform für alle Mitarbeiter ist es gut, ein dediziertes Netzwerk für „Datenexperten" zu haben.

Ein solches Netzwerk sollte umfassend genug sein, um alle Bereiche Ihrer Organisation abzudecken, aber es sollte klein genug sein, um gemeinsame Telefonkonferenzen und möglicherweise andere gemeinsame „Echtzeit"-Aktivitäten zu ermöglichen. Ein vielversprechender Ansatz ist es daher, mit ernannten Datenverantwortlichen zu arbeiten, die jeweils eine bestimmte Community vertreten.

Eine wesentliche Idee eines Data Stewardship Network ist es, den Informationsfluss von „Batch-Modus" auf „Dialog-Modus" umzustellen. Mit anderen Worten, Diskussionen sollten möglich werden. Eine aktive Moderation durch Data Office-Mitarbeiter würde den Fokus sicherstellen, und eine Dokumentation ermöglicht eine angemessene Nachverfolgung.

Denken Sie an das Datenmanagement-Theorem # 2: Datenmanagement ist die Aufgabe aller Mitarbeiter – in jeder Organisation.

Checkliste

Ihr Ansatz sollte…

- unterschiedliche Abteilungen verbinden
- Fachbereiche und IT verbinden
- alle Schritte der Daten-Supply Chain verbinden
- Zusammenarbeit belohnen
- Menschen dazu bringen, freiwillig zusammenzuarbeiten
- Zusammenarbeit erleichtern

- Synergien nutzen
- Duplikate und Inkonsistenzen vermeiden
- für alle Themen klare Go-to-Rollen und Personen definieren

Motivation

Ich habe bereits erwähnt, dass Data Management niemals ohne ein starkes Vorstands-Mandat funktioniert.

Ebenso wenig ist jedoch ein starkes Mandat alleine ausreichend.

Menschen, die gezwungen sind zu folgen, aber nicht überzeugt sind, finden möglicherweise Wege, Ihre Arbeit zu boykottieren.

DATA MANAGEMENT THEOREM #4

Ein CDO benötigt sowohl ein Vorstands-Mandat als auch die Zustimmung der Mitarbeiter.

Ersteres muss von Anfang an vorhanden sein.

Letzteres muss ein CDO sich erarbeiten.

Querschnittsfunktionalität

Die *Regel der Optimierung* kann aus einer alten Operations Research-Entdeckung abgeleitet werden:

Die *beste Datenvorgehensweise für eine gesamte Organisation*

wird immer besser sein als

die *Summe der besten Datenvorgehensweisen aller Teile.*

Mit anderen Worten: Wenn Sie die unterschiedlichen Bereiche einer Organisation unabhängig voneinander optimieren, erreichen Sie in der Regel nicht das beste Ergebnis für die gesamte Organisation.

Warum ist das so?

Denken Sie an Fälle, in denen Sie tatsächlich in verschiedenen Bereichen unabhängig voneinander arbeiten können, wie z. B. Grafikbeschleuniger, lineare Gleichungssysteme oder MapReduce. Welche grundlegende Voraussetzung ist für solche Ansätze erforderlich, um zu funktionieren?

Es ist das Fehlen von **Interdependenzen**!

Zwei parallel ablaufende Prozesse sind interdependent, wenn ein End- oder Zwischenergebnis eines Prozesses die Auswirkungen des anderen Prozesses beeinflusst.

Wir stehen vor der gleichen Situation mit Daten in jeder Organisation: Sie reichen über funktionale und geographische Grenzen hinweg.

Beispiele? Die Zahlungsmoral von Kunden, wie sie von der Finanzabteilung erkannt wird, sollte mit der Vertriebsabteilung geteilt werden. Die von Verkaufsvertretern gesammelten Kundendaten wiederum sollten dem Kundenservice zugänglich gemacht werden.

Es gibt gute Gründe, warum immer mehr Menschen von „Customer 360" sprechen: Alle Aspekte eines Kunden, die normalerweise von verschiedenen Abteilungen gesammelt werden, sollen systematisch und für alle potenziellen Nutzer innerhalb der Organisation verfügbar gemacht werden. Die 360 Grad eines vollständigen Kreises sind eine gute Analogie für die zugrunde liegende Idee: Der Kunde kann aus allen Blickwinkeln betrachtet werden.

Dieser Ansatz verbessert nicht nur die Aktivitäten verschiedener Funktionen. Wichtige Entwicklungen wie Omnichannel-Lösungen, selbst für B2B-Kunden, sind einfach nicht möglich, wenn Kundendaten nicht systematisch über alle Kanäle hinweg verfügbar gemacht werden.

Ein solcher 360-Grad-Ansatz ist jedoch nicht auf Kundendaten beschränkt. Produktdaten sind für Sales, eCommerce, Marketing, Produktion, Finance und Kundenservice relevant. Markt-Erkenntnisse sind relevant für Pricing, Produktentwicklung, Marketing und R&D, um nur einige zu nennen.

Aus einer Datenperspektive ist eben auch bekannt, dass die Summe lokal optimierter Lösungen in der Regel von einer insgesamt optimierten Lösung abweicht. Wie bereits erwähnt, ist der Grund dafür die Anzahl der Interdependenzen zwischen den verschiedenen Bereichen.

Die folgenden beiden Beispiele sollten es Ihnen erleichtern, diese mathematische Regel zu verstehen:

- Verkäufer wollen den Umsatz steigern, was am einfachsten ist, wenn sie sich auf Rabatte einigen. Der CFO sieht Rabatte jedoch als Margenminimierer.

- Projekte sollten pünktlich und innerhalb des Budgets abgeschlossen werden. Dies kann zu suboptimalen Lösungen führen, da hierbei der Einfluss auf zukünftige Projekte und andere Abteilungen nicht berücksichtigt wird.

Dies ist eine organisatorische Herausforderung: Oft wissen die Teammitglieder, was für die Organisation am besten wäre – haben aber Angst vor ihrem Chef, der formell und/oder informell für die isolierten Ergebnisse seines eigenen Verantwortungsbereichs incentiviert wird.

Wir müssen uns dessen bewusst werden, dass es keine Aktionäre einer einzelnen Abteilung gibt. Die Schaffung von Werten für eine Abteilung macht aus ganzheitlicher Perspektive keinen Sinn, wenn dies zu höheren Kosten in allen anderen Abteilungen führt.

Deshalb ist es unerlässlich, diese Situation bewusst auf Vorstandsebene anzugehen:

Indem man alle dazu bewegt, sich immer auf den Nutzen der gesamten Organisation zu konzentrieren.

Eine Organisation kann dieses Ziel durch die Anwendung der folgenden Prinzipien erreichen.

Konzentrieren Sie sich auf unternehmensweite Ziele, nicht auf Abteilungsziele

Sowohl die Manager als auch die einzelnen Mitarbeiter sollten dazu angehalten werden, das zu tun, was sie tun würden, wenn sie die Organisation besitzen würden. Sie können dies erreichen, indem Sie die Ziele jedes Einzelnen mit den Zielen der Organisation in Übereinstimmung bringen.

Wenn dies nicht bewusst angegangen wird, wird eine Organisation am Ende darauf vertrauen müssen, dass die Mitarbeiter zufällig die „richtige Einstellung" haben. Dieser Ansatz wird sicherlich für einige Menschen funktionieren, aber niemals für alle.

Das Top-Management spricht oft davon, stolz auf sein „außergewöhnliches Personal" zu sein, das uns von der Konkurrenz abhebt. Seien wir ehrlich: Es wäre ein unglaublicher Zufall, wenn alle guten Menschen in einer Branche sich entschieden hätten, ausgerechnet für Ihre Organisation zu arbeiten, während alle schlechten bei Ihren Konkurrenten eingestiegen sind.

Stattdessen sollten Sie die Menschen so motivieren und incentivieren, dass selbst die egoistischsten Mitarbeiter freiwillig das Beste für die Organisation tun – weil es das Beste für sie persönlich ist![3]

Und Sie müssen *regelmäßig* überprüfen, was die Menschen dazu motiviert, zu handeln – dies ändert sich nämlich im Laufe der Zeit.

Fördern Sie die Zusammenarbeit

Legen Sie kollaborative Ziele fest – incentivieren Sie die Schaffung von Werten außerhalb des eigenen Bereichs eines Mitarbeiters.

Machen Sie es auch zu einem Bestandteil der Business Case-Strukturen! Projekte benötigen mehr Ressourcen, Zeit und Geld, wenn sie Lösungen schaffen, die aus Unternehmensperspektive am besten sind, d. h. wenn auch andere Abteilungen davon profitieren.

Es hilft auch, sicherzustellen, dass die Menschen aus verschiedenen Abteilungen sich persönlich kennen (und vertrauen). Aus diesem Grund schaffen gemeinsame Veranstaltungen und das unternehmensweite Feiern von Erfolgen sehr konkreten Wert.

Machen Sie den Fokus zu einem Teil Ihrer Unternehmenskultur

Sie sollten eine Kultur fördern, in der „man sich in die Lage des Unternehmenseigentümers versetzt" (selbst wenn es keinen einzelnen Eigentümer gibt).

Diese Kultur ist nicht identisch mit „Fokus auf finanzielle Aktionärswerte!" Jedes Unternehmen muss sich auf das Dreieck von Aktionären, Mitarbeitern und Kunden konzentrieren. Ein weiser Eigentümer wird genau das tun. Was vielen Organisationen fehlt, ist eine Kultur, die jeden einzelnen Mitarbeiter dazu ermutigt, die gleiche Perspektive einzunehmen.

Sie sollten zu diesem Zweck auch Musterbeispiele für „unternehmensweites Denken" sammeln und die Protagonisten öffentlich anerkennen. Solche Beispiele sollten nicht auf Fälle von Menschen beschränkt sein, die gut zusammenarbeiten. Sie könnten auch an Fälle denken, in denen Menschen ohne Gegenleistung etwas tun, von dem andere Abteilungen profitieren.

Es wäre kontraproduktiv, einige Teams wichtiger zu erachten als andere - selbst, wenn eine Organisation ihren Erfolg hauptsächlich als Ergebnis eines bestimmten Teams definiert, z. B. des Engineering-Teams. Stattdessen sollten die Menschen eine Organisation ähnlich sehen wie den menschlichen Körper:

---

[3] Dies gilt für die gesamte Belegschaft, vom Arbeiter über den Experten bis zur Führungskraft.

- Ein Fußballspieler würde vielleicht seine Füße als seine wichtigsten Körperteile betrachten - aber was würden die Füße tun, wenn das vordere Kreuzband gerissen ist? Dieses vordere Kreuzband hält Ihr Knie im Grunde zusammen, und ein kaputtes Knie macht den besten Fuß nutzlos.

- Was würde das Gehirn tun, wenn es keinen starken Körper hätte, um seine Gedanken auszuführen?

- Außerdem sollten Sie alle „Unterstützungsfunktionen" des Körpers berücksichtigen. Ihr Dickdarm ist zweifellos nicht der glänzendste Teil Ihres Körpers - aber, oh Mann, was leiden Menschen, wenn er nicht richtig funktioniert!

- Und niemand würde fragen, ob das Herz oder die Lunge wichtiger ist. Jedes Organismus versagt unweigerlich, sobald nur eines von beiden nicht funktioniert.

DATENMANAGEMENT-THEOREM # 5

Datenmanagement muss fachbereichsübergreifend sein - weil Daten fachbereichs-übergreifend sind.

Change-Management

Kaum eine Organisation ist heutzutage vollständig datenzentriert. In anderen Worten: Den Fokus auf Daten zu richten bedeutet für fast alle Organisationen eine grundlegende Veränderung.

Oder, wie Kirstie Speck, Vice President Consumer Insights & Analytics bei dem Biotechnologieunternehmen Abcam, es während einer Datenkonferenz ausdrückte: „Werden Sie sich dessen bewusst, dass Sie in einem Change-Management-Geschäft tätig sind! Die Algorithmen sind der einfachere Teil."

Die meisten Unternehmen waren während der vergangenen Jahrzehnte mehrfach gezwungen, sich zu verändern. Dies hat dazu geführt, dass Change-Management zu einer eigenen Spezialdisziplin geworden ist. Gehen Sie davon aus, dass die dort entwickelten Rezepte auch auf die bedeutenden „Veränderungen durch Daten" anwendbar sind.

DATA MANAGEMENT THEOREM #6

Um wirklich datengesteuert zu werden, bedarf es Veränderungen quer durch die gesamte Organisation.

Datenkompetenz - Data Literacy

Ich erinnere mich daran, wie ich einst mit dem Produktmanager eines großen Unternehmens über die Logik von Produkten und Dienstleistungen diskutierte. Er wusste inhaltlich, was er wollte, aber er konnte es nicht beschreiben. Er hatte aber bemerkt, dass das aktuelle Setup nicht flexibel genug war.

Als ich ihn danach fragte, wie seinerzeit die bestehende Produkt-Logik in Software-Anwendungen umgesetzt worden war, sagte er: „Keine Ahnung. Aber ich arbeite damit. Unsere IT-Kollegen haben das alles für mich umgesetzt."

Dies sollte nicht das Ziel sein! Anstelle dessen müssen die Kollegen aus den Fachabteilungen lernen, ihre Fachanforderungen zu artikulieren. Üblicherweise gibt es eine Struktur, aber sie sind sich dessen nicht bewusst. Das sollten sie aber sein.

Manchmal, wenn man ihnen die passenden Fragen stellt, fällt es Managern aus den Fachbereichen selbst auf, dass ihr Denken logische Fehler enthält. Wie aber sollte dies jemandem auffallen, der nicht zur entsprechenden Abteilung gehört?

Natürlich stellte sich heraus, dass die Produktstruktur, die ich mit jenem Produktmanager besprochen hatte, nicht nur zu unflexibel war. Sie war auch im gesamten Unternehmen inkonsistent implementiert – verschiedene Mitarbeiter hatten sie unterschiedlich interpretiert. Und der zuständige Kollege war nicht in der Lage, dies herauszufinden – oder gar das Problem zu lösen.

Glücklicherweise können Sie eine solche Situation angehen, indem Sie die Datenkompetenz der Organisation verbessern.

Helfen Sie den Mitarbeitern, Daten zu verstehen

Anstatt die „Auslagerung" der Daten-Logik an die IT (die wiederum möglicherweise nicht alle Geschäftsgründe versteht) zu erwägen, scheint es vielversprechender zu sein, den Geschäftsleuten beizubringen, die Daten-Grundlagen zu verstehen und ihre gewünschten Logiken in einer eindeutigen Sprache auszudrücken.

In diesem Zusammenhang ist es entscheidend, dass Sie nicht darauf abzielen, dass alle Mitarbeiter *Daten lernen*, genauso wie jemand *Vokabeln* lernt. Das Thema wird sich sowieso permanent ändern. Stattdessen sollten Sie die Menschen darin schulen *zu denken*. Sie sollten in der Lage sein, ihre Meinung zu bilden und den Veränderungen selbst zu folgen.

Wissen teilen

Ich habe 2019 auf einer AI-Konferenz in Dubai gesprochen, bei der Omar Sultan Al Olama, Minister für Künstliche Intelligenz in Dubai, die Eröffnungsrede hielt. Er erinnerte die Teilnehmer daran, dass der Nahe Osten einst global führend in der Wissenschaft war. Innerhalb von 200 Jahren ging dieser Vorteil verloren. Wo lag der Wendepunkt?

Laut diesem Minister war es eine kleine Erfindung von einem Mann namens Johannes Gutenberg: Der Buchdruck mit mechanisch beweglichen Lettern.

Diese Erfindung brachte Bücher (und mit ihnen Wissen) zur einfachen Bevölkerung - außer im Nahen Osten, wo Bücher über Jahrhunderte hinweg verboten waren.

Was hat Dubai aus dieser Erfahrung gelernt? Sie werden die nächste Revolution nicht wieder vorbeiziehen lassen. Deshalb war Dubai das erste Land der Welt mit einem Minister für Künstliche Intelligenz.

Aber was können **wir** aus dieser Geschichte lernen?

Die Teilung des Wissens ist entscheidend, wenn Sie die Kraft Ihrer Belegschaft nutzen möchten.

Organisationen sollten das Wissen durch Schulungen für alle demokratisieren und ihnen Zugang zu allen relevanten Daten gewähren.

Daten teilen

Jedem sollten Daten zur Analyse zur Verfügung gestellt werden. Dies ist nicht auf geschulte Datenwissenschaftler beschränkt, sondern auch auf Arbeiter mit niedrigem Bildungsniveau, die aus Daten, die ihre unmittelbare Umgebung beschreiben, wertvolle Schlussfolgerungen ziehen können. Und jeder sollte ermutigt werden, bei Erkenntnissen, die auf Daten basieren, die Stimme zu erheben.

Ein positives Beispiel: „Seit ich die Reihenfolge der Schritte A und B vor drei Tagen geändert habe, ist die Anzahl der Fehler nach den Zahlen auf dem Display gesunken. Ich werde bei der neuen Reihenfolge bleiben und meine Erkenntnisse mit meinem Vorgesetzten teilen."

Selbst Information Security- und Datenschutzbeschränkungen lassen genügend Daten für die Belegschaft der gesamten Organisation verfügbar, um wertvolle zusätzliche Erkenntnisse zu gewinnen: Aggregierte oder anonymisierte Daten können Trends erkennen, ohne dass die persönlichen Daten von Einzelpersonen erforderlich sind.

DATA MANAGEMENT THEOREM #7

Datenmanagement ist *kein* Thema für eine kleine Gruppe von Experten.

Datengesteuerte Organisationen müssen ihre gesamte Belegschaft weiterbilden und ihnen Zugang zu allen benötigten Daten gewähren.

Die Daten-Supply Chain

Typische Marketing-Analytik..

„Ja, aber schau dir an, wie viele Darts ich geworfen habe!"

Abb. 3-1. Die Beschränkung des Datenmanagements auf Analytics ist wie das Blindwerfen von Dartpfeilen

© Der/die Autor(en), exklusiv lizenziert an APress Media, LLC, ein Teil von Springer Nature 2023
M. Treder, *Das Management-Handbuch für Chief Data Officer*,
https://doi.org/10.1007/978-1-4842-9346-1_3

Daten fallen nicht vom Himmel. Sie werden erfasst oder erworben, verwaltet, gespeichert, transformiert, weitergeleitet und schließlich verwendet.

Keiner dieser Schritte sollte isoliert betrachtet werden, da sie stark voneinander abhängig sind. Aus diesem Grund sollte das Data Office einer Organisation für den gesamten Lebenszyklus der Daten verantwortlich sein. Ich nenne es die „Daten-Supply Chain".

Betrachten wir die sieben Schritte dieser Data Supply Chain (Abb. 3-2).

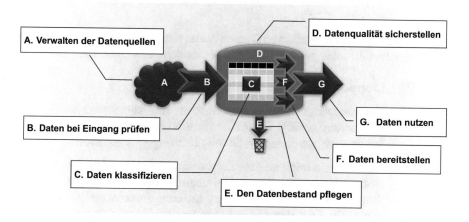

Abb. 3-2. Die sieben Schritte der Daten-Supply Chain (Datenversorgungskette)

A. Datenquellen verwalten

Daten sind nicht einfach „da". Ein großer Teil davon wird bewusst von Ihrer Organisation erstellt, einige werden erworben und manchmal werden sie von Dritten bereitgestellt. Selbst wenn sie als Nebenprodukt entstehen, können sie noch von hohem Wert sein.

Typische Datenquellen sind so vielfältig wie

- Dateneingabe durch Mitarbeiter (über Tastatur, Sprache, Scanner, Kamera oder andere Geräte)

- Eingehende E-Mails und Nachrichten

- Interpretierte Bilder von Papierdokumenten

- IoT-Geräte

- Maschinen

- Software (z. B. Protokolldateien)

- Zwischen Organisationen geteilte Daten
- Soziale Medien
- Daten, die „irgendwo" im Web von Data Scientists gefunden werden
- Kundendaten auf Ihrer Website
- Streaming-Daten (ständige Datenflüsse)
- Masterdaten und Transaktionsdaten von externen Datenanbietern

Wenn Sie diese unterschiedlichen Datenquellen nicht managen oder zumindest koordinieren, führt das zu Problemen. Die vier schwerwiegendsten sind:

(i) Doppelte Datenerfassung

Gewisse Arten von Daten werden von verschiedenen Funktionen benötigt. Ohne Koordination erwerben sie möglicherweise alle dieselben Daten unabhängig voneinander.

Ich erinnere mich an eine Organisation, in der allein die globale Hauptverwaltung drei unabhängige Verträge mit Dun & Bradstreet hatte. Das ist eine Verschwendung von Geld. Die zentrale Verwaltung der Datenerfassung für mehrere Benutzer ist zweifellos günstiger.

Darüber hinaus reduziert die einmalige Bereitstellung von Daten den Gesamtaufwand. Aus diesem Grund ist es auch sinnvoll, Daten zu verwenden, die kostenlos zur Verfügung stehen.

(ii) Inkonsistente Daten

Wenn Teams unabhängig voneinander nach Daten suchen, läuft es normalerweise entweder darauf hinaus, dass sie unterschiedliche Quellen verwenden, oder sie erwerben die gleichen Daten, aber in unterschiedlichen Versionen.

All dies untergräbt das Prinzip der „Einzigen Wahrheit", insbesondere für die Art von Daten, die außerhalb der Kontrolle Ihrer Organisation liegen!

(iii) Mehrdeutigkeit der Daten

Die Bedeutung der im Internet gefundenen Daten kann mehrdeutig oder unklar sein.

Solche Daten sind jedoch eine häufige Informationsquelle für Data Scientists. Oft laden sie Datendateien mit Kopfzeilen herunter, deren Bedeutung sie interpretieren müssen (um das Wort „raten" zu vermeiden). Und selbst wenn ihre Annahmen richtig sind, wird die genaue Definition einer Spalte oft unklar bleiben.

(iv) Risiko der Verzerrung

Wenn jedes Team oder jede Abteilung für den Erwerb der erforderlichen externen Daten verantwortlich ist, ist die Neutralität nicht garantiert. Die Menschen können versucht sein, Daten auszuwählen, die ihre Ziele unterstützen. Oder sie arbeiten mit mehreren Quellen und wählen schließlich die Quelle, die zum für sie günstigsten Ergebnis führt.

Wie sieht es in Ihrer eigenen Organisation aus? Hat jemand in Ihrer Organisation einen Überblick über alle Datenquellen? Gibt es Regeln für den Erwerb externer Daten, und werden diese Regeln durchgesetzt?

All diese Aktivitäten sind Aufgaben des Data Office.

Aber wie setzt man eine solche Organisation auf?

- Richten Sie eine zentrale Funktion ein, die für alle externen Datenquellen verantwortlich ist.

- Machen Sie diese Funktion zum Anlaufpunkt für Menschen, die nach Informationen suchen.

- Stellen Sie sicher, dass diese Funktion alle Aktivitäten koordiniert und vollständige Transparenz bietet.

- Belassen Sie Ausführung und Verantwortung bei den Fachabteilungen. Stellen Sie durch Data Governance sicher, dass hier nichts geschieht, was nicht bekannt ist.

- Übertragen Sie der zentralen Funktion die Klärung aller Definitionen externer Daten.

- Veranlassen Sie. dass alle eingehenden Daten mit dem Unternehmensdatenmodell abgeglichen werden.[1] Dieses Modell muss externe und interne Daten miteinander verbinden. Ein typisches Beispiel ist die Ausrichtung der Dun & Bradstreet-Daten an Ihrer internen Kundendatenbank.

---

[1] Siehe auch Kap. 18, Abschnitt „Das CDM und externe Daten".

B. Verifizieren Sie die Dateneingabe

Wann ist der beste Zeitpunkt, um Ihre Daten zu verifizieren? Ja, bei der Eingabe. Es ist einfacher, saubere Daten sauber zu halten, als sie immer wieder neu zu verifizieren.

Nicht alle Daten müssen die höchstmögliche Qualität aufweisen, aber Sie müssen immer wissen, wie gut die Datenqualität ist.

Darüber hinaus müssen Daten nicht nur verifiziert und gereinigt werden. Sie müssen auch:

- Mit internen Daten (einschließlich deren Verlauf) synchronisiert werden

- Wenn erforderlich anonymisiert/verschleiert werden

- Mit Metadaten versehen werden

C. Daten klassifizieren

Daten haben eine Struktur, und diese Struktur muss von jedem verstanden werden, der damit arbeiten möchte.

Die meisten Organisationen haben eine Struktur für ihre Referenzdaten. Es ist jedoch unerlässlich, alle Datenquellen zu untersuchen, um sicherzustellen, dass sie trotz ihrer unterschiedlichen Herkunft zusammenpassen.

Ein gut dokumentiertes Datenmodell ist für die Dokumentation dessen, wie die Geschäftspartner ihr Geschäft führen wollen, von entscheidender Bedeutung. Gleichzeitig muss es gut genug sein, damit die IT es in ihre Datenbank-Schemata und Lösungen übersetzen kann.

IT-Architekten müssen nicht nur das Geschäftsdatenmodell verstehen, um die Datenstruktur für die physische Implementierung zu optimieren. Sie müssen auch die Daten verstehen, damit sie angemessene Hardware, Plattformen und Lösungen, das physische Datenmodell, die Größe und die Art der Datenbank vorschlagen können.

BEISPIEL

Wenn eine Liste der Produktmerkmale einfach ist, wird der IT-Architekt eine relationale Datenbank wählen. Bei einem komplexen Produktportfolio kann jedoch eine komplexere Struktur entstehen:

- Merkmale können optional, obligatorisch oder bedingt sein.

- Einige von ihnen können eine variable Anzahl von Parametern haben.

- Jeder dieser Parameter kann unterschiedliche Maßeinheiten (kg/lb) aufweisen.

In manchen Fällen kann eine SQL-Datenbank sehr komplex werden und aus mehreren Tabellen bestehen. Außerdem wären die meisten ihrer Felder leer. Aus diesem Grund kann eine NoSQL-Datenbank die bessere Wahl sein.

Die endgültige Entscheidung muss auch berücksichtigen, *wie* die Daten verwendet werden. Die Einfügung von Datensätzen in eine SQL-Datenbank erfolgt in der Regel schneller als in eine NoSQL-Datenbank. Sie sehen wieder, dass eine Menge an Geschäftsinformationen erforderlich ist, um die beste IT-Architektur zu entscheiden.

Selbst unstrukturierte Daten müssen klassifiziert werden. Keine sinnvollen Datenquelle ist zu unstrukturiert, um ihre Struktur zu bestimmen und zu dokumentieren. Sie benötigen zumindest die entsprechenden Metadaten, um die Daten zu verstehen und damit arbeiten zu können. Der erforderliche Metadatensatz hängt vom Inhalt der zugrunde liegenden Daten und ihrem Geschäftszweck ab. All dies sind nichttechnische Informationen, die von Mitarbeitern auf der Fachseite gesammelt werden müssen.

Zusammenfassung: Die Übersetzung von Geschäftskenntnissen und -logik in hinreichende Informationen für IT-Architekten ist eine kritische Aufgabe des Data Office. Und anders als die funktionalen Fachverantwortlichen hat das Data Office immer eine cross-funktionale Perspektive.

D. Datenqualität verwalten

In einem Interview mit Information Age sagte Andy Joss[2]:

> *Künstliche Intelligenz und maschinelles Lernen sind angesagt. Aber wenn Sie ein KI-Modell trainieren, haben Sie mit wirklich guten Daten mehr Vertrauen, dass Sie das richtige Ergebnis erzielen.* (Baxter 2019)

Das ist eine sehr höfliche Übersetzung des etwas raueren Ausdrucks „Garbage in - Garbage out" („Müll rein - Müll raus.").

Wenn die Daten, die Sie verwenden, von schlechter Qualität sind (oder wenn Sie zumindest nicht wissen, ob sie gut sind), können Sie dem Ergebnis nicht vertrauen.[3]

Noch schlimmer ist, dass Sie oft nicht aus dem Ergebnis ersehen können, ob die zugrunde liegenden Daten gut oder schlecht waren. Das ist anders als bei

---

[2]Andy Joss ist Head of Data Governance - EMEA-LA bei Informatica in Nottingham, UK.
[3] Weitere Aspekte, einschließlich des Einflusses von persönlicher Vorurteilsbildung, finden Sie im Kap. 10.

Lebensmitteln, wo Ihr Geschmackssinn oder Ihr Magen Ihnen sofort Feedback über die Qualität eines Gerichts geben wird.

Stellen Sie sich vor, Sie berechnen die Erfolgschancen eines Produktstarts und erhalten als Ergebnis eine „Erfolgswahrscheinlichkeit von 62,3 %". Abhängig von der Qualität Ihrer Daten kann ein solches Ergebnis genauso gut genau oder völlig sinnlos sein - selbst wenn die Berechnungsmethode perfekt ist.

Jetzt stellen Sie sich vor, das Produkt wird gestartet. Unabhängig davon, ob es ein Erfolg wird oder nicht, würden Sie im Nachhinein nicht einmal wissen, wie gut die Prognose war, da sowohl ein Scheitern als auch ein Erfolg durch die Vorhersage gedeckt sind.

E. Daten aufräumen

Viele Daten können dazu führen, dass Sie die wirklichen Schätze aus den Augen verlieren. Das ist so, als würde man guten Wein in einen Kübel voller Wasser gießen. Deshalb sollten Sie einen permanenten Filter installieren, der überprüft, welche Daten verworfen und welche behalten werden sollen.

Außerdem muss die Datenaufbewahrung aktiv verwaltet werden. Einerseits sind Sie oft verpflichtet, bestimmte Datensätze für einen Mindestzeitraum zu behalten. Andererseits erlauben Datenschutzbestimmungen wie die DSGVO nicht, dass Sie alles so lange behalten, wie Sie möchten.

Egal wie, hier zu versagen, kann extrem teuer werden.

F. Daten kuratieren

Die perfekten Daten verfügbar zu machen reicht nicht aus, um sie zu verwenden.

Sie müssen auch sicherstellen, dass jeder die richtigen Daten verwendet und dass sie nachhaltig verwendet werden.

Der Zweck der Datenpflege

Betrachten wir es aus der Perspektive eines Datenbenutzers - Sie können dies als Ihre Checkliste verwenden:

Was muss der Benutzer wissen?

- Wo finde ich die Daten, die ich benötige?
- Wie verwende ich die Daten?
- Was ist die Erklärung der Daten?

- Wem gehören die Daten (falls ich Änderungen vornehmen muss)?

- Hat schon jemand anders die Daten verwendet? Was kann ich wiederverwenden?

Und auf was wird sich ein Benutzer verlassen müssen?

- Die dem Benutzer bereitgestellten Daten sind korrekt, die einzige Version der Wahrheit, immer aktuell, im Einklang mit ihrer Beschreibung und ausreichend hochverfügbar.

- Alle Probleme und Änderungen werden rechtzeitig bekannt gegeben.

- Daten-Sicherheit und Datenschutz werden gewährleistet.

Aspekte einer guten Datenpflege

Daten müssen auf *nachhaltige* Weise verwendet werden. Mit anderen Worten, es ist nicht ausreichend, dass Daten zum Zeitpunkt ihrer Erfassung oder ihrer ersten Verwendung gut sind. Wenn sich der Inhalt oder die Struktur der Daten in Zukunft ändert, müssen die neuen Daten automatisch und ohne menschliches Eingreifen verwendet werden.

In konkreten Begriffen:

(i) Zentralisieren Sie den Datenzugang

Lassen Sie Menschen nicht auf Rohdaten arbeiten - sie sollen Web Services verwenden, um sie zu aktualisieren oder zu verwenden.

(ii) Sorgen Sie für eine zentrale Implementierung der Datenlogik

Implementieren Sie allgemeine Datenlogik nicht in Client-Anwendungen - sondern implementieren Sie sie zentral. Client-Anwendungen sollten einen Web Service aufrufen, um die Logik anzuwenden.

(iii) Veranlassen Sie die Nutzer, sich um ein Verständnis der Daten zu bemühen

Bitten Sie den Datenbenutzer, mit dem Datenverantwortlichen zu sprechen. Letzterer ist die beste Person, um die beabsichtigte Logik der Daten zu erklären.

(iv) Ermöglichen Sie den Zugriff auf die Daten

Stellen Sie den Benutzern Zugriff auf alle Daten zur Verfügung, die sie benötigen, zusammen mit Informationen über deren Struktur, Interdependenzen, Qualität, Lebenszyklus und alle anderen relevanten Attribute.

Dies gilt für alle Arten von Daten: Masterdaten, Metadaten und Transaktionsdaten.

(v) Verstehen und dokumentieren Sie jede Transformation von Daten

Überall in der Daten-Supply Chain werden Daten zusammengeführt, gefiltert, berechnet, abgeleitet oder angereichert. Viele solcher Aktivitäten finden seit Jahrzehnten statt, lange bevor Datenmanagement zu einer anerkannten Disziplin wurde.

Als Ergebnis existiert Ihre Daten-Supply Chain schon seit langer Zeit. In den meisten Fällen gibt es dabei keine systematische Dokumentation der Logik hinter diesen verschiedenen Arten der Datenmanipulation und -transformation.

Um Ihre Datenversorgung jedoch angemessen zu verwalten, müssen Sie verstehen, was vor sich geht.

In den meisten Fällen ist es *nicht* erfolgversprechend, eine Bewertung auf der Geschäftsebene zu starten, d. h. die Fachverantwortlichen zu fragen, wie Daten logisch transformiert werden sollten. Sie haben in der Regel nicht die Kompetenz, es zu erklären.

Stattdessen müssten Sie die Logik, die von früheren Generationen implementiert wurde, rückwärts analysieren. Dies ist ein langwieriger und mühsamer Prozess, der Herausforderungen wie mehrseitige SQL-Operationen und COBOL-Quellcode umfasst.

Was sind also die Vorteile, die eine solche Unternehmung rechtfertigen?

Der erste (und wichtigste) Vorteil ist, dass Sie ein vollständiges Bild darüber erhalten, was mit „Ihren" Daten *derzeit* geschieht. Unabhängig davon, wie gut die ursprünglichen Daten waren, sind sie nutzlos, wenn Sie nicht verstehen, wie sie anschließend manipuliert wurden.

Zweitens können Sie die Fachverantwortlichen bitten, das Ergebnis gegen ihre Geschäftskonzepte zu verifizieren. Es ist für sie einfacher, das zu verifizieren, was Sie ihnen präsentieren, als es von Grund auf selbst zu spezifizieren.

Drittens können Sie die Komplexität dieser Datentransformationen reduzieren. Wenn ein Geschäftsexperte die Datentransformationslogik nicht versteht, kann eine einfachere Logik ebenso gut funktionieren.

Schließlich werden die Geschäftsleute bereitwilliger die Verantwortung übernehmen, wenn sie verstehen, was mit „ihren" Daten geschieht.

Wenn Sie die Manipulationen und Dokumentation aller Daten entdecken und dokumentieren, sollten Sie sie unter Change Control stellen: Nichts wird ohne einen robusten Prozess geändert oder hinzugefügt, wobei die Dokumentation ein unverzichtbarer Bestandteil sein muss.

(vi) Dokumentieren Sie die Verwendung der Daten

Jedem Zugriff zu gewähren bedeutet nicht, dass Sie nicht wissen, wer es verwendet: Im Falle von Änderungen an der Datenstruktur oder dem Inhalt müssen Sie sofort wissen, wer betroffen ist.

Ja, es ist viel zusätzliche Arbeit, immer zu protokollieren, wer welche Daten verwendet. Zunächst klingt es, als wäre es zu viel des Guten. Aber die meisten Organisationen wachsen bis zu einem Punkt, an dem das Wissen nicht mehr in den Köpfen der Menschen Platz hat. Selbst wenn es das noch tut, bedenken Sie, dass Menschen die Organisation verlassen oder in den Ruhestand treten. Die Dokumentation aber bleibt bestehen.

Bereitstellung von Informationen an Benutzer

Dokumentation und Veröffentlichung sind unerlässlich: Datenformate, Schnittstellen, technische Zugriffsbeschreibung, Datenverantwortliche und Datenänderungsprozesse müssen für jeden (potenziellen) Benutzer transparent sein. Bitte denken Sie an die folgenden drei Komponenten:

(i) Datenkatalog

Datenkataloge (Data Catalogs) stellen Benutzern alle relevanten Informationen über die Daten zur Verfügung, die sie benötigen.

(ii) Webservice-Verzeichnis

Dies ist die technische Beschreibung des Datenzugriffs für Anwendungsentwickler und Datenwissenschaftler, ohne die Menschen bestehende Logik neu entwickeln oder im Quellcode nach einem geeigneten Webservice suchen müssten.

(iii) Intranet-Site

Personen außerhalb eines dedizierten Datenteams können nicht wissen, wo sie suchen sollen, da sie ihre Bedürfnisse nicht klassifizieren können. Sie könnten nicht einmal den Unterschied zwischen einem Datenkatalog und einer Datenbank kennen. Sie sollten es nicht müssen!

Anstelle dessen sollten Sie ihnen einen einzigen Informationspunkt anbieten, an dem sie alle Informationen auf einfache Weise finden.

Eine solche Intranet-Site sollte die Benutzer dann auf einen Datenkatalog oder ein Webservice-Verzeichnis in einer benutzerfreundlichen Weise verweisen. Sie sollte auch Zugang zu erklärenden Dokumenten (einschließlich klassischer Präsentationsdateien), Datenrichtlinien, Prozessen und so weiter bieten.

Schließlich sollten die Benutzer einen Feedback-Kanal finden, in dem sie dem Data Office fehlende oder falsche Informationen mitteilen und Vorschläge unterbreiten können, um die Pflege der Daten zu verbessern. Dieser Aspekt sollte Teil Ihres Datenworkflows sein.

G. Daten verwenden

Zuletzt kommen wir zu dem Schritt, mit den leider viele Organisationen beginnen: Der Verwendung der Daten.

Aber selbst hinter dieser Verwendung von Daten steckt mehr als nur schicke Datenanalyse und bunte Diagramme.

Die Verwendung von Daten in einer Organisation ist so vielfältig wie die Daten selbst.

Typische Verwendungen sind

- Operative Verwendung
- Berechnung von Key Performance Indicators (KPIs)
- Berichte

- Analytics (AI, Data Science, ML)
- Robotic Process Automation (RPA)
- Audit-Unterstützung
- Verwendung für Test- oder Validierungszwecke

All dies erfordert konsistente Daten. Aus diesem Grund sollte keiner der vorherigen Schritte von einem Team behandelt werden, das nur einen oder zwei der aufgeführten Bereiche abdeckt.

Datenanalytiker neigen dazu, die Daten „zu reparieren", bevor sie sie verwenden. Unterstützen Sie diesen Wunsch nicht; Arbeiten Sie nicht von Analytics aus rückwärts. Sie könnten Ihre Daten für andere wichtige Zwecke unbrauchbar machen.

Zusammenfassung: Decken Sie die gesamte Daten-Supply Chain ab

Ich habe zu viele Organisationen gesehen, die einen Chief *Analytics* Officer ernennen und sich davon große Erkenntnisse erhoffen. Solche Organisationen beschränken ihren Datenfokus auf einen Teil von Schritt G. Sie decken nicht einmal alle Aspekte der Datennutzung ab, geschweige denn die wesentlichen Schritte davor.

Betrachten wir uns das ursprüngliche Diagramm dieses Kapitels noch einmal genauer. Es wird deutlich, dass Analytics nur einen Bruchteil der Verant-wortung eines Data Office darstellt (Abb. 3-3).

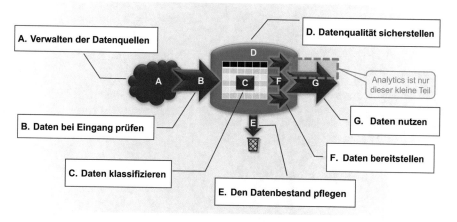

Abb. 3-3. Die Daten-Supply Chain umfasst mehr als nur Analytik

Warum konzentrieren sich Führungskräfte oft nur auf Analytics und Visualisierung? Sie betrachten nur die *sichtbaren* Teile der Datenverwaltung!

Dieser Ansatz ähnelt der Architektur eines Gebäudes, das nur aus einer Aussichtsplattform in luftiger Höhe besteht. Sie müssen kein Architekt sein, um zu verstehen, dass die Schwerkraft diesen Ansatz zum Scheitern verurteilt.

Die Verwendung eines Helikopters wird Ihnen tatsächlich die gewünschte Ansicht bieten – aber nur vorübergehend, bis Sie den Treibstoff aufgebraucht haben.

Die Datennutzung folgt demselben Prinzip. Aus diesem Grund zahlt es sich immer aus, die gesamte Daten-Supply Chain abzudecken. Legen Sie die Grundlage, dann errichten Sie das Gebäude Stockwerk für Stockwerk. Wenn Sie schließlich auf die Aussichtsplattform gelangen, können Sie sicher sein, dass diese stabil und nachhaltig ist.

DATA MANAGEMENT THEOREM #8

Data Management muss alle Schritte der Daten-Supply Chain abdecken, vom Erstellen oder Erwerben von Daten über deren Pflege und Verwendung bis hin zur finalen Entsorgung.

Datenvision, -mission und -strategie

© Der/die Autor(en), exklusiv lizenziert an APress Media, LLC, ein Teil von
Springer Nature 2023
M. Treder, *Das Management-Handbuch für Chief Data Officer*,
https://doi.org/10.1007/978-1-4842-9346-1_4

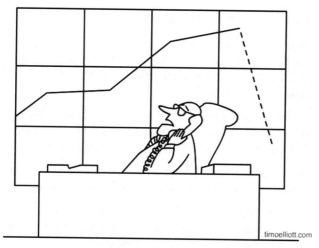

„Ja, ich habe eine strategische Entscheidung getroffen.
Ich habe beschlossen, die schlechten Nachrichten zu ignorieren..."

Abb. 4 - 1. Ignorieren von Daten ist auch eine Strategie

Datenstrategie – ernsthaft?

Strategie vs. Umsetzung

Erfolgreiche Geschäftsführer betonen oft die Notwendigkeit der Umsetzung. Ken Allen sagte einmal: „Die meisten Strategien sind wie die Vorsätze zum neuen Jahr, voller wirklich guter Absichten, aber ohne Willen oder Fähigkeit zur Umsetzung" (Allen 2019).

Mit anderen Worten ist es unerlässlich, sich auf die Umsetzung zu konzentrieren. Aber schnell zu laufen, ist nicht ausreichend. Sie müssen wissen, wo Sie hinwollen.

Ken Allen sagte auch: „Bei DHL brauchte ich eine klare Strategie für die Kehrtwende, die jeder umsetzen konnte. Ich musste sicherstellen, dass sich das ganze Unternehmen auf das 'Machen von Dingen' – den richtigen Dingen - konzentrierte" (Allen 2019).

Dieses Zitat macht deutlich, dass eine Strategie erforderlich ist – solange sie alle im Unternehmen leitet und zu Handlungen führt. Alle Aspekte einer Strategie, die diesen Zwecken nicht dienen, sind eine Verschwendung von Energie.

Strategie in Zeiten von Agile

Ist eine explizite Vision, Mission oder Strategie nicht zu statisch, wenn man die schnellen Veränderungen berücksichtigt, die wir beobachten? Ist nicht alles davon veraltet, bevor es ausgeführt wird? Sollte nicht Agile die gesamte Planung ersetzen?

Helmuth von Moltke[1] hatte vor 150 Jahren Recht, als er sagte: „Jede Strategie reicht bis zur ersten Feindberührung. Danach ist alles ein System von Aushülfen." (Wikiquote – Helmuth von Moltke der Ältere, 1871).

Es ist bemerkenswert, dass selbst von Moltke immer eine Strategie hatte – aber er war bereit, sie jederzeit zu ändern, wenn es nötig war.

Der Hauptgrund für die Notwendigkeit, die Richtung vorzugeben und nach vorne zu planen, ist, dass Menschen immer eine Richtung benötigen – egal wie schnell sich diese Richtung wieder ändern kann.

Auch Sie benötigen einen Plan und eine Baseline. Andernfalls werden Veränderungen schnell willkürlich.

Schließlich müssen die aktuelle Richtung, der Plan und die Baseline allen Beteiligten sichtbar gemacht werden. Wie sollten Sie eine Änderung der Richtung kommunizieren, wenn die vorherige Richtung nicht kommuniziert wurde?

ANALOGIE

Stellen Sie sich eine Situation vor, in der mehrere Schlepper versuchen, ein großes Schiff gemeinsam durch einen engen Hafen mit Hilfe von Tauen zu ziehen.

Um effizient zu sein, müssen alle Schlepper in die ihnen zugewiesene Richtung ziehen.

Und egal wie häufig die Situation eine Änderung der Richtung erfordert, müssen alle Schlepper jede Bewegung synchron ausführen.

Dies erfordert eine klare Kommunikation der Richtung und jeder notwendigen Änderung.

In Organisationen wird die Gesamtrichtung durch Vision, Mission und Strategie beschrieben und geteilt.

Kritische, querschnittsrelevante Themen wie Daten sollten denselben Weg einschlagen, da die gleichen Gründe gelten.

---

[1] Generalfeldmarschall Helmuth Karl Bernhard Graf von Moltke (26. Oktober 1800–24. April 1891) revolutionierte die Armee-Organisation während des Krieges, als er von 1857 bis 1871 Chef des Generalstabs der preußischen Armee war.

Frisst Kultur die Strategie zum Frühstück?

Das stimmt. Allerdings würde Kultur verhungern, ohne eine gute Strategie zum Frühstück zu bekommenen ...

Aber was macht eine Strategie „gut"? Eine gute Strategie hat einen Zweck: Sie beeinflusst das Verhalten.

Bevor ein CDO eine Vision, eine Mission und eine Strategie für Daten in der Organisation entwickelt, muss er die richtigen Fragen stellen:

- Vision: Wie sollte das Datenmanagement dieser Organisation in, sagen wir, fünf Jahren aussehen (so wie die Dinge im Moment sind)?

- Mission: Welche Ziele wollen wir erreichen, um unsere Vision umzusetzen?

- Strategie: Was sind die Geschäftsprioritäten? Welche Schritte unternehmen wir, um dorthin zu gelangen?

Nachdem Sie eine Vision, eine Mission und eine Strategie entwickelt haben, sollten Sie bereit für den vierten Schritt sein: die Erstellung Ihres Plans auf der Grundlage Ihrer Strategie.

Ein Plan sollte immer Aktivitäten umfassen, die Ihre Strategie unterstützen, sowie taktische oder operative Aktivitäten. Ein vollständiger Plan hilft Ihnen, Ihre Aktivitäten zu priorisieren.

Hängen Sie sich nicht an Schwierigkeiten auf, Ihre Gedanken als Strategie, Vision oder Mission zu kategorisieren. Solange Sie den Zweck hinter den verschiedenen Kategorien erreichen, ist alles in Ordnung.

Was Sie auch über eine dieser Kategorien im Allgemeinen gelernt haben, fühlen Sie sich frei, dies auch auf Daten anzuwenden.

ANALOGIE

Denken Sie an Bergsteiger.

- Ihre **Vision** ist die Auswahl des Gipfels, den Sie besteigen möchten, und das Datum, bis zu dem Sie diese Leistung erreicht haben möchten.

- Ihre **Mission** ist es, dies zu einer bestimmten Jahreszeit, innerhalb einer bestimmten Zeit und mit einer bestimmten Leistung pro Tag zu tun. Sie können jeden Abend überprüfen, ob Ihre Mission auf Kurs ist.

- Ihre **Strategie** besteht aus Realisierungsaspekten wie der Anzahl der Teammitglieder oder der Ausrüstung.

- Ihr **Plan** beschreibt die tägliche Ausführung. Er kann (und muss) sich ändern, sobald die Voraussetzungen sich ändern.

Wie hängt all dies mit der allgemeinen Richtung Ihrer Organisation zusammen? Schauen Sie sich in Abb. 4-2 an.

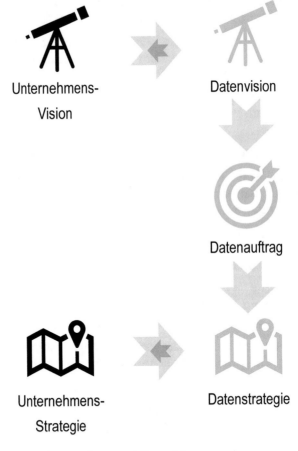

Abb. 4-2. Unternehmensrichtung und Datenrichtung

Ihre Datenvision sollte auf der Unternehmensvision basieren. Gleichzeitig können Ihre Ideen diese allgemeine Vision beeinflussen, zum Beispiel, indem „zur datengesteuerten Organisation werden" Teil der Unternehmensvision wird.

Es muss deutlich werden, dass Ihre Vision ein erheblicher Teil der allgemeinen Vision Ihrer Organisation ist. James Wilson von der Gartner Group betonte während einer Gartner-Konferenz: „Es geht hier nicht um ein kleines Datenmanagement-Team, das kleine Teile liefert. Es geht darum, dass sich das Unternehmen seine Gedanken und sein Geschäft neu überlegt."

Damit dies konkret wird, sollte Ihre Datenmission beschreiben, welche Komponenten Sie verwenden, um Ihre Datenvision zu erreichen. Dies ist eine Data Office-spezifische Übung.

Die Datenstrategie sollte wiederum sowohl von Ihrer Datenmission („**Wie** gehe ich mit allen ausgewählten Komponenten vor?") als auch von der Unternehmensstrategie beeinflusst werden. Auch hier kann Ihre Datenstrategie die Unternehmensstrategie beeinflussen, zum Beispiel bei der Festlegung der langfristigen Prioritäten Ihrer Organisation.

Vision

Was soll eine Vision erreichen?

Der primäre Zweck einer Daten-Vision ist es, sicherzustellen, dass sich alle Beteiligten über die Datenambitionen Ihrer Organisation einig sind - insbesondere der Vorstand und Sie.

Ihre Vision soll grundlegende Richtungsfragen in drei Aspekten beantworten:

a) Welche Rolle sollen Daten in Bezug auf Ihr Geschäftsmodell spielen?

- Sollen Daten das **bestehende** Geschäftsmodell unterstützen?

- Sollen Daten Geschäftsmodelle durch Digitalisierung verbessern?

- Möchten Sie neue Geschäftsmodelle schaffen?

- Sollen Daten zu einem eigenen Geschäftsmodell werden?

b) Was möchte Ihre Organisation durch Daten erreichen?

- Möchten Sie, dass alle Kunden, Partner und Stakeholder in die Daten Ihrer Organisation als zuverlässige Grundlage für Geschäftsentscheidungen **vertrauen**?

- Fokussieren Sie sich auf die Bewertung von Daten als **Vermögenswert**, um Teil der Unternehmenskultur zu werden?

- Ist etablierte **Daten Governance** Ihre primäre Vision, unter der Annahme, dass Ihnen dies ermöglicht, alle anderen datenbezogenen Ziele zu erreichen?

c) Wie soll das Datenmanagement Ihrer Organisation in einigen Jahren aussehen?

- Möchten Sie, dass Ihr Daten-Office Ihr Unternehmen im Hintergrund unterstützt, oder möchten Sie aktiv an der Gestaltung des Geschäftsmodells mitwirken?

- Möchten Sie eine starke Datenmanagement-organisation aufbauen oder möchten Sie sich hauptsächlich auf starke Datenkompetenzen in den Fachabteilungen konzentrieren?

- Möchten Sie eine starke Grundlage für *alle* Datennutzungen schaffen oder möchten Sie sich auf best-in-class Data Analytics-Fähigkeiten konzentrieren?

Auf was sollte sich eine Vision konzentrieren?

Sie müssen möglicherweise nicht alle vorherigen Punkte in Ihre Vision aufnehmen. Weniger Punkte machen es jedem Punkt leichter, sich die Vision zu merken (und fokussiert zu bleiben).

Es ist hilfreich, sich zu überlegen, was Sie Ihrer Organisation mitteilen müssen. Braucht sie die ganze Liste? Oder sind einige Punkte sowieso klar und Sie müssen der Organisation die Bedeutung der für sie neuen Punkte beibringen?

Es ist definitiv eine gute Idee, alle gut verstandenen Teile zu entfernen (oder sie in einem Punkt zusammenzufassen), damit sich die Menschen auf die neuen Aspekte konzentrieren. Dies macht die anderen Aspekte nicht irrelevant.

In einigen Fällen möchten Sie sich auf bestimmte Bereiche des Datenmanagements konzentrieren, in denen Sie große Chancen oder eine große Lücke sehen. Ihre Vision ist ein hervorragender Ort, um die datenbezogenen Aspirationen Ihrer Organisation auf diese Punkte zu konzentrieren.

Falls Ihre Organisation tendenziell sehr konservativ ist, könnte Ihre Vision betonen, dass das Ziel ist, eine offene Organisation in Bezug auf Datenfragen zu werden. Oder, wie Isabel Barroso-Gomez es 2018 zusammengefasst hat, als sie Leiterin der Daten-Governance bei Sparebank 1 war: „Fügen Sie Ihrer Vision Neugierde hinzu.“

Falls Ihre Organisation früher Datenmanagement auf nur wenige Themen beschränkt hat, zum Beispiel auf Stammdatenverwaltung oder Reporting, kann es nützlich sein, zu betonen, dass die verschiedenen Aspekte der Datenverarbeitung gleich wichtig sind.

Ein Beispiel könnte ein beabsichtigtes Gleichgewicht zwischen den bunten Analytics-Berichten von heute und den bisher vernachlässigten, langweiligen Datenqualitätsarbeiten sein.

Um dieses Gleichgewicht anzuzeigen, könnte Ihre Vision aus den angestrebten Säulen oder Schwerpunktbereichen bestehen.

Warum verwenden Sie nicht einfach ein Diagramm, um darzustellen, wo Sie die Organisation heute sehen und wie schnell Sie sie in Richtung Ihrer Datenvision entwickeln möchten?

Das im folgenden Abb. 4-3 dargestellte Beispiel basiert auf den drei Säulen **Reparieren, Optimieren** und **Innovieren.**. Sie können unter den jeweiligen Balken organisationsspezifische Aspekte hinzufügen. Falls Sie hingegen betonen wollen, dass es sich um drei Bereiche von vergleichbarer Bedeutung handelt,

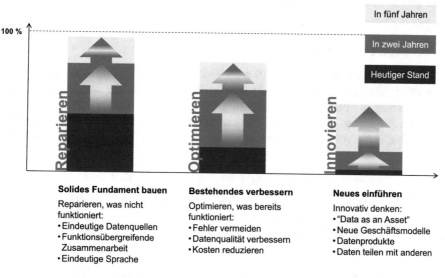

Abb. 4-3. Beispiel einer Vision -Reparieren, Optimieren, Innovieren

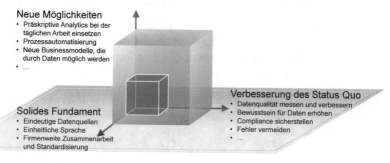

Abb. 4-4. Vision in drei Dimensionen

könnten Sie dies durch ein dreidimensionales Koordinatensystem darstellen, wie in Abb. 4-4 illustriert.

Alternativ können Sie Ihre Vision mit einem Fokus auf den Zielzustand Ihrer Organisation im Hinblick auf Daten formulieren, zum Beispiel:

Bis (Jahr) möchten wir eine Organisation sein, in der...

... Daten zentral gesteuert und standardisiert werden

... Daten von den Fachabteilungen verstanden werden, nicht nur von der IT

... Daten die gemeinsame Sprache zwischen allen Fachabteilungen werden

... wir Daten finanziell intern behandeln wie ein Vermögenswert.

Und denken Sie daran, eine kurze Vision erfordert viel Vorarbeit mit allen Beteiligten, damit sie für alle sinnvoll und relevant für die tägliche Arbeit wird.

Mission-Ihr Auftrag

Wie Sie gesehen haben, ist eine gute Vision unerlässlich. Sie kann jedoch ein wenig zu abstrakt sein, um direkt aus ihr Ihre Strategie abzuleiten, geschweige denn einen konkreten Aktionsplan. Hier kann ein klarer Auftrag (Mission Statement) helfen. Ein Mission Statement beschreibt konkrete Ziele, die Ihre Organisation erreichen möchte (und zu deren Verfolgung Sie bevollmächtigt werden).

Wesentliche Aspekte eines wirksamen Mission Statement sind

- Ihr Auftrag sollte messbar sein, damit Sie Ihren Fortschritt regelmäßig überprüfen können. Eine gute Mission wird Ihnen helfen, Lücken oder Verzögerungen im Laufe der Zeit zu erkennen.

- Ihr Auftrag sollte aus einer umfassenden Liste konkreter Ziele bestehen. Jedes dieser Ziele sollte Ihre Datenvision unterstützen - und damit die Vision Ihrer Organisation.

- Darüber hinaus sollten gute Ziele konkret (und prägnant) genug sein, um die Zustimmung des Vorstands zu erhalten. Dies benötigen Sie, bevor Sie Ihre Implementierungspläne detaillieren.

Natürlich gibt es keinen allgemeingültigen Datenauftrag. Aber die folgenden **sieben Aspekte** des Datenauftrages einer Organisation könnten ein guter Ausgangspunkt sein.

Ich lade Sie ein, diese Liste in Ihren spezifischen Datenauftrag im Kontext der Lücken und Chancen Ihrer Organisation umzuwandeln. Sie finden auch einige Kommentare zu jedem der Aspekte in der Abb. 4-5.

UNSER DATENAUFTRAG

Wir werden...

...Zentrale **Standards** für den Umgang mit Daten bereitstellen

...Firmenweites, einheitliches **Stammdaten-Management** sicherstellen

...**Datenqualität** sicherstellen durch laufende Messung und Ursachenermittlung

...den Fachabteilungen helfen, **Daten in Informationen** zu überführen

...für all diese Aufgaben die geeigneten **Werkzeuge** bereitstellen

...**ethische Standards** beim Umgang mit Daten entwickeln und durchsetzen

...Alle Menschen **trainieren** und alle Bereiche **verbinden** über Daten

Abb. 4-5. Beispiel eines Datenauftrages

Definieren Sie zentral gesteuerte Standards zum Datenmanagement

Dieses Ziel erwartet, dass das Data Office Datenprozesse, ein einziges Datenglossar, Datenrichtlinien und Regeln einführt. Sie werden nicht alles zentral ausführen, aber Sie müssen unternehmensweit gültige Standards einrichten.

Die Entwicklung solcher Standards gemeinsam mit allen relevanten Stakeholdern ermöglicht es einem Data Office, der „Datenkleber" und der Übersetzer zwischen allen Funktionen im gesamten Unternehmen einschließlich der IT zu werden.

Einführung eines cross-funktionalen MDM auf der Grundlage einer einzigen Wahrheit

Während Sie die Wartung von Masterdaten und Referenzdaten vielleicht nicht zentralisieren müssen, werden Sie sicherlich unabhängige Aktivitäten in verschiedenen Bereichen stoppen wollen. Dies kann durch eine zentralisierte Governance, einen einzigen Satz von Masterdatensystemen und gut definierte Masterdatenkonsumstandards erreicht werden, zum Beispiel durch Webservices.

Ein daraus zu entwickelnder Implementierungsplan braucht eine Langzeitperspektive. Dies ist wahrscheinlich der Bereich in ihrem Unternehmen mit den meisten Leichen im Keller. Denken Sie beispielsweise an in der Software fest kodierte Referenzdaten oder an lokale Verwaltung von Stammdaten, die sich zentraler Aufsicht entzieht.

Sicherstellung einer guten Datenqualität durch Mess- und Verbesserungsinitiativen

Auch hier werden Sie nicht wollen, dass jemand aus dem Data Office für die Behebung von Datenqualitätsproblemen verantwortlich gemacht wird. Stattdessen sollten die Datenverantwortlichen auch die Verantwortung tragen. Aber sie müssen wissen, wie sie es tun sollen, und sie sollten es auf der Grundlage gemeinsamer Standards tun, die es ermöglichen, die Datenqualität im gesamten Unternehmen zu vergleichen.

Dieses Ziel ermöglicht es Ihnen, einen organisationweiten Weg der Messung der Datenqualität, des Ermittelns der Grundursachen von Problemen und der Verantwortlichkeiten für die Behebung dieser Ursachen zu bestimmen. Das Data Office kann der Vermittler und strenge Wächter sein, während die Geschäftsfunktionen ausführen.

Und Sie müssen das Rad nicht neu erfinden; Six Sigma ist da, um Ihnen und den Fachbereichen zu helfen.

Arbeiten Sie mit Fachabteilungen, um Daten in Informationen umzuwandeln

Die Teams des Data Office werden mit Menschen aus allen Geschäftsbereichen zusammenarbeiten, um Daten in Informationen umzuwandeln. Sie werden moderne Methoden der Datenanalyse, von Reporting bis hin zu AI, anwenden.

Wie bei den vorherigen Punkten muss das Data Office möglicherweise nicht alle Analyse- und Datenwissenschaften in einem zentralisierten Elfenbeinturm durchführen. Stattdessen können Sie sich für eine Balance zwischen Zentralisierung und Föderation der Verantwortlichkeiten entscheiden.

Dieses Ziel kann Sie dazu befähigen, mit den Fachabteilungen und der IT an der bestmöglichen Vorgehensweise zu arbeiten. Sie können sich darauf konzentrieren, das richtige Gleichgewicht zwischen der Nähe zu Geschäft, der Zusammenarbeit und Synergien zu finden, wenn Sie die Arbeit Ihrer Analytics-Experten organisieren.

Alles von einem richtigen Toolset unterstützt

Ein Data Office sollte keine Schatten-IT-Abteilung darstellen, noch sollte sich irgendein Geschäftsbereich dazu veranlasst fühlen. Ein Data Office könnte sich jedoch gut dafür eignen, sich mit der IT zusammenzutun, um die Geschäftsbereiche Ihrer Organisation zu bedienen. Sie könnten mit einem Abgrenzungsprozess zwischen dem Data Office und den Information Technology-Teams beginnen, der möglicherweise von einem neutralen Moderator geleitet wird.

Sie müssten auch den Fachabteilungen zuhören, um ihre Prioritäten zu verstehen. (Ich kann Ihnen zum Beispiel sagen, dass sie lange, bürokratische Prozesse hassen.) Da Sie auch für die langfristige Perspektive verantwortlich sind, müssen Sie eine Balance zwischen Nachhaltigkeit und agilen Methoden finden.

Ausreichende ethische Standards bei der Behandlung von Daten umsetzen

Ein Data Office muss eine Balance zwischen dem finden, was möglich ist, was erlaubt ist und was nützlich ist. Um dies zu tun, werden Sie normalerweise zwei Richtlinien für ein ethisch starkes Datenmanagement haben: Zum einen das Gesetz, und zum anderen das Wohlergehen der Menschen (insbesondere der Mitarbeiter und Kunden Ihrer Organisation). Keine der beiden alleine ist ausreichend - weder eine formale Einhaltung, während man Lücken im Gesetz missbraucht, noch eine gut gemeinte, menschenfreundliche Herangehensweise, die die formalen Anforderungen der Gesetze nicht berücksichtigt.

Dieses Ziel erfordert sowohl ein großes Programm als auch eine dauerhafte Anstrengung.

Alle Entitäten in Datenfragen trainieren und verbinden

Nicht alle finanziellen Themen müssen von Menschen in der Finanzabteilung gelöst werden, genauso wenig wie das Wohlergehen der Mitarbeiter allein die Verantwortung der HR-Abteilung ist. Auf ähnliche Weise sind Daten eine

Aufgabe für die gesamte Organisation, nicht nur die Verantwortung eines zentralen Data Office.

Für dieses Ziel müssen Sie organisationweite Datennetze einrichten, um Menschen über funktionale oder geographische Grenzen hinweg zu verbinden und angemessene Schulungen und Kommunikation einzurichten, mittels derer Sie eine datenbasierte Belegschaft formen.

Strategie

Warum benötigen Sie eine Datenstrategie?

Eine gute Strategie ermöglicht es Teams, Richtungsentscheidungen zu treffen und Prioritäten zu setzen. Dies ist neben den betriebswirtschaftlichen Fallstudien, Ressourcen, Abhängigkeiten usw. ein entscheidender Faktor. Es hilft dabei, grundlegende Diskussionen in jedem Einzelfall zu vermeiden.

Für Teams, die vor gleichwertigen Optionen stehen, ist eine solche richtungsweisende Unterstützung besonders wichtig. Sie sorgt außerdem für Konsistenz in den unterschiedlichen Entscheidungen.

Ein typisches Beispiel ist die Entscheidung zwischen der Attraktivität für Kunden durch perfekte Lösungen und der Attraktivität für Kunden durch konkurrenzfähige Preise. Beide Optionen sind gültig, aber die Vermischung führt zu einer unklaren Marktpositionierung.

Wie ist ihre Strategie im Vergleich zur Strategie der Organisation positioniert?

Ihre Datenstrategie ist keine eigenständige Strategie. Die Strategie der Organisation muss die Vorgabe sein.

Wie es der international anerkannte Autor und strategische Berater Bernard Marr einmal sagte: „Anstatt mit den Daten selbst zu beginnen, sollte jedes Unternehmen mit der Strategie beginnen" (Marr 2019).

Das oben genannte Beispiel zeigt sehr schön, wie sich die Datenstrategie auf die Unternehmensstrategie bezieht:

- Einerseits muss das Datenmanagement die Markenbekanntheit unterstützen, zum Beispiel durch die Aussage: „Wir möchten als der günstigste Wettbewerber unter allen hochwertigen Anbietern bekannt werden."

- Andererseits bedeutet dies nicht, dass bei einem niedrigen Preis eine kostengünstige Datenstrategie angewendet wird. Eine Organisation kann sich dafür entscheiden, in Daten zu investieren, um herauszufinden, wie sie der Anbieter mit den niedrigsten Preisen wird, während sie profitabel bleibt.

Deshalb gibt es auch nicht die **eine** perfekte Datenstrategie. Sie hängt stark von der allgemeinen strategischen Ausrichtung der Organisation ab.

Wie würden Sie Ihre Datenstrategie entwickeln? Idealerweise in enger Absprache während der Entwicklung Ihrer Unternehmensstrategie. Ein CDO sollte bei der Entwicklung einer Unternehmensstrategie beteiligt sein. Aufgrund des Wissens darüber, was mit Daten möglich ist, kann es gute Gründe geben, diese zu beeinflussen.

Was ist, wenn Sie einer Organisation als CDO beitreten, die bereits eine Unternehmensstrategie hat? Akzeptieren Sie sie und passen Sie sich an. Beschreiben Sie, wie das Datenmanagement diese Strategie unterstützen kann. Seien Sie bereit, sich an der weiteren Entwicklung dieser Strategie zu beteiligen.

Wie entwickeln und pflegen Sie Ihre Datenstrategie?

Planen Sie regelmäßige Überprüfungen, ob Ihre Strategie noch passt. Fragen Sie: Sind wir noch auf dem richtigen Weg? Wenn nicht, liegt es daran, dass die Strategie uns in die falsche Richtung weist, oder setzen wir sie nicht richtig um?

Falls Sie jemals feststellen, dass Ihre Datenstrategie Ihre Unternehmensstrategie nicht mehr ausreichend unterstützt, starten Sie einen Prozess zur Anpassung. Warten Sie nicht bis zur nächsten Überprüfung der Unternehmensstrategie.

Gleichzeitig fühlen Sie sich bitte frei, jederzeit Rückmeldungen aus datenbezogener Perspektive in die Gesamtstrategie einzubringen. Vergessen Sie nur nicht, dass Daten nicht der Treiber dieser Unternehmensstrategie sind.

Ihr individuelles Erfolgskriterium

Wir haben über die Vision, die Mission und Strategie eines Datenbüros sowie deren Beziehung zu ihren Gegenübern aus Unternehmenssicht gesprochen.

Aber wie beurteilen Sie den Erfolg Ihrer Arbeit im Laufe der Zeit?

Es gibt Aspekte, die Sie vielleicht nicht offiziell kommunizieren, sondern die Sie regelmäßig mit Ihrem Team besprechen und überprüfen.

Ein typisches internes Erfolgskriterium ist die *Stellung* des Datenbüros und des CDO innerhalb der Organisation. Obwohl es eine Voraussetzung für den

Erfolg ist, würde dieses Kriterium in den veröffentlichten Versionen der Vision, Mission und Strategie normalerweise nicht auftauchen.

Besonders in den frühen Tagen eines Datenbüros können Sie nicht auf eine Tradition zählen. Sie müssen sich allen Respekt verdienen, den Ihre Kollegen in den Bereichen Recht, Risiko oder Sicherheit möglicherweise bereits von ihren Vorgängern geerbt haben.

Fortschritte in diesem Bereich sind schwer zu messen. Es lohnt sich trotzdem, darüber nachzudenken, um Selbsttäuschungen vorzubeugen.

Ein Datenbüro kann als eine der kritischen Support-Funktionen betrachtet werden, die sowohl die Argumente als auch die Befugnisse benötigen, um Menschen dazu zu bringen, ihr Verhalten zu ändern. Warum also nicht andere Abteilungen als Benchmark verwenden, die in einer ähnlichen Position sind?

Ein in gewissem Grade messbares Kriterium könnte sein: „Wie oft werden wir eingeladen, anderen zu helfen?" Es kann dokumentieren, wie der Übergang von „anderen aufgezwungen zu werden" zu „zu einem vertrauenswürdigen Berater zu werden" gelingt.

Dieser Aspekt ist so wichtig, dass Sie ihn möglicherweise den individuellen Zielen Ihrer Teammitglieder hinzufügen möchten.

Hier ist ein weiterer Test, wie erfolgreich Ihre Maßnahmen sind: Hören Sie Mitarbeitern zu und finden Sie heraus, was diese meinen, wenn sie im Zusammenhang mit dem Datenmanagement „wir" sagen. Beziehen sie sich dabei auf die gesamte Organisation oder auf ihren jeweiligen Mikrokosmos, z. B. ihr eigenes Team oder ihre Abteilung?

Ich erinnere mich an einen Senior Vice President of Finance, der sagte: „**Wir** müssen cross-funktional arbeiten." Leider stand das Wort „wir" in diesem Satz für die Finanzabteilung. Von der Debitorenbuchhaltung wurde erwartet, dass sie eng mit ihren Kollegen aus dem Controlling zusammenarbeitet, während ein Dialog mit z. B. der Vertriebsabteilung keinerlei Priorität hatte.

In reifen Organisationen wird „wir" meistens verwendet, um die **gesamte** Organisation zu beschreiben. Dies ist in der Datenverwaltung von enormer Bedeutung, da es so etwas wie „Finanzdaten" oder „Marketingdaten" nicht gibt. Stattdessen sollten wir von einer Finanz- oder Marketingperspektive der Daten „unserer" Organisation sprechen.

Ähnlich sollte das Wort „sie" nicht verwendet werden, um andere Teams (oder im Sinne von „diese Leute auf der Führungsebene", das Top-Management) zu beschreiben. Es sollte sich stattdessen auf Parteien außerhalb der Organisation beziehen, vor allem auf die Konkurrenz.

Masterdaten-Management

„Ihr wollt meine Metadaten?
Ihr müsst sie mir aus meinen kalten,
toten Händen reißen…"

TimoElliott.com

Abb. 5 - 1 . Wem gehören die Daten?

© Der/die Autor(en), exklusiv lizenziert an APress Media, LLC, ein Teil von
Springer Nature 2023
M. Treder, *Das Management-Handbuch für Chief Data Officer*,
https://doi.org/10.1007/978-1-4842-9346-1_5

Sind statische Daten nicht veraltet?

Data Management dreht sich doch um Analytics, Machine Learning und Erkenntnisse durch Visualisierung, oder? Also, warum beschäftigt sich dieses Buch gleich nach dem Strategieteil mit Masterdaten, noch bevor es Daten-Governance behandelt?

Und ja, in Zeiten von Agile klingen Masterdaten manchmal wie eine Einschränkung aus der Vergangenheit.

Aber nichts könnte weiter von der Wahrheit entfernt sein.

In einem LinkedIn-Post im Dezember 2019 hatte es der „Data Whisperer" Scott Taylor so ausgedrückt: „Masterdaten sind unabhängig von Makro-Trends!"

Und ich stimme ihm voll und ganz zu. Während sich Änderungen an Masterdaten vielleicht immer agiler vornehmen lassen müssen, wird der Bedarf an aktiv gemanagten Masterdaten auch in Zukunft nicht verschwinden.

Transaktionsdaten spiegeln tägliche Transaktionen oder Ereignisse wider, oft sogar als Nebenprodukt entstanden. Im Gegensatz dazu werden Masterdaten bewusst gepflegt, um die Geschäftstätigkeit zu unterstützen.

Selbst wenn Analytics sich auf Transaktionsdaten (einschließlich Big Data) konzentriert, so offenbart ein genauerer Blick, dass keine dieser Transaktionsdaten ohne Masterdaten klassifiziert und interpretiert werden (und damit Einsichten für das Unternehmen liefern) könnten.

Außerdem werden Transaktionsdaten, die auf der Grundlage von schlechten Masterdaten erstellt werden, unweigerlich die unzureichende Qualität letzterer erben.

Und das kann ein teures Problem werden. Ich erinnere mich an ein Unternehmen, in dem der Head of Sales auf einen Stapel Briefe auf seinem Schreibtisch wies, alle an Kunden adressiert und mit „Zurück an Absender – unzustellbar" markiert. Für diese Kunden wurden Dienstleistungen erbracht, aber die entsprechenden Rechnungen konnten sie nicht erreichen. Die Adressdaten des Unternehmens waren zu schlecht, und der finanzielle Schaden traf direkt die Unternehmensbilanz!

Natürlich sind Masterdaten nicht auf Kundendaten beschränkt, sondern relevant für alle Bereiche einer Organisation. Ich kenne keine Geschäftsfunktion, die *keine* Masterdaten benötigt oder besitzt.

Und die Digitalisierung erhöht den Einfluss von schlechten Masterdaten sogar noch auf alle Teile einer Organisation.

In einer Umfrage von Deloitte im Jahr 2019 wurden Chief Procurement Officer nach ihren größten Herausforderungen bei der Bewältigung der digitalen Komplexität gefragt. Das am häufigsten genannte Thema, das von

60 % aller CPOs angesprochen wurde, lautete „schlechte Qualität, Standardisierung und Governance von Masterdaten"[1] (Delesalle und Van Wesemael 2019). Willkommen in einer Welt, in der ein Chief Data Officer unverzichtbar geworden ist!

Was umfassen Masterdaten?

Masterdaten, Referenzdaten, Metadaten

Die Abgrenzung zwischen Masterdaten, Referenzdaten und Metadaten ist nicht völlig eindeutig.

Meine Empfehlung ist jedoch, nicht zu viel Energie darauf zu verwenden, eine perfekte Definition zu finden. Sie sollten stets einen guten Grund haben, zwei Typen von Daten zu unterscheiden. Andernfalls ist es eine rein akademische Übung.

Das Postleitzahlformat eines Landes könnte als Masterdaten angesehen werden, aber auch als Metadaten. Wechselkurse könnten als Referenzdaten betrachtet werden – da sie sich ständig ändern, könnte man sie auch als Transaktionsdaten betrachten.

Müssen Sie hier eine Klassifizierung vornehmen? Nur, wenn Sie praktische Gründe dafür haben!

Ich biete Ihnen drei mögliche Treiber an, die eine Klassifizierung rechtfertigen würden:

- Der Bedarf an unterschiedlichen Prozessen
- Der Bedarf an einem Wechsel des Datenverantwortlichen
- Ein Unterschied in den Auswirkungen von Änderungen

Dies ermöglicht es Ihnen, Governance für verschiedene Datentypen einzuführen, indem Sie auf Masterdaten, Referenzdaten oder Metadaten verweisen.

Betrachtet man diese drei Aspekte, fallen einem zwei Kriterien ein:

(i)   Unterschiedliche Prozesse

Man möchte schließlich zwischen **Änderungen der Datenstruktur** und **Änderungen des Dateninhalts** unterscheiden.

Erstere erfordern oft ein Redesign von Anwendungen, Schnittstellen oder Datenbanken. Sie sind grundlegend anders als letztere, die Anwendungen idealerweise durch

---

[1] 40 Prozent aller CPOs nannten „Inability to generate analytics and insights across these systems." Kein anderer Punkt wurde von mehr als 33 Prozent aller CPOs genannt.

Konfiguration anders verhalten lassen. Änderungen an der Datenstruktur erfordern in der Regel einen komplexeren Prozess als Änderungen am Dateninhalt.

(ii) Unterschiedliche Verantwortlichkeit

Auch die **Verantwortlichkeit** unterscheidet sich auf ähnliche Weise: Daten über Kunden, Standorte und Produkte werden von den Fachleuten als Teil ihrer täglichen Arbeit definiert, da ein Fehler in einem einzigen Fall nur einen begrenzten Einfluss hat. Jede Änderung an Daten, die solche Daten strukturiert oder spezifiziert, hat hingegen einen möglichen Einfluss auf viele Datensätze. Das Gleiche gilt für Massendatenänderungen, die in der Regel im Batch-Modus durchgeführt werden. Aus diesem Grund sollte die Verantwortung für solche Änderungen beim Datenverantwortlichen liegen, der manchmal sogar eine Auswirkungsanalyse durchführen muss.

Als Ergebnis könnten wir folgende Klassifizierung vorschlagen:

(i) Masterdaten (Stammdaten)

- Werden von Personen innerhalb der Fachabteilungen gepflegt.

- Einzelne Änderungen haben gewöhnlich einen geringen oder keinen Einfluss auf die Geschäftsprozesse.

- Wenn ein einzelner Datensatz falsch ist, ist der Einfluss oft auf Transaktionen beschränkt, die mit diesem Datensatz zu tun haben.

- Systematische Fehler in den Wartungsprozessen können jedoch einen erheblichen negativen Einfluss haben.

(ii) Referenzdaten

- Werden von IT-Anwendungen verwendet, die der Stammdatenpflege dienen.

- Änderungen an den Referenzdaten können Auswirkungen auf die Stammdaten haben. Wenn ein Jobtitel geändert oder aufgegeben wird, sind alle Mitarbeiter mit diesem Titel betroffen.

- Werden von Datenerstellern gepflegt.

- Sie bestehen in der Regel aus Wertelisten, aus denen Attribute von Stammdaten ausgewählt werden.

(iii) Metadaten

- Spezifizieren Referenzdaten, Stammdaten und Dokumente

- Werden von Datenverantwortlichen verwaltet

(iv) Transaktionsdaten

- Werden durch die Ausführung von Geschäftsprozessen erstellt

Wenn Sie diese Kriterien als Ihren Unterscheidungsfaktor wählen, können Sie leichter unterschiedliche Änderungsprozesse für Daten definieren, die lediglich Änderungen in einem Datenwartungs-Tool erfordern, im Vergleich zu denen, die eine Bewertung (und ggf. Änderungen) der Anwendungslandschafts einer Organisation erfordern.

Und noch einmal: Ihre Definitionen sollten vom Geschäftszweck getrieben werden. Wenn Sie beabsichtigen, zwei verschiedene Arten von Referenzdaten unterschiedlich zu behandeln, dann führen Sie die Aufteilung weiter. Und wenn Sie genau die gleichen Prozesse auf Masterdaten und Referenzdaten anwenden, verwenden Sie einen Begriff, um beide gemeinsam zu beschreiben.

Aber seien Sie zukunftsorientiert: Erhalten Sie sich die Flexibilität, in Zukunft zu unterscheiden, was heute ähnlich ist!

Beachten Sie, dass ich im Laufe dieses Buches den Ausdruck „Masterdaten" zusätzlich als generischen Begriff für Masterdaten, Referenzdaten und Metadaten verwende. Dementsprechend beziehe ich mich, wenn ich im allgemeinen Kontext „MDM" (für Master Data Management) sage, in der Regel auf den Umgang mit allen drei Datentypen. Sie müssen diese Gewohnheit nicht befolgen, aber Sie sollten beim Lesen darauf achten.

Beispiele für Masterdaten

- Gruppen oder Individuen: Kunden, Lieferanten, externe Partner, Angestellte, Behörden

- Dienstleistungsbezogene Dinge: Produkte, Ersatzteile, Betriebsmittel, Materialien

- Geräte: Gabelstapler, Maschinen, Fahrzeuge, Drucker

- Lokalisierbare Daten: Betriebsstätten, Läger, Büros, Vertriebsgebiete, Adressen

Beispiele für Referenzdaten

Die folgenden Beispiele veranschaulichen die vielfältige Natur von Referenzdaten. Sie machen deutlich, dass die Koordination von Referenzdaten und die Vereinbarung von Regeln eine zentrale Aufgabe ist, die idealerweise vom Data Office übernommen wird.

(i) **Wechselkurse**

Jede international aktive Organisation benötigt für Transaktionen und finanzielle Bewertungen genaue Wechselkurse. Es gibt verschiedene Möglichkeiten, Wechselkurse zu berechnen, Sie müssen sich für den Standort entscheiden, und ob es sich um den Verkaufs- oder den Kaufkurs handelt. Genauso wichtig ist es, für jede Transaktion zu vereinbaren, in welcher Währung der Basispreis berechnet wird.

Außerdem muss man sich für die Häufigkeit der Änderungen an einem Wechselkurs entscheiden - von Echtzeit-Änderungen bis hin zu monatlichen Kursen, je nach Verwendungszweck.

Wenn Sie nur einen einzigen Aspekt vergessen, laufen Sie Gefahr, dass zwei verschiedene Preise für denselben Kauf entstehen - ein Worst-Case-Szenario sowohl für Ihre Kunden- oder Lieferantenbeziehung als auch für Ihr Rechnungswesen.

Wechselkurse ändern sich von Sekunde zu Sekunde und unterliegen dem permanenten Handel. Wenn man jedoch jede Änderung berücksichtigen würde, wäre es unmöglich, mit einer stabilen Grundlage zu arbeiten, und die Preise für Exporte könnten sich permanent ändern.

Volatile Währungen erfordern schnelle Reaktionen auf Wechselkursänderungen, und dennoch würden Sie die ausländische Währung nicht unbedingt sofort nach Ihrem Kauf verkaufen, was zum Risiko einer Wertminderung der Währung nach dem Verkauf führt, unabhängig davon, wie genau Ihre Wechselkursverarbeitung ist.

Wechselkurse für Transaktionen zwischen Geschäftspartnern können in der Regel frei vereinbart werden, aber es gibt keinen Spielraum für Ambiguität.

Die regulierten Berechnungen, denen Sie unter anderem im Bereich Steuern, Zölle und Berichterstattung begegnen, müssen häufig externen Regeln folgen, einschließlich der Häufigkeit der Änderungen und der Rundungsregeln.

In beiden Fällen ist es unglaublich wichtig, die Historie der Wechselkurse vorzuhalten. Andernfalls könnten Sie nicht rückwirkend den für eine Transaktion in der Vergangenheit geltenden Kurs berechnen.

Alle diese Aspekte zeigen, wie wichtig die zentrale Verarbeitung von Wechselkursen für jede Organisation ist. Wenn beispielsweise der Vertrieb und Finanzen unabhängig voneinander arbeiten, werden Sie mit erheblichen Abstimmungsproblemen konfrontiert, und wenn Sie die Wahl des Wechselkurses den BI- und Analytics-Leuten überlassen, kommen unterschiedliche Personen zu unterschiedlichen Ergebnissen.

Mein Rat ist

– Definieren Sie sorgfältig und legen Sie einen Datenverantwortlichen für diesen Bereich fest. Dieser Verantwortliche muss sich mit allen anderen Beteiligten abstimmen.

– Machen Sie das Data Office verpflichtend zum Koordinator, um voneinander unabhängige Aktivitäten zu vermeiden.

– Legen Sie mit dem Daten-Fachverantwortlichen und der Stakeholder-Community klare Regeln fest und dokumentieren Sie diese.

– Stellen Sie sicher, dass Sie alle vereinbarten Quellen von Wechselkursen abonnieren und die Werte in Ihrem Referenzdaten-Repository speichern. Es ist von größter Bedeutung, immer eine genaue und vollständige Historie der Wechselkurse für jede Quelle zu haben.

– Überlegen Sie, eigene, organisationsspezifische Attribute zu speichern, z. B., ob Sie eine bestimmte Währung für die Zahlung akzeptieren oder ab welchem Volatilitätsniveau Sie eine Warnung an das Risikomanagement senden.

(ii)   **Adressdaten**

Adressdaten sind komplex. Sowohl die Adressen selbst als auch die Zuordnung von Adressen zu Geschäftspartnern unterliegen dauerhaften Änderungen.

Selbst Länder mit spezifizierten Adresslogiken sind mit Unklarheiten konfrontiert.

- Typische Teile einer Adresse können in der Regel abgekürzt werden, was zu unterschiedlichen, gültigen Schreibweisen derselben Adresse führt (z. B. „Rd" vs. „Road").

- Einige Teile einer Adresse sind optional, d. h. sie werden nur aus Klarheitsgründen bereitgestellt und sind nicht erforderlich, um den genauen Standort zu bestimmen.

- In vielen Ländern gibt es unterschiedliche gültige Möglichkeiten, eine Adresse zu bestimmen, oft, weil eine neue Methode eingeführt wurde, aber die Menschen die alte weiterhin verwenden.

- In einigen Ländern gibt es ein ausgeklügeltes Adress- und Postleitzahlensystem, aber kaum jemand verwendet es.

- Unterschiedliche Alphabete machen es noch komplizierter.

All diese Punkte schaffen Unklarheiten, so dass ein einfacher Zeichenfolgenvergleich nicht ausreicht, um zu bestimmen, ob zwei Adressen denselben Standort angeben.

Das gesamte Thema der Adressverwaltung verdient ein eigenes Buch.

Empfehlungen:

- Normalisieren: Einigen Sie sich auf einen einzigen führenden Standard und eindeutige Zuordnungsregeln (z. B. einen klaren Standard für die Transliteration bei mehreren verwendeten Alphabeten).

- Erwägen Sie die Verwendung von Geo-Koordinaten: Sie sind unabhängig von Schreibweise und Format, da sie einen eindeutigen geografischen Standort angeben. Seien Sie aber vorsichtig: Wolkenkratzer können zu Hunderten von Organisationen mit denselben x- und y-Koordinaten führen. Und die Form eines Gebäudes entspricht in der Regel nicht der rechteckigen Form eines Paares von Geo-Koordinaten. Erwägen Sie daher die Verwendung von Geo-Fencing und die Verwendung einer dritten Koordinate für die vertikale Unterscheidung.

- Ziehen Sie die Verwendung externer Adressbe-reinigungsdienste in Betracht: Keine Organisation hat perfekte Adressdaten für alle Länder auf der Erde, aber einige Anbieter arbeiten mit unterschiedlichen lokalen Adressanbietern zusammen, um präzise Adressdaten global bereitzustellen.

- Aus Gründen der Konformität und Rechtslage sollten Sie eine Historie der Adressen pro Partei führen und jede ursprüngliche Adresse beibehalten, wie sie vom Kunden bereitgestellt wurde.

- Verwenden Sie die länderspezifische Adress-Logik, einschließlich der zugehörigen Metadaten. Sie können es selbst implementieren; verwenden Sie dabei APIs oder externe Datenanbieter. In jedem Fall sollten Sie auf die Möglichkeit täglicher Änderungen vorbereitet sein.

(iii) **Sprachdaten**

Eine Sprache ist eine Sprache? Natürlich ist die Welt komplizierter als das ...

Typische Herausforderungen sind

- Unterschiedliche Alphabete (Latein, Kyrillisch, Hebräisch, Koreanisch, Chinesisch), von denen die meisten in mehreren Varianten auftreten.

- Unterschiedliche Rechtschreibstandards derselben Sprache in demselben Land (Norwegisch)

- Transliteration nicht immer eindeutig (Kanji in Japan)

- Mehrere Länder-Versionen derselben Sprache (Englisch)

- Mehrere Sprachen pro Land (Indien, Schweiz, Kanada)

Empfehlungen:

- Arbeiten Sie immer mit Unicode, wenn Sie mit verschiedenen Sprachen umgehen.

- Definieren Sie eine interne führende Sprache und ein Alphabet. Mappen Sie immer auf Ihre Standard-Sprache. Dies gibt Ihnen nur (n-1) Beziehungen zu verwalten, anstatt n * (n-1)/2 Beziehungen zwischen je zwei Sprachenpaaren.

- Arbeiten Sie mit der Kombination von Land plus Sprache (wie es die meisten Sprachdienstleister tun) und definieren Sie immer eine Standard-Sprache pro Land.

- Sprachverarbeitung muss in der Lage sein, bestimmte Ausdrücke innerhalb Ihrer Organisation zu definieren, die nicht übersetzt werden dürfen, zum Beispiel, weil sie Teil einer Marke sind. Beachten Sie, dass Sie in den meisten Fällen immer noch transliterieren müssen. Und die Verarbeitung von organisationweiten Übersetzungen aller anderen organisationsspezifischen Ausdrücke muss ebenfalls möglich sein.

(iv) **Organisationshierarchien**

Ändert sich Ihre Organisation von Zeit zu Zeit? Erwirbt sie andere Organisationen und integriert sie? Betritt sie neue Märkte mit eigenen Tochtergesellschaften? Gründet sie Joint Ventures mit anderen Organisationen? Wenn Sie nicht für einen lokalen Schornsteinfeger arbeiten, haben Sie jetzt mindestens einmal mit „Ja" geantwortet.

Aber wer ist in jedem dieser Fälle verantwortlich? Wo wird die Struktur gespeichert und wie?

Traditionell denken Menschen außerhalb der Finanzabteilung, dass die organisatorische Struktur intuitiv klar ist. Aber der Teufel steckt im Detail, und es gibt viele gute Gründe, das häufig beobachtete feste Einprogrammieren von Hierarchien in funktioneller Software zu vermeiden.

Empfehlungen:

- Klären Sie möglicherweise unterschiedliche Zwecke für organisatorische Hierarchien. Die interne Struktur von Organisationen unterscheidet sich häufig von der externen, rechtlichen Struktur. Wenn nötig, führen Sie zwei oder mehr unterschiedliche Hierarchien.

- Bestehen Sie auf der Mandatserteilung für die Verwahrung dieser Informationen beim Data Office, um eine nachhaltige, cross-funktionale und umfassende

Verwaltung von Hierarchieinformationen zu gewährleisten.

- Bestimmen Sie den am besten geeigneten Daten-Fachverantwortlichen. Je nach Profil Ihrer Organisation kann der Verantwortliche Finanzen, Recht, M&A oder sogar eine dedizierte Business Transformation Einheit sein.

- Entwerfen Sie die Datenstruktur Ihrer Hierarchien so, dass Änderungen durch Konfiguration implementiert werden können.

- Arbeiten Sie mit den Fachverantwortlichen an der (nicht trivialen) Zuordnung zwischen Evolutionsstufen der Hierarchie, um Vergleiche mit dem Vorjahr zu ermöglichen. Eine solche, eindeutige Zuordnung muss allen Datenkonsumenten zur Verfügung gestellt werden, um Konsistenz in Berichtswesen und Analytics zu gewährleisten.

- Die Struktur der gespeicherten Historiendaten sollte eine einfache Zuordnung von Ereignissen und Transaktionen zum korrekten Teil der Hierarchie ermöglichen, sobald das Datum bekannt ist, insbesondere für rechtliche Hierarchiearten.

Beispiele für Metadaten

Es gibt so viele Arten von Metadaten wie es Arten von anderen Daten gibt. Am Ende beschreiben Metadaten andere Daten.

Hier sind einige Beispiele:

(i)   **Formatbeschreibungen**
Die meisten Elemente von Masterdaten und Transaktionsdaten erfordern Formatbeschreibungen, um eine Datenvalidierung zu ermöglichen und, falls erforderlich, die Daten zu interpretieren. Typische Beispiele sind die Länge und das Format von Kontonummern.

Die Formatbeschreibung externer Daten fällt ebenfalls unter Metadaten, z. B. das Format und die Länge von Umsatzsteuernummern.

(ii) Dokumenteninformationen

Klassifizierung und Tagging von Dokumenten: Gespeicherte Originaldokumente haben eine große Anzahl von Metadatenelementen wie Format, Anzahl der Seiten oder Datum der letzten Änderung. Die meisten Dateiformate speichern sogar einen Teil der Metadaten als Teil der Datei selbst.

Gescannten Dokumenten fehlen zunächst Metadatentags wie Herkunft, Autor oder Größe - hier kommen zusätzliche Informationen durch OCR (Optical Character Recognition - Optische Texterkennung) und Textanalyse hinzu. Aus diesem Grund sollten diese Schritte bereits bei Erhalt eines solchen Bildes durchgeführt werden, um eine sofortige Auffindbarkeit und eine effektive Nutzung zu ermöglichen.

OCR und Textanalyse übersetzen oft ganze Dokumente in systematische Informationen, wodurch das ursprüngliche Dokumentenbild zu einem Nebenaspekt wird. In diesem Fall kann die Mehrzahl der Informationen als Transaktionsdaten angesehen werden, nicht als Metadaten. Ihre Abgrenzung sollte wiederum dem Zweck folgen: Welche Daten sollten unter Ihre Metadatenrichtlinien fallen und welche Daten sollten von Ihren Richtlinien für Transaktionsdaten abgedeckt werden?

(iii) Klassifizierung von Big Data

Ähnlich wie bei Metadaten über gescannte Dokumente erfordern unstrukturierte Big Data-Dateien auch Metadaten wie Datum, Herkunft oder verwendeter Zeichensatz.

Diese Metadatenelemente sind erforderlich, um den Inhalt der Daten in den nachfolgenden Schritten akkurat zu interpretieren.

In diesem Sinne ist der Begriff „unstrukturiert" schon für die erste rohe Version eines Big Data-Repository nicht wirklich angemessen. Es wird dann durch die erste Analyse immer strukturierter, bis Sie genügend Metadaten ermittelt haben, um es Analysen unterziehen zu können, z. B. für Mustererkennung oder Korrelationsermittlung.

Darüber hinaus hilft die Metadatenerkennung sicherzustellen, dass der Inhalt eines Big Data-Repository mit
den Daten übereinstimmt, die verwendet wurden, um
den Machine Learning-Algorithmus zu trainieren, den Sie
anwenden möchten.

Eine effektive Metadatenverwaltung hilft, all dies auf
strukturierte Weise zu tun.

Verwaltung von Masterdaten

Fachbereichsübergreifendes MDM

Masterdaten sind in der Regel fachbereichsübergreifend. Mit anderen Worten,
mehr als ein Team oder eine Abteilung hängt von einem bestimmten Satz von
Masterdaten ab. Dennoch haben viele Organisationen immer noch
unterschiedliche Masterdaten-Bereiche, die autonom von verschiedenen
Teams gepflegt werden.

Das Datenmodell

Ein vollständiges Datenmodell ist für die Gestaltung von Masterdaten
unerlässlich.

Metadaten stehen in enger Beziehung zum Datenmodell. Die Kardinalität und
das Format der Attribute müssen im Datenmodell gepflegt werden, und die
Metadatenverwaltung muss diese Informationen aus dem Datenmodell
abrufen.

Aber auch die Struktur und Logik von Masterdaten und Referenzdaten sollten
im Datenmodell definiert werden.

Als allgemeine Regel gilt, dass Geschäftslogik und Struktur stets zunächst in
das Datenmodell einfließen sollten. Masterdaten und deren Wartung werden
dann auf der Grundlage des Datenmodells definiert.

Historische Versionen der Masterdaten

Masterdaten, Referenzdaten und Metadaten erfordern alle eine historische
Dimension: Die Änderungen des Werts eines jeden Attributs im Laufe der Zeit.

Sie sollten immer in der Lage sein, für ein gegebenes Datum in der Vergan-
genheit den originalen Stand zu rekonstruieren (und dies sollte sogar für ein
Datum in der Zukunft möglich sein, wenn Sie Masterdaten im Voraus pflegen).
Sie könnten diese Fähigkeit aus rechtlichen Gründen benötigen, zu Debugging-
Zwecken oder um Szenarien durchzuspielen, um nur einige Fälle zu nennen.

Aus diesem Grund sollten Webservices immer eine Variante des Aufrufs anbieten, bei der ein Datum bereitgestellt wird und bei dem der Webservice das Ergebnis für dieses Datum zurückgibt. Dies hilft Ihnen, mit vergangenen und zukünftigen Daten zu testen, Fälle zu rekonstruieren, um Ansprüche zu bewerten, oder um Fehlermeldungen zu verifizieren.

Eine ordnungsgemäße Historie bietet Ihnen auch einen zusätzlichen Mechanismus zur Datenverifizierung. Beispiele:

- Sie können ein Produkt nicht in einer Anlage produzieren, während diese den Status „im Bau" hat. Wenn eine solche Kombination gefunden wird, kann sie einem Benutzer mit der Bitte zur Prüfung des Sachverhaltes angezeigt werden.

- Sie können nicht an eine Postleitzahl versenden, die nicht mehr (oder noch nicht) gültig ist. Eine historische Ansicht kann bei der Ablehnung einer solchen Postleitzahl zusätzliche Historiendaten hinzufügen: „Nicht mehr gültig seit" oder „Erst gültig ab ..." bietet mehr Informationen als „Nicht gültig!".

- Selbst ein derzeit solventer Kunde kann eine enge Überwachung erfordern (oder von der Zahlung auf Rechnung ausgeschlossen werden), wenn die Kreditwürdigkeit des Kunden in den vergangenen zwei Jahren schlecht war.

Aber Sie werden auch Herausforderungen bei der Verarbeitung von Historiendaten begegnen:

- Vergleiche mit dem Vorjahr nach Änderungen: Wenn Sie Ihre Kundensegmentierung neu strukturieren, wird es schwierig, die jährliche Entwicklung der Kundenloyalität pro Segment zu bestimmen.

- Während NoSQL-Datenbanken in der Regel Änderungen am Datenmodell ohne Neugestaltung handhaben können, laufen SQL-Datenbanken leicht in Probleme. Sie erkennen zusätzliche Tabellen nicht, vermissen verlorene Tabellen und sind empfindlich gegen Änderungen der Primärschlüsselstruktur.

- Selbst wenn eine Datenbank strukturelle Änderungen verarbeiten kann, kann die Client-Anwendung dies möglicherweise nicht - es sei denn, sie wurde bewusst so entwickelt, dass sie verschiedene Verfahren unterstützt. Leider ist eine solche Fähigkeit aber häufig fest programmiert. Noch häufiger wird eine Anwendung modifiziert, um eine neue Logik zu unterstützen, wobei sie die Fähigkeit verliert, die vorherige Logik zu unterstützen.

Diese Fälle veranschaulichen, wie wichtig es ist, die Rückwärtskompatibilität von Software und Datenbanken zur Liste der Anforderungen bei jeder Änderung hinzuzufügen - sei es ein großes Release, sei es ein Sprint eines agilen Projekts.

MDM und Masterdaten-Software

Masterdaten-Organisationsmodelle

Es gibt nicht nur den einen Weg, Masterdaten zu gestalten und zu implementieren. Je nach Ihren - funktionellen und fachübergreifenden - Geschäftsanforderungen können Sie zwischen verschiedenen Masterdaten-Organisationsmodellenfür Ihre gesamte Masterdaten-Umgebung oder für Teile davon wählen. Sie können sich auch für hybride Lösungen entscheiden, die entweder vorübergehend oder als Teil Ihrer langfristigen Zielstellung dauerhaft sind.

Typische Masterdata-Organisationsmodelle sind[2]

(i) **Zentralisiert**

Eine vollständig zentralisierte Lösung ist aus Datenqualitätsperspektive die sicherste Variante. Es ist einfach, das Single Source of Truth-Prinzip - ein großer Teil davon ist bereits Teil des Datenbankdesigns - umzusetzen.

Beachten Sie, dass hier nicht die Datenpflege zentralisiert wird, sondern nur die Daten selbst. Datenstewards aus aller Welt können Daten direkt in einer zentralen Lösung pflegen, ob sie on-Premise oder in der Cloud ausgeführt wird.

(ii) **Virtuell Zentralisiert**

Der technologische Fortschritt während der vergangenen 20 Jahre hat die logische Struktur eines Datenrepositoriums immer stärker von seiner technischen Gestaltung entkoppelt. Die meisten Datenbanklösungen ermöglichen eine verteilte Datenbankkonfiguration, bei der entweder die Datensätze an mehreren entfernten Standorten verteilt sind oder die Datenbank automatisch alle Datensätze zwischen verschiedenen Instanzen derselben Datenbank repliziert.

---

[2] Diese Organisationsmodelle und ihre Namen sind nicht standardisiert. Sie finden unterschiedliche Namen und unterschiedliche Abgrenzungen der Stile in der Literatur. MDM-Lösungen kommen wiederum mit ihrer eigenen Struktur und Terminologie daher.

Datenbanklösungen in der Cloud funktionieren nicht anders.

Als Folge davon ist eine weltweite Präsenz eines Unternehmens kein Grund mehr für unabhängige, lokal gepflegte Datenbanken. Nur Standorte mit eingeschränkter Konnektivität oder rechtlichen Einschränkungen können lokale Datenrepositorien rechtfertigen - selbst diese sollten aber idealerweise nur schreibgeschützte Replikate oder Caches einer einzigen logischen Datenbank sein.

Ein Wort der Vorsicht: Ein Primärschlüssel in einer einzelnen physischen oder virtuellen Datenbank verhindert keine Duplikate. Tippfehler und unterschiedliche Schreibweisen können dazu führen, dass mehrere Datensätze auf dasselbe „Ding" verweisen, und dass dies von den Zeichenfolgevergleichsfunktionen einer Datenbank nicht erkannt wird. (Siehe auch Kap. 10 Abschnitt „Sorgen Sie dafür, dass die Daten sauber werden und bleiben".)

(iii) **Verteiltes Lesen**

Manchmal können Legacy-Anwendungen nicht auf die Verwendung von Daten aus modernen MDM-Lösungen umstellen, z. B. wenn Mainframes nicht in der Lage sind, Masterdata-Webservices aufzurufen oder wenn das Risiko, ein altes System zu modifizieren, als zu hoch eingeschätzt wird.

In diesen Fällen sollten Sie versuchen, zumindest die Wartung aller dieser Masterdaten in eine zentrale Lösung zu verlagern (es sei denn, die aktuelle Masterdata-Wartung ist ein untrennbarer Bestandteil eines monolithischen Legacy-Systems). Sie können dann einen Replikations-Mechanismus einrichten, um regelmäßig alle lokalen Repositories für die lokale Verwendung zu aktualisieren.

Die meisten professionellen MDM-Lösungen werden in der Lage sein, alle diese Vorgehensweisen zu unterstützen. Aber Sie finden in der Regel Einschränkungen in Ihrer Legacy-Infrastruktur. Deshalb ist die Fähigkeit, mit Legacy-Lösungen zusammenzuarbeiten und zu interagieren, ein wichtiges Kriterium für die Auswahl Ihrer MDM-Software.

(iv)   **Verteiltes Lesen und Schreiben**

Wenn technische Einschränkungen verhindern, dass Sie Masterdaten sogar eines einzigen Typs zentralisieren, könnten Sie gezwungen sein, sie in mehreren Repositories zu behalten. In diesem Fall müssen Sie sicherstellen, dass zwischen diesen Repositories regelmäßig Synchronisierungen durchgeführt werden, um so nah wie möglich an eine Single Source of Truth-Situation zu gelangen. Prozesse sollten jedoch davon ausgehen, dass Datenrepositorien vorübergehend aufgrund des Fehlens einer Echtzeit-Synchronisierung nicht synchron sind.

Dieser Ansatz erfordert ein zentrales Registrierungsverfahren für Masterdata-Quellen, ihre Interdependenzen sowie deren Aktualisierungs- und Verwendungshäufigkeit, damit Sie die Synchronisierungsprozesse systematisch automatisieren können.

(v)   **Unabhängig**

Dies ist (leider) das am häufigsten vorkommende Organisationsmodell in einer Legacy-Umgebung. Es entwickelt sich in der Regel über Jahrzehnte in einer Organisation mit ungeregelten Datenverarbeitungsprozessen, bei denen Masterdaten häufig als Nebenaspekt isolierter funktionaler Implementierungsprojekte spezifiziert und implementiert wurden.

Der Vorteil dieses Modells ist die Fähigkeit, lokale oder funktionale Lösungen schnell zu implementieren - aber die Vielzahl der Nachteile sollte Sie dazu bewegen, sich für ein anderes Design zu entscheiden.

In einigen Fällen sind die an verschiedenen Orten gepflegten Daten jedoch tatsächlich logisch unabhängig. Dies ist in der Regel der Fall, wenn bestimmte Masterdaten nur in einem begrenzten Kontext relevant sind.

In solchen Fällen besteht möglicherweise kein guter Business Case für die Integration solcher Masterdaten in eine organisationweite Masterdaten-Umgebung. Sie sollten dieses Ziel jedoch nicht aufgeben, sondern auf eine Gelegenheit warten, z. B. die Ersetzung oder Modernisierung der jeweiligen funktionalen Lösung.

Solange eine Organisation gezwungen ist, mit diesem Masterdaten-Organisationsmodell zu leben, muss der Mangel an Technologieunterstützung durch eine strenge Governance kompensiert werden, um eine manuelle Vermeidung von Datenqualitätsproblemen sicherzustellen.

Diese aufwändige manuelle Datenqualitätsarbeit erfordert zusätzliche Ressourcen. Sie können diesen Umstand möglicherweise nutzen, um einen Business Case für den Umstieg auf nachhaltigere Masterdaten-Lösungen zu erstellen.

Verstehen Sie zunächst Ihre Anforderungen

Auch wenn viele Softwarepakete als „MDM" bezeichnet werden, so steht dieses Akronym doch für eine Art der Verwaltung Ihrer Masterdaten, nicht für eine IT-Lösung.

Die Beratungsfirma Gartner hat es auf den Punkt gebracht: „MDM ist ein komplexes und kostspieliges Unterfangen. Als technologiegestütztes Unternehmensvorhaben kann Software allein die Herausforderung nicht meistern" (Parker und Walker 2019).

Aus diesem Grund empfehle ich dringend, die Auswahl Ihrer Masterdaten-Software erst als den allerletzten Schritt auf Ihrer Masterdaten-Reise zu betrachten. Es ist gut, sich frühzeitig über die Möglichkeiten von Standardsoftware zu informieren, aber diese Möglichkeiten sollten die Geschäftsanforderungen nicht maßgeblich bestimmen.

Wenn Sie nicht wissen, welche Masterdaten-Software erwartet wird, oder wenn Sie nicht die Governance haben, damit die Menschen diese Software verwenden können, besteht die Gefahr, dass Sie nicht die bestmögliche Softwarelösung auswählen. Schlimmer noch, die Lösung wird wahrscheinlich nicht bestimmungsgemäß - oder überhaupt nicht - verwendet.

Ermittlung Ihrer Anforderungen

Auf der Grundlage von Erfahrungen in verschiedenen Organisationen schätze ich, dass 80 Prozent der Anforderungen einer Organisation an eine Masterdaten-Lösung im Voraus durch die Analyse und Entwicklung eines Data Management-Frameworks bestimmt werden können.

Interessanterweise umfassen diese 80 Prozent Ihrer Anforderungen viele Entscheidungen, die Sie treffen können, ohne sich zwischen richtig und falsch entscheiden zu müssen (da beide Alternativen funktionieren würden).

Andere Aspekte, die im Voraus geklärt werden können (und müssen), sind die Anzahl der Benutzer und Anwendungen, die Zugriff benötigen, und wie sie auf die Daten zugreifen. Aus diesem Grund müssen Datenpflegeprozesse frühzeitig definiert werden. Darüber hinaus müssen Sie alle Einschränkungen in der Anwendungslandschaft bestimmen - und dies ist nicht auf Legacy-Anwendungen beschränkt.

Nur die verbleibenden 20 % Ihrer Geschäftsanforderungen entwickeln sich während der Verwendung einer Masterdaten-Lösung. Und wieder einmal handelt es sich bei diesen 20 Prozent zumeist um Verbesserungsideen, also nicht um Fälle von „do or die".

Der einfache Grund ist, dass die meisten Anbieter von Masterdaten-Lösungen regelmäßig das Feedback ihrer Kunden einbeziehen. Sofern Ihre Organisation sich nicht völlig von allen anderen unterscheidet, wird sie wahrscheinlich keine Anforderungen stellen, die noch keine andere Organisation zuvor gestellt hat. Aus diesem Grund können Sie erwarten, dass sogar mehrere MDM-Lösungen ohne echten „Show-Stopper" für Ihre Organisation verfügbar sind.

Daher sollten Sie sich schon frühzeitig mit den Angeboten der führenden Masterdaten-Lösungsanbieter vertraut machen - ohne aber bereits eine Vorauswahl zu treffen.

Umgekehrt können die Möglichkeiten, die diese Lösungen bieten, Ihnen helfen, Ihr Zielbild zu schärfen, bestehend aus Governance, Prozessen und unterstützenden Systemen.

Wasserfall oder Agile?

Welche Methode würden Sie wählen - Wasserfall oder Agile? Können Sie Ihre Anforderungen überhaupt vollständig auf Agile basieren?

Es ist fast selbstverständlich, dass die kontinuierliche Verbesserung einer implementierten Lösung standardmäßig auf agile Weise erfolgen sollte.

Ebenso offensichtlich muss der Prozess der Lösungsauswahl zumindest teilweise einen Wasserfallansatz verfolgen, da Sie an einem bestimmten Punkt eine Richtungsentscheidung treffen müssen. (Sie möchten schließlich nicht zu häufig zwischen MDM-Tools wechseln.)

Gleichzeitig sollte die Entwicklung Ihres Governance-Frameworks und Ihrer Masterdata-Prozesse auf agile Weise erfolgen. Die Dokumentation von Anforderungen an eine Masterdaten-Lösung kann ein willkommener Nebeneffekt sein, wenn Teams formal korrekt agil arbeiten.

Sie können sogar Ihre Masterdaten-Governance und -Prozesse unter Verwendung von Agile entwickeln.[3] In diesem Fall können die User Stories für Ihre Governance und Prozesse als User Stories für Ihre Masterdaten-Lösung betrachtet werden. Und Ihr agiler Backlog kann Teil der Anforderungsdefinition für die Ermittlung Ihrer Masterdaten-Lösung werden.

Build oder buy?

Organisationen waren jahrzehntelang gezwungen, ihre eigenen Masterdaten-Lösungen zu entwickeln. Die verfügbaren Lösungen auf dem Markt waren einfach noch nicht ausgereift und zudem fragmentiert: Multidomain-Masterdata-Lösungen gab es nicht, und kaum eine der Lösungen integrierte sich gut mit anderen Lösungen, geschweige denn mit anderen Bereichen des Data Management (z. B. mit Data-Modeling-Tools).

Inzwischen hat sich die Situation erheblich verbessert. Die Lösungsanbieter profitieren davon, dass Masterdaten-Lösungen relativ branchenunabhängig sind. Das bedeutet, dass Anbieter nicht zu viel Energie in die Entwicklung dedizierter Lösungen für verschiedene Branchen investieren müssen.

Aber selbst diese zunehmend raffinierten Masterdaten-Lösungen haben im Vergleich zu selbst entwickelten Lösungen, die spezifisch auf die Anforderungen der Organisation zugeschnitten sind, einen wesentlichen Nachteil: Wenn eine Funktion nicht verfügbar ist, können Sie sie nicht einfach hinzufügen - Sie müssen hoffen, dass auch der Lösungsanbieter sie für eine gute (und dringende) Idee hält.

Die Abhängigkeit von einem Lösungsanbieter ist eine Herausforderung, insbesondere bei der Arbeit mit Cloud-basierten Lösungen, bei denen die Konfigurierbarkeit in der Regel auf nicht essenzielle Aspekte beschränkt ist.

Wenn Sie derzeit eine oder mehrere Legacy-Masterdaten-Lösungen einsetzen, kann es sinnvoll sein, sie vorübergehend beizubehalten und Governance- und Prozesse einzuführen, um mit diesen Legacy-Lösungen zu arbeiten. Sie werden dabei wahrscheinlich viel lernen, das Ihnen später bei der Auswahl einer hervorragenden professionellen Lösung hilft.

Um zwischen Build oder Buy zu entscheiden, sollten Sie ehrlich bewerten, inwieweit der Umgang mit Masterdaten Ihrer Organisation dazu bestimmt ist, einen wettbewerbsfähigen Vorteil darzustellen oder „nur" eine professionelle Aktivität im Hintergrund zu sein, die Ihre Organisation dabei unterstützt, sich auf ihre Geschäftsziele zu konzentrieren.

---

[3] Es kann sinnvoll sein, sicherzustellen, dass der Product Owner Mitglied des Data Office ist, um eine Beeinflussung durch eine Fachabteilung zu vermeiden.

Es ist nichts falsch mit dem zweiten Ansatz! Sein Vorteil ist, dass Sie eine Masterdaten-Lösung auswählen und Teile Ihrer Governance-Prozesse anpassen können, um Ihr Unternehmen bestmöglich zu unterstützen.

Der Prozess der Lösungsauswahl wird ebenfalls einfacher: Sie können eine Liste von Optionen erstellen, die Ihren Kernanforderungen entsprechen, und dann diejenige Software auswählen, die das beste Preis-Leistungs-Verhältnis bietet.

Daten-Governance

„Ihr Weg klingt datengestützt und rational.
Machen wir es auf meine Art."

Abb. 6-1. Daten ohne Governance sind lediglich eine unverbindliche Empfehlung

© Der/die Autor(en), exklusiv lizenziert an APress Media, LLC, ein Teil von
Springer Nature 2023
M. Treder, *Das Management-Handbuch für Chief Data Officer*,
https://doi.org/10.1007/978-1-4842-9346-1_6

Gestalten Sie einen Satz von Datenprinzipien

In den meisten Fällen wird die Richtung einer datengesteuerten Organisation von der vorherigen Richtung derselben Organisation abweichen.

Neben der Erläuterung des großen Ganzen wird ein Data Office-Team in sehr konkreten Fällen beurteilen müssen, ob ein Vorschlag im Einklang mit der Datenstrategie steht, ob etwas geändert werden muss oder ob etwas fehlt.

Ein Team von Datenexperten wäre wahrscheinlich in jedem einzelnen Fall in der Lage zu beurteilen, was richtig und was falsch ist. Und eine gut dokumentierte technische Datenarchitektur wird der IT sicherlich dabei helfen, es richtig zu machen.

Aber die allgemeine Philosophie erfordert möglicherweise eine grundsätzliche Richtung, die von jedem verstanden werden kann, vom nerdigsten Datenbankexperten bis zum Marketing-Leiter.

Jeremy Cohen von CBS verwendete auf einer Datenkonferenz in London im Jahr 2018 folgende Analogie: „Lieber einen Kompass als Karten! Wir haben nicht alle Antworten."

Ein Satz von Datenprinzipien kann Ihnen als ein solcher Kompass dienen.

Betrachten Sie solche Datenprinzipien als „Verfassung" der Daten. Sie kann Orientierung in Fällen geben, die noch nicht von Standards und Richtlinien abgedeckt sind.

Aber schreiben Sie nicht einfach Ihre Prinzipien selbst und zwingen Sie sie anderen auf - selbst wenn Sie denken, Sie wüssten, wie man es richtig macht!

Sie sollten diese Prinzipien vielmehr gemeinsam mit den wichtigsten Betroffenen aus allen Fachabteilungen und der IT entwickeln. (Die richtigen Leute finden Sie wahrscheinlich in Ihrem Datennetzwerk.)

Es ist absolut in Ordnung, wenn Sie selbst einen ersten Entwurf erstellen, alleine oder mit dem gesamten Data Office-Team, um sicherzustellen, dass die Diskussion in die richtige Richtung geht. Sie können dabei bereits Punkte aufnehmen, die Sie als kritisch in Ihrer Organisation erkannt haben. Typische Kandidaten sind

- Für alle Daten gibt es einen Verantwortlichen.

- Wir konzentrieren uns stets zunächst auf die wichtigsten Daten.

- Wir konzentrieren uns immer mehr auf die Ursachen als auf die Symptome.

Aber es ist ebenso wichtig, so bald wie möglich kritische Personen einzubeziehen, zum Beispiel durch Workshops, damit sie sich als Mitverantwortliche für das Ergebnis fühlen.

Während Sie grundlegende Abweichungen von der Datenstrategie nicht akzeptieren sollten, sollten Sie für Änderungen, die „nicht wehtun", offen sein, zum Beispiel für Änderungen am Wortlaut: „Sie denken, Ihr Alternativwort kann einfacher verstanden werden? Okay, nehmen wir es!"

Manchmal kommen Menschen mit ganz neuen, großartigen Ideen. Wenn Sie diese Ideen aufnehmen, wird das Ergebnis nicht nur besser, sondern Sie gewinnen auch diese Menschen als Unterstützer!

Natürlich sind Sie für das Dokument formell jederzeit der Verantwortliche, was es Ihnen ermöglicht, es zu feinabzustimmen und die Beiträge verschiedener Personen mit Ihren strategischen Zielen in Einklang zu bringen.

Zu guter Letzt nennen Sie bitte alle Mitwirkenden im entstehenden Dokument. Dieser Schritt wird es wirklich auch zu „ihrem" Dokument machen.

Natürlich möchten Sie kein langweiliges, schwer zu lesendes Monster erstellen. Konzentrieren Sie sich also auf Schlagzeilen - Hintergrundinformationen können hinzugefügt werden, damit sie von denen gelesen werden können, die es besser verstehen möchten.

Suchen Sie nach einem einprägsamen Titel, auf den Sie sich jedes Mal beziehen können, wenn Sie eine Initiative dagegen überprüfen oder erläutern, in welche Richtung es gehen soll. Denken Sie beispielsweise an „Datengrundsätze" oder „Die Zehn Gebote der Daten".

In Abb. 6-2 finden Sie eine typische Liste von Datenprinzipien für eine Organisation.

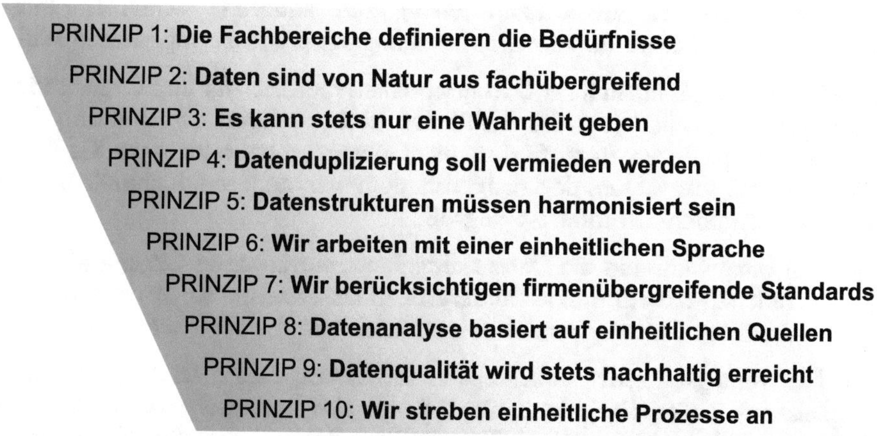

PRINZIP 1: **Die Fachbereiche definieren die Bedürfnisse**

PRINZIP 2: **Daten sind von Natur aus fachübergreifend**

PRINZIP 3: **Es kann stets nur eine Wahrheit geben**

PRINZIP 4: **Datenduplizierung soll vermieden werden**

PRINZIP 5: **Datenstrukturen müssen harmonisiert sein**

PRINZIP 6: **Wir arbeiten mit einer einheitlichen Sprache**

PRINZIP 7: **Wir berücksichtigen firmenübergreifende Standards**

PRINZIP 8: **Datenanalyse basiert auf einheitlichen Quellen**

PRINZIP 9: **Datenqualität wird stets nachhaltig erreicht**

PRINZIP 10: **Wir streben einheitliche Prozesse an**

Abb. 6-2. Ein Beispiel für Datenprinzipien

Entwickeln Sie Datenrichtlinien

Wozu dienen Datenrichtlinien?

Datenrichtlinien sind wichtig, um Mitarbeiter zu leiten, wo Sie nicht jeden Fall einzeln regeln können (oder wollen). Es sind Normen, die die Behandlung von Daten entlang der gesamten Daten-Supply Chain regeln.

Darüber hinaus sollten Datengrundsätze und -richtlinien zusammen ermöglichen, dass cross-funktionale Teams konkrete Regeln für bekannte Fälle in Form von Prozessen oder Rollen und Verantwortlichkeiten ableiten können.

Als Faustregel gilt, dass Sie eine Datenrichtlinie benötigen, wo immer es gute Gründe gibt anzunehmen, dass Menschen in der Organisation nicht im besten Interesse dieser Organisation mit Daten umgehen würden. Typische Motive sind Faulheit, Ignoranz, Gleichgültigkeit, Egoismus oder Gedankenlosigkeit.

Eine Datenrichtlinie soll das Verhalten der Menschen mit den Zielen und Werten der Organisation in Einklang bringen, indem sie jedem sagt, was (nicht) mit welchen Daten zu tun ist, und warum.

Wie individuell müssen Datenrichtlinien sein?

Im Gegensatz zu Datengrundsätzen müssen Richtlinien die gesamte Organisation berücksichtigen. Sie müssen im Kontext der Gesamtstrategie stehen und mit den übrigen Richtlinien der Organisation übereinstimmen. Es macht zum Beispiel keinen Sinn, Ihre Datenrichtlinien auf individuelle Entscheidungsrechte zu stützen, wenn alle anderen Richtlinien Ihrer Organisation auf cross-funktionale Genehmigungsprozesse angewiesen sind.

Zweitens muss der Inhalt Ihrer Datenrichtlinien spezifisch für Ihre Organisation sein. Verwenden Sie nicht die Richtlinien einer anderen Organisation. Das Risiko, dass sie Ihren Bedürfnissen nicht entsprechen oder dass Sie einen Richtlinienstil auswählen, der nicht mit dem der anderen Richtlinien Ihrer Organisation übereinstimmt, ist zu groß.

Darüber hinaus können die Datenrichtlinien einer anderen Organisation auf der rechtlichen Situation eines anderen Landes basieren; sie können je nach geographischem Geltungsbereich zu spezifisch oder zu allgemein sein.

Die Notwendigkeit eines individuellen Satzes von Datenrichtlinien für Ihre Organisation sollte Sie jedoch nicht davon abhalten, mehrere vorhandene Richtlinien auf Aspekte zu überprüfen, die Sie in Ihrem Entwurf möglicherweise übersehen haben.

Wie bestimmen Sie die Verantwortlichkeiten für Richtlinien?

Im Zuge der Einrichtung der Datenrichtlinienverwaltung könnte es sinnvoll sein, die Verantwortlichkeiten zu klären, die nicht immer intuitiv klar sind.

Manchmal liegt die Verantwortung für eine der typischen Datenrichtlinien bereits bei einem anderen Team.

Das häufigste Beispiel für eine solche Richtlinie ist wahrscheinlich die Datenschutzrichtlinie. Andere typische Richtlinien mit unklarer Eigentümerschaft sind jene, die sich mit Daten befassen, während rechtliche Anforderungen wie GDPR, SOX-Compliance (Sarbanes–Oxley-Act von 2002, Vereinigte Staaten) oder HIPAA[1] durchgesetzt werden.

Wenn eine andere Abteilung sich traditionell für *alle* Richtlinien, einschließlich der Datenrichtlinien, verantwortlich fühlt, kann es sinnvoll sein, dass die gesamte Zuständigkeitsfrage im Rahmen Ihres CDO-Mandats geklärt wird.

Um dies zu tun, sollten Sie idealerweise eine Liste all jener Richtlinien erstellen, die Sie selbst verantworten möchten, sowie eine weitere Liste von Richtlinien, für die Sie Input liefern möchten.

Ihr Hauptziel sollte *definitiv nicht* die ultimative Verantwortung für jede Richtlinie sein. Stattdessen sollten Sie sich darauf konzentrieren, die Grundlage für ein starkes Datenmanagement in Ihrer Organisation zu schaffen.

Deshalb ist es in der Regel sinnvoll, nicht um die ultimative Verantwortung für jede Richtlinie zu kämpfen. Oft reicht es aus, wenn das Data Office ein anerkannter Stakeholder ist. Wenn die Benutzer mit der bisherigen Zuständigkeit unzufrieden sind, lassen Sie sie dies artikulieren.

Es kann daher völlig akzeptabel sein, dass die Verantwortung für alle Richtlinien bei einer anderen Abteilung (z. B. Recht oder Kommunikation) liegt, während das Data Office für den Inhalt der Datenrichtlinien verantwortlich ist.

Wie bestimmen Sie die Einrichtung Ihrer Richtlinien?

Organisatorisch und strukturell sollten Sie dem Weg folgen, den Ihre Organisation bei der Verwaltung ihrer Richtlinien einschlägt. Es muss deutlich werden, dass Datenrichtlinien nicht außerhalb des Richtlinienkatalogs der Organisation stehen.

---

[1] US-Gesetz über die Portabilität und Verantwortlichkeit von Gesundheitsdaten

Darüber hinaus ermöglicht es die vollständige Übereinstimmung mit den übrigen Richtlinien, die vorhandene Infrastruktur zu nutzen, von der rechtlichen Überprüfung und Veröffentlichung bis hin zur Durchsetzung.

Ihre Organisation kann eine zentrale Richtlinienverwaltung haben. In diesem Fall muss das Data Office zu einer anerkannten Partei werden, die für einige der vorhandenen Richtlinien die Verantwortung besitzt, und die ein formeller Beitragender/Genehmiger für andere ist.

Wenn in Ihrer Organisation keine Richtlinien vorhanden sind oder Ihre Organisation keinen systematischen Ansatz zur Behandlung von Richtlinien hat, empfehle ich Ihnen, selbst zu beginnen. Sie könnten sogar ein Programm einrichten, das ein Blaupause für die Richtlinien anderer Teams wird.

Wie entwickeln Sie einen Satz von Datenrichtlinien?

Wie bei den Daten Grundsätzen ist es unerlässlich, alle relevanten Stakeholder in die Entwicklung von Datenrichtlinien einzubeziehen. Zu diesen Stakeholdern gehören Richtlinienbenutzer (alle Abteilungen) und Themeninhaber (z. B. Risikomanagement oder Datenschutzmanagement).

Es ist von entscheidender Bedeutung, den Bedenken der ersteren zuzuhören, und Sie sollten vermeiden, mit den letzteren um das Erstellen von Richtlinien zu konkurrieren.

Ein solcher, durch die Stakeholder gesteuerter Ansatz bei der Entwicklung von Richtlinien sollte Sie natürlich nicht daran hindern, eine gründliche Vorarbeit zu leisten. Idealerweise bereiten Sie eine höhere Anzahl von Richtlinien vor, als Sie tatsächlich anstreben. Teams sind normalerweise froh, wenn sie nicht mit einem leeren Blatt Papier beginnen müssen, und Sie können die Agenda etwas vorgeben.

Wie sieht eine Datenrichtlinie aus?

Hier finden Sie kein Beispiel, aus den folgenden drei Gründen:

a)   Das Internet und die Literatur sind voll mit Beispielen, und Sie sollten viele davon überprüfen.

b)   Jedes von mir ausgewählte Beispiel könnte als die von mir vorgeschlagene Art und Weise verstanden werden, wie Sie Ihre Richtlinien schreiben. Die Wahrheit ist: Es gibt keine einzige gültige (oder sogar beste) Struktur einer Datenrichtlinie.

c) Ihre Datenrichtlinien sollten im Einklang mit den anderen Richtlinien Ihrer Organisation in Format und Struktur stehen. Die erfolgreichen Datenrichtlinien von Organisation A funktionieren möglicherweise in Organisation B überhaupt nicht.

Ich empfehle, immer mit dem Zweck der Richtlinie zu beginnen: Welche Ergebnisse werden angestrebt? Welche Situation sollte eine Richtlinie hervorrufen oder verhindern? Welche (internen oder externen) Regeln soll die Richtlinie durchsetzen?

Mit diesem Hintergrund können Sie entscheiden, ob eine bestimmte Richtlinie bindend, unter gewissen Umständen bindend oder eine Empfehlung sein soll. Letzteres erfordert ein vernünftiges Maß an Begründung in der Richtlinie, da es darauf abzielt, dass diese freiwillig eingehalten wird.

Wenn Sie einen erheblichen Gestaltungsspielraum bei der Gestaltung Ihrer Datenrichtlinien haben, können Sie die Struktur Ihrer Datengrundsätze (wie im vorherigen Abschnitt dieses Kapitels besprochen) in Betracht ziehen: Jeder Grundsatz kann mit einer oder mehreren Datenrichtlinien verbunden sein, die ihn konkretisieren.

Alle Richtlinien müssen global genehmigt werden, entweder durch den Vorstand oder durch eine geeignete Genehmigungsbehörde (wie später in diesem Kapitel besprochen), die vom Vorstand befugt wurde, solche Entscheidungen zu treffen.

Schließlich müssen Richtlinien geteilt und Menschen trainiert werden. In beiden Aspekten sollten Sie wiederverwenden, was Ihre Organisation zuvor zur Verwaltung von Richtlinien eingerichtet hat.

Bitte fördern Sie schließlich das Feedback. Sie möchten wissen, ob die Menschen Ihre Richtlinien akzeptieren.

Der Zielzustand verwalteter Daten

Es gibt verschiedene Möglichkeiten, Vorbedingungen für gut definierte Daten aufzulisten. Eine öffentlich verfügbare Liste finden Sie unter GoFair (2019).

Eine englischsprachige Variante sind die „USA"-Kriterien (Abb. 6-3).

Während die grundlegenden Aspekte immer ähnlich sind, möchten Sie möglicherweise Ihr eigenes Modell entwickeln. Dies ermöglicht es Ihnen, jene Punkte hervorzuheben, die für Ihre Organisation von herausragender Bedeutung sind.

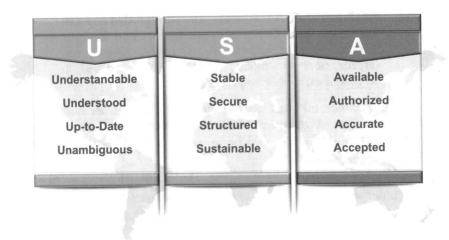

Abb. 6-3. Datenkriterien (Beispiel)

Umfang der Daten-Governance

Welche Aspekte des Datenmanagements innerhalb einer Organisation sollten unter eine allgemein gültige Daten-Governance fallen?

Die kurze Antwort lautet: „alle Aspekte".

Hier sind einige typische Fragen und Antworten.

Können Daten zu vertraulich sein, um sie zu regeln?

Nun, Daten können zu vertraulich sein, um sie uneingeschränkt zu teilen. In diesem Fall konzentriert sich das Data Office darauf, zu definieren, wie sensibel mit den Daten umgegangen werden muss, wer insbesondere dafür verantwortlich ist und wer Zugang zu dieser Art von Daten hat. Die vertraulichen Daten selbst müssen dem Data Office nicht zur Verfügung gestellt werden.

Sollen wir Forschungsdaten ausnehmen?

Die Freiheit der Forschung wird oft als Vorbedingung für Kreativität postuliert.

Und tatsächlich sollten Forscher alle Freiheiten haben, die sie benötigen, um neue Ansätze und Erkenntnisse zu entdecken.

Aber sobald die Ergebnisse von Forschungsaktivitäten geteilt werden, muss es notwendig sein, den Prozess zu verstehen, der zu diesen Ergebnissen geführt hat.

Aus diesem Grund sind Governance und Dokumentation auch für Wissenschaftsmodelle und Algorithmen wichtig.

Brauchen wir für verschiedene Datentypen unterschiedliche Governance?

Es ist tatsächlich eine gute Idee, Masterdaten, transaktionale Daten und Big Data unterschiedlich zu regeln.

Diese Datentypen unterscheiden sich in Komplexität, Struktur, Verwendung und Zielgruppe. Es wird auch unterschiedliche Datenschutzniveaus geben.

Darüber hinaus erfordern schreibgeschützte Daten nicht so viele Regeln wie Daten, die innerhalb der Organisation geändert werden können.

Metadaten erfordern ebenfalls einen eigenen Satz von Regeln, da sie einen erheblichen Einfluss auf die Interoperabilität haben.

Wie steht es um Daten, die wir noch nicht kennen?

Das Werkzeug, um Aspekte von Daten zu regeln, die wir heute noch nicht kennen, ist eine Richtlinie. Alle Datenrichtlinien sollten so geschrieben werden, dass jeder die Handhabungsregeln für alle neuen Datenaspekte aus diesen Richtlinien ableiten kann.

Wenn zum Beispiel ein neues Gesetz in den nächsten zwei Jahren eine Änderung erfordert, könnte eine Richtlinie festlegen, dass jedes neue Gesetz spätestens zwei Monate vor seinem Inkrafttreten einzuhalten ist.

Und wenn es keine Richtlinie für ein neues Thema gibt? Verwenden Sie Ihre Daten-Governance-Organisationen und -Prozesse, um jedes neue Problem so nachhaltig wie möglich anzugehen! Und damit dieser Ansatz befolgt wird, machen Sie ihn zur Pflicht - ja, durch eine Richtlinie!

DATA MANAGEMENT THEOREM #9

Datenmanagement erfordert zentralisierte Governance.

Die Ausführung sollte jedoch möglichst delegiert werden.

Entscheidungsfindung und Zusammenarbeit

Was könnte besser funktionieren, als alle Verantwortlichkeiten in ein gut definiertes Governance-Modell zu werfen, mit querschnittlicher Vertretung auf allen Hierarchieebenen?

Ein guter Ausgangspunkt kann ein allgemeines Modell sein, wie in Abb. 6-4 dargestellt.

Daten-Governance als Struktur über alle Fachbereiche (einschließlich der IT!) und Ebenen

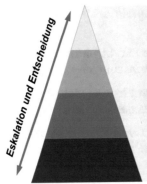

Eskalation und Entscheidung

4. **Der Vorstand** als finales **Eskalationsgremium**, sowie für **strategische Entscheidungen**

3. **Exekutiv-Datengremium** Zweite Führungsebene; alle Fachbereiche entscheiden unternehmensweit

2. **Daten-Kollaborationsgremium** auf der dritten Ebene Erarbeitet und erörtert Konzepte, schlägt vor, entscheidet

1. **Daten-Community**: Hier arbeiten Daten-Experten zusammen, tauschen sich aus und entwickeln Konzepte

Abb. 6-4. Die Review- und Entscheidungsleiter

Wenn Sie mit vier verschiedenen Ebenen beginnen, können Sie diese anschließend detailliert definieren, sie Ihrer Organisationsstruktur und Ihren Bedürfnissen anpassen.

Vorstand

Keine Organisation sollte den Vorstand aus ihrer Daten-Governance-Struktur herauslassen.

Ich habe viele Fälle gesehen, insbesondere in großen Unternehmen, in denen der Vorstand als zu strategisch eingestuft wurde, um sich mit „gewöhnlichen" Datenthemen zu befassen. Dies ist eine verpasste Chance!

Ob der Vorstand bewusst über Datenthemen entscheidet oder nicht, seine Entscheidungen sind verflochten mit den Daten der Organisation. Sie entscheiden über Daten, ob direkt oder indirekt, ob bewusst oder unbewusst.

Prof. Dr. Jacques de Swart, Partner Data Analytics bei PwC und Professor an der Nyenrode Business Universiteit, brachte es auf den Punkt, während einer Datenkonferenz in Amsterdam im Jahr 2019: „Die großen Entscheidungen werden in Vorstandszimmern getroffen." Sie müssen Ihre großen Datenthemen dorthin bringen.

Wir müssen uns allerdings hierüber im Klaren sein: Vom Vorstand sollte nicht erwartet werden, regelmäßige Datenaktivitäten zu besprechen. Er muss jedoch zwei entscheidende Rollen in einem effektiven Daten-Governance-Modell haben:

(i) Strategie

Eine Datenstrategie kann nicht unabhängig von der Gesamtstrategie einer Organisation existieren.

Während die Verantwortung für die Entwicklung einer Datenstrategie beim CDO liegt, ist deren Unterstützung durch den Vorstand unerlässlich. Das Gleiche gilt für die Daten-Vision und den Daten-Auftrag.

Ohne eine klare Erklärung des Vorstands, dass die Datenstrategie voll unterstützt und im Einklang mit der Gesamtstrategie betrachtet wird, wird es dem CDO an der Autorität zur Umsetzung mangeln.

Was der CDO auch tut, es sollte möglich sein, es zurückzuführen auf Vision, Auftrag und Strategie: „Wir tun A, um X zu erreichen, wie vom Vorstand bestätigt."

Hand in Hand mit der Zustimmung zur Datenstrategie sollte der Vorstand regelmäßig über den Fortschritt der Umsetzung informiert gehalten werden. Mit anderen Worten, regelmäßige kurze Updates für den Vorstand sollten Teil der Gesamt-Data Governance sein. Dies hält die Vorstandsmitglieder auf dem Laufenden und eröffnet dem CDO einen Kanal, um Ideen vorzustellen oder Bedenken zu äußern.

(ii) Eskalation

Wie bereits zuvor beschrieben, sollte jede Hierarchieebene so viele Streitigkeiten wie möglich selbst lösen, bevor sie nach oben eskaliert.

Darüber hinaus sollte ein Streit zwischen zwei Parteien bilateral gelöst werden, anstatt alle Funktionen einzubeziehen. Das Gleiche gilt für den Vorstand, wo der CDO eine Vereinbarung zwischen zwei uneinigen Vorstandsmitgliedern moderieren kann.

Jede Organisation benötigt jedoch einen formalen Prozess, um die verbleibenden Themen zu lösen. Erfahrungen zeigen, dass selbst bei fehlender Einigung auf den unteren Ebenen kleinere Probleme nicht auf die Tagesordnung des Vorstands kommen. Es sollten mehrere Möglichkeiten geben, solche Probleme auf jeder Ebene zu lösen.

Exekutiv-Datengremium

Unterhalb des Vorstandes benötigen Sie in der Regel ein Entscheidungsgremium mit Autorität, um funktionsübergreifend Daten-Entscheidungen zu treffen. Nur kleine Organisationen würden ihre Geschäftsführung bitten, solche Entscheidungen selbst zu treffen.

Damit ein solches Entscheidungsgremium ausreichende Befugnisse hat, muss es alle Bereiche der Organisation repräsentieren. Dies bedeutet nicht, dass die gesamte zweite Führungsebene in diesem Gremium vertreten sein muss. Stattdessen können ausgewählte, datenaffine Führungskräfte mehrerer Bereiche repräsentieren - nach vorheriger Abstimmung und Genehmigung durch den Vorstand.

Oft ist es ein machbarer Ansatz, dass jedes Vorstandsmitglied einen direkten Mitarbeiter auswählt, um die Verantwortung des Vorstandsmitglieds für die gesamte Organisation zu repräsentieren. Dies kann zumindest ein Ausgangspunkt sein, der es später immer noch ermöglicht, weitere Feinabstimmungen vorzunehmen, z. B. dann, wenn zwei Subfunktionen unter einem Vorstandsmitglied zu unterschiedlich sind, als dass ein Executive beide vertreten könnte.

Ich verwende bewusst den Begriff „Entscheidungsgremium", da ich nicht erwarte, dass dieses Gremium Themen im Detail *diskutiert* - es sei denn, sie wollen es wirklich. In allen anderen Fällen erwarte ich, dass die Teams, die an datenbezogenen Diskussionen beteiligt sind, sich im Voraus über Vorschläge einigen und ihre Gremiumsvertreter über eine Vereinbarung sowie alle verbleibenden Punkte der Uneinigkeit informieren.

Des erforderliche Daten-Eskalationsprozesses sollte vorgeben, dass die Befugnis für eine Eskalation an den Vorstand ausschließlich bei diesem Gremium liegt.

Ich nenne dieses Gremium **Data Executive Council**. Ihnen empfehle ich, dass Sie sich an den Namenskonventionen Ihrer Organisation orientieren, falls vorhanden.

Datenkoordinationsgruppe

Damit das Exekutiv-Datengremium entscheiden kann, benötigen Sie eine Einheit, die die Vorschläge, Anfragen oder Eskalationen inhaltlich vorbereitet.

Dies sollte durch eine querschnittsorientierte Gruppe von Teamleads oder Abteilungsleitern erfolgen.

Ich würde diese Einheit das **Data Management Council** nennen oder kürzer das **Data Council**. Es sollte vom CDO geleitet werden.

Dieses Data Council sollte regelmäßig zusammenkommen, um Konzepte zu entwickeln, zu überprüfen, vorzuschlagen, zu entscheiden oder zu eskalieren:

- Das Data Council überprüft bestimmte Datenqualitätsprobleme.

- Es entscheidet über neue Themen, die vom Data Office angegangen oder von querschnittsorientierten Projektteams bearbeitet werden sollen.

- Es fordert Berichte des Data Office über dessen Pläne, Aktivitäten und Fortschritte an. Der CDO kann eigene Teamleads bitten, vor diesem Gremium zu präsentieren.

- Es überprüft, passt Prioritäten an und entscheidet mit über Projektvorschläge in das Priorisierungs- oder Budgetierungsprozess der Organisation.

- Schließlich gehen alle Anfragen an das Data Executive Council über dieses Council.

Die Mitglieder sollten von den Mitgliedern des Data Executive Council ernannt werden. Data Champions sind in der Regel eine gute Wahl.

Während das Data Executive Council besser mit einer begrenzten Anzahl von Mitgliedern funktioniert, könnte das Data Management Council von einer größeren Mitgliederzahl profitieren, um eine wirklich querschnittsorientierte Diskussion und Abdeckung sicherzustellen.

Datengemeinschaft

Datenexperten sind idealerweise im gesamten Unternehmen verteilt. Jede Abteilung sollte „die Datensprache beherrschen". Weitere Informationen zu den verschiedenen möglichen Rollen finden Sie in Kap. 9.

Neben ihrer Mitgliedschaft in den jeweiligen Teams sollten die Datenexperten eine virtuelle Gemeinschaft bilden, die unter anderem dem Data Management Council als fachliche Experten dient.

Die Mitgliedschaft in der Datengemeinschaft sollte keiner formalen Berufung bedürfen; jeder, dessen Rolle die Aufgabe der Wartung, des Schutzes, der Verteilung, der Verbesserung oder der Interpretation von Datenbeständen umfasst, sollte als Teil der Datengemeinschaft betrachtet werden.

Diese Gemeinschaft erfordert jedoch eine aktive Moderation, damit ihre Mitglieder miteinander und voneinander lernen können.

Die Gemeinschaft sollte es den Datenexperten ermöglichen, neue Ideen einzubringen und Datenprojekte über Fachabteilungen hinweg zu unterstützen. Der Moderator dieser Gemeinschaft sollte ein Mitglied des Data Office sein, das auch als Brücke in das Data Management Council dient.

Datenprüfung und Entscheidungsprozess

Bevor wir uns mit allen weiteren Datenprozessen auseinandersetzen (die wir in Kap. 8 besprechen), müssen wir uns mit der Mutter aller Datenprozesse, dem „Datenüberprüfungs- und Entscheidungsprozess", befassen.

Dieser Prozess beschreibt, wie Themen zwischen den fachlichen Experten und dem Vorstand nach oben und unten gehen. Er umfasst auch den Umgang mit allen anderen datenbezogenen Prozessen.

Geschwindigkeit der Implementierung

Daten-Governance kann nicht über Nacht implementiert werden. Dies ist weniger eine Frage der Komplexität als der Herausforderung, die Zustimmung aller Beteiligten zu erhalten.

Selbst wenn Sie wissen, wohin Sie unterwegs sind, sollten Sie Ihre Reise in kleine Schritte unterteilen. Lassen Sie die Menschen sich daran gewöhnen, dass der Umgang mit Daten geregelt wird.

Sie können auch erwarten, dass Sie beim Gehen der Schritte lernen. Dinge, bei denen Sie zuversichtlich waren, könnten sich als unmöglich erweisen. Alternativen können auftauchen und Ihre ursprünglichen Ideen ändern.

Oder, wie Laki Ahmed, VP Global Head of Enterprise Information Management bei Signify, auf einer Datenkonferenz im Jahr 2019 sagte: „Lassen Sie Ihr Governance-Framework sich entwickeln."

Sobald Sie die vier Ebenen Ihrer Daten-Governance-Leiter definiert, die Kernelemente davon implementiert und durch einen vorgeschriebenen Überprüfungs- und Entscheidungsprozess unterstützt haben, haben Sie eine grundlegende Daten-Governance-Struktur geschaffen, die es Ihnen ermöglicht, an allen verbleibenden Themen zu arbeiten.

Die Datensprache

„Ich schlage vor, dass wir darüber diskutieren, was wir mit 'Armaturenbrett' meinen, und die Diskussion über unseren kritischen Informationsbedarf auf ein anderes Mal verschieben..."

Abb. 7-1. „Brauchen wir eine Sprache?" - „Definieren Sie ‚Sprache'..."

© Der/die Autor(en), exklusiv lizenziert an APress Media, LLC, ein Teil von Springer Nature 2023
M. Treder, *Das Management-Handbuch für Chief Data Officer*, https://doi.org/10.1007/978-1-4842-9346-1_7

Merkmale der Sprache

Sprechen wir nicht alle eine Sprache?

Damit Menschen einander verstehen können, ist es nicht ausreichend, dass sie alle im selben Raum sitzen und einander hören können.

Diese Aussage wird offensichtlich, sobald Sie sich jemanden aus Griechenland und jemanden aus Indonesien vorstellen, die versuchen, in ihren jeweiligen Sprachen miteinander zu kommunizieren.

Das Gleiche gilt zwischen verschiedenen Industrien, Organisationen und Abteilungen. Und genauso wie eine indonesische Person Griechisch lernen und ein Wörterbuch verwenden kann, um Wörter nachzuschlagen, benötigen wir Sprachtraining, ein Wörterbuch von Geschäftsbegriffen sowie präzise Definitionen davon, wie wir mit der Daten-Sprache umgehen.

Ein Gesamtsystem für eine solche Daten-Sprache besteht aus der Definition von Ausdrücken (dem Datenglossar), Datenregeln, Datenstandards und dem Unternehmensdatenmodell. In diesem Kapitel wird ein allgemeiner Rahmen vorgestellt, um die Daten-Sprache einer Organisation zu definieren.

Die Dynamik der Sprache

Sprache ist nicht statisch, da sie die Realität widerspiegeln muss. Neue Dinge tauchen auf, die Namen benötigen. Neue Aktivitäten erfordern passende Verben.

Als Reaktion darauf greifen die Menschen auf vorhandene Wörter und Beschreibungen aus anderen Bereichen des Lebens zurück oder borgen sich Wörter aus anderen Sprachen. Manchmal erschaffen sie sogar neue Wörter, oft auf der Grundlage alter Sprachen oder Abkürzungen.[1]

Hier sind drei typische Beispiele aus unserer eigenen Sprache:

BEISPIEL 1

Es gab schon seit Jahrhunderten Ketten und Sägen, so dass man keinen neuen Einzelbegriff brauchte, als die „Kettensäge" erfunden wurde.

---

[1] Dieser Ansatz, der als Neologismus bezeichnet wird, ist im Allgemeinen ein normaler Prozess in der Entwicklung jeder Sprache.

BEISPIEL 2

In der Landwirtschaft haben die Menschen schon vor der industriellen Revolution „Traktoren" (lat. *trahere* - ziehen) verwendet, so dass dieses Wort auch angewendet wurde, als die ersten mit einem Motor betriebenen Geräte unsere Felder umpflügten.

BEISPIEL 3

Die alten Römer waren in der Mathematik nicht besonders gut. Sie wissen vermutlich, dass es schwierig ist, zwei Zahlen, die in römischen Ziffern geschrieben sind, zu multiplizieren.

Dennoch mussten sie Zahlen berechnen und addieren. Das Verb, das sie verwendeten, um diese Aktivität zu beschreiben, lautete „computare".

Als die ersten Maschinen auftauchten, die diese Arbeit von Menschen übernahmen, war es naheliegend, sie Computer zu nennen.

Immer wenn eine alte Sprache wie Latein oder Hebräisch für die moderne Verwendung weiterentwickelt werden sollte, musste der Prozess der Erweiterung ihres Vokabulars systematisch durchgeführt werden, um alle Lücken konsistent zu füllen. Ohne einen solchen koordinierten Ansatz dauert es manchmal Jahrhunderte, bis neu geschaffene Wörter dokumentiert, standardisiert und vollständig übernommen werden.

Nun, was hat diese Sprachgeschichte mit Daten zu tun?

Die Gewohnheit, für neue Situationen vorhandene Terminologie wiederzuverwenden oder neue Ausdrücke auf der Grundlage vorhandener Wörter zu erstellen, ist nicht auf unsere private Welt beschränkt. Sie wird häufig in unserem alltäglichen Geschäftsleben angewendet, was zu einem Risiko der Mehrdeutigkeit in allen Geschäftsbereichen führt.

Und all dies gilt auch für die Welt der Daten. Darüber hinaus ist diese Datenwelt noch relativ jung. Es hat zu wenig Zeit gegeben, damit sich eine Datensprache hätte entwickeln können, was zu einem Mangel an historisch entwickelten Ausdrücken für viele Situationen und Umstände führt.

Offensichtlich müssen wir etwas unternehmen, um diese Probleme der Mehrdeutigkeit, der falschen Benennung und der fehlenden klaren Bezeichnung anzugehen. Dies gilt für die Sprache der Geschäftswelt im Allgemeinen und für die Sprache der Daten im Besonderen.

Das Datenglossar

Was ist ein Glossar?

Ein Glossar ist eine Sammlung von Begriffen, zusammen mit ihren Definitionen oder Erklärungen.

Moderne Glossare verfügen über Querverweise, Synonyme, Verlauf, Hierarchien, Beziehungen und Zuständigkeiten.

Technisch gesehen verfügen gute Glossar-Tools über eine Web-Front-End, eine Suchfunktion und einen Änderungsworkflow mit Vorschlagsfunktion.

Das Risiko, kein Glossar zu haben

Was sind die zehn größten Kunden Ihrer Organisation?

Eine leichte Frage?

Haben Sie denn die Antworten auf alle folgenden Fragen?

- Was ist ein Kunde? Ist es eine „Firma" (wie „Microsoft")? Ist es ein Kundenkonto (alles, was durch die gleiche Preisliste abgedeckt wird)? Ist es die Person für die Logistikbeschaffung, mit der unsere Verkäufer sprechen?

- Sind Kunde und Kundenkonto dasselbe?

- Wie viele verschiedene Kundenkontendefinitionen verwenden wir?

- Fügen wir alle Organisationen einem Kunden hinzu, die zusammengehören? Woher wissen wir das?

- Betrachten wir Volvo-Autos und Volvo-Lkw als Teil derselben Firma?

- Was bedeutet „zusammengehören"? 100 Prozent? Mehrheit? Joint Venture? Einkaufsgemeinschaft?

- Geht es bei „Größe" um Umsatz mit Ihrem Unternehmen? Auf welchen Verkaufszeitraum beziehen wir uns bei der Umsatzermittlung?

- Vertrauen wir auf Daten von externen Anbietern wie Dun & Bradstreet? Kennen wir *deren* Definitionen?

Würden Sie nun zustimmen, dass eine anscheinend einfache Frage wie die nach Ihren größten Kunden nicht unbedingt eine klare Antwort hat?

Aber bedeutet das, dass wir aufgeben müssen, weil es keine Chance gibt, es richtig zu machen? Gibt es zu viele Optionen?

Nun, es hängt von der richtigen Fragestellung ab!

Stellen Sie sich selbst die Frage: Was wollen wir mit der Information „Unsere zehn größten Kunden" tun? Diese Frage kann die Bedeutung sowohl von „Kunde" als auch von „Größe" - in diesem speziellen Sinn - definieren.

BEISPIEL 4

Als „einen Kunden" könnten Sie folgendes betrachten

- Der gesamte Umsatz, der gefährdet wäre, wenn Ihr Unternehmen an einer bestimmten Stelle einen schlechten Service bieten würde: Denken Sie daran: Selbst innerhalb eines bei Ihnen kaufenden Unternehmens sprechen regionale Beschaffungsorganisationen nicht unbedingt miteinander.

- Alles, was unter der Verantwortung ein und desselben CEO bei Ihrem Unternehmen gekauft wird: Dies ist wichtig, falls es darum geht, eine persönliche Beziehung auf Vorstandsebene aufzubauen. Aber wie gehen sie hier mit 50-Prozent-Beteiligungen um? Und sollte man nicht auch mögliche Investmentgesellschaften (z. B. Rentenfonds) im Auge behalten, die große Anteile an Firmen besitzen, die bei Ihnen kaufen?

- Alle Einkäufe bei Ihrem Unternehmen, die durch dieselbe Einkaufsorganisation verantwortet werden: Wie finden Sie aber heraus, auf welcher Organisationsebene diese Einkaufsentscheidungen getroffen werden? Oft ist ein CEO nur für die großen Investitionen zuständig und überlässt die Entscheidungen ansonsten den Tochterfirmen oder Unternehmensbereichen.

Jede Branche hat ihre spezifische Sprache. Die verschiedenen Organisationen innerhalb einer Branche haben ihre spezifische Terminologie entwickelt. Verschiedene Abteilungen verwenden unterschiedliche Begriffe. Mitarbeiter interpretieren Fachbegriffe unterschiedlich, je nach privaten Assoziationen. Ich bin mir sicher, Ihnen fallen noch weitere Beispiele ein, wenn Sie an Ihre eigenen Erfahrungen denken.

Am Ende steht dann stets eine der beiden folgenden Situationen:

- Verschiedene Menschen verwenden unterschiedliche Begriffe für dasselbe Objekt

- Ein und derselbe Begriff wird für verschiedene Objekte verwendet.

Während Sie die erste Situation in der Regel lediglich als ärgerlich empfinden werden (Sie müssen halt notfalls nachfragen), kann die zweite Situation ernsthafte Folgen haben, wenn beispielsweise zwei Personen eine ganze

Zeitlang diskutieren, ohne zu merken, dass sie über verschiedene Dinge sprechen.

Vor einiger Zeit unterhielt ich mich mit den CFO einer größeren Spedition. Er sah keinen Bedarf für ein zentral verwaltetes Glossar. Ich fragte ihn daraufhin, ob in seinem Unternehmen die Finanzabteilung und der Vertrieb dieselbe Definition für den Begriff „Umsatz" verwendeten. Er sagte, dass unterschiedliche Definitionen auf keinen Fall erlaubt seien, und das natürlich nur die Finanzabteilung das Recht habe, „Umsatz" zu definieren.

Nachdem ich ihm dazu gratuliert hatte, dass er für diesen Begriff die Verantwortung übernommen hatte, fragte ich Ihn, ob seine Abteilung die Definition von „Umsatz" dokumentiert und mit dem Rest seines Unternehmens geteilt habe. Von ersterem ging er aus, von letzterem jedoch nicht.

Ich erklärte, dass der Vertrieb einen Begriff für den monetären Gegenwert ihrer monatlichen Verkäufe benötigen würde. Ich sagte, ich vermute, sie verwendeten ebenfalls den Begriff Umsatz, ohne dass die Finanzabteilung davon wisse. Allerdings habe der Vertrieb diesen Begriff vermutlich anders definiert: Um den Bonus eines jeden Vertriebsmitarbeiters berechnen zu können, werden sie wohl den finanziellen Gegenwert aller erfolgreichen Abschlüsse eines Monats als Umsatz bezeichnen.

Empört rief der CFO: „Nein, das ist falsch! Erst, wenn wir unsere Dienstleistung erbracht haben, dürfen wir es als Umsatz zählen!" Ich sagte: „Das ist der Punkt! Sobald es unterschiedliche Parteien gibt, die einen Begriff auf unterschiedliche Weise verwenden, gibt es einen guten Grund für eine neutrale Stelle, um dies zu organisieren."

Der CFO mag tatsächlich die Bedeutungshoheit über den Begriff „Umsatz" haben - aber in dieser Funktion muss sein Bereich das Gespräch mit allen anderen Abteilungen suchen, um sicherzustellen, dass alle Variationen ordnungsgemäß definiert und eindeutig benannt werden.

In einer Organisation mit ordnungsgemäßer Datenverwaltung werden alle diese unterschiedlichen Definitionen im Rahmen eines unternehmensweiten Glossars diskutiert, entwickelt und dokumentiert.

Ein Glossar ist auch eine Voraussetzung für eindeutig formulierte Prozesse und Richtlinien.

Darüber hinaus kommt die relativ junge „Datensprache" mit Ausdrücken, die bereits in anderen Kontexten verwendet wurden, da sie keine existierenden Ausdrücke hat, um neue Sachverhalte zu beschreiben.

Als Folge davon können Geschäftsdokumente leicht missverstanden werden, da die hier verwendeten Wörter und Ausdrücke mehrere unterschiedliche Bedeutungen haben können. Dies wird mit einer Zunahme datenbezogener Inhalte immer schlimmer.

Was sind typische Missverständnisse?

Es ist bereits problematisch, wenn jemand einen Ausdruck verwendet, den seine Gesprächspartner nicht verstehen. Wie bereits erwähnt, ist es sogar noch schlimmer, wenn zwei Parteien denselben Ausdruck für unterschiedliche Zwecke verwenden. Ich habe Meetings erlebt, bei denen die Leute stundenlang miteinander sprachen, bevor sie (und ich) realisierten, dass sie sich auf unterschiedliche Dinge bezogen. Manchmal fanden sie es erst lange nach dem Treffen heraus, teils mit erheblichen Auswirkungen.

Um diese Situation verständlicher zu machen, betrachten wir einige betriebswirtschaftliche Beispiele aus dem Bereich Personalwesen (Human Resources, HR).

BEISPIEL 5

Im Rahmen einer Reorganisation schreibt HR über „betroffene" Mitarbeiter. Was meinen sie? Einige Mitarbeiter werden es als „etwas ändert sich für sie" interpretieren. Andere werden lesen „diese Mitarbeiter werden gefeuert."

BEISPIEL 6

„Headcount" muss definiert werden, um richtig zugeordnet zu werden. Zählen Teilzeitkräfte als Vollzeitkräfte? Sind Lehrlinge enthalten? Wie sieht es mit „inaktiven" Mitarbeitern aus, zum Beispiel solchen mit einer langfristigen Krankheit oder solchen in Elternzeit?

Stellen Sie sich drei von Ihrer Firma erworbene Organisationen vor, die weiterhin mit ihren jeweiligen Legacy-HR-Systemen arbeiten, und setzen Sie ein gemeinsames Reporting-Tool darauf. Sie müssen die heterogenen Daten aus diesen drei Organisationen zusammenbringen.

Unterschiedliche Datenbanktabellen lassen sich technisch durch einen einfachen Datenbankbefehl zusammenführen. Aber sind gleiche Spaltenbezeichnungen gleichbedeutend mit identischen Definitionen der Spalten? Solange die Datentypen kompatibel sind, würden Sie nicht einmal eine Warnung erhalten, wenn die Definitionen unterschiedlich sind.

„Mitarbeiter" ist eine typische Entität, die Sie auf viele verschiedene Arten definieren können. Denken Sie an das letzte Beispiel oben: Vielleicht verwendet eine Organisation „Vollzeitäquivalente (FTE)", während eine andere Organisation mit beschäftigten Personen arbeitet. Eine der Organisationen zählt nur Vollzeitbeschäftigte, während die beiden anderen auch Teilzeitbeschäftigte umfassen. Sind Zeitarbeiter enthalten? Wie sieht es mit den Langzeitkranken aus?

Ein Glossar ist eine große Unterstützung bei Ihrer Aufgabe, die Daten zu organisieren. Eine Zuordnung der einzelnen Felder („Mapping") mag noch erforderlich sein, aber jetzt wissen Sie, wie Sie es tun müssen.

Auf dieser Grundlage erfordern viele datenbezogene Begriffe sowohl Erklärung als auch Definition. Betrachten Sie zum Beispiel den Ausdruck „Datenmodell", der nicht das digitale Äquivalent eines Modells ist. Ein solches Datenmodell kann die „Beziehung" zwischen zwei Subjekten beschreiben - was nicht sagt, ob sie Freunde oder Brüder sind.

Was muss in einem Glossar enthalten sein?

Ein Glossar muss nicht dabei helfen, die „richtige" Definition zu bestimmen. Stattdessen muss es helfen, eine eindeutige Sprache für eine Organisation zu vereinbaren.

Jede Organisation kann ihre eigene Terminologie autonom definieren - obwohl es in der Regel sinnvoll ist, über die eigene Organisation hinauszuschauen, um Ambiguitäten in der Kommunikation mit Kunden, Lieferanten und anderen externen Parteien zu vermeiden.

Was ist in einem ordnungsgemäßen Glossar enthalten?

- Definitionen
- Synonyme
- Zugehörige Begriffe und Unterschiede
- Verweis auf das logische Datenmodell und auf Geschäftsprozesse
- Herkunft
- Workflow für Änderungsanfragen

Wie führt man ein Glossar ein?

Muss man Menschen davon überzeugen, dass ein Glossar Sinn macht? Wahrscheinlich nicht. Eine häufigere Herausforderung ist es, mehrere unabhängige Glossare in eines zu vereinen.

Ein häufiges Ergebnis ist die Erstellung eines Glossars im Zuständigkeitsbereich der jeweiligen Rolle. Sie finden das „Marketing Glossar" auf der Intranet-Seite der Marketingabteilung, Sie finden ein Glossar im Anhang der meisten

Projektdokumente und die meisten Fachdokumente wie Richtlinien oder Expertenberichte enthalten ihre eigenen, unabhängigen Glossare.

Wie also fügt man all diese in einem Glossar zusammen? Und wie stellt man sicher, dass niemand in Zukunft ein weiteres individuelles Glossar erstellt?

Es beginnt mit dem Auftrag: Sie benötigen eine cross-funktionale, unternehmensweite Entscheidung, dass die Verantwortung für das Firmen-Glossar beim Data Office liegt.

Und ja, dieses Thema ist wichtig genug für eine Vorstandsentscheidung.

Datenregeln und -standards

Der Zweck von Regeln und Standards

Warum beschäftige ich mich mit Datenregeln und Standards unter „Sprache"?

Während die Grenze zwischen „einen Ausdruck erfinden" und „einen Ausdruck definieren" verschwommen ist, fängt es alles mit einer gemeinsamen Sprache an.

In den meisten Fällen werden Sie eine Regel implizit festlegen, um eine Eindeutigkeitslücke in der Datensprache Ihrer Organisation zu schließen.

Wenn Sie Datenobjekte und datenbezogene Ausdrücke detailliert beschreiben und die Beziehung zwischen Datenobjekten auf Algorithmen und Abhängigkeiten erweitern, befinden Sie sich mitten in der Definition von Datenregeln und Standards.

Es gibt keine akademisch saubere Abgrenzung zwischen Regeln und Standards im Bereich der Daten. Ich verwende „Regeln" für eher technische Anweisungen (einschließlich Metadaten), im Gegensatz zu „Standards", die für Anweisungen stehen, meist in Form von deskriptivem Text. Fühlen Sie sich frei, in Ihrer täglichen Praxis von dieser Unterscheidung abzuweichen.

Überall dort, wo Regeln und Standards nicht eingehalten werden, sollten Sie zwischen (vorübergehend oder dauerhaft) akzeptierten Abweichungen (Datenkonzessionen), und Verstößen unterscheiden. Diese auszuführen, ist Teil der Verwaltung von Datenregeln und Standards.

BEISPIEL 7

Eine klassische Datenregel würde festlegen, dass das Format der Postleitzahlen in einer Adressdatenbank den vom Weltpostverein (UPU; Universal Postal Union) veröffentlichten Formaten entsprechen muss.[2] Es wäre dabei der Detailgrad zu spezifizieren (z. B. „Es kann mehr als ein Postleitzahlenformat pro Land geben") sowie die Art und Weise, wie die zugrunde liegenden Metadaten codiert werden (z. B. als reguläre Ausdrücke[3]).

Der entsprechende Datenstandard würde beschreiben, wie häufig die Metadaten aufgrund von Änderungen, die von der UPU veröffentlicht werden, aktualisiert werden müssen.

Idealerweise würde der Datenstandard sogar auf die Bibliothek und das Objekt verweisen, das ein Softwareentwickler verwenden soll, um Postleitzahlen zu überprüfen. Es könnte angegeben werden, dass die Verwendung dieser Bibliothek obligatorisch ist und dass eine direkte Verwendung der Metadaten nicht zulässig ist.

Wenn Sie bereits ein Datenprinzip haben, das die Verwendung von APIs und Webservices anstelle von Rohdaten zur Entwicklung von Softwarelösungen anfordert, können Sie diesen Datenstandard direkt daraus ableiten.

Datenstandards

Ein Standard beschreibt, wie etwas sein sollte (oder auch nicht), als Teil eines vereinbarten Ziels der Datenverarbeitung einer Organisation.

Er muss so geschrieben sein, dass Sie die Einhaltung auf objektive Weise verifizieren können. Mit anderen Worten, es darf nicht möglich sein, sachlich darüber zu streiten, ob ein Datenstandard eingehalten wird oder nicht.

Übrigens sollte Ihr erster Standard die Natur eines Standards selbst beschreiben. Die beiden vorhergehenden Absätze formen bereits einen typischen Datenstandard.

Datenregeln

Eine Daten-Regel beschreibt Daten auf dem untersten Detailniveau, bis hinunter zur Metadatenstruktur.

Gleichzeitig ist eine Datenregel keineswegs auf ein einzelnes Objekt oder Attribut beschränkt. Sie kann zum Beispiel angeben, dass von drei Attributen eines Objektes nur zwei gleichzeitig einen Wert ungleich Null haben dürfen.

---

[2] Postleitzahlenformate und weitere länderspezifische Adressformatinformationen werden von der UPU konsolidiert und bereitgestellt. Weitere Informationen finden Sie unter (UPU 2019).

[3] Für eine gute umfassende Beschreibung von „Regular Expressions" (kurz RegEx) mit vielen Beispielen siehe www.regular-expressions.info (Goyvaerts 2019).

Aber woher stammen diese Datenregeln?

Zu einem großen Teil basieren Datenregeln auf Geschäftsregeln. Sie sind Übersetzungen davon, wie das Geschäft einer Organisation funktionieren soll, auf eine Art und Weise, die eine direkte Umsetzung in Software ermöglicht.

Umgekehrt ist die Unsicherheit eines Softwareentwicklers darüber, wie etwas umzusetzen ist, ein guter Indikator für eine fehlende oder unvollständige Datenregel. Das Data Office sollte solche Situationen systematisch als Gelegenheiten nutzen, um die Datenregeln mit der verantwortlichen Fachabteilung zu klären (wodurch letztere gezwungen wird, über die zugrunde liegende Geschäftsregel nachzudenken).

Kurz gesagt, Sie können Datenregeln als den wichtigsten Input für ein Corporate Data Model betrachten. Ein erheblicher Beitrag zur Übereinstimmung zwischen der Geschäftsperspektive einer Organisation und ihrer Technologieperspektive erfolgt dadurch, Datenregeln in ein Datenmodell zu übersetzen.

Arbeit an Datenregeln und Standards

Ihre Datenregeln und Standards sind *vollständig*, wenn sie alle Informationen enthalten, die erforderlich sind, um alle erforderlichen Datenprozesse und IT-Lösungen zu erstellen.

Bitte betrachten Sie dies jedoch nicht als Vorschlag, alle Ihre Datenregeln und Standards abzuschließen, bevor Sie bereit sind, Prozesse zu definieren. Stattdessen sollte dies ein iterativer Prozess sein:

- Die Entwicklung von Prozessen wird Lücken in den Standards feststellen.

- Das Schließen dieser Lücken ermöglicht bessere Prozesse.

Sie können (und sollten) in verschiedenen Fachgebieten parallel und soweit nötig, auf unterschiedlichen Reifegraden arbeiten.

Und bitte starten Sie die Verwendung von Datenregeln und Standards, *bevor* sie perfekt sind. In vielen Fällen können Sie Lücken oder Unstimmigkeiten nur dann ermitteln, wenn Sie diese Datenregeln und Standards tatsächlich in der Praxis anwenden.

Dokumentation von Datenregeln und Standards

Was das Data Office entwickelt, muss natürlich dokumentiert werden. Aber wo und wie würden Sie Datenregeln und Standards dokumentieren?

Im Gegensatz zu Richtlinien können Datenregeln und Standards oft nicht einfach in bestehende, nicht datenbezogene Regelsammlungen desselben Typs integriert werden. Idealerweise gibt es keine anderen Sammlungen von Regeln dieses Typs, da Datenregeln und Standards das gesamte Geschäft abdecken sollten.

In diesem Fall haben Sie die Freiheit, die erforderliche Regelsammlung innerhalb des Data Office zu entwickeln.

Datenregeln und Standards sind eng mit dem Glossar verknüpft und werden im Kontext von Prozessen benötigt. Der Zugriff sollte über die gleiche Benutzeroberfläche erfolgen, zum Beispiel über die, vom Data Office betriebene Intranet-Site.

Alles andere hängt von der Softwarelösung ab, die Sie verwenden, um datenbezogene Informationen zu dokumentieren und zu veröffentlichen. Gut integrierte Lösungen ermöglichen es Ihnen, das Glossar zusammen mit Datenregeln und Standards zu pflegen.

Es ist wichtig, nicht nur die Standards und Regeln, sondern auch deren Herkunft und Implementierungsstatus zu dokumentieren.

Schließlich empfehle ich persönlich, dass keine Definition jemals ohne Beispiele kommt.

Das Datenmodell

Der Wert eines Datenmodells

Von Anbietern hört man in der Regel, dass strenge Datenmodelle überbewertet sind, und dass Big Data sich sogar auf unstrukturierte Daten konzentriert. Aber stimmt das wirklich?

Wenn wir sagen, dass Daten eine Sprache sind, dann kann man das Datenmodell als ihre Grammatik betrachtet werden.

Wer schon einmal das Vergnügen hatte, Latein zu lernen, kann sich an Situationen erinnern, in denen die Kenntnis jedes einzelnen Wortes eines Satzes nicht ausreichte, um die Bedeutung des Satzes zu verstehen. Ich wette, das war der Moment, in dem Sie verstanden haben, dass Grammatik wichtig ist!

Genauso ist es mit Daten. Daten können nicht in Informationen umgewandelt werden, wenn man nicht weiß, wie sie miteinander verbunden sind und welche Struktur und Bedeutung sie haben.

Da Daten ohne Struktur und Logik wertlos sind, brauchen Sie eine starke, gut definierte "Grammatik" für die Daten Ihres Unternehmens.

Der Wert eines EINZIGEN Datenmodells

Der negative Einfluss der parallelen Verwendung von mehreren Datenmodellen ist nicht nur akademische Theorie. Die meisten Organisationen können dies bereits heute beobachten. Die historische Entwicklung hat oft zu unterschiedlichen (expliziten oder impliziten) Datenmodellen geführt, die von unterschiedlichen Teams verwendet werden.

Nicht überraschend sind die meisten Inkonsistenzen an den Schnittstellen zwischen den verschiedenen Funktionen zu beobachten. Die meisten Funktionen kennen ihren eigenen Teil des Datenmodells, aber sie definieren andere Teile, wie sie sie vermuten.

Alle Datenverbraucher leiden unter Inkonsistenzen, die durch das Fehlen eines einzigen Datenmodells verursacht werden:

- Im Bereich Analytics führt die Arbeit mit unterschiedlichen Datenmodellen zu inkonsistenten Ergebnissen, selbst wenn verschiedene Teams denselben Datensatz verwenden.

- Sie können die täglichen Betriebsabläufe nicht optimal steuern, wenn Sie sie mit Parametern aus Quellen steuern, die auf unterschiedlichen Datenmodellen basieren.

- Standardberichte senden inkonsistente Botschaften, und KPIs sind nicht zuverlässig.

- Änderungen des Geschäftsmodells sind kompliziert, wenn Sie sie nicht auf einem Standarddatenmodell basieren können.

- Da Daten zunehmend in die Cloud verlagert und dort von Drittanbietern betrieben werden, müssen sie sich oft an externe Datenmodelle anpassen. Das gleiche gilt zuweilen für gesetzliche oder behördliche Vorgaben.

- Wenn Sie gezielt auf eine einzige Wahrheit zuarbeiten, können einige Implementierungen scheitern, da sie auf einem anderen Datenmodell basieren. Typische Fälle sind Verletzungen der Primärschlüssel oder Duplikate. Es kann Monate dauern, bis das erste „Duplikat" die Datenbanktabelle zerschießt, aber es wird sicherlich an einem Wochenende passieren …

Deshalb sollte sich jede Organisation darauf einigen, auf ein einziges Datenmodell hinzuarbeiten. Es wird häufig als **Corporate Data Model** bezeichnet und hier mit **CDM** abgekürzt.

Beispieldaten eines Kunden

Externe Anbieter bieten an, Ihre Kunden-Basis für Sie zu verwalten. Und es ist einfach, oder? „Ein Kunde ist ein Kunde ist ein Kunde", und je nach Branche hat ein Kunde eine bestimmte Anzahl an Attributen. Keine offenen Fragen?

Lassen Sie uns diese Annahme aus zwei verschiedenen Perspektiven validieren:

(i) **Kundenhierarchien**

— Wollen Sie eine bestimmte Organisation als denselben Kunden betrachten wie den Mischkonzern, der sie besitzt?

— Wie ist es mit einer Firma, die einen bestimmten Anteil an einer anderen Firma hält: Zählt es als dasselbe Unternehmen? Vielleicht nicht, wenn es nur ein kleiner Prozentsatz ist? Gibt es eine natürliche Schwelle?

— Wenn zwei verschiedene Organisationen zum selben Mischkonzern gehören, sollten sie verknüpft werden?

— Kann Ihr Datenmodell Änderungen an Kundenhierarchien verarbeiten (z. B. Fusionen und Übernahmen zwischen Ihren Kunden)?

Um aufzuräumen, müssen wir zwei Dinge tun:

Zunächst müssen wir den Zweck (oder die mehreren Zwecke) hinter der Kundenklassifizierung verstehen: Was wollen wir mit den Kundendatensätzen tun?

Zum Beispiel: Wenn wir vermeiden wollen, dass die Preisgestaltung gegenüber derselben Organisation inkonsistent ist ("Mein Kollege von der Tochtergesellschaft X hat mir erzählt, dass sie in der Tochtergesellschaft Y einen größeren Rabatt bekommen als wir!"), müssen wir möglicherweise rechtliche und kommerzielle Beziehungen zwischen Organisationen berücksichtigen.

Zweitens müssten Sie alle Kundenattribute ermitteln, die Sie zur Klassifizierung und Kategorisierung nach Ihren Geschäftsanforderungen benötigen. „Mitglied der Einkaufsvereinigung X" könnte ein wichtiges Attribut sein, das in Ihrem „CDM" (oder dem Datenmodell Ihres Cloud-Anbieters) für „Kunden" fehlt.

(ii) **Kundenstatus**
Die meisten Vertriebs-Lösungen unterscheiden zwischen Sales Leads, Interessenten, aktiven Kunden, passiven Kunden und inaktiven Kunden.

- Wenn ja, ist dann jeder inaktive Kunde ein Sales Lead?

- Kann ein inaktiver Kunde wieder zum Interessenten werden? Wodurch?

- Wie lange nach seiner letzten Geschäftstransaktion mit Ihnen würden Sie einen inaktiven Kunden wieder als Interessenten betrachten?

- Können verschiedene Kunden unterschiedliche Status haben, wenn sie eng miteinander verbunden sind (siehe unter (i) oben)?

Stellen Sie sich nun vor, Sie tauschen Kundendaten zwischen verschiedenen Abteilungen aus. Wenn Sie sich nicht auf ein einziges CDM einigen, kann eine Abteilung alle inaktiven Kunden filtern, da sie sich auf Vertriebs-Aktivitäten konzentriert. Eine andere Abteilung bräuchten diese jedoch, da sie mit Zollangelegenheiten zu tun hat, bei denen Kundendaten über einen längeren Zeitraum gespeichert werden müssen, auch nachdem der Kunde seine letzte Transaktion mit Ihrem Unternehmen abgeschlossen hat.

Führt ein falsch gefilterter Datenfluss zu sichtbaren Fehlern? Nein, alle Prozesse werden zumeist reibungslos funktionieren. Ist das ausreichend? Nein, es ist unglaublich gefährlich, da es die Datenprobleme versteckt: Kundendatensätze können fehlen, aber die Systeme können die Lücke nicht ermitteln.

Analytics und Datenmodellierung

Wenn Ihre Datenmodellierer das CDM Ihrer Organisation gestalten, müssen sie alle Basiselemente und alle deren Attribute und Beziehungen berücksichtigen.

Auf der anderen Seite benötigt Analytics die Freiheit, neue Dateneinheiten, Attribute und Beziehungen zu erstellen, um wertvolle Erkenntnisse zu gewinnen.

Aber wo soll die Grenze gezogen werden?

Als Richtlinie sollte jede aus einem Unternehmensmodell abgeleitete Datenlogik Teil eines zentral gesteuerten CDM sein.

Darüber hinaus sollten die Analytics-Kollegen das CDM niemals in ihren Visualisierungswerkzeugen neu erstellen - obwohl immer mehr Werkzeuge diese Funktionalität bieten. Andernfalls besteht für eine Organisation das Risiko, dass die gleichen Daten unabhängig voneinander in verschiedenen Datenmodellen gepflegt (und modelliert) werden.

Aus denselben Gründen sollten externe Daten niemals direkt in Datenvisualisierungswerkzeuge importiert werden (es sei denn, dies ist wirklich nur für eine einzige Aufgabe erforderlich). Stattdessen müssen externe Daten Teil der „Single Source of Truth" Ihrer Organisation werden, damit alle Benutzer die Daten direkt dort in einem vereinbarten Format und eindeutiger Struktur abrufen.

Um hier erfolgreich zu sein, sollten Sie es den Datenanalytikern so einfach wie möglich machen, die Datenmodellierung einem zentralen Team zu überlassen - ansonsten werden sie versucht sein, die Daten in ihren Werkzeugen zu modellieren, um die Kontrolle zu behalten oder um schneller Ergebnisse zu erzielen.

Zunächst müssen Sie eindeutig definieren, was unter das CDM fällt: Wenn eine Filterung spezifisch für eine konkrete Analyseaufgabe ist, sollten Sie sie flexibel lassen (z. B. das Filtern von Transaktionsdaten anhand von Kombinationen von Attributen, um Korrelationen zu bestimmen).

Immer wenn Ihre Analytics-Leute sagen, dass sie das CDM anpassen müssen, um fortzufahren, ist es oft die richtige Wahl, sich zunächst die originalen Datenquellen vorzunehmen. Zum Beispiel könnten alle ungültigen, „unbekannten" oder als offen markierte (z. B. „tbd") Werte aus einer Spalte entfernt werden müssen, die der Geschäftslogik entsprechend ausschließlich numerische Werte enthalten muss. Das Ergebnis wird Teil der logischen Datenmodellierung.

Warum sollten Sie das tun? Zunächst einmal bedeutet das unabhängige Durchführen desselben Filters durch verschiedene Teams zusätzlichen Aufwand. Zweitens können verschiedene Gruppen den Filter unterschiedlich anwenden, was zu nicht vergleichbaren Ergebnissen führt.

Prozessual gesehen fällt jede Anforderung nach Erweiterung des Kern-Datenmodells unter die Prozessgruppe „Datenlogikänderungen" (siehe Kap. 8). Solche Anfragen sind gute Beispiele dafür, warum dieser Prozess sehr agil sein muss - Datenanalytiker haben keine Zeit für einen langwierigen Genehmigungsprozess.

Gleichzeitig führt eine Erweiterung des Datenmodells in der Regel nicht zu Problemen mit der Rückwärtskompatibilität, so dass nur ein geringer Einfluss auf bestehende Lösungen und Datenbanken erwartet werden muss.

Schlussfolgerungen

Jede Organisation sollte ein einziges Corporate Data Model (CDM) haben. Dieses muss mit dem Glossar sowie mit den Geschäftsprozessen verknüpft sein und für alle in der Organisation bindend sein.

Während wir die Flexibilität benötigen, mit halb- und unstrukturierten Daten oder mit zukünftigen Optionen zu arbeiten, muss unser bestehendes Geschäftsmodell durch ein gut definiertes CDM beschrieben werden.

Ein solches CDM ist nicht nur erforderlich, um Kollisionen zu vermeiden, wenn zwei Welten miteinander verbunden werden müssen. Es hilft auch dabei,

Datenverluste und Fehlinterpretationen zu vermeiden, die oft unbemerkt bleiben.

Das Konzept einer „Single Source of Truth" gilt auch für das Format und die Beziehung zwischen Objekten.

Um dorthin zu gelangen, sollten Sie, wie im gesamten Buch beschrieben, das Einmaleins des Datenmanagements anwenden. Da keiner der einzelnen Schritte einfach auszuführen ist, hilft es, einen strukturierten Ansatz zu verfolgen:

1) **Besprechen** Sie die Herausforderung mit allen relevanten Stakeholdern. Erklären Sie das Problem und gewinnen Sie deren Zustimmung zu den nächsten Schritten.

2) **Initiieren** Sie ein **Projekt**, zumindest für die ersten beiden Phasen: Entwicklung eines Ziels und Ermittlung der Lücken. Finanzieren und besetzen Sie dieses Projekt (Sie benötigen Ressourcen von Geschäftsbereichen und der IT, um Sie in dieser Phase zu unterstützen).

3) **Entwickeln** Sie das ideale CDM, d. h. das **Datenmodell**, das die aktuelle Geschäftssituation genau beschreibt und über ausreichend Flexibilität verfügt, um zukünftige Änderungen abzudecken. Dies ist eine Aktivität in enger Zusammenarbeit mit den Geschäftsbereichen.

4) Lassen Sie sich dieses ideale CDM funktionsübergreifend **formal bestätigen**.

5) **Machen** Sie eine **Bestandsaufnahme** der aktuellen Datenmodelle - sowohl der impliziten als auch der expliziten Modelle. Manchmal müssen Sie diese aus bestehenden Anwendungen ableiten („Reverse Engineering").

6) **Dokumentieren** Sie alle **Abweichungen**.

7) **Bewerten** Sie den (aktuellen und zukünftigen) negativen **Einfluss** der vorhandenen Abweichungen vom idealen CDM. Bitten Sie die Stakeholder, diesen Einfluss zu quantifizieren. Die Data Office-Teams sollten dabei lediglich unterstützen.

8) Basierend auf Auswirkungen und Prioritäten **entwickeln** Sie eine **Roadmap**. Es kann sich um eine Roadmap über mehrere Jahre handeln, aber sie sollte die gesamte Reise zu einem vollständig implementierten CDM abdecken.

9) Lassen Sie Ihre **Roadmap genehmigen**, wobei das Ergebnis von Schritt 7) als Ihr Business Case dient. Sie sollten in der Lage sein, auf diese Genehmigung zu verweisen, wenn Sie einen der nächsten Schritte ausführen.

10) **Führen** Sie die **Implementierung** als einzelne Projekte unter einem übergeordneten Programm durch. Während das Data Office nicht jedes der Implementierungsprojekte selbst durchführen muss (diese können sogar Subprojekte anderer Projekte sein), sollten Sie die Gesamtinitiative verantworten.

Die größte Herausforderung besteht darin, die Fachabteilungen davon zu überzeugen, dass Ihre Organisation auf ein einziges CDM hinarbeiten muss. Es ist von entscheidender Bedeutung, ihnen den Mehrwert für das Geld, den **„Return on Data"**, zu vermitteln.

Möglicherweise betrachten Sie dies als ein zu großes Programm, wenn man die Bandbreite Ihrer Organisation im Allgemeinen und Ihr Data Office-Team im Besonderen berücksichtigt. Nun, Sie sollten sich nicht scheuen, klein anzufangen!

Es ist besser, wenn Ihr Team mit einem Teilbereich ("Kunde" ist normalerweise eine gute Wahl) beginnt, als gar nicht erst zu starten. Und jeder sichtbare Erfolg in diesem Teilbereich kann die Zustimmung der Fachabteilungen zu Ihrem Gesamtziel erhöhen.

Die Wahl einer Softwarelösung

Benötigen Sie ein Tool zur Verwaltung der Datensprache?

Ein gutes Tool macht Ihr Leben einfacher. Aber es ist keine Voraussetzung. Warten Sie nicht, bis Sie ein Tool haben. Ein Glossar ist zu wichtig, um seine Einführung zu verschieben.

Ein Tool kann automatisieren, aber alle Aktivitäten können auch manuell durchgeführt werden. Wenn Sie mit einer Tabellenkalkulation beginnen, kann deren praktische Verwendung sogar zu einem besseren Verständnis der Anforderungen an ein Tool führen, als wenn Sie bei der Auswahl raten müssten.

Der größte Vorteil eines Tools ist die unmittelbare Online-Verfügbarkeit aller Informationen. Menschen neigen dazu, Dateien herunterzuladen und sie offline zu verwenden - dies ist ein erhebliches Risiko, das mit einer manuellen Verwaltung einhergeht, sei es für Ihr Glossar, für Regeln und Standards, sei es für das Datenmodell.

Gibt es irgendwelche grundlegenden Anforderungen?

Datenexperten haben in der Regel ein gutes Verständnis der erforderlichen Funktionalität eines Tools, das Ihre Datensprache verwaltet. Sie unterschätzen jedoch häufig zwei wesentliche Anforderungen:

(i) **Benutzerfreundlichkeit**
Die Zielgruppe sind Geschäftsleute, nicht IT-Administratoren oder Datenbankdesigner.

(ii) **Unterstützung der Zusammenarbeit**
Keiner der Aspekte einer gut gemanagten Datensprache kann in einem Elfenbeinturm entstehen. Alles wächst mit dem Input aller Beteiligten.

Alles in allem ist ein Tool gut, wenn es alle erforderlichen technischen Funktionen und eine Benutzeroberfläche hat, die so aussieht wie im folgenden Beispiel:

BEISPIEL 8

Ich öffne meinen Browser und klicke auf das Lesezeichen für „Glossar". Ich tippe entweder einen Ausdruck oder eine Beschreibung in eine Suchmaske ein. Wenn ich das finde, was ich brauche - super! Wenn nicht, beschreibe ich, was ich brauche.

Ich kann mit Geschäfts-Szenarien arbeiten: Statt ein Kästchen ankreuzen zu müssen, kann ich schreiben „Zwei Mitarbeiter haben eine Stunde lang aneinander vorbeigeredet, weil sie nicht bemerkt haben, dass sie denselben Ausdruck für unterschiedliche Dinge verwendet haben" oder „Es ist mir unklar, ob die Umsatzkalkulation im Kontext X auch interne Umsätze enthalten soll." Ich weiß, dass ein kompetenter Mensch oder ein Large Language Model (LLM) das lesen wird.

Das System erstellt einen Fall, und ich werde innerhalb einer vereinbarten Zeit eine persönliche Antwort erhalten (basierend auf einem dokumentierten Service-Level-Abkommen). Die Fallverwaltungsfunktionalität startet einen Prozess, um das Thema mit allen relevanten Stakeholdern zu lösen.

Das System wird mich über jeden Fortschritt auf dem Laufenden halten und sicherstellen, dass mein Fall nicht vergessen wird.

Das Ergebnis einschließlich möglicher Änderungen an unserer Unternehmenssprache (d. h. Glossar, Regeln, Standards oder CDM) wird breit kommuniziert, und ich kann die historische Entwicklung der Diskussionen online nachschlagen.

Sie können dies als Beispiel für Geschäfts-Szenarien betrachten, die Sie gemeinsam mit Ihren Stakeholdern entwickeln können. Solche Szenarien helfen dabei, sicherzustellen, dass Sie Geschäftsprobleme lösen, und nicht akademische Datenprobleme.

Später können Sie diese Geschäfts-Szenarien verwenden, um zu überprüfen, ob Ihre Datensprache wie erwartet funktioniert.

Datenprozesse

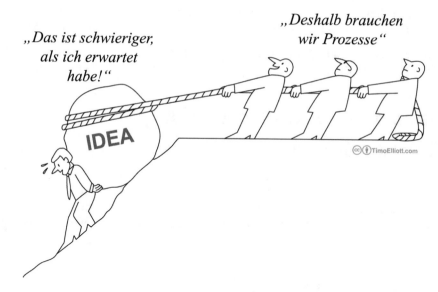

Abb. 8-1. Prozesse sind wichtig

© Der/die Autor(en), exklusiv lizenziert an APress Media, LLC, ein Teil von
Springer Nature 2023
M. Treder, *Das Management-Handbuch für Chief Data Officer*,
https://doi.org/10.1007/978-1-4842-9346-1_8

Warum Prozesse vorgeben?

Ob es den Mitarbeitern Ihrer Organisation gefällt oder nicht, Sie müssen vorgeben, wie sie mit Daten umgehen sollen. Andernfalls können Sie nicht garantieren, dass alle Aufgaben angegangen werden oder dass alle erforderlichen Aktivitäten ordnungsgemäß ausgeführt werden.

Prozesse zu beschreiben ist ein komplexes Vorhaben - da Sie es sich nicht leisten können, einen „nächsten Prozess-Schritt" unbestimmt oder unklar zu lassen. Es ist jedoch definitiv eine Übung, die sich bald auszahlt.

Angesichts der Anzahl der Prozesse und ihrer Komplexität sollte niemand außerhalb des Data Office erwarten, dass er alle Datenprozesse auswendig kennt. Alle sollten jedoch wissen, wen sie fragen sollten oder wo sie suchen sollen. In Kap. 11 finden Sie dafür ein Organisationskonzept.

Ein guter Start für die Entwicklung von Datenprozessen ist Ihr Satz von Datenrichtlinien (was ein weiterer Grund ist, diese frühzeitig zu entwickeln).

Jeder Prozess muss einen Zweck erfüllen, d. h. eine Richtlinie begründen, mit dem Schwerpunkt auf der Lieferung konkreter, erforderlicher Ergebnisse.

Aspekte der Prozessentwicklung

Verantwortlichkeit

Bei Prozessen geht es um Zuständigkeiten: Jeder Schritt benötigt einen Verantwortlichen. Um eine Organisation von einzelnen Personen unabhängig zu machen, sollte diese Verantwortung bei Funktionen und nicht bei Personen liegen. Aber Sie müssen immer einen Namen hinter einer Verantwortung bestimmen können.

Bestehende Datenprozesse

Erfinden Sie das Rad nicht neu: Wo funktionierende Prozesse bereits vorhanden sind, sollten Sie sie integrieren. Sie erhöhen damit ihre Akzeptanz.

Zusammenarbeit

Entwickeln Sie Prozesse nicht hinter verschlossenen Türen. Beginnen Sie mit den Zielen und erzielen Sie Einigkeit darüber. Dies erschwert es den Menschen, Prozesse zu bekämpfen, die sie zu diesen Zielen führen.

Allgemeine Überlegungen

Zukünftige Altlasten durch Behelfslösungen

Eng getaktete Zeitpläne können die Akzeptanz von Workarounds erfordern. Eine solche Akzeptanz muss jedoch auf vorübergehende Basis erfolgen.

Die entstehenden „technischen Schulden" (engl.: „Technical Debt") müssen aber dokumentiert werden, um am Ende eine nachhaltige Lösung zu gewährleisten. (Siehe Konzessionsbearbeitung im Abschnitt „Projekt-Datenüberprüfungsprozess".)

Konfliktmanagement

Mangel an Bandbreite, Finanzierung, Experten und Zeit sowie andere Faktoren können zu widersprüchlichen Anforderungen führen. Diese müssen durch die Perspektive der gesamten Organisation („Was ist am besten für den Aktionär/ Eigentümer?") gelöst werden.

Der im Kap. 6 eingeführte „Datenüberprüfungs- und Entscheidungsprozess", einschließlich seiner Gremien Data Executive Council und Data Management Council, bietet dafür den erforderlichen funktionsübergreifenden Mechanismus.

Sie werden auch dann Herausforderungen begegnen, wenn das Modell gut aufgestellt ist, aber Sie müssen diese Herausforderungen aktiv angehen. Aus diesem Grund sollte ein solcher Master-Prozess einen allgemeinen Eskalationsprozess (siehe auch „Ein Entscheidungs- und Eskalationsprozess" im Kap. 2) enthalten.

Benutzerfreundlichkeit

Ein wesentlicher Fokus sollte auf „Vermeidung von Bürokratie" liegen. Es muss attraktiv und erstrebenswert sein, diesen Prozess zu befolgen. Andernfalls werden die Menschen ihn einfach ignorieren oder informelle Wege im Umgang mit Daten wählen.

Aus diesem Grund sollte den Benutzern beispielsweise eine Vorlage angeboten werden, die „hilft, nichts zu vergessen", und nicht etwas, das wie zusätzliche Arbeit aussieht. Und bitte machen Sie nicht im allerersten Schritt die Angabe aller Details zur Pflicht - Sie müssen ja sowieso mit dem Anforderer sprechen.

Prozesstrigger

Jeder Datenprozess erfordert einen oder mehrere gut definierte „Prozesstrigger", also Ereignisse, die den Prozess anstoßen können. Die Zwecke sind:

- Um klarzustellen, in welchen Fällen ein Datenprozess angestoßen wird

- Um sicherzustellen, dass ein Datenprozess aus anderen Prozessen heraus immer dann angestoßen wird, wenn dies erforderlich ist

- Um den Menschen mitzuteilen, wie Prozesse ausgelöst werden können und wer dazu berechtigt ist

Ein Prozesstrigger benötigt stets eine Beschreibung von Vorbedingungen und zu bereitstellenden Informationen. Es muss einfach zu beurteilen sein, ob ein Prozesstrigger gültig und vollständig ist.

Diese Beschreibung muss aus Nutzersicht erfolgen: Wir müssen es allen einfach machen, die richtige Kategorie zu finden, um den richtigen Prozess anzuwenden.

Hier ist eine Liste typischer Prozesstrigger:

Anforderung der Projektgenehmigung oder -finanzierung

Projekte müssen den Datenanforderungen entsprechen, um genehmigt zu werden, sei es als Genehmigung des Projektstarts oder als finale Genehmigung der Projektergebnisse.

Wenn Ihre Organisation ein ARB (Architecture Review Board) hat, sollte dessen Genehmigung Teil des Prozesses sein.

Fehlermeldung

Wenn jemand einen Fehler meldet, muss der richtige Prozess ausgelöst werden.

Dieses Verfahren gilt nicht nur für Geschäftsanwender oder IT-Experten. Es umfasst auch alle Ergebnisse der internen Datenqualitätsbewertungen des Data Office.

Änderungsanforderung

Typische Beispiele für Änderungsanforderungen betreffen Datenstrukturen, Terminologie, Anwendungen, einen Datenpflegeprozess, Datenquellen oder einen Datenfluss.

Ablauf der technischen Schuld („technical debt")

Jede vorübergehend genehmigte technische Schuld hat ein Ablaufdatum. Wenn dieses Datum erreicht ist und die technische Schuld nicht aufgelöst ist, muss ein Datenprozess angestoßen werden, damit die Schuld bearbeitet wird.

Es wird empfohlen, auch einen Vorab-Trigger zu verwenden, der frühzeitig vor Ablauf eine Warnung auslöst, damit rechtzeitig korrektive Maßnahmen ergriffen werden können.

Anfrage nach Klärung

Bestehende Grundsätze oder Richtlinien können unklar sein. Es muss ein formaler Prozess vorhanden sein, damit ein Benutzer um Klärung bitten kann. Dieser Prozess kann sehr schlank sein, da er in der Regel keine Änderung des betreffenden Inhalts selbst erfordert.

Eskalation

Der Begriff „Eskalation" hat oft einen negativen Beigeschmack. Wenn jedoch richtig eskaliert wird, hilft dies Konflikte durch Delegierung der Entscheidung auf eine höhere Management-Ebene zu lösen.

Es ist wichtig zu erkennen, dass Streitigkeiten in den meisten Fällen nichts mit persönlichen Animositäten oder fehlendem Verständnis zu tun haben. Stattdessen haben verschiedene Menschen aufgrund ihrer jeweiligen Rollen oder Persönlichkeiten unterschiedliche Prioritäten.

Die Lösung des Konflikts auf einer höheren hierarchischen Ebene bedeutet die Einnahme einer breiteren Perspektive: Wie hätte der Besitzer unserer Organisation entschieden?

Um die Eskalation frei von Emotionen zu halten, hilft ein präzise beschriebener Eskalationsprozess sehr.

Kontrollpunkte für die Datenüberprüfung

Es gibt einige Kriterien, die Aktivitäten (beispielsweise Projekte) durchlaufen müssen, um einen Kontrollpunkt für die Datenüberprüfung passieren zu können:

(i) **Potenzielle Änderungen an der Struktur oder Logik der Daten**

Zum Beispiel: Datenfeldzuordnung zwischen verschiedenen Abteilungen; Änderungen an der Struktur der Attribute von „Kunde"

(ii) **Einführung von Änderungen am Umgang mit Daten (Prozesse, Rollen)**

Zum Beispiel: Masterdata-Management im Zuge der Einführung einer neuen MDM-Lösung

(iii) **Potenzielle Änderungen am Datenlebenszyklus (Beschaffung, Übertragung, Modifikation, Verbrauch)**

Zum Beispiel: Replikation von Masterdaten in die Cloud (Oracle, Salesforce)

(iv) **Fälle von möglicherweise verletzten Datenstandards oder Datenprinzipien**

Zum Beispiel: Duplizierte Wartung von Referenzdaten, Datenbeschaffung von einer unzuverlässigen Quelle

Dieses Set von Kriterien sollte uns ermöglichen, den Prozess schlanker zu gestalten, indem wir immer nur diejenigen Informationen anfordern, die für die jeweilige Kategorie oder den Einstiegspunkt erforderlich sind.

Konkrete Prozessgruppen

Datenanforderungsprozess

Ein Datenanforderungsprozess beschreibt, wie jemand Daten erhalten oder auf Daten zugreifen kann, um damit zu arbeiten. Dies umfasst jede Art von Verwendung, vom Support operativer Prozesse bis zur Data Science, sei es die Anforderung eines einzelnen Datensatzes oder einer Liste von Transaktionsdatensätzen, eine einmalige Anforderung oder ein dauerhafter Datenzugriff. Dies ist keine überflüssige Bürokratie, da unkoordinierte Datenverwendung durch Fachabteilungen die häufigste Ursache für Datenmissverständnisse ist.

Solche Datenanforderungen aller Funktionsbereiche müssen auf sehr transparente Weise koordiniert und ausgerichtet werden, mit kurzen Reaktionszeiten. Sie möchten schließlich nicht, dass Projekte sich verzögern, weil sie auf Daten warten müssen …

Wenn erforderlich, müssen Anforderungen priorisiert werden. Der Prozess sollte daher Kriterien auf der Grundlage von Aufwand und Nutzen definieren.

Damit das Data Office diese Aktivitäten koordinieren kann, muss es eine formale Interaktion mit allen Fachbereichen etablieren, um deren konkreten Datenanforderungen zu ermitteln.

Zu diesen Anforderungen gehören

- Die angeforderte Art der Bereitstellung (Zugriff, Format usw.; einmalig gegen wiederholend; vollständig gegen inkrementell)

- Zeitplan und Dringlichkeit

- Der Inhalt der Daten
- Abhängigkeiten
- Erforderliche Qualität

Die Bewertung dieser Anforderungen führt zu einer Reihe von daten-bezogenen Aktivitäten, Verantwortlichkeiten und Meilensteinen.

Wenn sich herausstellt, dass die direkte Beschaffung von Daten der beste Ansatz ist, kann dies transparent entschieden werden, wobei alle Risiken gemanagt werden müssen.

Sie können verlangen, dass bei allen Daten- Anforderungen immer zuerst mit dem Data Office zu sprechen ist. Die Anforderer müssen mitteilen, welche Geschäftsziele sie haben und wie ihre beabsichtigten Geschäftsprozesse aussehen.

Als Reaktion muss das Data Office über Ziele, Richtlinien und Governance informieren, soweit diese bereits vorhanden sind. Von den Anforderern können Sie dann verlangen, Abweichungsanalysen durchzuführen.

Gewisse angeforderte Dinge (Lösungen, Daten) sind möglicherweise bereits verfügbar. Sie müssen auf eine Weise sichtbar gemacht werden, dass die Datenanforderer dies selbst überprüfen können - was es Ihnen ermöglicht, sich auf die tatsächlich noch zu erbringenden Leistungen zu konzentrieren.

Liefern Sie nicht mehr als angefordert! Manchmal benötigt ein Datenanforderer gar keine hochwertigen Daten. In einem solchen Fall sollten Sie als Datenanbieter nicht auf höherer Qualität bestehen.

Gleichzeitig hat das Data Office auch eine Beratungsrolle. Datenanforderer könnten die langfristigen Auswirkungen oder die Nebenwirkungen der Akzeptanz geringer Qualität unterschätzen. Jede derartige Anforderung erfordert deshalb ein Gespräch mit den Datenexperten, um mögliche Kompromisse zu finden.

Eine ordnungsgemäße Umsetzung ermöglicht es Ihnen, auf jede Anforderung für Daten oder datenbezogene Dienstleistungen angemessen zu reagieren:

- Daten sind bereits verfügbar? Nehmen Sie diese.

- Daten können innerhalb des angegebenen Zeitrahmens von einem der Datenanbieterteams bereitgestellt werden? Machen Sie es!

- Datenaktivitäten können aus technischen Gründen nicht parallelisiert werden? Priorisieren Sie.

- Die Datenbereitstellung erfordert mehr Finanzmittel oder Ressourcen? Stellen Sie einen Finanzierungsantrag.

Dies ermöglicht Ihnen auch zu unterscheiden zwischen

- Kurzfristigen, projektbezogenen Daten mit geringen Genauigkeitsanforderungen (z. B. zur Unterstützung der Planung)

- Langfristiger, finaler, projektunabhängiger Bereitstellung von Daten (Mitgestaltung der langfristigen Organisation)

Sie müssen in der Lage sein, die Daten-Qualität zu erhöhen:

- Datenmodellierung und Datenmapping müssen konsistent über die Aktivitäten aller Fachbereiche angewendet werden.

- Alle Datenquellen müssen vereinbart werden (Single Source of Truth).

- Kurzfristige Lücken müssen sichtbar gemacht und im langfristigen Planungsprozess abgedeckt werden.

Prüfungsprozess für den Umgang mit Daten in Projekten

Die meisten Projekte erfordern und verwenden Daten, und Sie müssen sicherstellen, dass sie es auf die richtige Weise tun. Aus diesem Grund müssen Sie im gesamten Projekt Kontrollpunkte für die Datensteuerung definieren, die bereits mit der Projektvorbereitung beginnen, um Nichteinhaltungen frühzeitig zu erkennen und den Antragstellern die Möglichkeit zu geben, ihre Vorschläge zu überarbeiten, idealerweise mit Unterstützung des Data Office.

Wann immer ein Projekt Auswirkungen auf Daten hat, müssen alle Datenaspekte vor der Genehmigung durch einen Prozess zur Überprüfung der Projektdaten überprüft werden. Dieser Prozess muss zu einem obligatorischen Prozess werden, einer Voraussetzung für alle Projekte, um die Genehmigung und/oder die Finanzierung zu erhalten.

Der Prozess beschreibt Kriterien für diese obligatorische Überprüfung sowie die Schritte der Überprüfung, die Bereiche der Beurteilung und die beteiligten Parteien. Das Ergebnis ist ein Dokument zur Überprüfung der Daten sowie eine Zusammenfassung, die zu einem zwingenden Bestandteil jeder Projektgenehmigung oder Finanzierungsanfrage wird. Die Zusammenfassung listet alle möglichen Abweichungen, mögliche Optionen und die endgültige Bewertung auf.

Typische Bereiche der Überprüfung sind die CDM-Konformität, die Single Source of Truth sowie die korrekten Definitionen und Begriffe. Der Prozess sollte auch die Bereiche bestimmen, in denen ein Projekt darauf abzielt, die aktuelle CDM oder das Vokabular zu ändern, um sicherzustellen, dass die Änderungsanfragen ordnungsgemäß eingereicht werden (siehe später im Abschnitt Prozess zur Änderung von Datenlogik).

Fachleute müssen Initiativen aus einer datenorientierten Perspektive beurteilen - PowerPoint-Präsentationen für Führungskräfte garantieren keine Architekturkonformität.

Aus Effizienzgründen kann all dies Teil einer umfassenden Architekturüberprüfung werden, die alle Aspekte der Architektur in einem Durchgang abdeckt. Dies ist ein weiterer guter Grund für jede Organisation, ein Architektur-Review-Board (ARB) mit Mitgliedern des IT-Architekturteams und des Data Office zu haben.

Wenn das ARB mit einem Projektansatz aus Datenarchitektur-Gründen nicht einverstanden ist, muss der Fall an das Data Management Council gehen, einschließlich verschiedener Optionen und aller bekannten Argumente dafür oder dagegen.

Der Prozess zur Überprüfung der Projektdaten ist wahrscheinlich der Prozess, der am häufigsten mit Data Concessions zu tun hat: Nicht alle Lösungen können realistischerweise im ersten Anlauf datenkonform werden. Wo immer es gute Gründe für eine vorübergehende Abweichung gibt, kann diese unter Bedingungen genehmigt werden, zusammen mit einer zeitlich begrenzten Data Concession.

Sie benötigen einen dedizierten Prozess für die Schritte zur Erlangung einer Concession sowie die Verwaltung bestehender Concessions, einschließlich einer Nachverfolgung, wenn Concessions kurz vor dem Ablauf oder abgelaufen sind. Vor dem Ablauf muss die Lösung konform sein, oder (nur bei guten Gründen) die Concession muss verlängert werden; die Lösung bleibt dann auf der Liste der Concessions, die überwacht werden müssen.

Dieser Prozess ist nicht auf Wasserfall-Projekte beschränkt, aber agile Projekte erfordern einen leicht abgewandelten Ansatz, da Sie nicht für jeden Sprint eine vollständige Überprüfung durchführen können. Stattdessen sollten alle vorhersehbaren Architekturfragen zu einem frühen Zeitpunkt abgedeckt werden, und nur neue Erkenntnisse während der Initiative würden eine weitere Überprüfung auslösen.

Wann ist ein Projekt für eine Datenüberprüfung relevant?

Nicht alle Projekte müssen einer Datenüberprüfung unterzogen werden. Als allgemeine Regel gilt, dass eine Überprüfung in den folgenden Fällen erforderlich ist:

- Ein Prozess wird berührt, der mit Daten (Abrufen, Erstellen, Ändern, Löschen) zu tun hat.

- Software wird erstellt oder geändert, die mit Daten (Abrufen, Erstellen, Ändern, Löschen) zu tun hat.

- Änderungen der Geschäftslogik führen zu Änderungen der Datenlogik.

Beispiele:

- Wenn eine Datenquelle zu einem Data Warehouse hinzugefügt wird oder wenn Daten aus einem Data Warehouse für operative Zwecke verwendet werden

- Wenn neue Software eingeführt wird, um Daten lokal zu verwalten (oder in der Cloud, wenn sie cloudbasiert ist)

- Wenn eine Anwendung eine Liste von Standortcodes benötigt

- Wenn eine Anwendung Stammdaten oder Transaktionsdaten an eine andere Anwendung sendet

- Wenn Daten zur Kommunikation zwischen verschiedenen rechtlichen oder geographischen Einheiten gemappt werden

- Wenn Daten während der Dateneingabe oder nach dem Datentransfer verifiziert werden müssen

- Wenn Daten aus verschiedenen Quellen (z. B. bei Akquisitionen von Unternehmen) in eine einzige Datenbank überführt werden

- Wenn Daten dupliziert werden sollen, um sie einer anderen Anwendung oder einer anderen Benutzergruppe zur Verfügung zu stellen

- Wenn die Datensicherheit (potenziell) beeinträchtigt wird

- Wenn die Datenqualität ein kritischer Faktor ist

Fälle, in denen Data Management nicht der erste Ansprechpartner ist

Die folgenden Fälle klingen zwar nach Datenthemen, aber andere Funktionen sollten hier die Führung übernehmen:

- Physikalische Datenverbindungen (LAN/WAN): Zu überprüfen mit dem Team für IT-Infrastruktur.

- Informationssicherheit: Dies ist ein Thema für das Team der Informationssicherheit.

- Betrieb des Rechenzentrums.

- Datenübertragungsprotokolle.

- Zusätzlicher Speicherplatz auf dem Speichermedium, um einen Anstieg des Datenvolumens aufzunehmen.

- Implementierung eines Datenverschlüsselungsalgorithmus

Eine typische Datenüberprüfung in einem Projekt

Ein Team schlägt eine neue Lösung vor, bei der bestimmte Elemente der Stammdaten in Tabellenkalkulationen gepflegt und per E-Mail verteilt werden oder bei der eine Terminologie eingeführt wird, die nicht über Fachbereiche hinweg ausgerichtet ist.

- Dies wird während des Prozesses der Datenüberprüfung sichtbar und es finden Gespräche mit dem Projektteam über Alternativen statt.

- Die Option, für die das Projektteam sich schließlich entscheidet, wird in einem Datenüberprüfungsdokument beurteilt, das zunächst von Ihrem Data Management Council bewertet wird.

Eine Zusammenfassung wird ebenfalls bereitgestellt, um Teil des Projekt-/Finanzierungsantrags zu werden.

Unterstützungsprozesse

Solche Prozesse werden von Datenteams benötigt, um Funktionen insbesondere in den Vorprojektphasen zu unterstützen (in die richtige Richtung, während dies noch möglich ist).

Es ist zu spät, wenn man erst bei einem Projektgenehmigungsprozess auf nicht konformes Datenhandling stößt. Datenexperten müssen so bald wie möglich nach Beginn der Scoping-Phase eines Projekts eingebunden werden. Dazu gehören sowohl Datenarchitekten als auch Datenmanagement-Fachleute.

Diese Experten sollen helfen, einen konformen Ansatz zu definieren. Sie werden bei der Erstellung verschiedener Optionen und bei Möglichkeiten mehrstufiger Vorgehensweisen unterstützen. Sie werden regelmäßig den aktuellen Stand der Überlegungen gemeinsam mit der Datenmanagement-Community überprüfen.

Prozess zur Änderung von Dateninhalten

Änderungen an den Dateninhalten haben in der Regel nur geringe Auswirkungen und ermöglichen einen schlanken Prozess. Risiken entstehen dort, wo das Datenhandling nicht konform ist, z. B. dort, wo Referenzierungen auf Daten in einer Anwendung hartcodiert sind, sodass eine allgemeine Änderung der Referenzierungen diese Anwendung nicht aktualisiert.

Die meisten Datenänderungen basieren bereits auf operativen Prozessen, die in der Regel von den ausführenden Fachbereichen definiert werden. Diese Prozesse müssen zusammenpassen, und einige Prozesse können aufgrund von

Erfahrungen mit anderen Prozessen verbessert werden. Dies ist eine langfristige Aktivität, für die eine ordnungsgemäße Inventarisierung ein wichtiger erster Schritt ist.

Änderungen an Stammdaten sollten letztendlich eine Frage von Konfigurationsänderungen sein. Die meisten Organisationen haben diesen Reifegrad noch nicht erreicht. Aus diesem Grund erfordern solche Änderungen oft eine Auswirkungsabschätzung über verschiedene Fachbereiche hinweg. Eine solche Bewertung muss daher Teil eines jeden vorhandenen Prozesses zur Änderung von funktionellen Daten sein.

Prozess zum Datenqualitätsmanagement

Die Qualität der Daten muss überwacht, und Abweichungen von den Qualitätszielen müssen angegangen werden.

Je nach Auswirkung der Qualitätsprobleme muss man unterschiedlich reagieren:

(i) **Akzeptieren**

Maßnahme: Unternehmen Sie nichts, da der Einfluss zu gering ist (daher ist es wichtig, den Einfluss jedes gemeldeten Problems zu quantifizieren).

(ii) **Mitigieren**

Maßnahme: Wenden Sie einen Workaround an (z. B. manuelle Verarbeitung) oder implementieren Sie temporär eine automatisierte Vorverarbeitungs-software, bis zu einer vollständigen Integration, oder bis eine Änderung der Mapping-Logik erfolgt (vielleicht mit anderen Auswirkungen in umgekehrter Reihenfolge).

(iii) **Lösen**

Maßnahme: Ändern Sie die Software (dabei kann es sich sogar um eine Legacy-Software handeln, die in 2 Jahren auslaufen wird), einen Prozess oder eine Geschäftsregel (oder eine Kombination aus all diesen).

Prozess zur Änderung von Datenlogik

Für Änderungen an der Datenstruktur, Datenregeln, Datenprozessen oder dem Datenglossar benötigen Sie unterschiedliche Prozesse.

Um unkoordinierte Datenaktivitäten zu vermeiden, müssen alle Anfragen zu datenbezogenen Änderungen diesem Prozess folgen. Die wichtigste Anfrage ist die nach Änderungen am Datenmodell als Ergebnis von Änderungen der Geschäftslogik.

Dieser Prozess stellt sicher, dass die beabsichtigten Änderungen eindeutig beschrieben werden und der Einfluss auf alle anderen Funktionen bewertet wird. Es wird dabei ein erweiterter Projektauftrag vorgeschlagen, in der weitere Aktivitäten erforderlich sind, um unerwünschte Auswirkungen zu vermeiden.

Ein bereichsübergreifender Genehmigungsfluss und ein Concession Handling (wie zuvor beschrieben) müssen Teil dieses Prozesses sein.

Prozess zum Glossar

Sie können sich vorstellen, dass es nicht ausreicht, ein Glossar und eine Person in Verantwortung zu haben.

Zusätzlich müssen Sie einen Prozess entwickeln, der festlegt, mit wem man im Falle von Fragen, Vorschlägen oder Anfragen nach Klärung sprechen soll.

Sie müssen auch die Rollen definieren, die erforderlich sind, um alle derartigen Eingaben zu überprüfen, sowie die Schritte, die zu einer Entscheidung oder einer Antwort führen.

Prozess zur Anforderung von direktem Datenzugriff

Der Zugriff auf Datenplattformen erfordert einen Kompromiss zwischen den Bedürfnissen der Benutzer nach Flexibilität und dem Interesse der Plattformanbieter an einer angemessenen und sorgfältigen Nutzung.

Ein solcher Prozess sollte darauf abzielen, die Anzahl der Benutzer auf das notwendige Minimum zu reduzieren, während diesen wenigen Benutzern mit den erforderlichen Qualifikationen und Geschäftsbedürfnissen genügend Flexibilität bei der Nutzung dieser Plattformen gewährt wird.

Kriterien:

- Hat der Benutzer die erforderlichen Kenntnisse?
- Besteht eine wirtschaftliche und fachliche Begründung?

Daten in Geschäftsprozessen verwalten

Datenthemen werden nicht nur durch dedizierte Datenprozesse behandelt. Zusätzlich gibt es Datenkomponenten in jedem der existierenden Geschäftsprozesse.

Ihre Data Governance-Funktion sollte diese Teile der Geschäftsprozesse aus den folgenden zwei Gründen regeln:

- Sie möchten sicherstellen, dass Daten immer gemäß Ihren Datenprinzipien, -standards und -regeln behandelt werden, selbst in der abteilungsinternen Routinearbeit, die keine Datenspezialisten erfordert.

- Unterschiedliche Geschäftsprozesse können gleiche Datenbedürfnisse haben. Sie sollten hier die gleichen Daten-Teilprozesse verwenden, um Konsistenz sicherzustellen. Die Anwendungsentwicklung kann dann verschiedene Geschäftsanwendungen die gleichen APIs oder Webservices verwenden lassen, wodurch eine Duplizierung auf der IT-Seite vermieden wird.

Aber wie kommt man von Geschäftsprozessen zu Daten?

Sie sind in einer glücklichen Situation, wenn Ihre Organisation über ein etabliertes Prozessmanagement verfügt. Je besser die Prozesse einer Organisation dokumentiert sind, desto einfacher ist es, die datenbezogenen Teilprozesse zu bestimmen.

Wenn dies nicht der Fall ist, können Sie die Datenebene verwenden, um eine ordnungsgemäße Prozessdokumentation zu erzwingen. Es ist oft eine sinnvolle Option, Prozesse aus dem Workflow einer Anwendung neu zu gestalten. Wenn Ihr Data Office ein Team aus dem entsprechenden Fachbereich bei dieser Übung unterstützt, kann die Bestimmung von Datenteilprozessen ein willkommener Nebeneffekt sein.

Sie bestimmen Datenteilprozesse, indem Sie den Datenfluss für jeden Schritt eines Geschäftsprozesses analysieren:

- Wo wird Dateneingabe erwartet?

- Wo sollen Daten gesucht werden?

- Wo sollen Daten verifiziert werden (welche in der Regel einen Vergleich mit zu verifizierenden Daten enthalten)?

- Wo sollen Daten geändert, zusammengeführt, gelöscht (und so weiter) werden?

Es ist wichtig, alle Erkenntnisse und Ergebnisse sowohl in der Prozessdokumentation des Unternehmens als auch im Rahmen der Dokumentation des Data Office festzuhalten. Sie müssen auch Querverweise auf alle verwendeten Webservices oder APIs hinzufügen.

Ein (vereinfachtes) Beispiel für einen Datenteilprozess finden Sie in Abb. 8-2.

Alle Daten-Teilprozesse werden in die Geschäftsprozesse eingebettet (Beispiel)

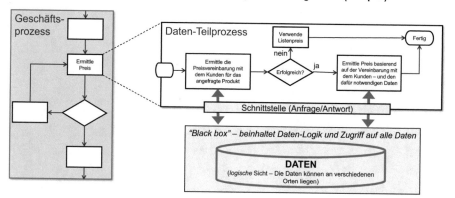

Abb. 8-2.   Ein Datenteilprozess

Eine weitere Motivation ist, dass dieser Ansatz die technische Datenverarbeitung von dem Prozessfluss entkoppelt. Der Verantwortliche für den Geschäftsprozess muss sich nicht um die Innenarbeit des Daten-Teilprozesses kümmern. Es reicht anzugeben, WAS benötigt wird, und das WIE kann den Datenexperten überlassen werden.

Rollen und Ver-antwortlichkeiten

„Wie wäre es, wenn wir – mit Verlaub – versuchen, etwas zu ändern?"

Abb. 9 - 1. Wissen Sie immer, wer was macht?

© Der/die Autor(en), exklusiv lizenziert an APress Media, LLC, ein Teil von Springer Nature 2023
M. Treder, Das Management-Handbuch für Chief Data Officer,
https://doi.org/10.1007/978-1-4842-9346-1_9

Einführung in Rollen und Verantwortlichkeiten

Warum haben wir uns mit Prozessen *vor* der Diskussion von Rollen und Verantwortlichkeiten beschäftigt?

Die Antwort ist einfach: Jede Rolle, jede Verantwortung muss einem Zweck dienen. Eine Rolle, die in keinem Prozess vorkommt, ist nicht erforderlich.

Idealerweise beginnen Sie damit, Verantwortlichkeiten aus Prozessen abzuleiten. Sobald alle Verantwortlichkeiten klar sind, können Sie Rollen formen, die Sie ihnen zuordnen. Hier überlegen Sie, welche Verantwortungen sich auf verschiedene Rollen aufteilen, und welche Verantwortungen zur selben Rolle gehören. Lassen Sie sich hier von der rechtlichen Funktionstrennung und dem Vier-Augen-Prinzip leiten.

Ein guter Ausgangspunkt für Verantwortlichkeiten ist die Liste der datenbezogenen Prozesse, die wir in Kap. 8 besprochen haben.

Auf der Grundlage der dort ermittelten Aufgaben können wir bereits zwischen Teams mit inhaltlichen Verantwortlichkeiten, Teams mit Datenpflegeverantwortungen und zentralen Datenrollen unterscheiden.

Auf der IT-Seite können wir technische und Anwendungsarchitekten identifizieren. Andere IT-Mitarbeiter können bei der Verarbeitung von Daten ebenfalls eine wichtige Rolle spielen, z. B. Datenbankdesigner und Softwareentwickler. Meine persönliche Empfehlung ist jedoch, die interne IT-Organisation dem CIO zu überlassen und die Zusammenarbeit mit der IT auf die Vereinbarung von Ergebnissen zu stützen.

Datenverantwortliche und Datenchampions

Die Datenverwaltung benötigt Input von Geschäftskunden. Sie können Geschäftskunden bitten, sich an der Gestaltung und Einflussnahme auf die Datenverwaltung auf zwei Arten zu beteiligen: indem sie einen Teil der Organisation (wie den Vertrieb) oder eine Datendomäne (wie Kunde oder Produkt) repräsentieren.

Es ist wesentlich, zwischen beiden Rollen zu unterscheiden, da Datendomänen in der Regel fachbereichsübergreifend sind.

Bisher wurde für beide Rollen noch kein gemeinsamer Begriff etabliert. Ich habe mich für die häufig verwendeten Begriffe Datenverantwortlicher und Daten-Champion entschieden, wie in Abb. 9-2 dargestellt.

Datenverantwortliche Verantwortlich für eine gesamte Daten-Domäne. Stimmt sich ab mit allen betroffenen Fachbereichen.	**Daten-Champions** Vertritt in Daten-bezogenen Vorgängen einen bestimmten Fachbereich.
Beispiel: **Datenverantwortlicher für "Kunde"**	Beispiel: **Daten-Champion für "Marketing"**

Abb. 9 - 2. Datenverantwortlicher vs. Daten-Champion

Bitte fühlen Sie sich frei, diese beiden Begriffe durch Titel zu ersetzen, die den Gewohnheiten und der Kultur Ihrer Organisation entsprechen.

Datenverantwortlicher

Datenverantwortliche sind Mitglieder der Fachbereiche, die für einen bestimmten Bereich des Datenuniversums einer Organisation aus inhaltlicher Perspektive verantwortlich sind, in der Regel eine Domäne des Corporate Data Model (CDM). Die Verantwortungsbereiche von Datenverantwortlichen dürfen sich niemals überschneiden. Jeder Teil des CDM muss eindeutig genau einem Datenverantwortlichen zugeordnet werden. Bitte erlauben Sie nicht, dass es sowohl einen Marketing-Kundendateninhaber als auch einen Finanz-Kundendateninhaber gibt. Es ist die Aufgabe des alleinigen Datenverant-wortlichen von „Kunde", sich mit allen Beteiligten abzustimmen.

Datenchampions

Datenchampions können als die Datenvertreter eines bestimmten Teils einer Organisation betrachtet werden.

Wir können zwischen funktionellen Datenchampions (z. B. Datenchampion für Finanzen), organisatorischen Datenchampions (z. B. Datenchampion für eine Tochtergesellschaft) und geographischen Datenchampions (z. B. Daten-champion für Südostasien) unterscheiden. In diesem Falle können Sie sehen, dass die Verantwortlichkeiten tatsächlich überlappen können, aber die Perspektive unterschiedlich ist.

Solche Datenchampions müssen nicht unbedingt eine cross-funktionale Perspektive einnehmen. Sie sollten vielmehr den Leiter eines jeden Geschäftsbereichs bitten, einen Datenchampion zu ernennen, dem er oder sie vertraut, da der Datenchampion diesen Geschäftsbereich in allen Datendiskussionen der gesamten Organisation vertreten wird.

Als Datenchampions haben Sie die folgenden typischen Verantwortlichkeiten und Rollen:

- Seien Sie primärer Ansprechpartner des eigenen Fachbereichs für cross-funktionale Datenthemen zentraler Fachbereiche und gegenüber allen anderen Einheiten.

- Seien Sie primärer Ansprechpartner für alle datenbezogenen Fragen, Anfragen oder Vorschläge von Personen innerhalb der vertretenen Einheit oder Funktion. Teilen und erläutern Sie Datennachrichten zentraler Fachbereiche. Stellen Sie sicher, dass die Datengrundsätze der Organisation innerhalb ihrer eigenen Einheit erklärt und verstanden werden. (Wenn es Datenchampions mit überlappenden Verantwortungsbereichen gibt, sollte im Voraus bestimmt werden, ob beispielsweise die regionale oder die funktionale Struktur als primäre Struktur betrachtet wird.)

- Lokales Datennetzwerk: Kennen Sie die lokalen Datenstewards, damit sie miteinander in Kontakt treten können. Lassen Sie sie verstehen, wie ihre Arbeit die Arbeit von Datenstewards in anderen Funktionen beeinflusst.

- Stellen Sie sicher, dass lokale Experten in globalen Diskussionen berücksichtigt werden, z. B. ihre Kenntnisse über lokale Adresshandhabungsgewohnheiten, beste Quellen für externe Daten oder lokale Gesetze, die den Umgang mit Daten beeinflussen.

- Stellen Sie sicher, dass lokale Projekte Datenaspekte explizit berücksichtigen und aus datenbezogener Perspektive unterstützen. Arbeiten Sie mit dem zentralen Data Office für einen konsistenten Ansatz zusammen.

- Haben Sie einen Überblick über lokale Kontrollen, um die Datenqualität im Tagesgeschäft sicherzustellen.

- Beobachten Sie lokale Aktivitäten und suchen Sie nach datenbezogenen Problemen. Führen Sie lokale Initiativen und Ursachenanalysen auf der Grundlage von Datenerkenntnissen durch, idealerweise unter Verwendung von Six Sigma.

- Konsolidieren Sie lokale Bedürfnisse hinsichtlich der Daten: Anforderungen an Tools (z. B. Analytics-Visualisierung), Datenquellen, länderspezifische Datenstrukturen (z. B. für erforderliche Handelslizenzen), Verifizierung lokaler Datenquellen (z. B. bei gesetzlichen Änderungen).

- Ermitteln Sie durch das Netzwerk die besten Praktiken (sowie Ansätze, die **nicht** gut funktioniert haben), um die eigenen oder unterstützten lokalen Projekte vorzubereiten.

- Moderieren Sie die Diskussion, wenn Personen aus verschiedenen Funktionen unterschiedlicher Ansicht darüber sind, wie sie Daten vor Ort verarbeiten sollen.

Datenersteller und -nutzer

Datenersteller und Datenkonsumenten sind zwei wichtige Stakeholder-Gruppen, die jedoch völlig unterschiedliche Rollen einnehmen. Bitte vermeiden Sie es, sie zusammen anzusprechen.

Diese Rollen sind normalerweise keine Vollzeitjobs. Sie beschreiben eine Reihe von Verantwortlichkeiten, die von Menschen in den Geschäftsabteilungen übernommen werden, neben ihren funktionalen Verantwortungsbereichen.

Datenersteller pflegen die Daten täglich in ihren fachlichen Geschäftsrollen. Sie sind für den Inhalt und die Qualität der Daten verantwortlich, jedoch nicht für deren Struktur.

Data Stewards sind eine Untergruppe der Datenersteller einer Organisation. Sie sind erfahren im Umgang mit Daten und pflegen normalerweise einen dauerhaften Dialog mit dem Data Office und den Datenverantwortlichen. Innerhalb ihres fachlichen Zuständigkeitsbereichs achten sie aktiv auf Datenqualitätsprobleme und -verbesserungsmöglichkeiten. Sie sind an der Entwicklung von Datenmetriken beteiligt (siehe Kap. 10), und sie können auf der Grundlage von Erfahrungen Input zur Entwicklung von Prozessen und Anwendungen aus einer datenorientierten Perspektive geben.

Datenkonsumenten sind Mitarbeiter aus allen Geschäftsbereichen und allen Berufen, die gemeinsam haben, dass ihre Arbeit signifikant von Daten abhängt. Sie sind auf eine gute Datenqualität angewiesen, sind jedoch meist nicht in der Lage, diese direkt zu beeinflussen.

Sie wissen aus eigener Erfahrung, was es bedeutet, mit schlechten Daten zu arbeiten. Aus diesem Grund sind sie eine wichtige Stimme im Datenqualitätsmanagement.

Die dominierende Gruppe der Datenkonsumenten sind die Analytics- und Data-Science-Communities. Aber es gibt viele weitere Konsumenten in operativen Prozessen, Finanzen, Kundenservice, Performance und regulatorischen Berichten, um nur einige zu nennen.

Sie sehen bereits, dass Datenersteller und Datenkonsumenten nicht unbedingt überschneidungsfreie Gruppen sind. Rollen, die Daten bereichern, gehören normalerweise beiden Gruppen an. Menschen in solchen Positionen sind im Allgemeinen diejenigen, die am ehesten davon überzeugt werden können, dass sie sich um die Datenqualität kümmern müssen.

Das Gleiche gilt für Menschen am Ende der Daten-Supply Chain, insbesondere für Finanzen und Analytics. Was immer entlang dieser Kette schief geht, wird sie unweigerlich beeinträchtigen.

Aber wenn diese Menschen den Bedarf an einer guten Datenqualität verstehen, neigen sie oft dazu zu denken, dass sie die Datenqualität selbst in Ordnung bringen müssen – um die Daten vor ihrer Verwendung noch schnell zu reparieren. Dieses Verhalten findet sich besonders in Organisationen ohne Tradition eines aktiven Datenmanagements.

Es ist entscheidend, dass diese Menschen zunächst verstehen, dass die Reparatur von Daten nur für einen einzigen Zweck kein nachhaltiger Ansatz ist. Sie sollten ermutigt werden, jedes beobachtete Datenproblem zu melden, damit die Organisation die Ursachen finden und das Problem an der Stelle beheben kann, an der es verursacht wurde.

Aber Sie müssen auch die Bereitschaft und die Fähigkeit des Data Office demonstrieren, die Datenqualität entlang der Daten-Supply Chain zu managen. Datenkonsumenten werden diese Arbeit nur dem Data Office überlassen, wenn sie Erfolg sehen.

Eine aktiv verwaltete Datenkonsumenten-Community ist dabei ein geeignetes Mittel, um Ihre Nachrichten zu übermitteln, und zugleich ein großartiger Feedback-Kanal.

Weitere Geschäftsrollen

Rollen auf der Fachseite

Zuständigkeiten für Software-Anwendungen und Geschäftsprozesse sind ebenfalls wesentliche Rollen. Und werden sie ordnungsgemäß ausgeführt, nehmen sie eine funktionsübergreifende Perspektive ein.

Vermischen Sie diese Rollen jedoch nicht mit denen der Datenverantwortlichen. Sie sind gleichermaßen wichtig, aber separate, unabhängige Rollen.

Reife Organisationen orchestrieren einen bereichsübergreifenden Dialog zwischen all diesen Rollen, oft unter einem Chief Transformation Officer (wenn das Geschäftsmodell dynamisch ist) oder einem Head of Global Business Services (wenn das Geschäftsmodell als reif gilt). Ein Data Office sollte Teil dieses Dialogs sein. Der CDO muss jedoch nicht die Führung übernehmen.

In Organisationen ohne einen solchen systematischen Dialog können Sie selbst sich aktiv engagieren. Sie können die datenbezogenen Rollen so orchestrieren, dass die Organisation ein ähnliches Setup für alle funktionenübergreifenden Themen haben möchte.

Mit anderen Worten, jemand muss den ersten Schritt machen – warum sollten Sie es nicht sein?

Mangel an organisierter Verantwortung

Wenn Sie keinen geeigneten Verantwortlichen finden, verwenden Sie das Prinzip der „Vorstandsverantwortung": Informieren Sie den zuständigen Vorstand, dass er oder sie der ultimativ Verantwortliche ist. Der Executive wird keine Zeit haben und die Idee hassen. Das Gute ist, dass die Verantwortung nach unten delegiert werden kann. Der Executive wird diese Option gerne nutzen.

Manchmal finden Sie nicht einmal einen Fachbereich, dessen Verantwortung für eine bestimmte Software naheliegend wäre. Dies ist oft der Fall bei Legacy-Lösungen, die seit Jahren existieren. Die IT mag sie die ganze Zeit über gewartet haben, aber niemand hat jemals die Entscheidungsverantwortung beansprucht, und niemand weiß, wer die Anwendung verwendet. Aber plötzlich müssen Sie möglicherweise Daten-Non-Compliance in einer solchen Anwendung angehen.

Eine mögliche, zugegeben dreiste Herangehensweise: Beanspruchen Sie die Entscheidungsverantwortung für das Data Office. Geben Sie die Abschaltung bekannt. Finden Sie heraus, wer am panischsten reagiert. Diese Person kann gerne die Verantwortung übernehmen, um ein unkontrolliertes Abschalten zu verhindern. Wenn sich niemand meldet, führen Sie Ihren Plan zur Abschaltungung durch und kommunizieren Sie jeden einzelnen Schritt weitläufig. Und bereiten Sie einen Rollback-Plan vor!

Zentralisierte Rollen

Gemäß dem Subsidiaritätsprinzip (siehe Kap. 2) müssen bestimmte Rollen zentralisiert werden, um ein konsistentes Verhalten zu gewährleisten und parallele Doppelarbeit zu vermeiden.

Ihr Data Governance-Team sollte jede Aktivität in einem der datenbezogenen Prozesse auf die Notwendigkeit überprüfen, zentral verwaltet zu werden.

Je nach Struktur Ihrer Organisation wird die Liste der zentralen Rollen, die Teil einer zentralen Organisation werden, variieren.

Während Sie eine angemessene Liste von zentralen Rollen zusammen mit allen anderen Fachbereichen in Business und der IT ermitteln, sollten Sie berücksichtigen, dass diese Fachbereiche in der Regel nicht objektiv sind: Die meisten Fachbereiche neigen dazu, die Zentralisierung aller harten Arbeit zu befürworten, während sie gerne bereit sind, die delegierte Rolle des Entscheidungsträgers zu übernehmen.

Deshalb sollten Sie idealerweise eine erste organisatorische Zuordnung innerhalb des Data Office erarbeiten, bevor Sie den Dialog starten. Dies ermöglicht es Ihnen, immer dann nach guten Gründen zu fragen, wenn jemand eine Änderung wünscht.

In diesem Kapitel finden Sie eine Liste von Gruppen zentraler Verantwortlichkeiten, die in mögliche Teams unterteilt sind. Dies hat keinen Anspruch auf Vollständigkeit oder alleinige Richtigkeit. Es sollte vielmehr dazu beitragen, ein gutes Maß an Detailtiefe zu ermitteln, mit dem Sie beginnen können.

Und denken Sie daran: Die angemessene Anzahl von Teams oder Teammitgliedern in Ihrem Data Office hängt von der Größe Ihrer Organisation, dem Budget des Data Office und dem Grad der Datenkompetenz unter den Mitarbeitern ab (denken Sie an den zehnten Aspekt effektiven Datenmanagements im Kap. 2).

Die folgende Struktur ist so konzipiert, dass sie skalierbar ist, so dass eine variable Anzahl von Verantwortlichkeiten eine einzelne Rolle bilden, aber auch ein einzelnes Team einen oder mehrere der beschriebenen Bereiche abdecken kann.

Daten Governance

Hier ist eine Liste der typischen Verantwortlichkeiten einer Data Governance-Funktion:

- Definieren, entwickeln und dokumentieren Sie **Datenpflege**-Prozesse.

- Definieren, entwickeln und dokumentieren Sie Prozesse zum Ändern der **Struktur** Ihrer Daten (mit anderen Worten, regeln Sie das Corporate Data Model, während die Data Architecture für dessen Inhalt verantwortlich ist).

- Verwalten Sie **externe Daten**quellen und Standards (einschließlich Vereinbarungen mit externen Datenlieferanten).

- Entwickeln Sie **Schulungen** und führen Sie **Kommunikation** durch.

- Dokumentieren und veröffentlichen Sie **Datenrichtlinien und Standards.**

- Beschreiben Sie **Datenregeln** und **Logik** (unter Einbeziehung der Data Architecture).

- Verwalten Sie ein einziges, cross-funktionales **Glossar** von Geschäftsbegriffen.

Datenqualität

Kaum eine andere Datendisziplin erfordert sowohl Geschäftswissen als auch ein gutes Verständnis von Daten und dem Verhalten der Menschen. Die folgende Liste der Verantwortlichkeiten einer DQ-Funktion ist keinesfalls vollständig:

- Definieren und klassifizieren Sie zuverlässige Metriken (**Data Quality Indicators** – siehe Kap. 10) und **Berichte.**

- Verwalten und messen Sie **Datenqualität;** verwenden Sie Metriken und Heuristiken.

- Überprüfen Sie vorhandene und vorgeschlagene Key Performance Indicators (KPIs).

- Arbeiten Sie mit **Geschäftsbereichen und der IT** zusammen, um eine einheitliche Sicht auf Masterdaten und Transaktionsdaten zu erhalten.

- Erstellen und veröffentlichen Sie **Dashboards** für Datenqualität.

- Bestimmen Sie Schlüsselfragen und führen Sie **Ursachenanalysen** durch (**Six Sigma** – siehe Kap. 11).

Datenanwendungen und -projekte

Das Daten-Management sollte sich nicht auf die Rollen des Regelmachers, Polizisten und Helpdesks für Daten beschränken. Jemand muss die Daten aus ihrem Elfenbeinturm herausholen.

Mit anderen Worten, das Wissen und die Kompetenz im Bereich der Daten müssen in den täglichen Prozessen und Anwendungen übertragen werden.

Für die Datenanwendungen und -projekte werden Sie wahrscheinlich die folgenden Verantwortlichkeiten übernehmen müssen:

- Seien Sie der Fachverantwortliche aller primär datenbezogenen Software von cross-funktionaler Relevanz (vorwiegend Datenbanken, Datenpflegewerkzeuge und Webservices).

- Verwalten Sie Lösungs- und Implementierungs-**Roadmaps** (basierend auf den Geschäftsprioritäten, den technischen Fähigkeiten und eigenen Kosten-/Nutzenanalysen – siehe Kap. 16).

- Koordinieren Sie **Änderungsanfragen** gegen Datenanwendungen cross-funktional und führen Sie das Implementierungsprojekt aus einer nutzenorientierten Perspektive.

- Führen bzw. organisieren Sie **Usability-Analysen.**

- Orchestrieren Sie globale **Netzwerke** von Daten-Champions, Daten-Stewards, Analytics-Teams und Fachleuten.

- Unterstützen und leiten Sie proaktiv **Migrations-** und **Transformation**-Projekte in datenbezogenen Angelegenheiten. Rollen Sie vom Data Office verantwortete Datenanwendungen aus, und unterstützen Sie die Ausrollung anderer Anwendungen aus datenbezogener Perspektive (z. B. im Bereich der länderspezifischen Masterdatenkonfiguration).

- Verwalten Sie Nichteinhaltung von Datenstandards („Datenschulden").

- Organisieren Sie **cross-funktionale** Zusammenarbeit

Masterdatenverwaltung

Während die Wartung von Masterdaten in der Regel innerhalb der jeweiligen Geschäftsbereiche erfolgt, müssen Sie alle diese Aktivitäten koordinieren.

Hier sind einige typische zentrale Masterdata-Verantwortlichkeiten:

- Stellen Sie sicher, dass die **Masterdaten, Referenzdaten,** und **Metadaten** ordnungsgemäß gepflegt werden.

- Koordinieren Sie **Auswirkungsanalysen** von bedeutenden Masterdatenänderungen.

- Überwachen Sie die ordnungsgemäße **Verwendung** von Masterdaten.

- Dokumentieren Sie das Universum der Masterdaten.

- Seien Sie der Fachverantwortliche oder Produktverantwortliche von MDM-Tools.

Datenarchitektur

Datendesign darf nicht innerhalb einzelner Geschäftsprozesse oder durch technische IT-Architekten erfolgen.

Der Grund dafür ist, dass, genau wie bei Gebäuden, eine einzige übergreifende Architektur erforderlich ist, um Ihre Organisation widerzuspiegeln. Die Inhalte selbst müssen von den verschiedenen Geschäftsprozessen kommen, aber alles muss in ein einziges Unternehmensdatenmodell eingebettet werden.

Zwischen Data Architecture und Data Governance gibt es im Bereich der Datenstandards keine objektiv eindeutige Abgrenzung. Einige Organisationen unterscheiden zwischen organisatorischen und funktionellen Standards: Während organisatorische Standards Teil von Data Governance sind, sind funktionelle Standards Teil von Data Architecture.

Obwohl es hier kein richtig oder falsch gibt, empfehle ich persönlich, dass die gesamte Verantwortung für Standards bei Data Governance liegt und die funktionale Kompetenz aus dem Bereich Data Architecture kommt. Diese Einrichtung vermeidet Unsicherheiten bezüglich der Verantwortung für Grenzfälle, während sie die Kompetenz der Datenarchitekten weiterhin nutzt.

Nach dieser Einrichtung umfassen typische Aufgaben eines zentralen Data Architecture-Teams

- Pflege eines Business **Datenmodells** auf der Grundlage von Geschäftsprozessen und Funktionen

- Durchführung von **Lückenanalysen** am Data Model

- Unterstützung von Data Governance bei der Gestaltung und Durchsetzung von **fachlichen Datenstandards**

- Abstimmung mit anderen Architekturdisziplinen

- **Bewertung des Einflusses** von Geschäftsänderungen auf Datenstrukturen

Datenschutz und Compliance

Diese Themen sind älter als das Konzept eines Data Office. Aus diesem Grund haben die meisten Organisationen hierfür bereits Verantwortliche. Und, ehrlich gesagt, Sie müssen sich hier vielleicht nicht unbedingt um die Verantwortung bemühen. Letztendlich ist das aus organisatorischer Sicht wichtigste Ziel, angemessen geregelte Zuständigkeiten zu haben. Wo dies bereits der Fall ist, gibt es kein Problem zu lösen, also versuchen Sie es nicht.

Stattdessen müssen Sie sicherstellen, dass das Data Office als Stakeholder akzeptiert wird. In vielen Organisationen versteht die Rechtsabteilung den Begriff der Compliance perfekt, aber sie können ihn möglicherweise nicht in praktische Richtlinien für den täglichen Arbeitsablauf übersetzen.

Hier kann das Data Office seine Unterstützung anbieten, einschließlich der Bereitstellung konkreter Beispiele und Checklisten.

Hinweis: Wo keine andere Abteilung die Zuständigkeit übernimmt oder der Vorstand möchte, dass das Data Office verantwortlich ist, akzeptieren Sie es! Ein Data Office ist nicht der schlechteste Ort, um die Verantwortung für den Datenschutz zu übernehmen. Aber in diesem Fall sollten Sie sich wiederum an andere Abteilungen wenden, um deren Rat einzuholen, zum Beispiel in rechtlichen Angelegenheiten.

Und hier ist eine typische Liste der Aufgaben des Data Office im Bereich Datenschutz:

- Arbeiten Sie mit der Rechtsabteilung und mit der Information Security zusammen, um **Compliance** und **Datenschutz** sicherzustellen.

- Unterstützen Sie Geschäftsprozesse bei der korrekten Anwendung von Datenschutzbestimmungen.

- Stellen Sie sicher, dass Datenschutzrichtlinien und -prozesse so zielgerichtet, so eindeutig und verständlich sind wie möglich.

Data Science

In den meisten Organisationen ist es vermutlich nicht sinnvoll, alle Data Science-Aktivitäten zu zentralisieren – Sie könnten dabei die notwendige Nähe zwischen den Data Scientists und den Geschäftsbereichen verlieren, für die sie arbeiten.

Es ist jedoch wertvoll, ein kleines, aber starkes zentrales Data Science-Team als Teil des Data Office zu bilden. Idealerweise gestalten Sie ein „Center of Excellence" für Data Science als das wissenschaftliche Zentrum der Data Science-Community Ihrer Organisation – Data Scientists aus den Fachbereichen haben oft nicht die Möglichkeiten, so etwas zu tun.

Typische Verantwortlichkeiten eines solchen Centers of Excellence sind

- Die Bewertung und **Verteilung des Wissens** der Data Scientists über alle Geschäftsbereiche hinweg

- Die Darstellung Ihrer Organisation nach **außen** in Bezug auf Data Science (was NICHT bedeutet, dass Sie externe Kontakte anderer Data Scientists blockieren sollten!)

- Durchführung von cross-funktionalen **Data Science-Aktivitäten** (Korrelationen, Kausalitäten, Wahrscheinlichkeiten, Prognosen)

- Zusammenarbeit mit der IT an einer **Analytics-Ziellandschaft**

- Ausnutzung jüngerer Datenkonzepte wie Blockchain oder Large Language Models (LLM) (und Beteiligung von Teams aus den Fachbereichen, wo möglich)

Datenanalyse und BI

Auch ein Großteil der Datenanalyse und Business Intelligence (BI) sollte in den Geschäftsbereichen erfolgen, umso mehr, als Konzepte wie BI Self-Service es auch für Gelegenheitsnutzer erleichtern, Daten in Informationen umzuwandeln.

Ein Center of Excellence kann jedoch auch hier als koordinierende Funktion und durch Hilfe bei der Verwendung von Daten, Werkzeugen und Algorithmen durch die Fachbereiche Wert schaffen. Es ist wichtig, Partnerschaften mit diesen Geschäftsbereichen anzustreben und dadurch zu vermeiden, als Konkurrenz wahrgenommen zu werden.

Hier ist eine Liste der Verantwortlichkeiten, die Sie bei einem Analytics und BI Center of Excellence finden würden:

- Unterstützung der **Analytics- und BI-Teams** der Fachabteilungen aus technischer Perspektive

- Repräsentanz Ihrer Organisation nach **außen** in den Bereichen Datenanalyse und BI

- Zusammenarbeit mit Data Science und der IT an einer gemeinsamen Ziellandschaft rund um **Analytics** und **Daten-Visualisierung**

- Durchführung von cross-funktionalen **Predictive Analytics**-Projekten mit den Geschäftsbereichen

- Unterstützung von Business **Reporting**

- Arbeit an **Big Data**-Konzepten: Was ist neu bei der Verarbeitung und Nutzung externer und interner Massendaten?

Datenqualität

„Ja, Sir, Sie können diesen Zahlen absolut vertrauen"

Abb. 10 - 1. Datenqualität? Die Daumen drücken und hoffen …

© Der/die Autor(en), exklusiv lizenziert an APress Media, LLC, ein Teil von
Springer Nature 2023
M. Treder, *Das Management-Handbuch für Chief Data Officer*,
https://doi.org/10.1007/978-1-4842-9346-1_10

Warum ist Datenqualität wichtig?

„Datenqualität" *klingt* wichtig. Und kaum jemand würde die Bedeutung der Datenqualität in Frage stellen. Aus diesem Grund hat dieser Begriff das Potenzial, sich zu einer weiteren hohlen Phrase zu entwickeln. Sie wirken auf jeden Fall professionell, wenn Sie eine „hohe Datenqualität" einfordern.

Und ja, Datenqualität ist tatsächlich wichtig. Datenqualität ist so wichtig, dass ich dafür ein eigenes Akronym verwende. Für mich ist es einfach DQ, und DQ sollte ganz oben auf Ihrer Prioritätenliste stehen.

Leider denken einige Menschen, dass eine gute Datenqualität die Regel ist, solange nichts Seltsames passiert.

Eine gute Datenqualität ist *nicht* die Regel. Ganz und gar nicht.

Ich würde sogar sagen, sofern eine Organisation nicht aktiv und proaktiv an ihrer Datenqualität arbeitet, können Sie davon ausgehen, dass die Datenqualität dieser Organisation schlecht ist.

BEISPIEL I

Ein international tätiges Unternehmen erkennt die Notwendigkeit, Adressdaten in bestimmten Landesorganisationen zu bereinigen.

Dieses Unternehmen entscheidet sich dafür, ein riesiges Team an seinem Hauptsitz mit der Bereinigungsarbeit zu beauftragen.

Es handelt sich hier um ein von mir in der Praxis beobachtetes Beispiel. Und das hier tätige Team ist krachend gescheitert.

Letztendlich hatte man die Daten syntaktisch korrekt hinbekommen. Aber diese konnten nicht verwendet werden, um eine Customer 360-Sicht zu erzeugen, und sie waren nicht einmal geeignet für die Zuordnung von Kunden zu Vertriebsgebieten.

Das Problem erwies sich als vielschichtig:

- Die unvollständige Erfassung von Kundendaten über Jahre hinweg führte zu einem Mangel an Attributen, die nicht aus den anderen Daten abgeleitet werden konnten.

- Darüber hinaus war den Landesorganisationen erlaubt worden, einige der Datenfelder für länderspezifische Zwecke zu missbrauchen, so dass der Inhalt im übergeordneten Kontext des Unternehmens nutzlos war.[1]

---

[1] David Millan, Global Head of Data bei Unilever, erklärte auf einer Datenkonferenz im Jahr 2019, dass in seiner Organisation 80 % der angeblich länderspezifischen Punkte sich als universell erwiesen haben.

- Schließlich erfordert die Bereinigung von Kundendaten viel lokales Wissen über die Gewohnheiten im Umgang mit Adressen und über die Unternehmensstrukturen in jedem Land. Das Team am Hauptsitz hatte dieses Wissen nicht.

Gefährliche Datenqualitätsstandpunkte

In Organisationen ohne einen dedizierten Fokus auf Datenqualität habe ich eine Reihe verschiedener Muster gefunden, die ich hier beschreibe.

Überprüfen Sie Ihre eigene Organisation gegen diese Muster. Das Ergebnis ermöglicht es Ihnen, Ihre DQ-Strategie entsprechend anzupassen.

1) Die Annahme, dass Ihre DQ gut ist

Warum konzentrieren sich Organisationen oft auf Analytics, anstatt die gesamte Daten-Supply Chain abzudecken?

Oft liegt dies daran, dass ihre Entscheidungsträger denken, ihre Daten seien in Ordnung, weil dies ja selbstverständlich ist („Gut geführte Organisationen haben gute Daten!").

Dies stimmt mit der weit verbreiteten, unbewussten Annahme überein, dass alle ihre Daten gut sein müssen, da bisher niemand Beschwerden vorgebracht hat.

Manchmal haben die Führungskräfte einer Organisation aber noch nicht einmal über DQ nachgedacht. Und ich verstehe sie gut! Denken Sie darüber nach: Wann haben Sie zuletzt bewusst über Ihre Ohren nachgedacht? Das ist schon eine Weile her? Nun, das ist normal! Menschen denken nur an ihre Ohren, wenn sie Ohrenschmerzen haben oder schlecht hören.

Es ist dasselbe Phänomen, das wir bei DQ beobachten. Es ist nicht Teil des täglichen Gedankenprozesses eines Managers.

Das bedeutet, dass wir nicht mit einem intellektuellen, sondern mit einem **Bewusstseins**-Problem konfrontiert sind.

Ich empfehle, dieses Problem zunächst anzugehen, bevor Sie technische oder organisatorische Maßnahmen vorschlagen, um Ihre Datenqualität zu verbessern. Es ist schwer, an DQ (oder gar an der Finanzierung entsprechender Aktivitäten) zu arbeiten, wenn es keine Unterstützung durch die Führungskräfte gibt.

2) Die Annahme, dass Ihre DQ gut genug ist

Sie haben vielleicht den folgenden Satz immer wieder gehört:

Es mag nicht perfekt sein, aber bisher war es gut genug. Folgen wir der 80/20-Regel und übertreiben wir nicht!

Aber wie kann man erkennen, ob 20 % der Bemühungen wirklich zu einer Qualität von 80 % führen? Und selbst wenn es so wäre: Sind 80 % wirklich ausreichend?

3) Die Annahme, dass Sie DQ nicht messen können

Die Fatalisten sagen:

> *Sie können DQ nur anhand anderer Daten messen – die auch falsch sein können. Also weiß man es ja nie!*

Ja, DQ ist nicht einfach. Es erfordert eine komplexe Planung und die Festlegung von Abhängigkeiten. Aber es ist möglich, die Qualität von Daten zu messen – zumindest in einem gewissen Umfang. Plausibilitätsprüfungen funktionieren in den meisten Situationen. Und solange Sie sich der Einschränkungen bewusst sind, ist jede Messung besser als keine Messung.

4) Die Annahme, dass schlechte DQ eine Angelegenheit des „Data Office" ist

Wer soll schlechte Daten beheben? Die Datenexperten aus dem Data Office?

Unzureichende Datenqualität ist oft **kein** Problem der Daten selbst, sondern ein Geschäftsproblem. In einem solchen Fall können Datenexperten dabei helfen, das Problem und die Auswirkungen zu beschreiben. Sie können sogar bei der Bereinigung der Daten unterstützen, sollten dies jedoch nicht selbst tun, aus drei Gründen:

(i) **Die für die Behebung der Daten erforderlichen fachlichen Kenntnisse sollten beim verantwortlichen Fachbereich liegen.**

(ii) **Fachbereiche sollten dazu gezwungen werden, Verantwortung für** *ihre* **Daten zu übernehmen – diese sind ja ein wesentlicher Bestandteil** *ihres* **Geschäfts.**

(iii) **Ohne die Ursachen anzugehen, wird sich die Datenqualität schnell wieder verschlechtern.**

Zum Glück gibt es Möglichkeiten, mit denen Fachbereiche an der Qualität ihrer Daten arbeiten können. Sie können Six Sigma verwenden, um die Ursache zu ermitteln, damit sie nicht nur die Symptome behandeln, und sie können bewährte Six-Sigma-Methoden anwenden, um diese Ursachen auch anzugehen.

Ich möchte Sie dazu ermutigen, den Six-Sigma-Ansatz mit allen Fachbereichen zu teilen. Wenn Six Sigma bereits Teil des Werkzeugkastens Ihrer Organisation ist, unterstützen Sie die Teams dabei, dies ganz bewusst auch auf Daten anzuwenden.

Weitere Informationen zur Verwendung von Six Sigma beim Umgang mit Daten finden Sie in Kap. 11.

5) Die Annahme, dass jeder an guter DQ interessiert ist

Um ehrlich zu sein: Manche Menschen in einer Organisation profitieren von schlechter Datenqualität. Ohne aktives DQ-Management und angemessene Anreize werden diese keinen Grund sehen, zu guter DQ beizutragen.

Als Beispiel dafür denken Sie an diejenigen, die nicht die erforderliche Leistung erbringen können oder wollen: Diese Kollegen möchten sicherlich nicht, dass ihre Minderleistung durch Daten sichtbar gemacht wird.

Aber es gibt auch jene täglichen Probleme, bei denen Mitarbeiter von schlechten Daten profitieren.

BEISPIEL 2

Stellen Sie sich einen Mitarbeiter vor, der für die Kundendatenerfassung verantwortlich ist und von einem System unterstützt wird, das die Formatierung bestimmter Datenfelder anhand von Metadaten validiert.

Dieser Mitarbeiter wird für die schnelle Dateneingabe belohnt und steht damit im Konflikt zwischen der Anzahl der eingegebenen Kundendaten pro Stunde und der Genauigkeit der eingegebenen Daten: Man kann nicht zu viel Zeit mit einzelnen Datensätzen verbringen, um sein Stundenziel nicht zu gefährden.

Aber manchmal fehlen Daten, oder sie sind inkonsistent. Dann kostet es viel Zeit, die richtigen Daten herauszufinden, zum Beispiel, indem man die Website des Kunden überprüft, um die Umsatzsteuer-Identifikationsnummer zu ermitteln.

Als schnelle Lösung entscheidet sich der Mitarbeiter in solchen Fällen zumeist für syntaktisch gültige Dummy-Daten. Ergebnis: Erreichtes Leistungsziel – falsche Kundendaten!

Gut für diese Person – schlecht für die Organisation.

---

6) DQ erst dann ansprechen, wenn Sie bereits in Schwierigkeiten sind

Es ist einfach, DQ zu ignorieren, solange es Ihnen nicht offenkundig wehtut. Wir haben diesen Ansatz als einen von acht typischen Verhaltensmustern bestimmt – siehe Kap. 1.

Eine Organisation, die mit DQ reaktiv umgeht, kann die Auswirkungen nicht vermeiden. Sie kann diese nur verzögern.

Einige Informationen können verloren gehen, wenn sie nicht während ihrer frühen Phasen gepflegt werden. In solchen Fällen ist es schlicht unmöglich, später eine gute Datenqualität wiederherzustellen.

Wenn eine Organisation ohne aktives DQ-Management eine Entscheidung auf Daten basieren möchte, wird sie den folgenden Problemen begegnen:

- Die Daten sind unvollständig oder überhaupt nicht verfügbar, da kein Plan bestand, sie für die Entscheidungsfindung vorzubereiten.

- Die Daten sind unklar. Je nach persönlichen oder Abteilungszielen werden sie von Menschen unterschiedlich interpretiert werden.

- Es dauert lange, alle Daten zu sammeln und zu reparieren. Als Folge wird die Entscheidungsfindung verzögert (Abb. 10-2).

„Wir verschwenden mindestens 2 Millionen Dollar pro Jahr, wenn wir uns darüber streiten, wer die richtigen Zahlen hat."

„Laut meiner Kalkulationstabelle sind es nur 1 Million Dollar!"

Abb. 1 0 - 2 . Haben Sie zuverlässige, konsistente Daten?

7) Arbeit an der DQ nur für Analysezwecke

Während einer großen Konferenz betonte ein Datenexperte die Bedeutung der Datenqualität. Seine Forderung: „Stellen Sie sicher, dass die Daten in Ihrem Data Lake gut gepflegt sind."

Ein sauberer Data Lake (hier stellvertretend gebraucht für Datensysteme, die zu Analytics-Zwecken erstellt werden) ist gut. Aber erst hier mit DQ anzufangen, ist viel zu spät!

Leider ist die Notwendigkeit, zuverlässige Analyseergebnisse zu erzielen, oft der einzige Treiber für die Datenqualität. Dies ist eine der Schwächen von

Organisationen, die Datenmanagement als identisch mit Analytics betrachten. Wenn sie ein DQ-Team haben, ist es Teil ihrer Analytics-Abteilung. Eine solche Analytics-getriebene Datenqualität adressiert in der Regel nicht die Ursachen. Stattdessen versucht sie, die Daten im Data Lake zu reparieren – oder sogar noch später.

Und diese Perspektive macht Datenqualität reaktiv: Sie versuchen, sie zu reparieren, sobald Sie feststellen, dass sie nicht gut genug ist.

Dieser Ansatz hat weitere Nachteile:

- Er schafft ein falsches Gefühl der Datenqualität: Es scheint kein Problem zu sein, solange die Analytics-Leute nicht klagen.

- Oft können Sie den Daten in einem Data Lake nicht ansehen, ob sie von guter Qualität sind – insbesondere, wenn sie syntaktisch korrekt sind.

- Nicht nur die DQ-Probleme in einem Data Lake können unbemerkt bleiben – auch die Unrichtigkeit der anschließenden Analysen kann unbemerkt bleiben.

- Die Menschen verzichten vielleicht im Alltag darauf, Datenqualitätsprobleme zu vermeiden, wenn „die Analytics-Leute sie ja vor dem Gebrauch reparieren".

- In allen Organisationen werden die Daten nicht erst am Ende ihrer Reise verwendet. Sie durchlaufen mehrere Stufen der Daten-Supply Chain, bevor sie beispielsweise in einem Data Lake enden. Eine Menge Daten werden zusätzlich für operative Zwecke verwendet, z. B. zur Erstellung von Rechnungen oder zur Steuerung von Produktionsprozessen. Solche Aktivitäten benötigen hochwertige Daten. Nicht-analytische Datenbenutzer, die ihre Daten aus den operativen Datensystemen beziehen, profitieren nicht von Reparaturen in der späteren Analytics-Stufe.

- Die Arbeit an der Datenqualität für die Analyse führt zu Inkonsistenzen zwischen den (ungereinigten) Daten, die für operative Zwecke verwendet werden, und den (gereinigten) Daten, die für die Analyse verwendet werden.

- Daten, die spät repariert wurden, können bereits Schaden angerichtet oder zu falschen Erkenntnissen geführt haben.

BEISPIEL 3

Daten, die von einem Kunden auf einer Website eingegeben werden, können während eines Online-Buchungsprozesses weiter verwendet werden. Das bedeutet, dass die Daten bereits verwendet werden, bevor sie an das Backend übermittelt werden.

Es hilft dem Buchungsprozess nicht, wenn die Daten erst später durch einen Adressverifizierungsprozess repariert werden.

---

8) Arbeit an der DQ dort, wo zuerst Probleme auftreten

Selbst dort, wo DQ ein Thema jenseits von Analytics ist, reparieren die Menschen oft erst dort die Daten, wo Probleme **sichtbar** werden. Aber es kann bereits früher etwas schiefgelaufen sein. Solche Organisationen stehen typischerweise vor den folgenden Problemen:

- Wenn bestimmte Aspekte der Daten verloren gehen, kann es bereits zu spät sein, sie wiederherzustellen. Sie können zum Beispiel die Zufriedenheitsbewertung eines Kunden nicht aus den verbleibenden Details eines Online-Kaufs ableiten.

- Wenn Sie Daten unterwegs reparieren, kann es zu Inkonsistenzen zwischen „vor" und „nach" der Reparatur kommen. Prozesse, die die ungereinigten Daten verwenden, passen nicht zu denen, die gereinigte Daten verwenden.

- Prozesse, die für schlechte Daten verantwortlich sind, werden nicht angegangen. Die Reparatur von schlechten Daten wird zu einer wiederkehrenden, rückwirkenden Aufgabe.

Datenqualität muss sowohl die Verhinderung von Datenverlusten als auch die rechtzeitige Wiederherstellung umfassen. Wenn ein Datenimport oder eine Dateneingabe als unzureichend erkannt wird, kann die Software immer noch reagieren und auf einer zeitnahen Schließung der Lücken bestehen.

9) Akzeptanz von schlechter DQ, weil bessere DQ unmöglich oder schwierig ist

Data Scientists benötigen für ein Projekt oft eine ganz bestimmte Art von Daten. Sie suchen im Web und finden schließlich irgendwo eine CSV-Datei oder lesen eine Tabelle von einer Website aus – das berüchtigte „Screen Scraping".

Dies ist kein generell ungültiger Ansatz, auch wenn es oft möglich ist, die gleichen Daten mit einer besseren DQ woanders zu bekommen. In den meisten Fällen sollte der Data Scientist jedoch zumindest das Ausmaß der DQ einer jeden solchen Datensammlung vollständig verstehen.

Ich spreche hierbei ausdrücklich nicht von einer kontextfreien Bewertung einer gegebenen Datei.

Stattdessen sollte sich ein Data Scientist auch auf die Quelle konzentrieren: Wie zuverlässig, wie alt, wie unvoreingenommen?

Diese Vorgehensweise ist mittlerweile zu einer eigenen Disziplin geworden, die oft als EAI bezeichnet wird – Exploratory Artificial Intelligence.

Die Entdeckung von Voreingenommenheit ist eine der wichtigen Aufgaben bei der Bewertung von DQ. Und das ist nicht hauptsächlich darauf ausgerichtet, böswillige Fälschung von Daten festzustellen. Fälle, in denen öffentliche Institutionen systematisch manipulierte Datendateien teilen, sind sicherlich die Ausnahme. Aber Voreingenommenheit beginnt bereits dort, wo jemand die von ihm als „Ausreißer" wahrgenommenen Datensätze vor Ihnen herausfiltert, ohne dass Sie die Filterkriterien kennen.

Dies ist ein Beispiel für die Notwendigkeit eines aktiven DQ-Managements: Jeder Data Scientist kann das Risiko durch Suche in mehreren Quellen mindern. Aber dies ist leider zusätzliche Arbeit, die nicht erforderlich wäre, um ein Machine Learning-Algorithmus erfolgreich anzuwenden.

Aus diesem Grund müssen Data Scientists ermutigt und dafür belohnt werden, den notwendigen zusätzlichen Aufwand zu investieren.

10) Das Nichtveröffentlichen des DQ-Niveaus

Manchmal sind die Daten nicht perfekt – was sie nicht unbedingt wertlos macht. Schlechte DQ begrenzt zweifellos die Bedeutung der Ergebnisse, aber in vielen Fällen sind diese Ergebnisse wertvoller als überhaupt keine Ergebnisse.

Damit die Ergebnisse jedoch nicht überinterpretiert werden, müssen Sie das DQ-Niveau zusammen mit den Ergebnissen bereitstellen.

Oft ist es ein guter Ansatz, mit Schwellenwerten auf der Grundlage von Worst-Case-Szenarien zu arbeiten. Eine typische, gültige Aussage könnte sein

Laut unserem Modell beträgt der erwartete Wert des KPI 80 %. Wir haben jedoch Gründe anzunehmen, dass schlechte DQ vorliegt: (Fügen Sie Gründe hier ein.) Das resultierende Konfidenzintervall entspricht 15 Prozentpunkten, so dass wir davon ausgehen können, dass der wahre Wert zwischen 65 und 95 % liegt, mit einer Wahrscheinlichkeit von 0,95.

Wie geht man mit Datenqualität um?

DQ muss ein Top-Management-Thema sein

Datenqualität hat Auswirkungen auf alle anderen Arten von Qualität und beeinflusst alle an den Vorstand weitergegebenen Informationen.

Aus diesem Grund sollte sich der Vorstand für die Qualität der Daten der eigenen Organisation interessieren. Er könnte sich beispielsweise durch eine ausgewählte Anzahl von konsolidierten Metriken informieren lassen, die vom (unvoreingenommenen, neutralen, da nicht für die Dateninhalte verantwortlichen) Data Office bereitgestellt werden.

DQ erfordert die richtige Motivation

Bei der Verwaltung von DQ müssen Möglichkeiten und Grenzen ausgewogen sein. Sie werden keine Datenqualität erreichen, wenn Sie einfach die Anbieter schlechter Daten bestrafen.

Im Wesentlichen müssen Menschen gute Gründe haben, um großartige Datenqualität zu liefern, insbesondere dann, wenn sie nicht selbst die Verbraucher der von ihnen bereitgestellten Daten sind.

Ein ausgewogener Ansatz läge irgendwo in der Mitte zwischen einem auf Strafen basierenden System, das Menschen dazu veranlassen wird, schlechte Qualität zu verbergen, und einem unflexiblen Bonus-System, das das Risiko einer Belohnung des falschen Verhaltens birgt.

Zwei Möglichkeiten, DQ zu fördern, sind Transparenz und Unterstützung:

(i) **Transparenz**

Eine nachhaltige Datenqualität kann leichter erreicht werden, indem hervorragende Arbeit sichtbar gemacht wird.

Irgendwann können regelmäßige Kommunikationen von DQIs eine Art „beste Datenqualitäts"-Wettbewerb auslösen. Genau so sollten die Menschen denken.

(ii) **Unterstützung**

Eine weitere wichtige Funktion von DQ ist die Bereitstellung von Beratung.

„Ihre Qualität ist niedrig" fördert nicht die richtige DQ-Einstellung. Wenn Sie hingegen sagen „Hier sind ein paar Ideen für Sie, um Ihre DQ-Ziele in Zukunft zu erreichen", hilft dies eher, die Akzeptanz der Nachrichten zu erhöhen, dass die eigene DQ unzureichend ist.

Lassen Sie die Betroffenen selbst sich beschweren

Kämpfen Sie nicht einsam und alleine für hohe Datenqualität. Denken Sie daran, dass es nicht das Data Office ist, das für seine tägliche Arbeit gute Daten benötigt.

Stattdessen sollten Sie eher die Geschäftsprozesse identifizieren, die hohe Datenqualität erfordern oder zumindest davon profitieren. Fordern Sie **diese** auf, bessere Daten zu fordern!

Sie müssen dort vielleicht zunächst die Auswirkungen schlechter Daten erklären – viele Fachbereiche sind sich dessen möglicherweise nicht bewusst. Und dann geben Sie ihnen eine Stimme – agieren Sie als ihr Fürsprecher.

Fokus auf relevante Daten

Daten können richtig sein, aber nutzlos. Die Überprüfung Ihrer Daten auf Relevanz ist daher ebenfalls ein Teil der ordnungsgemäßen Datenqualitätskontrolle.

Die Relevanz von Daten hängt in der Regel eher vom Zweck ab als von den Daten selbst.

Manchmal könnten Sie versucht sein, eine Regressionsanalyse durchzuführen, um die mögliche Kausalität zwischen einigen Attributen und einem Ergebnis zu finden – aber der gesunde Menschenverstand sagt Ihnen bereits, dass für einige dieser Attribute keine Kausalität besteht. Wenn Sie trotzdem weitermachen, könnte Ihr Modell aufgrund der vorliegenden Korrelation Kausalität vorschlagen.

Sie können das Risiko von Fehlalarmen reduzieren, wenn Sie solche Datenattribute von Ihrer Analyse gleich ausschließen. In diesem Sinne ist Exploratory Data Analysis (EDA; siehe auch Kap. 20) ein wesentlicher Aspekt der Datenqualität im Analytics-Bereich.

Sorgen Sie dafür, dass die Daten sauber werden und bleiben

Während eine gutes Datenmanagement sich auf die **Beibehaltung** hoher Datenqualität konzentrieren wird, wird es immer einen Bedarf zum **Bereinigen** von Daten benötigt. Alte Daten werden immer wieder auftauchen und nach einer Bereinigung verlangen. Und selbst ursprünglich saubere Daten altern mit der Zeit und erfordern hin und wieder eine Bereinigung.

Insbesondere dort, wo Sie Daten aus einer externen Quelle oder einem bestimmten geographischen Gebiet sehen, benötigen Sie für eine effiziente Bereinigung spezifische Datenkenntnisse.

Dies ist ein guter Grund, die Datenbereinigung nicht auf ein zentrales Team zu beschränken, egal wie intelligent diese Experten sein mögen.

BEISPIEL 4

Der Kampf gegen Duplikate erfordert mehr als einen Vergleich von Zeichenketten. Aus diesem Grund gehen Vermeidung und Beseitigung von Duplikaten über Datenbankoperationen hinaus. Sie erfordern auch Geschäftswissen.

Anstatt zu fragen: „Sind die Datensätze identisch oder ausreichend ähnlich, um als identisch angesehen zu werden?", könnten Sie sich fragen: „Beziehen sich die Datensätze auf dasselbe Objekt?"

Wenn die Antwort „ja" lautet, handelt es sich um Duplikate, egal wie unterschiedlich sie aussehen.

Als konkretes Beispiel vergleichen Sie diese fünf Standortdatensätze aus Großbritannien:

1. W1K 7TN

2. 86-90 Park Ln, Mayfair, London

3. Hotel JW Marriott, Grosvenor House, London

4. 51°30'36.1"N 0°09'15.8"W

5. ///ahead.foster.waddle[2]

Jeder dieser fünf Datensätze identifiziert eindeutig einen einzelnen Standort in London, Großbritannien. Tatsächlich verweisen sie alle auf denselben Ort. Das bedeutet, sie sind Duplikate. Man benötigt offensichtlich einige Hintergrundinformationen, um sie zu identifizieren und zu einem Datensatz zusammenzufassen.

Und Sie möchten möglicherweise Details aus jedem der vier Datensätze behalten, damit der finale Datensatz alle verfügbaren Informationen enthält. Welchen Nutzen hat das? Sie können neue Datensätze leichter auf Kongruenz mit einem angereicherten Datensatz überprüfen und intelligente Dateneingabe unterstützen, indem Sie diesen Datensatz anbieten, nachdem ein Benutzer die ersten paar Zeichen eines der unterschiedlichen Attribute eingegeben hat.

Beachten Sie jedoch, dass Sie Ihr Datenmodell einbeziehen müssen, um anzugeben, welche Identifikatoren eindeutig sind und welche von ihnen nur in Kombination mit anderen eindeutig sind: Während im vorherigen Beispiel die britische Postleitzahl exklusiv für diesen Ort ist, können die Geo-Koordinaten genauso gut für jede Etage eines Wolkenkratzers gelten (was die Notwendigkeit einer vertikalen Z-Koordinate für die Eindeutigkeit erfordert), und zudem hat London zwei verschiedene Gebäude mit dem Namen „Grosvenor House".

---

[2] What3Words identifiziert alle Standorte auf der Erde durch drei Wörter aus einem normalen Wörterbuch. Siehe https://w3w.co/ahead.foster.waddle.

Aber wie setzen Sie eine ordnungsgemäße Datenbereinigung unter Verwendung von Wissen sowohl von Menschen als auch von Computern um?

(i)   **Verwenden Sie Daten und Algorithmen.**

Zum Glück wurde inzwischen viel Wissen in Algorithmen integriert. Moderne Adressverwaltungslösungen würden bereits vorschlagen, dass alle Datensätze aus dem vorherigen Beispiel auf denselben Ort verweisen.

Deshalb sollte in einem ersten Schritt das verfügbare Computerwissen (meist externe APIs, die eine automatisierte Wartung von Daten und Algorithmen übernehmen) verwendet werden.

(ii)   **Verwenden Sie menschliche Experten.**

Aber Sie benötigen als zweiten Schritt eine menschliche Verifizierung, und zwar in allen Fällen mit unzureichendem Vertrauen in das Ergebnis des Algorithmus.

Sie können zum Beispiel Kollegen aus einem bestimmten Land bitten, die Kundendaten aus diesem Land zu verifizieren und zu bereinigen. Diese Kollegen haben möglicherweise ein besseres Verständnis der Adressstruktur oder der rechtlichen Aspekte des Landes als noch so hochqualifizierte zentrale Ressourcen.

(iii)   **Verifizieren Sie so früh wie möglich.**

Wenn Sie externe Daten importieren oder Daten aus einer erworbenen Organisation in Ihre Datensysteme übernehmen, sollte dieser Bereinigungsschritt früh während dieses Prozesses erfolgen. Die Bitte an lokale Spezialisten, *danach* aufzuräumen, könnte bereits zu spät sein – Sie haben möglicherweise bereits in einem frühen technischen Verifizierungsschritt Datensätze als „angebliche Duplikate" für immer verloren. Die Faustregel lautet: „Bereinigen Sie vor jeglicher Transformation."

So sollten Sie den Prozess stattdessen erweitern, von

[extract]→[transform]→[load]→[verify]

in

[extract]→**[verify]→[cleanse]**

→[transform]→[load]→[verify]

Jeder sollte verantwortlich sein

Immer mehr Data Scientists fordern hochwertige Daten. Aber ist es ausreichend, regelmäßig seinen Data Lake aufzuräumen?

Nein, das ist es nicht. Wie bereits erwähnt, müssen Sie Daten entlang der gesamten Daten-Supply Chain managen. Der beste Ort, um DQ anzuwenden, ist ganz am Anfang. Dies erschwert, dass schlechte Daten in das System gelangen.

Wenn eine Organisation Data Quality zu einem Teil **jeder** Rolle und **jedes** Prozesses macht, der mit Daten zu tun hat, wird sie eine nachhaltigere Datenqualität erreichen. Darüber hinaus wird der Gesamtaufwand sinken, da es einfacher ist, Daten sauber zu halten, als sie später zu bereinigen.

DQ muss gemessen werden

Wie finden Sie heraus, dass Ihre Datenqualität gut ist? Wie ermitteln Sie eine Verbesserung im Laufe der Zeit?

Durch Einführung von Metriken und Heuristiken sowie durch Institutionalisierung deren dauerhafter Anwendung in Ihrer Organisation.

In einem zweiten Schritt müssen Sie definieren, was „gut genug" ist und welches DQ-Niveau welche Auswirkung auf ihre Geschäftstätigkeit hat.

Dies hilft Ihnen, DQ „gegen etwas" zu messen, um einen Handlungsbedarf zu ermitteln.

Wir werden später in diesem Kapitel auf die Details eingehen.

DQ muss zu Handlungen führen

Es ist nicht ausreichend, festzustellen, dass die Datenqualität schlecht ist. Es muss etwas dagegen unternommen werden.

Zum Glück stimmen die meisten Menschen mir darin zu.

Leider neigen diese Menschen jedoch oft dazu, sofort nach einer Lösung zu suchen, um das Problem zu beheben.

BEISPIEL 5

Stellen Sie sich eine Organisation vor, die ein Problem mit Duplikaten in ihren Sales Leads-Daten hat.

Wenn Sie so etwas herausfinden, können Sie natürlich schnell einen Deduplizierungsprozess einrichten, der möglicherweise auf externen Daten basiert, um Tippfehler in Firmennamen zu korrigieren.

Auf den zweiten Blick möchten Sie vielleicht verstehen, **warum** Sie so viele Duplikate unter Ihren Sales Leads finden.

Als ich einmal mit einem solchen Fall konfrontiert war, bat ich das Team, eine Ursachenanalyse durchzuführen, um die Gründe zu ermitteln. Wir haben schnell erkannt, dass die Vertriebsorganisation des Unternehmens ein Schema entwickelt hatte, um ihre Verkaufskräfte für die Generierung von Sales Leads zu belohnen.

Stellen Sie sich nun einen Verkäufer vor, der einen potenziellen Kunden findet und ihn in das System eingibt. Eine Meldung erscheint, in der steht: „Dieser Sales Lead wurde bereits registriert."

Was wird der Verkäufer versucht sein zu tun? Ja, er oder sie könnte in Erwägung ziehen, die Schreibweise leicht zu ändern, zum Beispiel die Organisation ABC in die Organisation A.B.C. umzuwandeln.

Was sind die Folgen? Bonuszahlungen auf der Grundlage falscher Informationen, Duplikate mit leicht unterschiedlicher Schreibweise in der Datenbank, irreführende Berechnung von KPIs wie der Konversionsrate von Sales Leads und vielleicht sogar ein potenzieller Kunde, der zweimal unabhängig angesprochen wird, da das System für ihn zwei „Next Best Actions" generiert.

Die Lösung dieses Problems besteht nicht in erster Linie aus dem Entfernen von Duplikaten aus der Datenbank (= Beseitigung der Symptome), sondern aus einer Verhaltensänderung, die möglicherweise durch ein modifiziertes Anreizsystem erreicht wird.

Mit anderen Worten, Sie würden die **Ursache beheben.**

Verwaltung von Geschäftskennzahlen

Sinnvolle Geschäftskennzahlen erfordern eine aktive Verwaltung der Datenqualität. Warum?

Es gibt einen weit verbreiteten Konsens darüber, dass Key Performance Indicators (KPIs) wichtig sind, um das Geschäft zu steuern. Menschen neigen dazu zu vergessen, dass KPIs auf Daten basieren. Schlechte Datenqualität führt zu nutzlosen (oder sogar irreführenden) Qualitätsmetriken.

Das bedeutet, bevor wir unsere Geschäftsaktivitäten managen können, müssen wir unsere Daten managen, damit wir wissen, wie wir unser Geschäft steuern müssen.

Ein wesentlicher Aspekt des Datenmanagements ist die Definition von *Data Quality Indicators (DQIs)*. Diese DQIs sollen Ihnen sagen, wie gut die Qualität unserer Daten ist.

In diesem Zusammenhang ist es wichtig, dass wir auch die Qualität des *Umgangs* mit den Daten, und nicht nur die Qualität der resultierenden Daten, messen müssen.

Aber wie verwendet man DQIs effektiv? Hier sind einige Gedanken.

Messen Sie die Leistung von Teams

Sie können Ihre DQIs anpassen, um die Leistung konkreter Rollen oder Teams zu messen.

Genauso wie viele Organisationen dies mit ihren KPIs tun, können Sie Hierarchien von DQIs definieren, die organisatorischen Hierarchien folgen. Mehrere DQIs auf einer Hierarchieebene werden in einem DQI auf der nächsthöheren Ebene zusammengefasst – was zusammen mit anderen, ebenso zusammengefassten DQIs, wiederum ein kombiniertes DQI auf der nächsthöheren Ebene bildet.

Dieser Ansatz hat drei Vorteile:

- Jede organisatorische Hierarchieebene hat eine überschaubare Anzahl an DQIs, die man sich dort anschauen kann – beginnend beispielsweise bei Teamleads in den Bereichen Verkauf, Finanzen oder Kundenservice, bis hinauf zum Vorstand, wo der CFO für einen DQI namens „Finance Data Quality" verantwortlich sein könnte.

- Die hierarchische Struktur ermöglicht es, in die Tiefe zu gehen, wenn ein konsolidiertes DQI ein Problem anzeigt.

- Die Verantwortlichkeiten für DQ sind eindeutig klar.

Messen Sie die Konsistenz der Daten

Konsistenz-Checks sollten nicht auf einen Grund warten. Sie sollten regelmäßig und systematisch als geplante Aktivität ausgeführt werden.

Und Sie sollten sie zudem unmittelbar vor jeder wesentlichen Änderung der Anwendungslandschaft ausführen. Ein neuer Algorithmus ist möglicherweise nicht so fehlertolerant wie sein Vorgänger, so dass zuvor nicht erkannte Dateninkonsistenzen einen tatsächlich verbesserten Algorithmus in die Knie zwingen können.

Ziehen Sie Heuristiken in Betracht

Es ist erlaubt, einen Postleitzahl aus der Liste der gültigen Postleitzahlen eines Landes zu entfernen – das Dorf wurde möglicherweise aufgegeben. Wenn dies jedoch für die Hälfte der Postleitzahlen eines Landes versucht wird, sollte eine Alarmglocke läuten.

Mit anderen Worten, eine gültige Aktivität mehrfach durchzuführen könnte nicht mehr legitim sein. Aber es könnte auch nicht ungültig sein. Ein Algorithmus hat einfach nicht genügend Informationen, um dies zu entscheiden.

Das ist der Punkt, an dem Heuristiken ins Spiel kommen. Statt einem Algorithmus zu erlauben, Fehler vollständig selbst zu ermitteln und danach zu handeln, sucht der Algorithmus nach verdächtigen Fällen und meldet sie einem Menschen.

Dieser Ansatz zielt darauf ab, die Anzahl der Fälle, die ein Mensch betrachten muss, auf eine überschaubare Anzahl zu reduzieren. Das ist auch der Grund, warum ein solcher Algorithmus eher viele Fehlalarme melden sollte als einen Fehler falsch zu akzeptieren.

Menschen würden dann entscheiden, ob ein gemeldeter Fall tatsächlich ein Fehler ist, ob es sich um einen Fehlalarm handelt oder ob eine weitere Bewertung erforderlich ist, um dies herauszufinden.

Zudem können solche Bewertungen von Menschen auch verwendet werden, um den Algorithmus möglicherweise mit Unterstützung von KI zu verfeinern.

Bestimmen Sie unerwünschtes Verhalten

Eine unbeabsichtigte Förderung von unerwünschtem Verhalten geschieht leicht, oft durch die Gestaltung allgemeiner Anreize oder durch die DQIs selbst.

Deshalb sollten Sie bei der Gestaltung und Verwendung aller DQIs ein Auge darauf haben: Fördern oder belohnen sie unerwünschtes Verhalten? Spiegeln die DQIs noch die Geschäftsziele wider? Ist die Messlogik noch gültig? Müssen DQIs hinzugefügt werden?

Als allgemeine proaktive Maßnahme sollten Sie eine regelmäßige DQI-Überprüfung vorsehen, und zwar durch eine definierte, cross-funktionale Stakeholder-Gruppe. Das Data Office sollte niemals DQIs isoliert definieren.

Gliedern Sie Ihre Qualitätsmessung auf

Überall, wo Sie können, gliedern Sie Ihre Qualitätsmessung in unterschiedliche Gruppen auf!

Dies kann Ihnen später ermöglichen, die am besten abschneidende Gruppe zu ermitteln und herauszufinden, was sie anders macht – vorausgesetzt, die Gruppengröße ist groß genug für statistisch relevante Schlussfolgerungen.

Manchmal ist nicht bekannt, welches Qualitätsniveau „gut" oder „gut genug" ist. Aber Sie können immer den Trend ermitteln: Verbessert sich der DQI im Laufe der Zeit? Welchen Einfluss haben Aktionen auf bestimmte DQIs?

Hier ist meine Liste der Aspekte, die von Data Quality Indicators abgedeckt werden sollten:

a) Klassische Dateneingabefehler – über eine Benutzeroberfläche oder einen Massenupload

b) Probleme bei der Verbreitung und Nutzung von Daten

c) Integritätsprobleme der Daten

d) Strukturelle Datenprobleme (Fehler, die durch korrekte Daten unter einem falschen Datenmodell entstehen: Z. B. kann ein Primärschlüsselverstoß dazu führen, dass ein Datensatz abgelehnt wird, obwohl es tatsächlich die Schlüsseldefinition in der Datenbanktabelle ist, die falsch ist)

e) Datenduplikation

f) Vollständigkeit der Daten (selbst wenn alle Datensätze korrekt sind, kann Unvollständigkeit falsche Proportionen suggerieren)

g) Datenalterungsprobleme (Datensätze, die einmal richtig waren, aber die sich ändernde Realität nicht mehr richtig widerspiegeln)

h) Dauer der Änderungen (Datenänderungen sollten nicht zu lange dauern. Andernfalls bleiben Daten zu lange veraltet, oder die Integrität ist gefährdet)

i) Der Prozentsatz der Probleme oder Fehler, die behoben wurden

j) Rechtzeitigkeit von Aktualisierungen

k) Trends: Wie entwickeln sich die DQIs im Laufe der Zeit?

l) Plausibilitätsprüfungen: Situationen, die syntaktisch korrekt, aber „verdächtig" sind

Eine Gliederung der Qualitätsmessung ist auch wesentlich, um die Aufmerksamkeit der Geschäftsführung für DQIs zu gewinnen.

Wir alle wissen, dass kaum ein Vorstandsmitglied sich die Zeit nehmen würde, eine Tabellenkalkulation mit vielen KPIs zu überprüfen. Führungskräfte wollen nach Schwachpunkten suchen, um sich auf die kritischen Bereiche konzentrieren zu können.

Wie bei den meisten anderen Metriken ist es daher ratsam, eine Hierarchie der DQIs zu erstellen. Diese Hierarchie muss der organisatorischen Hierarchie der Organisation entsprechen, damit jeder DQI von einem Menschen in einer konkreten Rolle verantwortet wird:

- Jeder Rolleninhaber auf jeder Ebene ist für mehrere zusammenhängende DQIs verantwortlich.

- Diese DQIs werden in der Regel in einem Konsolidierungs-DQI zusammengefasst, der das Data-Quality-Niveau des Rolleninhabers wiedergibt. Die Auswahl und Gewichtung der DQIs werden vom Rolleninhaber vorgeschlagen und vom Linienvorgesetzten des Rolleninhabers genehmigt.

- Solange ein solcher DQI grün ist (d. h. mindestens einen vorher vereinbarten Schwellenwert erreicht), wird niemand anders den Rolleninhaber bitten, tiefer zu graben.

- Diese Person würde jedoch alle DQIs auf der nächsten Granularitätsebene verwalten, um präventive Maßnahmen zu ergreifen, bevor einer dieser DQIs den DQI auf der höheren Ebene beeinflusst, gegen den der Vorgesetzte gemessen wird.

- In Organisationen, in denen Boni auf der Grundlage der individuellen Leistung der Manager berechnet werden, kann ein solcher DQI Teil der Berechnung sein.

Führen Sie ein Qualitätsmanagement für die Datenerfassung ein

Ist das Qualitätsmanagement Ihrer Organisation zertifiziert? Zum Beispiel durch ISO 29000 und folgende? Wahrscheinlich ist es das!

Aber ist Ihr Datenqualitäts-Management explizit Teil dieses Qualitätsmanagementsystems und dessen Zertifizierung? Decken interne Qualitätsprüfungen Ihrer Organisation auch die Qualität der Daten ab?

Die meisten Organisationen haben diesen wichtigen Schritt noch nicht getan. Aber Sie sollten die einzigartige Gelegenheit nutzen und den Dialog mit den Qualitätsmanagementteams Ihrer Organisation suchen.

Diese werden vielleicht überrascht sein, Verbündete aus einer unerwarteten Richtung zu finden, so dass sie wahrscheinlich froh sein werden, Kräfte bündeln zu können. Helfen Sie ihnen zu verstehen, wie die Qualität des Service, die Qualität der Produkte und die Qualität der Compliance mit der Qualität der zugrunde liegenden Daten verbunden sind.

Wenn Sie gemeinsam daran arbeiten, das organisationweite Qualitätsmanagement zu erweitern, um Daten ebenfalls zu erfassen, sollten Sie die Gelegenheit nutzen und eine wirklich cross-funktionale Einrichtung etablieren.

Und wenn Sie es schaffen, die DQ-Bewertung den bestehenden Qualitäts- und Compliance-Prüfungen hinzuzufügen, profitieren Sie auf mehreren Ebenen:

- Sie nutzen die bestehende Autorität des Qualitäts-managements.

- Sie können eine etablierte Organisation und einen etablierten Ansatz für Ihre Zwecke einsetzen.

- Business Quality und Data Quality werden gemeinsam betrachtet – was die enge kausalen Beziehung zwischen den beiden widerspiegelt.

- Ihre vielbeschäftigten Datenexperten müssen ihre Zeit nicht damit verbringen, Datenqualitätsprüfungen selbst durchzuführen.

- Informell: Sie vermeiden es, die Bösen zu sein. Während Sie die DQ-Regeln erstellt haben, helfen Ihnen andere, diese durchzusetzen – was nicht immer Hand in Hand mit dem Gewinnen von Freunden geht.

Der Aufbau von Data Office-Teams

Ein Data Scientist ist...

TimoElliott.com

Ein Business Analyst, der in Kalifornien lebt.

Abb. 11-1. Was ist ein Data Scientist?

© Der/die Autor(en), exklusiv lizenziert an APress Media, LLC, ein Teil von
Springer Nature 2023
M. Treder, *Das Management-Handbuch für Chief Data Officer*,
https://doi.org/10.1007/978-1-4842-9346-1_11

Der effektive Aufbau von Datenteams

Um effektiv zu sein, müssen Sie Ihre Data-Office-Teams sorgfältig strukturieren und organisieren.

Ihre Teams müssen alle relevanten Datenthemen unzweideutig abdecken, ihre Rollen müssen für die Außenwelt verständlich sein, und sie müssen so organisiert sein, dass sie effektiv miteinander zusammenarbeiten können.

Es gibt nicht die eine bestmögliche Organisationsstruktur. Und erwarten Sie bitte nicht von mir, dass ich Ihnen ein generisches Organigramm liefere. Stattdessen möchte ich einige Verantwortlichkeiten vorschlagen, die in jeder Data-Office-Organisation vorhanden sein sollten.

Datenarchitektur und Glossar

Das „Datensprache"-Team

Wie bereits zuvor besprochen, sind die Themen eines Glossars, Regeln, Standards und des Datenmodells eng miteinander verknüpft. Zwischen diesen vier Bereichen ist eine enge Zusammenarbeit erforderlich.

Deshalb ist es auch in größeren Organisationen sinnvoll, sie alle unter einem Dach zu halten. Eine solche Abteilung deckt die „logischen" Aspekte des Data Management ab.

Je nach Größe Ihrer Organisation können Sie diese Abteilung natürlich in Unterteams aufteilen. Eine typische Struktur besteht aus dedizierten Teams für das Glossar-Management, für Data Standards und Data Architecture.

Glossar-Management

Wer sollte für das Management Ihres Unternehmensglossars zuständig sein? Ich schlage vor, Sie wählen den am wenigsten „nerdigen" Datenexperten des gesamten Data Office Teams aus.

Diese Person sollte hervorragende soziale und Kommunikationsfähigkeiten haben, da sie permanent mit allen Geschäftsbereichen in Kontakt stehen wird. Darüber hinaus sollte es sich um einen Sprachexperten mit einem guten Gefühl für die Schattierungen einer Sprache handeln.

Mehrsprachigkeit ist dabei von Vorteil. Der primäre Zweck besteht aber nicht darin, ein Glossar in mehreren Sprachen zu erstellen, sondern zu verstehen, dass es zahlreiche Möglichkeiten gibt, dasselbe zu sagen. Letztendlich ist die Datensprache ja auch nichts anderes als „eine weitere Sprache".

Wie organisiert man die Datenarchitektur?

Die Verantwortung für das Unternehmensdatenmodell (CDM) sollte bei einem dedizierten Datenarchitekturteam liegen.

Einige Organisationen haben ein Architekturteam innerhalb ihrer IT-Abteilung. Sie gehen oft davon aus, dass alle Aspekte der Architektur von der IT abgedeckt werden.

Aus guten Gründen ist dies nicht die vorherrschende Meinung unter Experten.

Betrachten wir ein führendes Architekturmodell, TOGAF.[1] Es unterteilt die Architektur in vier Kategorien:

- Business-Architektur
- Datenarchitektur
- Anwendungsarchitektur
- Technologie-Architektur

Business-Architektur gehört in die Verantwortung der Fachbereiche, wie es der Name bereits andeutet. Anwendungsarchitektur (in der Bedeutung von Software-Architektur) und Technologie-Architektur sind klassische IT-Verantwortungen.

Datenarchitektur ist die **Brücke** zwischen den beiden Welten, und genau so sollte sich ein Data Office in einer Organisation positionieren.

Man kann darüber diskutieren, wo die Datenarchitektur endet und wo die Anwendungsarchitektur beginnt, insbesondere im Bereich von Datenbanken und Schnittstellen. Im Zweifelsfall sollte eine Organisation die folgenden Kriterien anwenden: Alles, was mit **Logik** zu tun hat, sitzt auf der Data Office-Seite, während **technische** Aspekte auf der IT-Seite liegen.

Je nach Komplexität der Datenlandschaft einer Organisation kann es sinnvoll sein, die Datenarchitektur in einen logischen Bereich (Business Data Architecture) und einen technischen Bereich (Technical Data Architecture) aufzuteilen.

Das logische Team, das an den CDO berichtet, ist für die fachbereichsorientierten Aspekte der Datenarchitektur verantwortlich. Es definiert Themen wie

- Die Struktur der Daten (insbesondere das Unternehmensdatenmodell)
- Welche Freiheitsgrade die Data Scientists bezüglich des Datenmodells haben

---

[1] TOGAF Standard ist eine Enterprise-Architektur-Methodik und -Framework, die von The Open Group bereitgestellt wird. Siehe TOGAF (2019).

- Welche Daten wann und in welchem Umfang vorstrukturiert werden müssen

- Welche Parameter im Rahmen einer bestimmten API angeboten werden sollen

Technical Data Architecture würde dementsprechend den Typ der API, das technische Datenmodell und die resultierende Tabellenstruktur innerhalb der Datenbank definieren.

Abb. 11-2 bietet einen kurzen Überblick über die Disziplinen der Architektur und ihren Standort in der Organisation. Beachten Sie, dass bei Anwendung von DevOps IT-Operations-bezogene Fragen oft von Application Architecture behandelt werden.

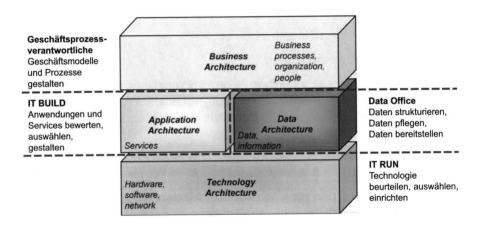

Abb. 11-2. Das TOGAF-Modell

Trotz möglicherweise unterschiedlicher Positionierung in der Organisation sollten alle Architekturteams gemeinsam an einer einzigen Unternehmens-architekturansicht arbeiten.

Ermöglichen kann dies ein gemeinsames virtuelles Team, dessen Teammit-glieder in unterschiedliche Bereiche der Organisation berichten. Dadurch werden Verzerrungen und Silo-Denken reduziert.

Ein solches gemeinsames Arbeiten sollte durch einen Rat mit Vertretern aller Architekturdisziplinen unterstützt werden. Ein solches **Architektur-Review-Board** (ARB) muss befugt sein, gemeinsam Entscheidungen zu treffen oder Architektur-Aussagen in einen übergreifenden Entscheidungsprozess einzureichen.

Wie kann man Datenarchitektur attraktiv gestalten?

Daten-Architekten haben in einer Organisation eine herausfordernde Rolle.

Sie neigen dazu, als Spielverderber betrachtet zu werden, die den Fachbereichen und Projektteams regelmäßig sagen, was diese **nicht** tun sollen. Als Folge davon werden diese Leute oft nicht freiwillig involviert.

Leider ist gute Datenarchitektur wie eine gute Versicherung − ihre Vorteile bleiben meist unsichtbar. Es ist schlechte oder fehlende Datenarchitektur, die einen sichtbaren, negativen Einfluss hat.

ANALOGIE

Warum sind Datenarchitekten oft weniger willkommen in Projektteams als andere Architekten?

Projektteams sehen Architektur oft so:

Technische Architekten bauen die Straßen, Anwendungsarchitekten bauen die Autos, Business-Architekten lehren sie, wie man fährt − und Datenarchitekten erzählen ihnen von roten Ampeln und Geschwindigkeitsbegrenzungen …

Leider sind Datenarchitekten in der Regel zwar gut in ihrem Fachgebiet, aber, genau wie viele andere Fachleute, sind sie oft schlecht in der Selbstvermarktung.

Ich erinnere mich an eine Datenarchitekturkonferenz, bei der Dutzende erfahrener Datenarchitekten sich untereinander darüber beklagten, dass Anwendungsarchitekten zu Projekten eingeladen werden, Datenarchitekten jedoch nicht. Eine schnelle Umfrage zeigte, dass als Folge davon das durchschnittliche Verhältnis von Lösungsarchitekten zu Datenarchitekten in Projektteams mehr als 20 zu 1 betrug.

Keine Frage: Sie müssen Ihren Datenarchitekten helfen. Sie müssen sie vermarkten. Es reicht nicht aus, ihre Einbindung vorzuschreiben.

Warten Sie nicht darauf, dass die Leute mit der Zeit verstehen, dass sie Datenarchitekten brauchen. Sie werden es nicht. Das heißt aber auch, dass sie Erfolge nie der guten Datenarchitektur zuschreiben werden.

Tatsächlich ist neben der Daten-Governance die Datenarchitektur das Gebiet mit dem stärksten Bedarf an Förderung und Erklärung innerhalb einer Organisation, um die notwendige (und verdiente) Akzeptanz zu gewinnen.

Was können Sie tun?

- Stellen Sie reale Beispiele bereit – aus der Vergangenheit oder aus anderen Organisationen.

- Beschreiben Sie Szenarien: Was wird passieren, wenn Datenarchitekten nicht involviert werden?

- Arbeiten Sie mit Analogien (um die vorherige Analogie weiterzuführen: Die Berücksichtigung von roten Ampeln und Geschwindigkeitsbegrenzungen im Verkehr ist tatsächlich gut für Ihre Gesundheit).

- Betonen Sie die unterstützenden Aspekte der Arbeit Ihrer Datenarchitekten – schließlich helfen sie Projekten, ein brauchbares Datenhandling zu finden, und sie helfen Fehler zu vermeiden, die ein Projekt verzögern könnten.

- Verwenden Sie Ihre Autorität als CDO. Wenn *Sie* sagen, Datenarchitekten sind entscheidend, muss es wahr sein.

- Lehren Sie Ihre Datenarchitekten, sich selbst zu vermarkten (manchmal hilft ein externes Training Wunder).

Analytics

Die Einrichtung einer Organisation zur analytischen Nutzung von Daten ist komplex genug für ein eigenes Buch, und die beste Einrichtung hängt stark von der jeweiligen Situation ab, z. B. der Organisation, ihrer Geschichte, ihrer organisatorischen Struktur und der verfügbaren Talentmenge.

Einige Überlegungen können jedoch dabei helfen, eine solche Organisation zu gestalten, beginnend mit der Frage, ob ein einzelnes Analytics-Team für die gesamte Organisation wirklich die beste Wahl ist.

Analytics über Silos hinweg

Wie können Sie Analytics „als *eine* Einheit" ausführen?

Wenn Sie Analytics der IT überlassen, enden Sie leicht mit einem erstklassigen Rennwagen ohne Fahrer: Die gesamte Technologie wäre vorhanden, aber kaum jemand könnte sie auf reale Fragen anwenden.

Wenn Analytics jedoch vollständig den Fachabteilungen überlassen wird, werden wahrscheinlich verschiedene funktionale Silos entstehen, insbesondere in größeren Organisationen. Ich habe noch nie einen selbstorganisierten, fachbereichsübergreifenden Analytics-Ansatzin einer solchen Organisation erfolgreich entstehen sehen.

Stattdessen können Sie erwarten, dass jeder Analytics-Silo unabhängig entwickelt wird. Sie werden dort Experten mit Kenntnissen ihres jeweiligen Geschäftsbereichs haben, die es ermöglichen, die richtigen Fragen zu stellen.

Auf der anderen Seite werden die technischen Lösungen wahrscheinlich zweitklassig sein, da auf Fachbereiche beschränkte Analytics-Teams in der Regel nicht die kritische Masse aufbringen, um die gesamte IT-Intelligenz einer Organisation nachzuahmen.

Darüber hinaus werden viele Geschäftsthemen üblicherweise mehrfach parallel angesprochen, da die Analytics-Silos nicht unbedingt miteinander kommunizieren. Dies ist in Organisationen häufig der Fall, die für ein zentrales Management-Team zu groß sind. Sie unterteilen die Verwaltung in funktionale Gruppen (Business Units) oder in geographische Gruppen (Landesorganisationen) - oder beides.

Föderation wird allgemein als organisatorische Notwendigkeit angesehen. Es ist bekannt, dass es sinnlos ist, regelmäßig Dutzende von Managern an einem Tisch zu versammeln: Sie würden schnell eine kleine Gruppe sehen, die Themen diskutiert, die spezifisch für eine Geschäftsfunktion oder eine Landesorganisation sind, während der Rest gelangweilt zuschaut.

Ein föderierter Ansatz in Analytics birgt jedoch Risiken. Die Liste der Nachteile reicht von doppelter Arbeit bis hin zu inkonsistenter Dateninterpretation.

Sie können diese Nachteile vermeiden, indem Sie eine zentrale Data Analytics-Einheit als Teil Ihres Data Office in einem frühen Stadium entwerfen, um eine gemeinsame Basis für alle diese Bereiche zu schaffen.

Wie Sie sich vorstellen können, erfordert ein solches Design Autorität, da funktionale Silos aufgefordert werden, Teile ihrer Autonomie aufzugeben.

Deshalb lohnt es sich, dass Sie für den Vorstand Ihrer Organisation eine Geschichte entwickeln. Sie können dabei die aktuelle Situation beschreiben sowie das daraus resultierende Verhalten und die Konsequenzen, einschließlich ihrer finanziellen Auswirkungen. Dann würden Sie eine Governance-Struktur vorstellen, die die beschriebene Situation angehen und die Organisation „zukunftssicher" machen würde.

Typische Aspekte eines solchen Vorschlags wären

- Die Rolle der IT als Monopolist für Technologie, dabei aber mit der Verpflichtung, die Analytics-Teams der Geschäftsbereiche als ihre Kunden zu betrachten

- Die Notwendigkeit gemeinsamer Datenstandards in all diesen Silos, einschließlich ihrer Verantwortung im Data Office

- Zentrale Koordination des Wissensmanagements rund um die Daten, einschließlich Schulung, Erfahrungsaustausch, gemeinsamer querschnittlicher Expertengruppen und Projekten

- Organisationsweite, vom den Fachbereichen getriebene Prioritäten in Data Analytics

- Zusammenarbeits-Gremien, um alle Silos auf allen Managementebenen zusammenzubringen

Data Science

In größeren Organisationen finden Sie zwei grundlegend unterschiedliche Arten von Data Science-Einrichtungen. Eine davon ist ein zentralisierter Ansatz mit einer Reihe hochspezialisierter Data Scientists, die oft in einem Gebäude oder Stockwerk des Hauptsitzes zusammengezogen werden (und in der Regel an die IT berichten). Die andere ist ein föderierter Ansatz mit Data Scientists in allen Geschäftsbereichen.

Offensichtlich haben beide Ansätze ihre Vor- und Nachteile.

- Der **zentralisierte** Ansatz ermöglicht eine enge Zusammenarbeit zwischen Datenwissenschaftlern und den Austausch über die neuesten Werkzeuge oder Algorithmen. Aber sie leben oft in einem Elfenbeinturm, der von der Geschäftswelt abgeschnitten ist, die sie unterstützen sollen.

- Der **föderierte** Ansatz, auf der anderen Seite, hat Data Scientists, die der realen Geschäftswelt ausgesetzt sind, einschließlich der Fragen, die ihre Kollegen in den Fachbereichen nachts wachhalten. Aber die Data Scientists sind voneinander getrennt und haben nur begrenzte Möglichkeiten, einander Fragen zu stellen, Ideen auszutauschen oder Lösungen zu teilen.

Deshalb schlage ich normalerweise einen **hybriden Ansatz** vor: Eine föderierte Einrichtung mit Datenwissenschaftlern, die an „ihre" Fachbereiche berichten, zusammen mit einem intensiven Data Science-Netzwerk.

Während die meiste Arbeit des täglichen Lebens in den jeweiligen Geschäftsbereichen stattfindet, erfordert dieses Modell dedizierte Zeitfenster für die Data Scientists, um sich physisch zusammenzusetzen, von informellen Gesprächen bis hin zu cross-funktionalen Hackathons.

Ein solches Netzwerk muss stark genug sein, um die Sichtbarkeit und Transparenz von Data Science-Schätzen wie Datenquellen, Algorithmen und Logik über alle Funktionen hinweg durchzusetzen. Dies ist erforderlich, um Wissens-Silos zu vermeiden, die von einzelnen Data Scientists erstellt werden. Schließlich können sich die verschiedenen Data Science-Teams durch ihre Linienvorgesetzten und die Aufgabe, primär im Sinne ihrer eigenen Geschäftsfunktion zu arbeiten, beeinflusst vorkommen.

Um den zentralen Aspekt eines föderierten Netzwerks zu unterstützen, können Sie sogar eine Matrixorganisation einführen, in der alle Data Scientists der gesamten Organisation eine gestrichelte Berichtslinie zu einem Head of Data Science unter dem CDO haben.

Darüber hinaus kann es sinnvoll sein, ein kleines, aber starkes zentrales Data Science-Team neben den „lokalen" Teams einzurichten. Dieser Schritt kann dazu beitragen, zentrale Kompetenzen zu schaffen und ein „Center of Excellence" zu entwickeln. Darüber hinaus ermöglicht es dem Data Office den direkten Zugriff auf Data Science, ohne dass ein Geschäftsbereich um „Hilfe" gebeten werden muss. Ein solches Team kann sich unabhängig von den fachspezifisch bestimmten Prioritäten der vorhandenen lokalen Teams mit cross-funktionaler Data Science befassen.

Berichtsverwaltung

Manager lieben Berichte – insbesondere Berichte mit bunten Diagrammen und großen Schriftarten (und das zu Recht). Aber inwieweit benötigen sie sie wirklich? Wie kann der kommerzielle Nutzen eines Berichts bestimmt werden?

Wenn die Berichtsverwaltung zentral geregelt wird, kann dieses Gebiet auf jeden Fall effizienter werden.

Hier bedeutet „geregelt" nicht eine vollständig zentrale Ausführung. Aber ein zentrales Repository von Berichten und Standards kann dabei helfen, Duplikate und unrichtige oder inkonsistente Logik zu vermeiden. Eine enge Zusammenarbeit mit anderen zentralen Datenverwaltungsfunktionen (wie Datenmodellierung oder Master Data Management) hilft, die Qualität der Berichte zu erhöhen.

Ein weiteres Ziel eines zentral gemanagten Berichtswesens ist das Kostenbewusstsein. Wenn Berichte von der IT auf Anforderung eines Geschäftsanwenders bereitgestellt werden oder wenn ein bestehendes Berichtsteam Berichte erstellt, fühlen sie sich an wie „kostenlos". Sie sind es nicht.

Auf was würde sich ein zentrales Berichtswesen konzentrieren? Hier ist meine Liste:

(i) **Berichte kostenmäßig verwalten**

Ein typisches Preis-Schild eines Berichts würde die Kosten für die Erstellung, Wartung und Komplexität (die exponentiell mit der Gesamtzahl der Berichte zunimmt) umfassen.

Selbst wenn eine Gegenrechnung nicht möglich ist, sollte die vollständige Transparenz dieser Kosten die Nutzer von Berichten dazu anreizen, sie zu beenden oder zu teilen.

(ii) Berichte ausführen

Nicht alle Geschäftsbereiche wollen überhaupt ein eigenes Berichtswesen einrichten. Manche sind schlicht zu klein oder zu sehr auf ihre Kerngeschäftsziele fokussiert, um dies zu tun.

Dies bietet die Möglichkeit für eine „freiwillige" zentrale Berichterstellung. Sie lassen dabei den Abteilungen die Wahl, ob sie es selbst tun oder die zentrale Mannschaft darum bitten sollen. Sobald die ersten zwei Abteilungen um zentralisierte Berichterstellung bitten, treten Synergieeffekte auf.

Mittelfristig wird ein zentrales Berichtswesen in der Lage sein, standardisierte Berichte anzubieten, die für die Anfragenden von Berichten günstiger werden als angepasste Berichte, da diese in der Regel von funktionalen oder geographischen Berichtswesen erstellt werden.

(iii) Selbstbedienung entwickeln und regeln

Organisationen profitieren von einer Umgebung, die die Erstellung von Selbstbedienungsberichten ermöglicht, die den gewünschten Flexibilitätsbedürfnissen der Business-Analysten entsprechen. Selbstbedienungsberichte müssen jedoch auch aktiv geregelt werden, um Inkonsistenzen zwischen Berichten zu vermeiden, die von verschiedenen Geschäftsbereichen erstellt werden. Sie sollten sicherstellen, dass alle relevanten Manager Zugang haben, einschließlich ihrer mobilen Geräte. Und bitte arbeiten Sie mit der IT, um dies zu ermöglichen. Dies ist ein sehr konkretes Angebot, und die Manager werden Sie wahrscheinlich dafür lieben, dass Sie diesen Schritt unternehmen.

(iv) Kollaboration fördern und Ideen austauschen

In der dezentralen Berichterstattung wird das Rad viele Male neu erfunden. Sei es die Logik hinter einem Bericht, eine bestimmte Sicht auf Daten oder sogar die Verwendung bestimmter Visualisierungswerkzeuge – warum sollte es nicht sinnvoll sein, Ideen und Erfahrungen auszutauschen? Ein zentrales Team kann dies ermöglichen und so eine „Berichtswesen-Community" innerhalb der Organisation formen. Ob Sie Ihre Datenkonsumenten-Community diesen Aspekt abdecken lassen oder ob Sie eine dedizierte Berichtswesen-Community aufbauen, ist in der Regel eine Frage der Größe Ihrer Organisation. Wenn Sie zu viele kleine Communities haben, wird es für diese schwierig, die für ein aktives Community-Leben erforderliche kritische Masse zu erreichen.

Zum Schluss ein Wort der Vorsicht: Zentralisierte Funktionen neigen dazu, bürokratisch zu werden. Dies geht oft mit einer Verschlechterung der Benutzerfreundlichkeit und einer langsamen Reaktionszeit einher, die die Akzeptanz durch die Benutzer mehr beeinflusst als alles andere.

Die Überwachung solcher Trends ist daher eine wesentliche Aufgabe eines CDO, sei es durch regelmäßige Überprüfungen mit dem zentralen Berichtswesen oder durch regelmäßige Benutzerumfragen.

Dokumentenverwaltung

Ein zentralisierter Ansatz kann Wert schaffen

Die meisten Organisationen (nicht nur die größeren) stehen vor einem Dilemma beim Dokumentenmanagement.

Überall dort, wo eine Abteilung vom Papier auf digitale Dokumente umgestellt hat, haben sie das in der Regel im Zuge der Einführung einer fachbereichs-spezifischen Software-Lösung getan, von der das Dokumentenmanagement ein mehr oder weniger integrierter Bestandteil ist. In jedem Fall ist dieses Dokumentenmanagement meist gut in die von diesem Softwarepaket unterstützten Geschäftsprozesse integriert – dabei aber in der Regel völlig unabhängig von allen anderen Geschäftsprozessen.

Ein solcher Ansatz wird immer dort zu einer Herausforderung, wo Dokumente über die einzelne Abteilung hinaus von Bedeutung sind. Dies ist in der Regel der Fall, wenn End-to-End-Prozesse über funktionale Grenzen hinweg reichen. Denken Sie an eine Situation, in der der Kundenservice Zugriff auf einen Kundenvertrag benötigt, einschließlich der Notwendigkeit, diesen Vertrag mit einem konkreten Fall (z. B. einer Kundenreklamation) zu verknüpfen.

Dieses Beispiel veranschaulicht, dass es keine einfache Lösung gibt. Sie integrieren entweder die Prozesse und Dokumente jeder Abteilung einzeln oder Sie erstellen ein unternehmensweites Dokumentenmanagementsystem, das nicht vollständig in funktionale Software integriert ist (umso mehr, wenn die Abteilung sich für eine SaaS-Einrichtung entschieden hat, d. h. ihre Software wird von einem Dritten außerhalb der Organisation ausgeführt).

Diese Herausforderung kann sicherlich nicht von mehreren Geschäftsbereichen unabhängig bewältigt werden. Sie erfordert die gemeinsame Anstrengung einer zentralen Geschäftseinheit (aka Data Office) und der IT als technischem Lösungsanbieter, in enger Zusammenarbeit mit allen Geschäftsbereichen.

Es gibt aber noch andere strukturelle Herausforderungen bei digitalen Dokumenten, die sicherlich am effizientesten durch einen zentralen Ansatz angegangen werden können, z. B.:

- Widerstand der Mitarbeiter: Menschen lieben das Gefühl von Papier in ihren Händen.

- Verknüpfung von Dokumenten und Daten über verschiedene Geschäftsbereiche hinweg: Dokumente sind für alle relevanten Funktionen verfügbar. Kein Blatt Papier muss mehr als einmal gescannt und gespeichert werden.

- OCR und automatisiertes Tagging (ich verzichte hier auf das sperrige deutsche Wort Verschlagwortung): Die meisten Dokumente enthalten alle relevanten Informationen, sowohl strukturiert (wie Kontonummern) als auch unstrukturiert (wie Schlüsselwörter in Beschwerdebriefen von Kunden). Ein ordnungsgemäßer OCR-Prozess hilft beim Auto-Tagging von Dokumenten. Eine systematische Strichcodierung oder 2D-Codierung (z. B. von eigenen Formularen, die an Kunden ausgegeben werden) reduziert die Fehlerrate der automatischen Klassifizierung.

- Technische Synergien: Ein einzelnes Archiv ist günstiger zu administrieren als mehrere Instanzen, selbst wenn die Anzahl der Dokumente darin höher ist.

Dokumente in der Datenverwaltung?

Definieren wir „Dokumentenmanagement" als die Disziplin der Verwaltung von Informationen in Form einzelner Seiten, die angezeigt, gedruckt und von Menschen gelesen werden können.

Ist das Dokumentenmanagement eine Data Office-Disziplin?

Ja, das ist es, und zwar aus zwei Gründen:

(i) Dokumente sind Daten.

Dokumente existieren nicht isoliert. Sie enthalten Informationen, die interpretiert werden sollen. Dies gilt selbst für Zeichnungen abstrakter Kunst, die möglicherweise kein einziges alphanumerisches Zeichen enthalten.

Manchmal kann man nicht einmal eine klare Trennung zwischen klassischen Dokumenten und strukturierten Daten herstellen. Denken Sie an Dokumente, die als Datensatz gespeichert werden, zusammen mit einem Verweis auf eine Vorlage (z. B. in Form einer XML-Datei). Oder denken Sie an Dokumente, die nie gedruckt werden, sondern direkt in ein Dokumenten-Repository gesendet werden, typischerweise als PDF-Datei oder Bild.

(ii) Dokumente existieren nicht isoliert.

Dokumente machen ohne Metadaten keinen Sinn. Sie benötigen Metadaten wie Identifikatoren, Attribute oder Tags, um Dokumente zu finden, zu strukturieren, zu archivieren oder zu löschen (denken Sie an GDPR), oder um sie mit anderen Daten zu verknüpfen.

Wie formt man ein Dokumentenmanagement-Team?

Dokumente sind in ihrem Charakter vielfältig, genau wie jede andere Art von Daten. Sie reichen von digitalen Belegen (in riesigen Mengen, aber mit einer einfachen Struktur) bis hin zu komplexen Wartungsverträgen (kleine Anzahl, Text und Diagramme, Querverweise, mehrere Unterschriften, verschiedene Versionen desselben Dokuments).

Ein Dokumentenmanagement-Team hat zwei Hauptaufgaben: die Bereitstellung von Dokumentenmanagement-Lösungen und die tägliche Verwaltung von Dokumenten.

(i) Bereitstellung einer Dokumentenmanagement-Lösung

Ein Dokumentenmanagement-Team muss die unterschiedlichen Anforderungen verstehen. Sie müssen in der Lage sein, sowohl dedizierte Dokumentenmanagement-Systeme als auch Dokumentenbearbeitungskomponenten funktionaler Lösungen zu analysieren.

Schließlich müssen sie entscheiden, ob eine oder mehrere dedizierte Dokumentenmanagement-Lösungen anvisiert werden sollen oder ob unterschiedliche Fachbereiche die in ihre funktionalen Softwarelösungen gut integrierten Dokumentenkomponenten verwenden sollen.

All dies erfordert ein tiefes Verständnis des Geschäfts sowie gute Anwendungskenntnisse. Dokumentenmanager müssen Fragen wie diese beantworten:

- Funktioniert „eine Lösung passt für alles" oder gehen wir stattdessen mit unterschiedlichen Lösungen für unterschiedliche Arten von Dokumenten um? Gibt es Synergien (gemeinsame Datenschlüssel; oder Vorteile durch die Verwendung eines einzigen Workflows), die die Verwendung einer einzigen Lösung rechtfertigen würden?

- Können funktionale Anwendungen ein zentrales Dokumenten-Repository anbinden oder sollte ein zentrales Dokumentenzentrum auf Dokumente in einzelnen funktionellen Lösungen verweisen?

- Wie organisieren wir die zentrale Metadatenverwaltung im Fall von verteilten Dokumenten-Repositories?

- Wie können wir im Fall von verteilten Dokumenten-Repositories Duplikate von Dokumenten vermeiden? Wenn zwei unterschiedliche Abteilungen (z. B. Finanzen und Zoll) auf dasselbe physische Dokument zugreifen müssen, wie stellen wir sicher, dass es nur einmal gespeichert wird, aber von beiden Abteilungen zugänglich ist und von beiden Abteilungsanwendungen referenziert wird?

(ii) Verwaltung von Dokumenten im täglichen Betrieb

Viele Aufgaben rund um die Verwaltung von Dokumenten können automatisiert werden. Es gibt jedoch Grenzen.

Während moderne Software Metadaten extrahieren kann, sollte das letzte Wort oft bei einem Menschen liegen. Und das nicht nur aufgrund unvollständiger Extraktionslogik. Manchmal ist die Qualität der in Dokumenten enthaltenen Metadaten einfach zu schlecht.

Denken Sie an Dokumente, die Sie gesehen haben, die mit dem Metadatenfeld „Autor" versehen sind: Wie oft enthält ein solches Feld den wahren Namen des Autors? In den meisten Fällen enthält es den Namen der Person, die das Dokument vor vielen Jahren erstellt hat. Dies kann ein völlig anderes Dokument gewesen sein, aus dem das vorliegende Dokument kopiert und modifiziert wurde; manchmal ist es sogar der „Autor" der Vorlage, d. h. die Person, die für Vorlagen in der Corporate Design-Abteilung verantwortlich ist.

Sie können sich vorstellen, dass es in solchen Fällen keinen Sinn macht, Metadatenfelder aus vorhandenen Metadaten automatisch zu extrahieren. Eine Person, die für das Dokumentenmanagement verantwortlich ist, sollte die Situation überwachen. Es ist auch notwendig, gemeinsam mit Data Quality die richtigen Metriken und Ziele zu setzen.

Zusätzlich muss eine Dokumentenmanagement-Team die Schnittstelle zur IT sein, wenn es um die Prognose von Dokumentenvolumen und Leistungsanforderungen geht. Aufgrund der reinen Größe von Bilddokumenten ist ein Dokumenten-Repository häufig die am meisten speicherintensive Datenbank der gesamten Organisation.

Hinweis   In kleineren Organisationen kann das gesamte „Dokumentenmanagement-Team" aus einer einzigen Person bestehen. Dokumentenmanagement kann sogar eine von mehreren Rollen sein, die eine Person ausführt. Die Liste der zu behandelnden Themen ist jedoch relativ unabhängig von der Größe Ihrer Organisation.

Datenqualitätsmanagement

Datenqualitätsmanagement hat zwei organisatorische Aspekte.

Ein Aspekt ist die Einrichtung einer zentralen Datenqualitätsstelle mit unternehmensweiter Verantwortung. Der andere Aspekt ist eine allgemeine Datenqualitätsverantwortung in der gesamten Organisation.

Das zentrale Datenqualitätsteam

Ein zentrales DQ -Team muss das Geschäft sehr gut verstehen — da Datenqualität immer direkt mit Geschäftsergebnissen verbunden ist.

Und Sie möchten keine Gruppe akademischer „100 Prozent oder nichts" Leute hier haben. In den meisten Fällen ist das Ziel der Qualität eine Funktion von Kosten und Nutzen, so dass ein Ziel unter 100 % oft die bessere Wahl ist.

Zum Glück müssen Sie Ihre teuren und knappen Data Scientists nicht in Ihr DQ-Team verschieben. Data Analysts mit einem starken betriebswirtschaftlichen Hintergrund sind allerdings definitiv eine angemessene Wahl für eine Datenqualitätsrolle.

Hier sind einige Fähigkeiten, von denen Ihr DQ-Team profitieren wird:

- Eine solide Six Sigma-Ausbildung (wird später in diesem Kapitel besprochen) hilft Ihrem DQ-Team, Ursachen zu ermitteln und oberflächliche Lösungen (durch reines „Behandeln der Symptome") zu vermeiden.

- Ein gutes Geschäftsverständnis ermöglicht es dem Team, angemessene Datenqualitätsziele zu bestimmen (und sich mit den Fachbereichen darauf zu einigen).

- Projektmanagement-Skills (Waterfall und Agile) helfen bei der Durchführung eigener Datenqualitätsverbesserungsinitiativen und unterstützen Geschäftsinitiativen aus datentechnischer Sicht.

- Steuerungs-orientierte Menschen helfen Ihnen bei der Überwachung, Berichterstattung und Nachverfolgung von Datenqualitätsproblemen.

Ein erhebliches Risiko, das mit einem zentralisierten DQ-Team verbunden ist, ist seine Wahrnehmung als „Datenpolizei". Stattdessen sollten sie primär als Unterstützer der Geschäftstätigkeit wahrgenommen werden.

Folglich sollte ihr Hauptfokus nicht darauf liegen, dass die Menschen die Daten richtig behandeln, sondern darauf, Daten als wertvolle Ressource zu fördern.

Idealerweise sollte das Verlangen, sich an alle Datenstandards zu halten, von den Konsumenten der Daten selbst und nicht direkt von einer Zentralstelle wie dem Head of Data Quality ausgehen.

Der Schlüssel zur Erreichung dieses Ziels ist neben der Schaffung einer datenorientierten Organisation die Schaffung von *Transparenz* des Verhaltens.

Der erste Schritt ist die Festlegung von Datenqualitätszielen in Zusammenarbeit mit allen Geschäftsbereichen. Ein zielführender Dialog wird Ihr Data Quality-Team in einer Moderatorenrolle sehen, da die Datenbenutzer die Datenersteller darum bitten, sicherzustellen, dass die Datenqualität gut ist.

Wenn Sie im zweiten Schritt die Erreichung der Ziele veröffentlichen, könnten die Teams alleine deshalb schon versuchen, ihr Datenhandling zu verbessern, damit sie nicht öffentlich schlecht aussehen.

Datenqualität in der gesamten Organisation

Jeder ist für die Datenqualität verantwortlich – aber Sie können kaum jemals alle in der Organisation erreichen, geschweige denn jeden in seiner täglichen Routine beeinflussen.

Hier kommen die Data Stewards ins Spiel. Neben ihrer regulären Arbeit sollten sie sich wie Datenbotschafter fühlen und die Datenqualität als Mindset fördern.

Organisieren von Masterdata Management

Die Verwaltung von Masterdata kann in Design, Koordination und Wartung unterteilt werden.

Masterdata-Pflege

Datenpflege ist die Verantwortung eines Data Stewards, dessen primäre erforderliche Fähigkeit ein gutes Verständnis des fachlichen Hintergrunds der Daten ist.

Sie sollten eine solche Rolle niemals zentralisieren, es sei denn, Ihre Organisation ist zu klein für qualifiziertes Stewardship innerhalb der Geschäftsfunktionen.

Masterdata-Design

Geschäftsfunktionen wissen im Prinzip, was sie brauchen. Aber sie sind nicht unbedingt in der Lage, diese Bedürfnisse in ein Masterdata-Konzept umzusetzen. Und sie wollen sich möglicherweise hauptsächlich auf ihre fachlichen Anforderungen konzentrieren.

Aus diesem Grund benötigen Sie ein zentrales Team, um eine organisationsweite, fachbereichsübergreifende Zielumgebung für Masterdata sowie den Weg dorthin zu entwerfen.

Die gesamte Designarbeit, einschließlich der Auswahl der bestmöglichen Arbeitsweise, sollte in enger Zusammenarbeit mit der Data Architecture erfolgen.

Sie werden nicht immer das Luxus genießen, Ihre Masterdata-Umgebung von Grund auf neu gestalten zu können. In den meisten Fällen müssen Sie mit legacy-Umgebungen leben, sowie mit voneinander getrennten Daten-Repositories, mit der technischen Notwendigkeit, die gleichen Daten an verschiedenen Orten zu pflegen, und so weiter.

Die Suche nach einem Setup, bei dem Masterdata unter diesen Umständen reibungslos läuft, ist eine große Herausforderung – möglicherweise die größte Herausforderung überhaupt für ein zentrales Masterdata Management-Team. Aber Sie sollten auf keinen Fall warten, bis eine solche perfekte Umgebung vorhanden ist. Dies kann Jahre dauern, selbst in agilen Organisationen, und zwar aufgrund der enormen Anzahl von technischen Abhängigkeiten, die man in den meisten Organisationen vorfindet.

Meine pragmatische Empfehlung ist es, ein Team einzurichten, das sich zu 75 % mit dem Betrieb und der Optimierung von Masterdata unter den gegebenen Bedingungen befasst. Die verbleibenden 25 % sollten verwendet werden, um die Zielumgebung auf der Grundlage von Geschäftsanforderungen, technischen Möglichkeiten und Erkenntnissen aus dem laufenden Betrieb zu gestalten.

Masterdata-Koordination

Koordination ist eine entscheidende Verantwortung eines zentralen Masterdata-Teams. Eine unkoordinierte Situation wird aus den folgenden Gründen nie effizient und konsistent sein:

- Jeder Bereich von Masterdata wird oft von einer einzigen Fachabteilung verantwortet – aber die Daten werden normalerweise von mehreren Abteilungen benötigt.

- Darüber hinaus ist, während die Wartungsverantwortung für jeden Masterdata-Domain bei einer einzigen Fachabteilung liegen sollte, dies in vielen Organisationen nicht gelebte Praxis.

- Standardisierte Messung der Masterdata-Qualität und die Bestimmung des Mindestqualitätsniveaus müssen im Dialog mit allen Beteiligten vereinbart werden.

- Jede Organisation benötigt einen „Single Point of Contact" (SPoC), also einen primären Ansprechpartner, der von jedem Mitarbeiter nach verfügbaren Masterdaten gefragt werden kann – sei es für den Betrieb von Maschinen, sei es für Prozessautomatisierung (Robotic Process Automation, RPA).

- Abstimmung, Ausgleich und Priorisierung der Bedürfnisse der verschiedenen Geschäftsbereiche sollte von einer neutralen Einheit durchgeführt werden, die kein eigenes fachliches Interesse hat, um ein subjektives Ergebnis zu vermeiden. Das gleiche gilt für die Erstellung von Entscheidungsvorschlägen.

Data Project Office

Eine weitere Overhead-Funktion?

Datengetriebene Organisationen führen Dateninitiativen durch. Wie bei anderen datenbezogenen Aktivitäten sollte dies nicht in fachlichen, organisatorischen oder geographischen Silos erfolgen. Stattdessen sollten Sie eine organisationweite Koordination, Priorisierung und Zusammenarbeit sicherstellen.

In einer gut gemanagten Organisation gibt es eine klare Verpflichtung, eine einzige Daten-Supply Chain zu haben, die von allen Teilen der Organisation genutzt wird. Aus diesem Grund sollte niemand in der Lage sein, sie einseitig zu ändern, genauso wenig wie es jemandem erlaubt sein darf, eine parallele Daten-Supply Chain zu erstellen.

Sie werden kaum jemals ein Datenprojekt finden, das nur auf eine einzige Geschäftsfunktion beschränkt ist. Die meisten Datenprojekte sind von querschnittlicher Bedeutung, genauso wie Daten querschnittlich sind. Und selbst verschiedene dedizierte Datenprojekte haben in der Regel starke Interdependenzen.

Als Folge davon müssen Organisationen alle Änderungen an ihrer einzigen Daten-Supply Chain zentral managen, um Konsistenz zu erreichen, einschließlich eines konsistenten CDM.

Solche Änderungen erfolgen durch Projekte, die die Einrichtung eines dedizierten Datenprojektbüros als Teil des Data Office rechtfertigen.

Verantwortlichkeiten eines Datenprojektbüros

Typische Projektbüro-Aktivitäten sind natürlich auch auf ein Datenprojektbüro anwendbar.

Als allgemeines Prinzip sollte ein Datenprojektbüro administrative Aufgaben übernehmen, die sonst die einzelnen Initiativen belasten würden. Planung, Koordination und Kommunikation sind weitere, wichtige Aufgaben.

Aber ein Datenprojektbüro sollte sich auch um die folgenden Themen kümmern:

- Es sollte sicherstellen, dass alle Datenstandards und -prinzipien eingehalten werden, und es sollte bei der Überprüfung der Einhaltung helfen.

- Es sollte nicht nur die Ausführung von Aktivitäten, sondern auch die anschließende Bereitstellung der vorhergesagten Funktionalität und der dadurch erzielten Vorteile überwachen. Diese Aufgabe wird bei der Behandlung von Datenprojekten häufig vernachlässigt, was wohl auch an den Schwierigkeiten liegt, die mit der Quantifizierung datenbezogener Vorteile verbunden sind.

- Schließlich sollte es den Übergang von einer möglicherweise veralteten, traditionellen Projektkultur hin zu einer modernen Projektkultur vorantreiben, in der bewusst ein Gleichgewicht zwischen Agilität und Nachhaltigkeit angestrebt wird.

Schwerpunkte

Mehr als jedes andere Team muss ein Datenprojektbüro mit einem starken Fokus auf die folgenden beiden Aspekte eingerichtet werden:

(i) **Agilität**

In der heutigen Projektmanagementkultur erwartet kaum jemand, dass alle Anforderungen bereits am Anfang erfasst werden. Immer häufiger wird von Projekten erwartet, dass sie es ermöglichen, Geschäftsanforderungen während der Entwicklung, einschließlich ihrer unmittelbaren Implementierung und Bereitstellung, zu bestimmen und zu priorisieren.

Während Agilität ein wesentlicher Bestandteil jedes modernen Projektmanagements ist, erfordert sie bei der Behandlung von Daten besondere Aufmerksamkeit: Agilität mit einem primären Fokus auf Geschwindigkeit gefährdet die Interoperabilität und fördert Ambiguitätsprobleme. Aus diesem Grund erfordert agiles Datenhandling Disziplin – beim Managen technischer Änderungen und bei deren Dokumentation.

Sie können sich Kap. 20 ansehen, um einige Gedanken zu DataOps zu erhalten, einer effektiven Methode zur Gewährleistung eines gut gemanagten Agilitätsansatzes.

(ii) **Zusammenarbeit**

Aus datenbezogener Perspektive sollte keine Arbeitsgruppe isoliert arbeiten. Interdependenzen finden sich sowohl innerhalb eines einzelnen Waterfall-Projekts als auch zwischen verschiedenen Phasen oder Sprints eines agilen Projekts.

Bei näherer Betrachtung stellen sich die meisten scheinbar unabhängigen Projekte als dateninterdependent heraus.

Das Datenprojektbüro innerhalb der Organisation

Ein Datenprojektbüro sollte für reine Datenprojekte sowie für datenbezogene Aspekte anderer Projekte verantwortlich sein, insbesondere in Organisationen, in denen keine übergreifende Projektmanagementorganisation vorhanden ist.

Aber auch in Organisationen mit einer vorhandenen, querschnittlichen Projektbüro, hat ein Datenprojektbüro weiterhin seine Berechtigung. Hier sollte es jedoch eine eher **unterstützende** Rolle spielen: Es sollte alle datenbezogenen Projektmanagementaktivitäten abdecken, die ein allgemeines Projektbüro nicht durchführen könnte.

Im Falle einer Koexistenz zwischen einem allgemeinen Projektbüro und einem Datenprojektbüro ist es wesentlich, eine gut definierte Aufgabenteilung zu vereinbaren.

Dies sollte bereits während der Setup-Phase erfolgen und in einer engen Zusammenarbeit münden.

Einrichtung eines Datenprojektbüros

Alle in Kap. 9 unter Abschnitt „Daten-Anwendungen und Projekte" beschriebenen Verantwortlichkeiten sollten in diesem Team ihren Platz finden.

Die richtigen Personen für solche Verantwortlichkeiten haben Datenexpertise nur als sekundäre Stärke. Sie benötigen in erster Linie starke Projektmanagementfähigkeiten (sowohl Waterfall- als auch Agile), damit sie ihre eigenen Projekte **und** die Datenaspekte von Geschäfts- oder IT-Projekten unterstützen können.

Es ist erstrebenswert, in jedem Projekt oder Scrum-Team einen vertrauenswürdigen Datenvertreter zu haben – nicht unbedingt als Vollzeitressource, aber mit Zugriff auf alle Details. Sie müssen nach den Regeln dieser Teams spielen können, während sie Datenanforderungen auf nicht konfrontative Weise durchsetzen.

Während seiner Einführungsphase sollte sich das Datenprojektbüro auf seine Rolle als Unterstützer konzentrieren, um Akzeptanz zu gewinnen.

Die Durchsetzung der Einhaltung sollte allmählich erhöht werden, während die Menschen beginnen, den Wert dieser neuen Einheit zu verstehen.

Datenservicefunktion

Es ist gut, der Organisation einen primären Ansprechpartner in datenbezogenen Angelegenheiten zur Verfügung zu stellen.

Als Datenoffice dienen Sie ja der Organisation. Was spricht also dagegen, sich mit einer Backline- und einer Frontline-Organisation aufzustellen, wie es professionelle Kundenservice-Einheiten tun?

Wie üblich bedeuten unterschiedliche Rollen nicht unbedingt unterschiedliche Personen. Je nach Größe Ihrer Organisation kann die gesamte Datenservicefunktion sogar aus nur einer einzigen Person bestehen. (Dabei ist natürlich sicherzustellen, dass es einen Backup für Abwesenheit im Zusammenhang mit Urlaub und Krankheit gibt.)

Der Hauptzweck einer solchen Einrichtung ist die Bereitstellung von Ansprechpartnern, mit denen die Kollegen sprechen können, und von Dokumentationen, die sie lesen können.

Aber Sie benötigen auch Back-End-Mitarbeiter, die Anfragen gemeinsam mit den Experten nachverfolgen, sich mit Antworten wieder an die Anfragenden wenden und gegebenenfalls diese beiden zusammenbringen.

Die Front-End-Funktion hingegen ist stets der erste Ansprechpartner. Hierzu gehört auch die Überwachung von Service-Level-Vereinbarungen (SLA).

Ein Workflow-Tool hilft bei der Nachverfolgung und vermeidet verwaiste Anfragen.

In großen Organisationen kann es sinnvoll sein, den Aufwand zu erfassen, um zu vermeiden zu können, dass kritische Ressourcen durch weniger relevante Anfragen blockiert werden.

Business-Helpdesk

Wissen alle Mitarbeiter in Ihrer Organisation, an welche Person sie sich mit Fragen zu Daten (oder Vorschlägen, Beschwerden usw.) wenden sollen?

Müssen sie das überhaupt wissen?

Idealerweise gibt es dafür einen einzigen Ansprechpartner für alle Arten von datenbezogenen Themen. Das Data Office sollte schließlich in der Lage sein, Fälle besser zu klassifizieren als jeder Anfragende.

Aus diesem Grund ist es sinnvoll, für datenbezogene Themen ein Business-Helpdesk einzurichten, ähnlich wie das Helpdesk, das IT-Organisationen seit Jahrzehnten verwenden. (Sie könnten sogar erwägen, ein gemeinsames Helpdesk mit der IT einzurichten, um es Anfragenden noch einfacher zu machen.)

Wer würde in einem solchen Helpdesk arbeiten?

Kein Helpdesk-Agent kann alle inhaltlichen Fragen beantworten – zumindest nicht im ersten Anlauf.

Aus diesem Grund benötigen Sie Generalisten, die alle inhaltlichen Fragen ausreichend gut verstehen, um den richtigen Experten ermitteln zu können.

Und wie würden Sie Ihr Data-Helpdesk innerhalb der Organisation positionieren?

Selbst wenn Sie sagen, dass Ihr Helpdesk für „alles zum Thema Daten" gedacht ist, werden einige Menschen nicht verstehen, was es beinhaltet. Sie müssen ihnen daher helfen, den Auftrag eines solchen Helpdesks zu verstehen.

Deshalb ist es eine gute Idee, Kollegen aus den Fachabteilungen in die Entwicklung Ihres Helpdesks einzubeziehen, einschließlich der Gestaltung von Prozessen und (idealerweise) einer unterstützenden Workflow-Lösung.

In diesem Zusammenhang ist es vorteilhaft, proaktiv zu kommunizieren, Schulungen anzubieten und Beispiele zu liefern. Keine Datenfrage sollte unbeantwortet bleiben, weil jemand sich nicht traut, sie zu stellen!

Damit das Data Office Glaubwürdigkeit erlangt, sollte ein Data-Helpdesk alle gemeldeten Themen aufgreifen, selbst wenn es nicht formal „zuständig" ist.

Tatsächlich können Sie niemanden dafür verantwortlich machen, dass er nicht weiß, was genau unter „Daten" fällt. Es ist ein Graubereich, und während in einigen Organisationen mehrere Themen unter „Daten" fallen, kümmern sich in anderen Organisationen unterschiedliche Funktionsbereiche darum. Typische Beispiele sind „Datenkriminalität" oder „Datensicherheit".

In manchen Fällen mag es in Ihrer Organisation noch niemanden geben, der für ein neues Thema verantwortlich ist. Sie sollten derartige Gelegenheiten nutzen, um Verantwortlichkeiten zu klären, idealerweise durch Ihre Data Governance-Organisationen, das heißt, durch das Data Management Council oder das Data Executive Council.

Kontakt zur Datenorganisation

Der Umgang mit Daten erfordert viele nicht inhaltliche Aktivitäten. Diese reichen von der Dokumentation über die Data Office Intranet-Site bis hin zur Bereitstellung von Online-Informationen.

Ein wesentlicher Aspekt der täglichen Arbeit eines Data Office ist die Nachverfolgung von Data Concessions und Data Quality-Problemen: Wer war für welche Aktion verantwortlich und wann war diese Aktion fällig?

Sie können durch das Zusammenfassen all dieser Aktivitäten in einer dedizierten Einheit noch effizienter werden. Dieses Team braucht nicht aus Datenspezialisten zu bestehen.

Wie bei anderen Bereichen Ihres Data Office hängt die optimale Größe von der Größe Ihrer Organisation ab. Eine größere Organisation wird von einem dedizierten Project Office für datenbezogene Aktivitäten, einschließlich der Ressourcen für das Projektmanagement, profitieren. In kleineren Organisationen könnte die Assistenz des CDO Ansprechpartner für alle organisatorischen Datenthemen sein. Alles dazwischen ist auch möglich.

Experten anlocken und halten

Datenexperten sind schwer anzulocken und zu halten. Dies gilt insbesondere (aber nicht ausschließlich) für Data Scientists.

Es gibt viele Gründe für diese Situation. Natürlich sind Data Scientists selten. Ich meine, *echte* Data Scientists, keine umetikettierten Analysten oder hochbegabte Tabellenkalkulations-Jongleure. Ich denke an diejenigen mit einem mathematischen Hintergrund, Programmierkenntnissen, Kreativität, Neugier und Disziplin.

Aber was ist mit den wenigen, die es gibt? Lassen Sie uns zwölf Aspekte betrachten, die die Entscheidung eines Experten beeinflussen, sich anzuschließen und zu bleiben oder zu gehen.

Ich konzentriere mich auf Data Scientists, da dies die anspruchsvollste Gruppe von Mitarbeitern ist. Die meisten Aspekte können aber auch auf andere Datenexperten angewendet werden.

1) Vielfalt ist vorteilhaft – als Ergebnis

Ich hatte in den letzten 20 Jahren Mitarbeiter aus mehr als 30 Nationalitäten an meiner Seite, die aus vier verschiedenen Kontinenten kamen. Außerdem waren im Schnitt 50 % meiner direkten Mitarbeiter weiblich.

Hat sich diese Vielfalt gelohnt? Ja, auf jeden Fall! Egal welches Thema es auch war, ich hatte immer mehr als eine Perspektive. Menschen mit unterschiedlichen Hintergründen sehen Dinge anders und kommen oft zu überraschenden Lösungen. Diskussionen in einer vielfältigen Gruppe sind im Allgemeinen fruchtbarer.

Aber wie bin ich dazu gekommen? Hatte ich Ziele für die Geschlechtergerechtigkeit gesetzt? Hatte ich darauf hingearbeitet, dass die unterschiedlichen Nationalitäten oder ethnischen Gruppen in meinen Teams ausgewogen vertreten sind?

Ich denke, ich bin ziemlich anspruchsvoll, wenn ich Mitarbeiter für meine Teams auswähle. Ich möchte, dass sie, neben hervorragenden Kenntnissen und intellektuellem Potenzial, auch die richtige Einstellung und die erforderlichen Soft Skills haben. Geschlecht, Herkunft und Hautfarbe gehörten jedoch nie zu meinen Kriterien.

Warum hat mein Ansatz dennoch immer zu sehr vielfältigen Teams geführt?

Weil die Realität vielfältig ist und kein Geschlecht oder keine Nationalität der anderen überlegen ist. Zusätzlich zu den oben genannten „harten" Kriterien suche ich immer nach neuen Sichtweisen, also solchen, die diejenigen in meinem Team ergänzen. Dieser Ansatz führte automatisch zu einer großen Vielfalt an Geschlecht, Herkunft, Alter und anderen Attributen, die häufig Diskriminierung unterliegen.

Wenn Sie stattdessen feste Ziele zur Gleichstellung setzen, werden Sie häufig gezwungen, den zweitbesten Kandidaten zu nehmen. Dies ist weder für Ihre Organisation gut, noch ist es dem besten Kandidaten gegenüber fair. Seien wir ehrlich: Eine Person nur deshalb abzulehnen, weil sie zum Beispiel weiß und männlich ist und bereits 50 Jahre alt ist, ist ebenfalls Diskriminierung.

Deshalb halte ich es für unklug, Ungleichheit durch die Praxis der „umgekehrten Ungleichheit" zu bekämpfen – selbst wenn die Absicht dahinter lobenswert ist.

Um meine Erfahrungen zusammenzufassen: Die Kraft der Vielfalt entfaltet sich, wenn Sie sie explizit zulassen, nicht, wenn Sie sie erzwingen! Dies hilft Ihnen, **sowohl** Vielfalt **als auch** die bestmöglichen Teams zu erreichen.

2) Jeder will bei Google einsteigen

Ist Ihre Organisation sexy? Ich meine, *wirklich* sexy?

Seien wir ehrlich, die meisten Organisationen sind für Außenstehende nicht besonders attraktiv, egal wie gut die Mitarbeitermotivation und -kultur in der Organisation auch sein mögen.

Wie bei allen anderen Menschen, die einen Job suchen, bewerten Data Scientists potenzielle Arbeitgeber. Natürlich steht bei einem Data Scientist an erster Stelle die Data Science. Aber was kommt direkt danach, neben den Arbeitsbedingungen und dem Inhalt?

Es ist „Sieht es gut auf meinem Lebenslauf aus?"

Eine lebenslange Loyalität zu einer Organisation steht hingegen nicht an erster Stelle auf der Liste eines Data Scientists. Viele von ihnen denken bereits an ihren „möglichen nächsten Arbeitgeber".

Können Sie sich vorstellen, dass ein Data Scientist stolz sagt: „Ich mache Data Science für ein mittelständisches Unternehmen, das Einspritzpumpen für Asphaltfräsmaschinen herstellt!" Vergleichen Sie dies mit „Ich bin Teil des Maschinellen Lernens bei Amazon!"

Um gute Data Scientists anzulocken, wenn Sie weder Google noch Amazon sind, sollten Sie daher die Möglichkeiten der Rolle selbst bewerben und nicht, wie erfolgreich Ihre Organisation ist. Erfolg ist schließlich eine Frage der Perspektive.

3) Die süßere Herausforderung nebenan

Das Gras ist immer grüner auf der anderen Seite des Zauns?

Wahrscheinlich nicht, aber wie sollte das jemand wissen, der nicht vergleichen kann?

Ein Schlüssel, um Mitarbeiter zu halten, ist deren Zufriedenheit. Zufriedene Mitarbeiter vergleichen ihre aktuelle Position weniger mit potenziellen Alternativen.

Schlussfolgerung: Ein glücklicher Data Scientist bleibt.

Falsch.

Sie haben sich vielleicht selbst einmal in Strategiebesprechungen dahingehend geäußert, dass „Großartig der Feind des Guten ist". Nun, wussten Sie, dass insbesondere für Data Scientists „großartige Jobs die Feinde der guten Jobs" sind?

Als Folge davon benötigen Sie eine Strategie zum Halten wichtiger Mitarbeiter, mit laufender Beobachtung und Ausführung. Der „heute beste Job auf der Erde" kann morgen nur noch der zweitbeste sein.

Zunächst sollten Sie sich aber in der Tat darauf konzentrieren, Ihre Data Scientists glücklich zu machen.

Zudem sollten Sie ihnen aber auch erklären, warum sie zufrieden sein können und was so besonders ist an der Arbeit in ihrer aktuellen Organisation.

Solche Gründe können spezifisch für die Organisation sein oder sich auf die Branche beziehen, in der Sie tätig sind. Als positives Beispiel sehen Sie sich folgende Aussage von Angeli Möller an, eine der führenden Data Scientists bei Bayer Pharmaceuticals: „Die Förderung der Data Science in der Gesundheitsbranche ist so lohnend, weil sie für Patienten erhebliche Vorteile bringt" (Möller 2019).

Es wird allgemein empfohlen, Data Scientists aus ihrer Komfortzone zu holen. Zeigen Sie ihnen die Betriebsabläufe Ihrer Organisation. Lassen Sie sie Ihren Kunden zuhören. Erklären Sie ihnen, was die Daten bedeuten, mit denen sie arbeiten.

4) Bitte keine Meetings

„Ein Teammeeting ist ein Teammeeting. Jeder muss teilnehmen!" Vielleicht haben Sie diesen Satz schon einmal gehört. Vielleicht haben Sie ihn sogar selbst gesagt.

Für viele Data Scientists sind Meetings eine totale Zeitverschwendung – noch mehr als für andere Gruppen von Mitarbeitern.

Oft hilft es, daher wenn Sie deren Teilnahme an Meetings – großen oder kleinen – so weit wie möglich *optional* machen.

In diesem Fall müssen Sie alternative Kommunikationsmittel einführen, um Ihre Data Scientists zu erreichen. Dazu gehören möglicherweise individuelle mündliche Updates an ihrem Arbeitsplatz. Ja, es ist mehr Arbeit, aber Data Scientists schätzen diesen Aufwand normalerweise.

Es ist nicht schlecht, relevante Informationen für Data Scientists ähnlich wie für den Vorstand vorzubereiten – kurz und prägnant.

5) Wo ist die Infrastruktur?

Ein hervorragender Formel 1–Rennfahrer wird zögern, einem Team beizutreten, das kein konkurrenzfähiges Auto hat.

Ähnlich erwartet ein hervorragender Data Scientist, dass die gesamte notwendige Infrastruktur verfügbar ist und bereit zur Verwendung.

Data Scientists, die es lieben würden, eine Data Science-Infrastruktur von Grund auf neu zu erstellen, unterscheiden sich von solchen, die einfach nur Data Science betreiben möchten. Ich gehe davon aus, dass es mehr von der zweiten Sorte gibt.

Wenn Sie wirklich nichts haben, auf das Sie ein Data Science-Team aufbauen können, versuchen Sie, die wenigen zu finden, die Pioniere sein möchten. Solche Data Scientists könnten etwas teurer sein (sie müssen erfahren sein, sowohl in der Personenbetreuung als auch in der Technologie *und* in der Data Science!) – aber Sie können erwarten, dass diese Mitarbeiter zu Ihren zukünftigen Teamleads werden.

Möglicherweise sind sie dann auch etwas loyaler als der durchschnittliche Data Scientist – vielleicht nicht der Organisation gegenüber, aber dem Data Science-Ökosystem, das sie mit aufgebaut haben.

6) Spielplatz vs. Strategie

Ein schöner und gut ausgestatteter Spielplatz ist ausreichend, um kleine Kinder anzulocken. Aber funktioniert dieser Ansatz auch für Data Scientists?

Für die meisten von ihnen sicherlich nicht.

Data Scientists möchten normalerweise auf ein Ziel hinarbeiten – das große Ganze, wenn Sie so wollen. Sich auszubilden und neue Dinge zu lernen ist sicherlich wichtig für sie. Aber die meisten von ihnen möchten all dies mit einem bestimmten Ziel tun.

Deshalb sollten Sie Ihren Data Scientists die Unternehmensziele und Datenziele Ihrer Organisation mitteilen.

Aber bitte nicht in einem Meeting …

7) Abgekoppelt von der Geschäftswelt

Sie sitzen im Data-Science-Bereich, spielen mit allen Datenquellen herum, derer Sie habhaft werden können, und warten darauf, dass die Fachabteilungen mit Anfragen kommen?

Möglicherweise gefällt einigen Data Scientists tatsächlich eine solches Setup. Die meisten von ihnen würden jedoch gerne Teil eines größeren Ganzen sein.

Darüber hinaus sind Data Scientists in der Regel in interdisziplinären Teams am produktivsten. Schließlich sollten sie in der Lage sein, die wahren Herausforderungen ihrer Fachkollegen anzugehen.

Deshalb empfehle ich immer, dass die meisten Data Scientists so nah wie möglich bei diesen Fachkollegen sitzen – vielleicht sogar Mitglied einer Fachabteilung werden.

Gleichzeitig ist es wichtig, dass sich alle Data Scientists Ihrer Organisation als Teil einer unternehmensweiten Data-Science-Community fühlen.

8) Kleine, dumme Jobs

Neue Data-Science-Teams müssen um die Akzeptanz innerhalb der Geschäftswelt kämpfen, bevor sie mit großen, teuren Projekten beauftragt werden. Daher ist es am besten, mit kleinen Schritten zu beginnen. In der Realität geschieht dies durch kleine Gefallen: „Finde mir bitte X", „Sind A und B korreliert?", „Können Sie die Ausreißer aus dieser Liste entfernen?".

Ein Data Scientist, der gerade sein Master-Studium über „Konvergenzkriterien mit multidimensionalen Gradienten" abgeschlossen hat, fühlt sich hier beleidigt. Warum haben sie solche teuren Sachen gelernt, nur um auf Oberstufenniveau zurückzufallen?

Bitte versuchen Sie, die Motivation des Teams zu beeinflussen. Es geht zurück zu den Grundlagen: Mein primäres Ziel ist es, meine Kunden glücklich zu machen.

9) Selbst Data Science kann langweilig sein

Stellen Sie sich einen Data Scientist vor, der endlich den perfekten Platz in einer Organisation gefunden hat, und der dort dem großen Ganzen dienen kann, indem er seine Arbeit vollständig an den Zielen der Fachabteilungen ausrichtet. Alles gut?

Nicht unbedingt.

Data Scientists können sich zunehmend in einer reinen „Nutzer"-Position wiederfinden. Nachdem sie alle Algorithmen und die Logik dahinter gelernt haben, benötigen sie plötzlich nur noch eine einzige Zeile Code, um ein Modell in TensorFlow zu initialisieren, und eine weitere Zeile Code, um es mit Daten zu trainieren, die von anderen Leuten gesammelt wurden.

Denken Sie an einen typischen Entwickler von Computerspielen: Sie spielen in der Regel nicht gerne die Spiele, die sie selbst entwickelt haben. Hervorragende Data Scientists fühlen sich oft genauso.

Hier kommen Hackathons ins Spiel, und Sie können Datenwettbewerbe mit Data-Scientist-Teams anderer Organisationen durchführen (vielleicht nicht gerade mit Ihren Wettbewerbern). Unter solchen Wettbewerbsbedingungen kann es sogar Spaß machen, nach nützlichen Daten im Web zu suchen und sie richtig zu verstehen.

10) Anerkennung?

Wie kann ein Data Scientist für all die unglaublichen Hirnarbeiten, die kaum jemand anderes hätte leisten können, gewürdigt werden?

Ich meine, wie könnten sie *wirklich* gewürdigt werden? Ich spreche nicht von der Art von Ehrfurcht, mit Abneigung und Angst gemischt, die Sie beobachten, wenn jemand zugibt, Physik oder Mathematik studiert zu haben!

Erzählen Sie die Geschichten! Teilen Sie den Fachabteilungen Erfolgsgeschichten mit, in normaler Geschäftssprache. Sagen Sie den Menschen, dass dies etwas ist, was Computer und Algorithmen alleine nicht hätten erreichen können.

11) Data Scientist vs. DB Admin

Fällt alles rund um die Verarbeitung von Daten in den Aufgabenbereich eines Data Scientists? Zumindest alles, was ein „normales" Mitglied einer Fachabteilung nicht tun kann?

Wenn ein Data Scientist in allen Aspekten des Umgangs mit Daten kompetent ist, wird er tatsächlich schnell zur ersten Ansprechperson in allen Datenfragen.

Leider umfasst dies Aktivitäten, für die ein Data Scientist überqualifiziert ist oder für die in der Regel ganz andere Qualifikationen erforderlich sind.

Viele dieser Aktivitäten sollten in den IT-Bereich fallen. Aus diesem Grund sollte der Umgang mit Daten ein Schwerpunkt frühzeitiger Gespräche zur Aufgabenaufteilung zwischen dem Data Office und der IT sein. Und, was auch immer hier vereinbart wird, sollte dokumentiert und über diese beiden Teams hinaus kommuniziert werden. Es hilft auch, wenn die Data Scientists wissen, an wen sie sich wenden sollen, wenn sie um Unterstützung außerhalb des Data-Science-Bereichs gebeten werden.

12) Die Welt von Hunger befreien

Aber was passiert, wenn innerhalb einer Organisation ein Data Scientist durch großartige Ergebnisse bekannt wird?

Die Erwartungen werden steigen. Insbesondere Kollegen aus den Fachabteilungen, die zum ersten Mal sehen, wie ein neuronales Netzwerk aus (scheinbar) chaotischen Daten Muster lernt, sind oft tief beeindruckt.

Wie sollten Sie mit unrealistischen Erwartungen umgehen?

Managen Sie diese Erwartungshaltung als Bestandteil Ihrer internen Kommunikation. Das gesamte Personal muss verstehen:

- Was Data Scientists tun sollen (und was sie von Ihnen *nicht* erwarten sollten).

- Was Data Science erreichen kann und was nicht möglich ist. (Jeder weiß, dass niemand die Zahlen der nächsten Lotterie vorhersagen kann. Einige Anfragen kommen dem jedoch sehr nah.)

Sie sollten Datenwissenschaft natürlich nicht vollständig entmystifizieren. Ihre Experten sollten die Anerkennung erhalten, die sie verdienen. Aber Ihre Geschäftskollegen sollten sicherlich daran gehindert werden, Data Scientists als die ersten erfolgreichen Alchimisten der Geschichte zu betrachten.

Six Sigma

Zuweilen hören Sie vielleicht Leute sagen, dass Six Sigma veraltet ist oder durch Agile ersetzt wurde.

Glauben Sie ihnen nicht. Bisher hat noch keine andere Methode die Vorteile von Six Sigma gezeigt. Und Agile steht nicht im Wettbewerb mit Six Sigma. Agile und Six Sigma können sehr gut zusammenwirken.

Betrachten wir einmal, wie Six Sigma den Umgang mit Daten verbessern kann.

Six Sigma und Daten

Menschen neigen dazu, Symptome zu behandeln, anstatt Ursachen zu beheben. Dies ist teilweise auf die falsche Motivation zurückzuführen – es besteht die Erwartung, Probleme schnell zu beheben. Aber ein anderer Grund ist, dass Menschen denken, sie wüssten bereits die Ursache. Es sieht ja auf den ersten Blick so offensichtlich aus...

Aber was viele Menschen als Ursache eines Problems betrachten, ist in Wirklichkeit oft selbst ein Symptom, das durch ein diesem zugrundeliegendes Problem verursacht wird.

Viele Organisationen, die diese Situation verstehen, führen Six Sigma als Kernprinzip und Methode für alle Geschäftsbereiche ein. Dies bringt sowohl einen Satz an Werkzeugen als auch eine andere Denkweise mit sich.

Aber was hat Six Sigma mit Daten zu tun?

Die Verbindung ist zweifach:

- Zunächst einmal können Sie kaum eine Ursachenanalyse durchführen, ohne die richtigen Daten zu haben.

- Zweitens ist die Six-Sigma-Methode auch sehr gut geeignet, um an datenbezogenen Problemen zu arbeiten.

Interessanterweise führen die meisten datenbezogenen Probleme zu tieferen Ursachen als Daten. Typische Ursachen für Datenprobleme reichen von fehlendem Prozesswissen bis hin zu falschen Anreizen, die zu Fehlsteuerung führen.

Einrichtung von Six Sigma im Data Office

Wenn es innerhalb des Data Office ein Data Quality-Team gibt, ist dies der Ort, an dem Six-Sigma-Initiativen als Antwort auf Datenprobleme durchgeführt werden sollten. Wenn es kein solches Team gibt, ist dies ein ausgezeichneter Grund, es einzurichten.

Ein Data Quality-Team würde immer als Hüter der Datenqualität, nicht aber als deren Verantwortlicher fungieren. Es sind die Leiter der Fachbereiche, die die Verantwortung übernehmen müssen. Wer für ein Problem verantwortlich ist, sollte nicht in der Lage sein, die Analyse und die zur Behebung erforderlichen Aktivitäten an das Data Office „auszulagern".

Dies macht noch einmal deutlich, warum es so wichtig ist, dass das Data Office die Befugnis hat,

- Six Sigma-Initiativen durchzuführen,

- Bei ermittelten Grundursachen den verantwortlichen Bereich zum Handeln aufzufordern,

- Fachbereichs-übergreifende Teams zusammenzustellen,

- Die Projekte durch Messung und Beratung zu begleiten,

und zwar auch ohne die Zustimmung aller betroffenen Funktionen.

Warum? Stellen Sie sich folgende Situation vor: Team A führt einen neuen Prozess ein, der die Arbeitsbelastung von Team A reduziert. Gleichzeitig verursacht dieser Prozess ein Problem für Team B, das mit dem Output von Team A arbeitet. Der negative Einfluss auf Team B kann bedeutender sein als die Einsparungen für Team A.

Mit anderen Worten, der neue Prozess ist aus Aktionärssicht eine schlechte Idee. Wenn eine Ursachenanalyse mit Team B beginnt, wird sie schnell die Situation bei Team A entdecken. Team A sollte offensichtlich nicht die Befugnis haben zu sagen: „Lassen Sie uns in Ruhe – das ist nicht Ihre Angelegenheit!"

Dieses Beispiel macht deutlich, dass ein solches Six-Sigma-Team auf keinen Fall innerhalb eines der Fachbereiche sitzen darf, um ungesunde Parteilichkeit zu vermeiden. Das Data Office, wenn es richtig eingerichtet ist, ist hingegen der perfekte Ort, da es an den fachlich unabhängigen Chief Data Officer berichtet.

Sobald Sie die erforderliche Befugnis, die notwendige Data Quality-Teamstruktur und die richtigen Six-Sigma-Experten an Bord haben, können Sie den Six-Sigma-Prozess für datenbezogene Probleme definieren.

Ein typischer DMAIC-Datenprozess

In Six Sigma steht *DMAIC* für die fünf Phasen eines klassischen Verbesserungsprozesses: **D**efine-**M**easure-**A**nalyze-**I**mprove-**C**ontrol.

Diese Phasen können auch leicht verwendet werden, um einen **datengetriebenen Six-Sigma-Prozess** zu gestalten, wie im Folgenden dargestellt. Sie werden dabei sehen, wie wichtig ein starkes Mandat und eine stabile Governance-Struktur sind.

DEFINE: Definieren

Der Prozess beginnt mit der Erfassung eines Problems.[2] Prozesse sollten für die folgenden Quellen vorbereitet sein:

(i) Probleme, die über das Datennetzwerk gemeldet werden

Probleme, die nur in einem einzelnen Land auftreten, können als zu geringfügig oder zu teuer zum Beheben angesehen werden. Wenn wir aber sehen, dass sie an mehreren Orten auf der ganzen Welt auftreten, können wir einen guten Business Case haben, um zu handeln.

---

[2] Hier müssen Sie definieren, wer berechtigt ist, ein Problem zu melden, und wem es gemeldet werden muss. Es ist wichtig, sicherzustellen, dass niemand die Meldung eines ernsthaften Problems an dieser Stelle verhindern kann.

(ii) Probleme, die durch DQIs aufgedeckt werden

Je mehr wir die Datenqualität messen, desto mehr machen wir Schwachstellen sichtbar. Eine ordnungsgemäße Ursachenanalyse hilft, vorschnelle Maßnahmen zu vermeiden.

(iii) Systematische Prozessbewertung

Es ist immer eine gute Idee, alle relevanten Prozesse auf der Grundlage gründlicher Diskussionen mit den Prozessverantwortlichen und ihren Teams systematisch zu überprüfen.

(iv) Bekannte Probleme

Manchmal sind Probleme schon lange bekannt. Sie könnten in der Vergangenheit gesammelt oder gemeldet, dann aber nicht behoben worden sein. Wir haben jetzt die Chance, sie zu bewerten und sichtbar zu machen. Wenn der Case gut ist, wird es schwierig, ihn zu ignorieren.

(v) Anfragen aus dem Top-Management

Manchmal kommen Anfragen direkt von ganz oben, zum Beispiel Beschwerden von Schlüsselkunden oder die Enttäuschung eines Vorstandsmitglieds über die Unzugänglichkeit von Daten.

Sobald das Problem registriert ist, wird es einem speziellen Analysten (ich nenne ihn den Data Quality Improvement Analyst, kurz DQIA) im Data Office zugeordnet, idealerweise einem Mitglied des Data Quality-Teams.

Der DQIA wird das Problem (vor)bewerten: Ist es wirklich ein Problem? Erfordert es eine Analyse? Ist es Teil eines bereits zuvor gemeldeten Problems? Handelt es sich um eine Chance, die Kundenerfahrung oder die Geschäftsleistung zu verbessern?

MEASURE: Messen

Der Status quo wird mit geeigneten Metriken (Data Quality Indicators/DQIs) gemessen.

Die Quantifizierung des Problems ist ebenfalls Teil dieser Phase – dies ist eine Voraussetzung für die Fähigkeit, den Fortschritt später zu messen.

Der Auswirkung wird durch den DQIA quantifiziert und ein erster Business Case wird erstellt: Ist die Auswirkung des Problems hinreichend schwerwiegend, um eine systematische Analyse zu rechtfertigen?

Wenn der Einfluss die Fortsetzung der Initiative rechtfertigt, geht der DQIA über zum nächsten Schritt.

ANALYSE: Analysieren

Eine Ursachenanalyse wird vom DQIA durchgeführt, in Zusammenarbeit mit betroffenen Personen aus allen relevanten Funktionen. Das Ergebnis ist eine Projektempfehlung, einschließlich möglicher Arbeitsabläufe und ihrer fachlich Verantwortlichen.

Wenn nötig, wird ein Datenentscheidungsgremium gebeten, zunächst ein Vorprojekt zu unterstützen, das darauf abzielt, einen Business Case zu erstellen sowie IT-Kosten, Projektdauer und Ressourcenbedarf zu bestimmen.

Das Datenentscheidungsgremium wird schließlich gebeten, den Fall zu priorisieren, und es wird eine Entscheidung getroffen.

IMPROVE: Verbessern

Nach der endgültigen Genehmigung und Finanzierung beginnt die tatsächliche Ausführung des Verbesserungsprojekts.

Projekttypen können so vielfältig sein wie

(i) Validierung gegen das Glossar

Ein solches Projekt kann dazu beitragen, Missverständnisse aufzulösen. Es beginnt in der Regel mit einer Bestandsaufnahme vorhandener Dokumente und IT-Anwendungen, gefolgt von einem Harmonisierungs- oder Standardisierungsprojekt.

(ii) Projekte zur Ermittlung der Datenqualität

Ein solches Projekt startet mit der Übersetzung eines gemeldeten Geschäftsproblems in eine Datenfrage.

Eine enge Zusammenarbeit mit der IT ist dabei erforderlich, um sicherzustellen, dass eine passende Datenqualitäts-Software verwendet wird, um das Problem zu finden und zu quantifizieren.

Das Ergebnis eines solchen Projekts kann die dauerhaft zu wiederholende Durchführung einer solchen Bewertung (z. B. durch Datenqualitäts-Dashboards) oder die Vorlage eines weiteren Projekts zur Behandlung der ermittelten Probleme sein.

(iii) Datenqualitätsverbesserungsprojekte

Solche Projekte folgen häufig Projekten zur Ermittlung der Datenqualität, die idealerweise zuvor Kosten, Ressourcen, Dauer und Erfolgskriterien für ein derartiges Verbesserungsprojekt ermittelt haben.

(iv) Engagement- und Wissensinitiative

Eine Bewertung enthüllt oft einen Mangel an Wissen oder Problembewusstsein bei den Mitarbeitern. Dies kann durch ein dediziertes Projekt angegangen werden, das sich auf Schulungen, verbesserten Informationsaustausch oder Mitarbeiterbeteiligung konzentriert.

Dies ist ein schönes Beispiel dafür, dass Datenmanagement keine rein technische Disziplin ist.

Beachten Sie, dass keines dieser Projekte notwendigerweise von einem Mitglied des Data Office durchgeführt werden muss. Jedes Projekt sollte von der am besten geeigneten Fachabteilung durchgeführt werden – entweder der am stärksten betroffenen oder der, die für die vorgeschlagenen Aktivitäten verantwortlich ist.

Verschiedene Teams können Teilprojekte innerhalb eines Projektes durchführen, aber eines von ihnen muss die Führung übernehmen und den Projektmanager stellen. Der Ansprechpartner im Data Office, der DQIA, wird den Status und den Fortschritt verfolgen.

CONTROL: Überprüfen

Nach Abschluss des Verbesserungsprojekts muss das Ergebnis gemessen werden. Diese Phase wird vom Datenqualitäts-Verantwortlichen des ursprünglichen Problems durchgeführt. Dieser Verantwortliche wird diese Ergebnisse dem Gremium melden, das das Projekt genehmigt hat. Diese Stelle entscheidet über Projektschließung, Projektstopp oder einen Neustart in einer früheren Phase (z. B. zur Verfeinerung der Analyse oder zum Vorschlag einer anderen Projektstruktur).

Wo anwendbar, werden die durch das Projekt implementierten Änderungen einem breiteren Publikum mitgeteilt. Richtlinien und Verfahren müssen möglicherweise aktualisiert und Schulungen möglicherweise angepasst werden.

Die Psychologie des Daten- managements

Typische Herausforderungen eines CDO

„Sie mögen ja Daten haben, Smithers, aber ich habe eine starke Meinung, und ich bezahle Ihren Lohn.“

Abb. 12-1. Was ist der Stellenwert der Daten in Ihrer Organisation?

© Der/die Autor(en), exklusiv lizenziert an APress Media, LLC, ein Teil von Springer Nature 2023
M. Treder, *Das Management-Handbuch für Chief Data Officer*,
https://doi.org/10.1007/978-1-4842-9346-1_12

Warum ist es so schwer, CDO zu sein?

Das Business Case war großartig, die Geschichte überzeugend. Die Überlegenheit der datenbasierten Lösung gegenüber dem konventionellen Ansatz wurde bewiesen. Die Finanzierung wurde gewährt, das Projekt startete.

Die Vorbereitung dauerte und dauerte. Die IT beschwerte sich über die fehlende Möglichkeit zu testen. Die ersten Ergebnisse wurden erzielt, konnten aber nicht verifiziert werden. Datenexperten waren entweder damit beschäftigt, Unterstützung anzufordern, oder sie saßen untätig herum. Die Sponsoren blieben stumm. Das Projekt lief aus dem Zeitrahmen, dann aus dem Budget-Rahmen. Es starb still und heimlich, und die bereits implementierte Funktionalität blieb ungenutzt.

Klingt Ihnen diese Situation vertraut? Willkommen im Club!

Es ist nicht die fehlende Technologie, die großartigen Ideen oder eine gute Strategie, die die Arbeit eines CDO so herausfordernd machen. Es sind Situationen wie diese.

Aber was war hier eigentlich passiert?

In diesem Fall war es die häufig beobachtete Mischung aus einer Verunsicherung innerhalb einer Fachabteilung und dem Gefühl ihres Managers, bedroht zu werden: „Sie wollen uns sagen, dass Computer es besser können als wir, trotz unserer jahrzehntelangen Berufserfahrung …?"

Als Folge davon lieferte das Team nicht die richtigen Informationen, keine genauen Daten, kein Feedback, keinen ordnungsgemäßen Test usw.

Keiner von ihnen hatte persönliche Konsequenzen zu fürchten – das Projekt hatte sowieso keinen engagierten Sponsor auf höchster Führungsebene.

Nicht die Technologie oder der Mangel an ökonomischem Mehrwert hat dieses Projekt scheitern lassen – die Natur der Menschen hat es getan!

Ist diese Geschichte die Regel oder eine tragische Ausnahme?

Leider muss man in jeder Organisation, in der Daten nicht tief in ihrem Erbgut verwurzelt sind, mit Situationen wie dieser rechnen, selbst wenn der Vorstand gerade eine CDO-Rolle eingeführt hat und sich verpflichtet hat, ein Data Office zu finanzieren.

Um die Gründe für das Scheitern zu verstehen, sollten wir zunächst einen Blick auf die Motive einer Organisation werfen, die vorhat, einen Chief Data Officer einzuführen.

Also, wie wird ein CDO geboren?

Hier beginnt die Herausforderung: Kaum eine Organisation stellt einen CDO ein, weil der Vorstand versteht (a), was Daten erreichen können, und (b), was genau dafür getan werden muss.

Stattdessen entscheiden sich große Konzerne oft dafür, die Rolle eines CDO einzuführen, weil es „heutzutage das Richtige zu sein scheint". Oft sieht einer der Vorstände die Notwendigkeit zu handeln, nachdem er irgendwo gehört oder gelesen hat, dass „Daten der Schlüssel zum Erfolg sind" oder „Daten das Öl des 21. Jahrhunderts sind".

Lassen Sie mich es klar sagen: Eine solche Organisation ist bereits Lichtjahre voraus gegenüber anderen Organisationen, die immer noch annehmen, dass ihre Struktur aus dem 20. Jahrhundert ausreicht, um mit der immer größer werdenden Menge an Daten und deren Möglichkeiten umzugehen.

Aber selbst in vielen Organisationen, die eine CDO-Position geschaffen haben, weiß das Top-Management nicht, was „Daten" wirklich bedeuten und wofür genau ein CDO verantwortlich sein soll.

Dies führt oft zu vagen Erwartungen an einen CDO, wie zum Beispiel: „Bitte verwandeln Sie uns in ein datenzentriertes Unternehmen! (Und lassen Sie uns wissen, sobald Sie fertig sind.)"

Warum gehen CDOs oft nach ein paar Monaten wieder?

(i) Keine Stellenbeschreibung

Es ist schwierig, für eine gute Arbeit belohnt zu werden, wenn niemand im Unternehmen weiß, was „gute Arbeit" wirklich bedeutet. Und oft bleiben große Verbesserungen beim Datenhandling unsichtbar, da alle sichtbaren Erfolge von Abteilungen für sich reklamiert werden, die von der erfolgreichen Vorarbeit des Data Office profitieren.

(ii) Keine etablierte Rolle innerhalb der Organisation

Mehrere Vorstandsmitglieder mögen den CDO mit offenen Armen begrüßen – viele der anderen Führungskräfte tun dies nicht. Sie sehen nicht, welche Lücke der CDO schließen soll, und sie betrachten diese neue Position möglicherweise als internen Wettbewerb.

(iii) Irrationales Verhalten

Was einem Chief Data Officer wie gesunder Menschenverstand erscheint, entspricht nicht unbedingt den logischen Schlussfolgerungen eines jeden einzelnen Vorstandsmitglieds.

Alan Duncan, Research VP für Data and Analytics Strategy bei der Gartner Group, fasste die erste Lektion, die fast jeder neue CDO lernen muss, einmal wie folgt zusammen: „Entscheidungsträger sind emotional, nicht rational. Die Antwort zu wissen ist nicht genug."

(iv) Aber hohe Erwartungen!

Sie müssen nicht die Hungerkrisen der Welt lösen. Aber die Erwartungen kommen dem oft sehr nahe. Ihre Organisation möchte die Herausforderungen des digitalen Zeitalters angehen, und die Geschäftsführung erwartet vom CDO, dass er dieses Ziel wie durch ein Wunder erreicht.

Diese Punkte veranschaulichen, warum ein guter CDO nicht nur ein Anführer im Bezug auf das Fachwissen sein sollte. In den folgenden Kapiteln werden Sie erfahren, welche anderen Führungsqualitäten ich für erfolgreiche CDOs als unerlässlich erachte.

Um die Situation zu skizzieren, beginne ich mit einer Liste der Herausforderungen, denen ich bei vielen CDOs und anderen Datenführungskräften begegnet bin.

Vielleicht sind Ihnen ja auch schon einige der folgenden Situationen begegnet:

- IT-Leute, die mit Daten arbeiten, sind meist nicht geschäftsorientiert und bestimmen daher nicht aktiv den tatsächlich notwendigen nächsten Schritt.

- Die meisten Datenexperten sind über alle Geschäftsbereiche verteilt.

- Der Zugriff auf Finanzdaten ist vorsätzlich eingeschränkt.

- Sie haben große Schwierigkeiten, Ihr Team dazu zu bringen, zu kommunizieren, was sie den ganzen Tag machen.

- Die IT erfüllt Wünsche, ohne nach dem zugrunde liegenden Geschäftsproblem zu fragen.

- InfoSec-Mitarbeiter arbeiten nicht zusammen mit Datenexperten in den Geschäftsabteilungen. Sie kümmern sich auf eigene Faust um die Informationssicherheit, so wie sie es immer getan haben.

- Ein Datenmanagementteam, das Teil einer Fachabteilung ist, erlebt eine gute Zusammenarbeit mit dieser Abteilung, aber die Datenexperten fühlen sich systematisch von anderen Fachabteilungen ausgeschlossen und müssen mit ansehen, wie ihre Arbeit von diesen Abteilungen untergraben oder dupliziert wird.

Dies sind einige der Symptome einer unreifen Datenkultur innerhalb einer Organisation. Es gibt leider keine Patentrezepte, um mit solchen Situationen umzugehen.

Falls all dies Ihnen nicht völlig fremd vorkommt, lesen Sie bitte weiter.

In Abb. 12 - 2 habe ich meine Beobachtungen in acht verschiedene Kategorien eingeteilt. Jede von ihnen kann Ihre Reise zu einer datengesteuerten Organisation blockieren, genauso wie große Felsen einen Fluss daran hindern können, das offene Meer zu erreichen.

Abb. 12 - 2. Der CDO, der sich durch die Unternehmens-Herausforderungen schlängelt

Wie begegnen Sie diesen Herausforderungen nach? In vielen Fällen gibt es keinen direkten Weg, so dass Sie möglicherweise einige Umwege nehmen müssen, so wie ein Fluss in hügeligem Gelände.

Hier sind meine Vorschläge, die auf den Erfahrungen von CDOs und anderen Daten-Führungskräften basieren.

1) Kampf um die Vorherrschaft

Ihre Organisation hat ihre Art zu arbeiten in der Vergangenheit entwickelt. Oft hat es Jahrzehnte gedauert, bis sich ein reifes Regelwerk entwickelt hatte, das sicherstellt, dass alle Themen abgedeckt sind.

Jetzt tritt ein Chief Data Officer auf die Bildfläche, dessen Verantwortlichkeiten unklar sind. Bisher lagen die typischen Verantwortungsbereiche eines CDO bei der IT, bei der Rechtsabteilung, beim Risikomanagement, bei der Finanzverwaltung und so weiter. Niemand hier möchte aber Einfluss oder Autorität an den neuen Chief Data Officer verlieren.

Wenn dieser Konflikt nicht gelöst wird, werden Sie eine nie endende Folge täglicher Kämpfe um die Vorherrschaft zu bestreiten haben. Es wird schwierig, wenn nicht unmöglich, dass das Data Office als Datenteam erfolgreich arbeitet, da der Erfolg eines Datenteams von der Zusammenarbeit abhängt. Wie können diese Herausforderungen angegangen werden? Hier sind meine Gedanken:

(i) Das Mandat.
Meine erste Empfehlung mag nicht kompliziert klingen, ist aber in vielen Fällen herausfordernd:

Fordern Sie von ganz oben einen klaren Auftrag an

- Sehr früh während des Prozesses der Einführung eines Data Office

- So unverhandelbar und unantastbar wie der Auftrag von, sagen wir, dem CFO

- Von der Geschäftsführung selbst kommuniziert (anstatt dass Sie selbst mit Ihrem Auftrag herumlaufen, als wäre es ein Führerschein)

Es ist dafür wesentlich, dass Sie der Geschäftsführung die Notwendigkeit dieses Ansatzes erklären. Und Sie sollten vorschlagen, dass Sie sich um die Formulierung des Auftrags selbst kümmern. Schließlich sind Sie der Experte.

Vergessen Sie nicht, einige Optionen (alle, die Sie als akzeptabel betrachten) anzubieten, um zu demonstrieren, dass Sie die Autorität der Geschäftsführung anerkennen und dass sie dieser das letzte Wort zugestehen.

Dieser Ansatz ist auch ein früher Test, um den Reifegrad Ihrer Organisation zu ermitteln: Wenn die Geschäftsführung Ihnen diese

Art von Initialunterstützung verweigert, sollten Sie sich wieder bei den Headhuntern melden!

(ii) Jedes Thema hat bereits einen historischen „Besitzer".

Aber der Auftrag alleine reicht möglicherweise nicht aus. Auch dann werden Sie mit jenen konfrontiert sein, die Sie als Konkurrenten betrachten.

Ich empfehle zwei allgemeine Regeln für diese Situation:

- Kein Kampf um einzelne Bereiche. Machen Sie sich nicht unnötig Feinde. Sie werden Verbündete brauchen.

- Teilen und herrschen! Sein Sie bereit, nicht-kritische(!) Bereiche aufzugeben.

Die Notwendigkeit weiterer Aktivitäten hängt von der konkreten Situation ab. Sie werden dabei oft den folgenden zwei Varianten begegnen:

Variante 1: „Bleiben Sie draußen! Dies sind meine Daten!"

Hier müssen Sie möglicherweise gar nicht eskalieren oder um Unterstützung auf Vorstandsebene bitten.

Schließlich verhindert jemand, dass ein Teil der Daten der Organisation Gegenstand professioneller Nutzung wird.

Machen Sie die Situation transparent und lassen Sie andere sich beschweren: Diejenigen, die nicht die richtigen Daten und exzellenten Datendienste erhalten, die andere erhalten.

Variante 2: „Ich berichte nicht an Sie!"

Möchten Sie hauptsächlich Ihre Machtbasis ausbauen? Dies ist allgemein keine hilfreiche Haltung eines CDO. Sie haben jetzt ein Problem, und zwar zu Recht!

Andernfalls nutzen Sie Ihre Glaubwürdigkeit, um Vertrauen und langfristige Beziehungen aufzubauen. Beginnen Sie mit denen, von denen Sie den Eindruck haben, dass sie die stärksten Positionen im Führungsnetzwerk haben. Und seien Sie ehrlich! Schließlich möchten Sie (hoffentlich) die anderen Funktionen unterstützen, nicht ihr Chef werden.

2) Unwissenheit

Wenn Sie einen Löschzug hören, aber kein Feuer sehen, werden Sie sich fragen, was die Feuerwehr vorhat. Sie selbst haben dann zwei Möglichkeiten:

- Sie bitten die Feuerwehr wegzugehen, weil Sie keinen Grund sehen, warum sie vor Ort sein sollte.

- Sie fragen sich, ob es einen Grund für die Anwesenheit der Feuerwehr gibt, den Sie (noch) nicht kennen.

Nach kurzem Nachdenken werden Sie wahrscheinlich zustimmen, dass die zweite Option angemessener ist. Vielleicht ist der Grund für den Löschzug auszurücken, nicht so offensichtlich wie ein offenes Feuer.

Der erste Auftritt eines CDO in einer Organisation ist oft ein vergleichbares Ereignis. Und Sie werden die gleichen zwei Reaktionsmuster beobachten: Einige werden annehmen, dass es gute Gründe für einen CDO gibt, während andere einen CDO als Unsinn betrachten, weil sie kein brennendes Feuer sehen.

Sie möchten vielleicht wissen, welche der relevanten Stakeholder zur zweiten Kategorie gehören. Typische Aussagen solcher Menschen, oft implizit, sind

- „Welches Problem möchten Sie eigentlich lösen?"

- „Wir haben uns in den letzten Jahrzehnten sehr erfolgreich ohne CDO entwickelt."

- „Sie duplizieren Verantwortlichkeiten, weil sich um alles, was Sie hier tun möchten, bereits jemand kümmert."

Angenommen, diese Menschen wissen es nicht besser, das heißt, das ist wirklich, was sie denken.

Eine gute Reaktion in einer solchen Situation ist es, den Hintergrund auf sehr bescheidene Weise zu erklären.

Sie können Gruppen oder Einzelpersonen (letzteres ist für Top-Executives zu empfehlen) zu einem Austausch über das Thema einladen. Bitte predigen Sie nicht – führen Sie stattdessen ein offenes Gespräch. Zuhören und Fragen stellen sind die wesentlichen Elemente eines solchen Gesprächs.

Als Ergebnis können Sie nicht nur Ihre Geschichte besser an die Situation Ihres Gegenübers anpassen – Sie können auch besser verstehen, wie die Organisation funktioniert, einschließlich ihrer ungeschriebenen Gesetze.

Inhaltlich manifestiert sich ein Mangel an Bewusstsein in zwei grundlegenden Fragen: „WARUM?" und „Warum JETZT?".Wie reagieren Sie?

WARUM sollten wir Daten gezielt managen?

Die ideale Antwort auf diese Frage ist eine faktenbasierte Beschreibung der *fundamentalen* Begründung – Ihre Daten-Story!

Diese Geschichte sollte nicht aus technischen, datenzentrierten Argumenten bestehen. „Wir brauchen saubere Daten!" bedeutet für die meisten Führungskräfte nicht viel. Stattdessen können Sie eine kommerzielle Begründung anbieten, wie zum Beispiel:

Das primäre Ziel des Data Office ist es, der Organisation zu helfen

- Geld zu verdienen

- Geld zu sparen

- Der Konkurrenz vorauszubleiben

Mit anderen Worten, der CDO beabsichtigt, jeden anderen im Unternehmen erfolgreicher zu machen.

Soweit möglich, beschreiben Sie sowohl die Lücken in der aktuellen Arbeitsweise als auch die derzeit verpassten Chancen innerhalb der Organisation. Sagen Sie auch, warum Sie zu dieser Beurteilung gekommen sind. (Um hier glaubwürdig zu sein, sollten Sie sich zunächst mit den Menschen in den Fachbereichen unterhalten, bevor Sie Termine mit ihren Führungskräften vereinbaren!)

Je besser Sie in der Lage sind, die Geschäftsherausforderungen dieser Führungskräfte zu bestimmen und sich auf die Entwicklung von Lösungen für diese Herausforderungen zu konzentrieren, desto höher sind die Chancen, dass Sie ein akzeptierter Problemlöser werden.

Warum sollten wir uns das Thema Daten gerade JETZT vornehmen?

Auf diese Frage hin könnten Sie voll und ganz zustimmen, dass es Zeiten gab, in denen ein aktives Datenmanagement einfach nicht erforderlich war: Welche Organisation hätte in den 1990er Jahren einen Chief Data Officer benötigt?

Aber wie Bob Dylan uns schon vor Jahrzehnten beibrachte: „The Times They Are A-Changin."

Was aber hat sich geändert?

Zunächst einmal ist es bekannt, dass die Menge der Daten in den letzten Jahren exponentiell gewachsen ist. Es ist auch allen klar, dass diese Entwicklung nicht so bald aufhören wird.

Zweitens haben sich die Erwartungen der Kunden geändert. Der eCommerce-Boom hat vielen Kunden gezeigt, was technisch möglich ist. Warum sollten sie sich mit weniger zufrieden geben?

Drittens sollten Geschäftsentscheidungen nicht mehr nur auf Bauchgefühl basieren – egal wie erfahren der Besitzer des Bauches auch sein mag. Die Welt ist zu komplex geworden, um diesen Managementstil beizubehalten. Darüber hinaus steigt die Fähigkeit, die besten Entscheidungen durch Daten zu treffen, so schnell wie die Menge der Daten und die Qualität der unterstützenden Algorithmen.

3) Silo-Denken

Professionelles Daten-Management ist von Natur aus fachbereichsübergreifend. Unklarheiten und Duplikate können dadurch leichter vermieden werden.

Auf der anderen Seite sehen fachliche Leiter oft nicht ein, Energie in etwas zu investieren, das hauptsächlich anderen Abteilungen zugutekommen würde. Sie werden schließlich streng anhand der Ziele ihrer eigenen Teams gemessen und möchten keine Energie von der Erreichung dieser Ziele abziehen.

Dies äußert sich auf verschiedene Weise. Die beiden Varianten, die ich am häufigsten erlebt habe, sind folgende:

Variante 1: „Wir wissen am besten, was für uns gut ist."

Das kann tatsächlich stimmen! Nicht alles muss zentralisiert werden.

Wenn solch eine Aussage häufig gemacht wird, sollte sie Ihnen eine hervorragende Grundlage bieten, um gemeinsam an einem Governance-Modell mit starken lokalen oder funktionellen Teams zu arbeiten.

Denken Sie hier beispielsweise an eine zentrale Stärkung funktioneller Teams, die nahe an ihren Geschäftskollegen sitzen.

Oder denken Sie an die Erzielung von Synergien durch Verknüpfung von Menschen über Netzwerke.

Während Sie den Wünschen von Menschen nach Autonomie in bestimmten Bereichen nachgeben, sollten Sie deren Zustimmung zur Zentralisierung anderer Themen suchen, zum Beispiel im Bereich der standardisierten Terminologie und Prozesse.

Variante 2: „Ich bin schneller, wenn ich mich nicht mit anderen abstimmen muss."

Vielleicht haben Sie bereits Fortschritte dabei erzielt, dass Funktionen Sie nicht umgehen, wenn sie um IT-Unterstützung bitten. Oft müssen sie jedoch gar keine IT-Unterstützung anfordern – weil sie bereits eigene „Shadow IT"-Gruppen oder -Strukturen aufgebaut haben.

Aber wie soll man darauf reagieren?

Es ist wahr: Abstimmung kostet Zeit. Aber welche Folgen hat eine fehlende Abstimmung?

- Aktivitäten und Kommunikation sind fachlich begrenzt.
- Gelegenheiten, sich mit anderen Fachbereichen auszutauschen, werden verpasst.
- Unterschiedliche Abteilungen kommen zu unterschiedlichen Ergebnissen – für dasselbe Thema.
- Die Herkunft der Daten ist zweifelhaft. Daten können falsch interpretiert werden.
- Arbeit wird geleistet, die bereits zuvor woanders erledigt wurde.

Es mag jedoch nicht ausreichen, nur mit faktenbasierten Argumenten in einem solchen Fall vorzugehen. Die Nichtabstimmung bleibt schneller und somit attraktiv.

Zwei weitere Aktivitäten können hier helfen. Eine ist ein solider Business Case, der den langfristigen Nutzen nachhaltiger Datenarbeit aufzeigt.

Die andere ist die Schaffung einer Win-Win-Situation: Sie sollten zunächst herausfinden, *warum* ein fachlicher Leiter oder ein Projektmanager schneller vorankommen möchte. In vielen Fällen ist es der Druck, die zugesagten Zeitpläne einzuhalten. In einer solchen Situation können Sie sich mit dem Projektmanager zusammentun: Sie können gemeinsam dafür sorgen, dass datenkonform gearbeitet wird, während Sie die notwendige Änderung der Zeitpläne bewirken, um dies zu ermöglichen. Schließlich gibt es gute Gründe für eine geänderte Zeitplanung, und diese wurden sicher nicht durch schlechtes Projektmanagement verursacht!

Dieser Ansatz hilft Ihnen, einige Dinge zu erreichen. Der Projektmanager hat nun genügend Zeit und die Möglichkeit, hochwertige Arbeit zu liefern. Die überwiegende Mehrheit der Projektmanager bevorzugt Letzteres, wenn Sie ihnen eine wirkliche Wahl lassen.

Darüber hinaus können Sie, wenn Sie erfolgreich sind, möglicherweise einen Verbündeten für ähnliche Fälle in Zukunft gewinnen. Und Sie haben die Möglichkeit zu zeigen, dass zukünftige Projekte durch das solide Fundament, das dieses erste Projekt gelegt hat, einfacher, schneller und günstiger werden.

4) Keine Übernahme von Verantwortung

Datenverantwortung ist eines der Konzepte im Datenmanagement, mit denen sich nicht viele Menschen auskennen.

Aber selbst eine Verantwortungsübernahme im Sinne von „Ich kümmere mich darum!" ist zwischen verschiedenen Fachabteilungen nur schwer zu erreichen. Sobald ein Konzept als „technisch" wahrgenommen wird, sind die Mitarbeiter oft froh, die Verantwortung an die IT abgeben zu können.

Und, um ehrlich zu sein, warum sollte jemand einen Job machen, den jemand anderes freiwillig macht? In den meisten Organisationen hat die IT die Verantwortung für Datenangelegenheiten in den vergangenen Jahrzehnten stillschweigend akzeptiert, wann immer es notwendig wurde.

Sollten Sie es einfach dabei belassen? Nun, wenn Sie die volle Kraft der Daten nutzen möchten, sollten Sie Entscheidungen über das Geschäftsmodell und seine Datenrepräsentation nicht Experten in der technischen Datenmodellierung, der Softwareentwicklung oder dem Datenbankdesign überlassen.

In diesem Sinne betonte Ole Busk Poulsen, Leiter der Data Governance & Information Architecture bei Nordea, auf einer Datenkonferenz in Wien 2019, dass „Die Verantwortung auf der obersten Ebene der Organisation beginnt".

Aber wie kann man Menschen dazu bringen, Verantwortung zu akzeptieren? Wieder ist der Schlüssel die Schaffung von Win-Win-Situationen. Dies bedingt zunächst ein starkes Data Office. Sie sollten dann mit den Fachabteilungen zusammenarbeiten, um ihnen zu helfen, zu verstehen, wie sie ihre Geschäftskonzepte in eine Datenstruktur übertragen können.

Gleichzeitig würden Sie der IT erklären, dass Sie ihnen das Leben erleichtern: Statt mit verschiedenen Fachbereichen parallel sprechen und zwischen widersprüchlichen Anforderungen abwägen zu müssen, hätten sie das Data Office als ihren einzigen Ansprechpartner und als Vermittler zwischen verschiedenen Fachbereichen. Dies ermöglicht es der IT, sich auf ihre Kernverantwortung zu konzentrieren: die Bereitstellung erstklassiger IT-Lösungen, die den Geschäftsanforderungen entsprechen.

In Abb. 12-3 wird die Win-Win-Situation für eine Data Management-Organisation dargestellt.

- **Einfacher für die IT**: Ein einziger Ansprechpartner vertritt alle Fachbereiche bei funktionsübergreifenden Datenthemen.

Data Office

- **Einfacher für die Fachbereiche**: Das Data Office als „Anwalt" gegenüber der Anwendungsentwicklung

Abb. 12 - 3. Der Vermittler zwischen Geschäft und IT

5) Opt-out-Haltung

Nicht jeder ist entweder Ihr Freund oder Ihr Feind. Viele befinden sich irgendwo dazwischen, und etliche Ihrer Kollegen haben sich schlichtweg noch nicht entschieden. Sie werden noch eine Weile zuschauen, bevor sie entscheiden, ob sie Sie unterstützen oder nicht.

Was denken diese Kollegen wohl? In einfachen Worten, vermutlich so etwas wie „Wenn es uns überzeugt, folgen wir. Andernfalls werden wir weiterhin unseren eigenen Weg gehen."

Werden sie gezwungen sein, Sie zu unterstützen und Ihnen zu folgen, weil Sie ein Mandat haben?

- Eine formelle Unterstützung durch den Vorstand ist großartig – aber erzwungene Loyalität ist nicht so wirksam wie freiwillige Loyalität.

- Überzeugte Förderung durch einzelne Führungskräfte ist ebenfalls großartig – aber anfällig für Veränderungen: Manager kommen und gehen.

Bitte verlassen Sie sich also nicht vollständig auf die Unterstützung von oben! Selbst wenn Sie sie haben, bereiten Sie sich auf eine Zeit ohne sie vor und nutzen Sie die anfängliche Unterstützung derer, die Sie an Bord geholt haben, so gut wie möglich.

Es gibt Abteilungen in jeder Organisation, die nicht darauf angewiesen sind, geliebt zu werden. Aber das Data Office ist nicht die Rechtsabteilung oder Information Security! Alle Teams sollten mit Ihnen zusammenarbeiten *wollen*.

Aber wie entwickeln Sie freiwillige Loyalität und wie überzeugen Sie die Unentschlossenen davon, dass es erstrebenswert ist, auf Ihrer Seite zu stehen?

Der Schlüssel zur Lösung dieser Herausforderung besteht darin, Menschen dazu zu bringen, sich zu engagieren. Sie müssen verantwortlich gemacht werden und sollten mit Nachteilen rechnen müssen, wenn sie *nicht* mitspielen.

Mein Rat:

Arbeiten Sie daran, die „wir gegen sie"-Falle zu überwinden.

Denken Sie daran, was ich im Kap. 1 über „zentralisierte Daten Governance" gesagt habe: Der Grad und die Richtung der Loyalität einer Person werden oft durch kleine Wörter erkennbar, und eines davon ist „uns".

Wenn Sie genau zuhören, werden Sie herausfinden, was eine solche Person meint, wenn sie „uns" sagt.

Sie werden feststellen, dass Menschen damit oft auf ihre eigene Abteilung oder ihr eigenes Team verweisen. Dies ist ein Warnsignal für Silo-Denken. Es deutet darauf hin, dass jemand beabsichtigt, den eigenen Teil der Organisation zu optimieren, anstatt das Gesamtoptimum zu finden.

Mitarbeiter verwenden häufig das Wort „uns", um die Belegschaft zu beschreiben, während mit dem Wort „sie" die Führungskräfte gemeint sind. Diese Sichtweise deutet ebenfalls auf einen schwelenden Interessenkonflikt innerhalb einer Organisation hin.

Die gute Nachricht ist, dass Sie eine solche Situation beeinflussen können.

■ **Hinweis** Es geht hier nicht darum, die Sprache zu ändern (was nur die Symptome behandeln würde)! Es geht darum, jeden zu motivieren, sich auf die *gesamte* Organisation zu konzentrieren.

Sie müssen dafür nicht um Altruismus bitten. Sie sollten den Menschen stattdessen das Gefühl vermitteln: „Wenn es gut für die Organisation ist, ist es auch gut für mich!"

Und durch den CEO (der schließlich die gesamte Organisation repräsentiert) als Unterstützer eines wichtigen Themas wahrgenommen zu werden ist für die meisten ein völlig akzeptabler Beweggrund.

Umgekehrt können Sie datenbezogene Leistungskennzahlen (idealerweise sogar solche, die an Bonuszahlungen gebunden sind) vorschlagen, damit Menschen dafür belohnt werden, dass sie bessere Daten haben und datenbezogene Erfolge auch in *anderen* Bereichen ermöglichen.

Ein CDO und ein Data Office, die per Definition die gesamte Organisation im Sinn haben und nicht nur Teile davon, profitieren sofort von einer solchen Perspektive.

Sobald ein Kollege (unterbewusst!) beginnt, das Wort „uns" in der Bedeutung von „dir und mir" zu verwenden, haben Sie vielleicht einen vielversprechenden Kollaborationspartner gefunden.

Letztendlich sollten Sie unter allen Führungskräften nach jenen suchen, die das Wort „uns" häufig verwenden, um die gesamte Organisation zu beschreiben – während mit dem Wort „sie" die Konkurrenten gemeint sind.

6) Passives Beobachten

Setzen wir uns hin und beobachten, wie der CDO alle unsere Datenprobleme löst ...!

Ist es nicht eine bequeme Situation, in der man sich befindet? Sie können sich zurücklehnen und zusehen, wie jemand anderes versucht, eine Mission zu erfüllen. Wenn diese Person erfolgreich ist, können Sie gratulieren – wenn nicht, ist es diese Person, die die Schuld tragen wird, nicht Sie.

Eine gewisse Anzahl von passiv beobachtenden Kollegen ist in Ordnung. Aber wie reagieren Sie, wenn Sie zu viele derartige Kollegen haben? Möglicherweise hat sich das Beobachten aus der Distanz als Teil der Unternehmenskultur entwickelt, da stets diejenigen, die sich engagieren, mit der Umsetzung beauftragt sind, oder da engagierte Manager als „unreif" wahrgenommen werden.

Als Faustregel gilt: Machen Sie Menschen für ihr (Nicht-)Handeln verantwortlich, und belohnen Sie diejenigen, die Sie unterstützen.

Die folgenden Schritte könnten Ihnen dabei helfen:

- Teilen Sie öffentlich die Anerkennung, die mit dem Erfolg kommt, und zwar mit all denen, die an Ihrer Seite waren (und die es verdienen!). Es muss sich lohnen, mit Ihnen zusammenzuarbeiten. Lob kostet Sie nichts.

- Konzentrieren Sie die Energie des Data Office auf Aktivitäten, die jenen Kollegen zugutekommen, die sich engagieren. Solange Sie kein unglaublich großes Team haben, wird dies schon genug sein, um Ihr Team auszulasten!

- Verwenden Sie Ihre Autorität (unter Einsatz der Governance), um die Verantwortung für Datenfragen an Kollegen Ihrer Führungsebene zu übertragen. Und verwenden Sie dabei den Mechanismus der Datenverantwortung. Menschen, die sich auf einen Beobachterposten zurückziehen, können dadurch am Ende mit einer verheerenden Bilanz dastehen, die für alle sichtbar ist.

- Berufen Sie die Ihnen bekannten Unterstützer in Ihre Governance-Organe. Lassen Sie diese Organe entscheiden, welche Verantwortung bei der Arbeit mit Daten besteht. Erwecken Sie bei Ihren Kollegen den Wunsch, in diese Gremien berufen zu werden, damit nicht andere die Entscheidungen treffen. Lassen Sie jeden wissen, was es braucht, um dorthin zu gelangen.

- Schlagen Sie relevante datenbezogene Rollen Ihren passiv zuschauenden Kollegen vor: „Angesichts Ihrer Kompetenzen in den Bereichen Analytics und Marketing möchte ich Sie als Data Champion der gesamten Marketingabteilung (als de-facto-Beförderung) vorschlagen!"

- Demonstrieren Sie, dass das Thema „Daten" zukunftssicher ist und bleiben wird. Beschreiben Sie die Chancen, die sich für frühe Unterstützer ergeben. Sorgen Sie dafür, dass niemand den Zug verpassen möchte.

7) Skepsis

Noch eine weitere Ebene von Bürokratie …!

Die Menschen haben viele Hypes kommen und gehen sehen, bei denen stets eine erhebliche Verbesserung versprochen wurde. Die meisten Neuerungen haben diesen Erwartungen nicht entsprochen, aber sie haben immer Komplexität hinzugefügt.

Eine neue, dedizierte Datenmanagement-Einheit kann die gleichen Bedenken hervorrufen. Sie werden typischerweise Aussagen hören wie „Warum kann ich nicht mehr direkt zur IT gehen? Wenn ein Data Office dazwischen sitzt, dauert alles länger!" Oder „Ja, Daten sind wichtig. Aber was ist der Mehrwert einer weiteren Funktion?"

Eine solche Wahrnehmung ist verständlich, aber gefährlich. Wenn sie nicht ausreichend (und schnell!) angesprochen wird, werden die Menschen das neue Data Office umgehen und so weiterarbeiten, wie sie es vorher getan haben. Ein solches Verhalten hat schon ganze Data Offices nutzlos gemacht oder marginalisiert.

Sie können eine solche Situation nicht durch konventionelles Training angehen. Hier müssen die Menschen nicht primär *wissen* – sie müssen *sehen*.

Aber wie können Mitarbeiter auf verschiedenen Ebenen und in verschiedenen Rollen „sehen"?

Wenn Sie nicht sofort sichtbaren Wert durch die Ausführung typischer Data Office-Aktivitäten schaffen können, tun Sie Ihren Kollegen einfach den einen oder anderen Gefallen!

Mit anderen Worten, hören Sie auf deren Bedenken – auch jenseits der Daten! Helfen Sie ihnen, wo immer Sie können. Leihen Sie ihnen einen Projektmanager, um ihr Projekt wirksam einzurichten. Lassen Sie Ihren Glossary Manager deren Dokumente aus sprachlicher Sicht überprüfen. Und so weiter.

Dieser Ansatz mag so erscheinen, als würde er unnötig Energie von Ihren „wahren Aufgaben" ablenken. Aber glauben Sie mir, dies ist gut investierte Energie!

8) Fachliche Arroganz

Diese Überschrift mag gewagt klingen. Aber wer jemals einen Kollegen hatte, der Hilfe ablehnte, weiß, wie es sich anfühlt, wenn Menschen scheitern, die dachten, sie könnten alles alleine schaffen.

Und ja, manchmal ist es schwierig, ein Angebot für Unterstützung anzunehmen – selbst wenn das eigene Scheitern bereits absehbar ist. Es ist der eigene Stolz, die Erwartungen der anderen oder auch die Ambition, „es alles alleine geschafft zu haben".

Auch wenn solches Verhalten nicht mit der Pflicht zum Wohle der Organisation in Einklang steht, wird es niemand so einfach aufgeben.

Sie könnten entweder einen bilateralen oder einen multilateralen Ansatz zur Lösung dieser Art von Situationen wählen.

Der **bilaterale** Ansatz sucht den persönlichen Dialog mit einem Kollegen, der Ihre Unterstützung ablehnt. Der erste Schritt ist es, die zugrunde liegenden Motive des beobachteten Verhaltens herauszufinden.

Sie können dann Ihre Strategie an das anpassen, was Sie über Ihr Gegenüber erfahren:

- Sie können anbieten, Ihren eigenen Beitrag im Hintergrund zu halten, damit der Kollege weiterhin erfolgreich aussieht. Oder Sie schlagen eine formale Partnerschaft vor, die sowohl eine gemeinsame Zielerreichung als auch eine gute Zusammenarbeit demonstriert.

- Sie könnten eine Vereinbarung treffen, bei der beispielsweise die erste Phase einer Geschäftsinitiative ohne Unterstützung des Data Office durchgeführt wird, während in einer zweiten Phase ein Datenexperte von Beginn an Mitglied des Teams ist.

- Eine dritte Möglichkeit besteht darin, dass Sie Ihrerseits Ihr Gegenüber in einer anderen Sache um Hilfe bitten, um eine Situation zu vermeiden, in der jemand Ihnen einen Gefallen schuldet.

Der **multilaterale** Ansatz zielt auf die Schaffung einer Kultur ab, die gegenseitige Unterstützung fördert. Dies kann so weit führen, dass jemand schlecht aussieht, der *nicht* um Hilfe bittet.

Diese Option empfehle ich in der Regel, wenn zu viele Personen fest davon überzeugt sind, dass sie es besser wissen oder dass ihre traditionellen Methoden einem datengesteuerten Ansatz überlegen sind.

Wenn diese Leute jedoch nur eine kleine Minderheit bilden, müssen Sie möglicherweise nichts tun. Lassen Sie sie scheitern, und konzentrieren Sie sich auf die Unterstützung anderer.

Zusammenfassung: Voraussetzungen für den Erfolg

Wenn wir uns all diesen Herausforderungen stellen, haben wir viele Ansätze gesehen, um sie abzumildern oder sie vollständig zu bewältigen.

Aber es ist auch fair zu sagen, dass einige Voraussetzungen für den Erfolg außerhalb der Kontrolle eines Chief Data Officers liegen.

Wenn die folgenden drei Voraussetzungen nicht erfüllt sind, werden Sie wahrscheinlich während Ihrer gesamten Amtszeit als CDO zu kämpfen haben.

(Aktive!) Unterstützung durch den Vorstand

Sie brauchen echte Unterstützung, kein Mitgefühl.

Es ist eine Aussage wie: „Das ist die richtige Sache, ohne Alternative. Ich werde es verteidigen und vorantreiben", die Sie hören wollen.

„Sieht nett aus. Dann laufen Sie mal los, und versuchen Sie, einen Wertbeitrag zu leisten ..." wird es Ihnen dagegen nicht erlauben, erfolgreich zu sein.

Erwarten Sie bitte nicht, dass irgendein Vorstands-Mitglied perfekt darauf vorbereitet ist, Sie zu unterstützen – so etwas ist eine seltene Ausnahme. Selbst jene, die Ihre Position geschaffen haben, könnten dabei lediglich eine wahrgenommene Pflicht erfüllt haben: „Als moderne Organisation sollten wir einen CDO haben." Dies garantiert jedoch nicht die notwendige Unterstützung.

Neben der Schaffung guter Rahmenbedingungen für Ihr Team (oder dem Aufbau eines Teams, falls Sie bei Null beginnen) empfehle ich Ihnen, in den ersten 30 Tagen den größten Teil Ihrer Zeit auf den individuellen Dialog zu verwenden, zuerst mit Kollegen, die sich täglich mit Daten befassen, dann mit Vorstands-Mitgliedern. Stellen Sie Fragen und ermitteln Sie Probleme mit Handlungsbedarf. Wenn Sie mit den Top-Führungskräften sprechen, erklären, illustrieren und beschreiben Sie immer die Risiken fehlender Unterstützung von ganz oben.

Nicht alle Vorstands-Mitglieder müssen Sie von ganzem Herzen unterstützen. Aber Sie benötigen Schlüsselpersonen an Ihrer Seite. Denken Sie daran, dass diese nicht die Details der Datenlogik und Algorithmen zu verstehen brauche. Aber sie müssen davon überzeugt sein, dass ein CDO und ein Data Office eine Notwendigkeit sind, und sie müssen davon überzeugt sein, dass Sie die richtige Person in dieser Rolle sind.

Nach 30 Tagen sollten Sie Ihre erste persönliche Überprüfung der Situation einplanen: Fühlen Sie sich wohl? Können Sie auf genügend Vorstände zählen, wenn eine der oben beschriebenen Herausforderungen auftritt? Wie zuversichtlich sind Sie, dass der Vorstand Sie unterstützen wird, oder zumindest nicht Ihre Gegenspieler?

Eine angemessene Berichtslinie

Wenn Sie als CDO an den CFO berichten, versetzen Sie sich in seine oder ihre Lage: Konzentriert sich der CFO in erster Linie auf die Lösung von Finanzproblemen oder auf die Unterstützung von Kundenservice, Verkauf und Produktion?

Die Antwort ist einfach. Wenn ein CFO die Welt rettet, aber die Finanzprobleme nicht löst, lautet das Urteil: „Gescheitert!"

In einer solchen Situation ist es also nicht der Manager selbst, der die Schuld trägt, sondern die Berichts- und Belohnungsstruktur der Organisation.

Fachorientierte Führungskräfte befassen sich mit fachlichen Problemen – fachübergreifend orientierte Führungskräfte befassen sich mit fachübergreifenden Problemen. So einfach ist das.

Folglich sollte ein CDO entweder an eine fachübergreifend orientierte Führungskraft oder an eine fachbezogene Führungskraft mit einer expliziten, fachübergreifenden Mandatsvorgabe berichten.

Leider sind die meisten Führungspositionen auf einen bestimmten Fachbereich bezogen – sei es Marketing und Verkauf, sei es Operations, HR oder Finance. Manche Organisationen haben sogar nur zwei Mitarbeiter mit funktionellen Aufgaben: den CEO und die persönlichen Assistenz des CEO.

Und tatsächlich ist der CEO nicht der schlechteste Vorgesetzte für einen CDO, wenn man bedenkt, wie wichtig das Thema ist. Viele Aufsichtsräte erwarten jedoch von einem Data Office, dass es zunächst seinen Wert beweist und seine Bedeutung rechtfertigt, bevor sie den Vorstand durch einen CDO erweitern. Die Hürden für einen CDO im Vorstand sind immer noch hoch.

In einem solchen Fall kommt ein Chief Transformation Officer, ein Chief Innovation Officer oder ein ähnlicher, explizit fachübergreifender Vorstandsposten als Vorgesetzter eines CDO infrage.

Wenn in einer Organisation keine dieser Rollen existiert, kann der CEO einem der Mitglieder des Vorstandes explizit ein zusätzliches, funktionelles Mandat erteilen, das ausreicht, um zusätzlich zu den bestehenden, funktionellen Verantwortlichkeiten auch das Datenthema zu verantworten.

Geben Sie sich nicht mit weniger zufrieden! Es geht hier nicht darum, dass Sie so weit wie möglich in der Hierarchie aufsteigen – es geht darum, dass Sie Ihren Job erledigen können (Abb. 12-4).

„Wen interessiert schon, was Wissenschaftler denken?! Unsere Meinung ist in den sozialen Medien viel beliebter!"

timoelliott.com

Abb. 1 2 - 4. Ein Beispiel für eine unpassende Berichtslinie

Klare Erwartungen

Sie sind der neue CDO, also kann man von Ihnen erwarten, dass Sie für Weltfrieden sorgen, die Armut beseitigen und Erdbeben verhindern.

Richtig?

Auch wenn dies natürlich übertrieben ist, reicht das Spektrum der Erwartungen von „Es wird uns zumindest nicht schaden ..." bis „Wir erwarten, dass diese 15 Leute uns von einem konventionellen Unternehmen in ein digitales Unternehmen verwandeln."

Ihr Ziel sollte es nicht sein, Erwartungen zu erhöhen oder zu senken. Stattdessen sollten Sie sich für eine ambitionierte, aber realistische Sicht auf das einsetzen, was ein CDO erreichen kann und sollte.

Darüber hinaus sollten Sie Erwartungen mit Annahmen verknüpfen: „Wenn XYZ passiert, dann können wir ABC erreichen." Dies ist aus zwei Gründen wichtig: Zum einen sind Sie weniger von externen Faktoren abhängig, die Sie nicht beeinflussen können. Und es ermöglicht Ihnen, Ihre finanziellen, organisatorischen und strategischen Bedürfnisse von Anfang an zu formulieren.

Bald möchten Sie möglicherweise Ihre *conditio sine qua non*[1] zusammenstellen, das heißt, alle Bedingungen, ohne die Sie keine Verpflichtung eingehen möchten.

Diese Vorbedingungen reichen von Ihrer Budget- und Personalsituation bis hin zu einem Mindestgrad an erforderlicher organisatorischer und strategischer Freiheit.

Sie werden sicherlich am besten einschätzen können, wie viel davon Sie *vor* einem Vertragsangebot einfordern sollten – aber es könnte nicht klug sein, zu lange auf den Rest zu warten.

Während Sie die ersten 30 Tage damit verbringen, die Unterstützung der Führungskräfte zu sichern, könnte der zweite Monat der richtige Zeitraum sein, um Ihre Bedürfnisse im Zusammenhang mit Ihren strategischen Zielen und Plänen vorzustellen.

Aber verbringen Sie nicht zu viel Zeit damit, diese Pläne zu detaillieren. Stattdessen sollten Sie sich bereits auf die ersten, möglichst einfach zu erreichenden Ziele konzentrieren, die Sie in Ihren ersten 100 Tagen als CDO erreichen möchten (Abb. 12-5).

---

[1] Obwohl die korrekte lateinische Pluralform „conditiones sine quibus non" lautet, wird der Ausdruck in der Regel in seiner Einzahlform zitiert.

„Die einzigen Big-Data-Buchstaben, die mich interessieren, sind die vier Ms - Make Me More Money!"

Abb. 1 2 - 5 . Was den Vorstand tatsächlich an Daten interessiert

Klare Rollenverteilung in Datenangelegenheiten

Verständlicherweise möchten Sie bereits frühzeitig Klarheit über Ihren ungefähren Aufgabenbereich haben. Dies hilft Ihnen ja auch dabei, nicht für Probleme in anderen Bereichen verantwortlich gemacht zu werden. Ihr CFO sollte beispielsweise verstehen, dass Ihr Team nicht für einen falsch konfigurierten Data Lake oder für einen verzögerten technischen Zugriff auf wichtige Datenquellen verantwortlich ist. Wenn Sie solche Dinge erst klären, nachdem eines Ihrer Teams für eine allgemeine Verzögerung eines komplexen Geschäftsprojekts verantwortlich gemacht wurde, könnte es so aussehen, als ob Sie sich herausreden wollten.

Eine neue Funktion wie ein Data Office ändert unweigerlich die bestehende Abgrenzung zwischen den fachlichen Verantwortlichkeiten.

Neben dem organisatorischen Bedarf, Lücken oder Überschneidungen zu vermeiden, sollten Sie Ihre ersten Tage nutzen, um potenzielle interne Konkurrenz anzusprechen und zu vermeiden, zum Beispiel mit den IT-Teams, mit einem möglichen digitalen Team, mit Geschäftstransformationsteams usw.

Sie sollten diese Zeit auch nutzen, um Ihre Ideen über datenbezogene Entscheidungs- und Zusammenarbeitsgremien, über die Einzuladenden und die Aufgaben und Befugnisse schriftlich festzuhalten.

Während Ihr detaillierter organisatorischer Aufbau sich im Laufe der Zeit entwickeln wird, sollten Sie Ihre ersten 60 Tage nutzen, um diese grundlegenden Konfliktquellen anzugehen. Dies ermöglicht es Ihnen, sich später auf die relevanten inhaltlichen Themen zu konzentrieren.

Und wieder geht es hier nicht darum, Ihren Verantwortungsbereich zu erweitern – es geht darum, Erwartungen zu managen.

Wie man sich (nicht) als CDO verhält

Nichts Böses sehen, nichts Böses hören, nichts Böses sagen, nichts Böses twittern...

Abb. 13-1. Die vier Geheimnisse eines Anführers?

© Der/die Autor(en), exklusiv lizenziert an APress Media, LLC, ein Teil von Springer Nature 2023
M. Treder, *Das Management-Handbuch für Chief Data Officer*,
https://doi.org/10.1007/978-1-4842-9346-1_13

Verlassen Sie sich nicht auf formelle Autorität

Natürlich sollten Sie darauf bestehen, dass Sie mit ausreichender formeller Autorität starten – aber verlassen Sie sich nicht darauf: Ja, jeder sollte wissen, dass der Vorstand Sie unterstützt. Dies ist jedoch eine „notwendige Bedingung", keine „hinreichende Bedingung".

Aus diesem Grund müssen Sie in vielen Fällen mit informeller Macht arbeiten.

Um es mit den Worten von Monty Halls zu sagen,[1] Sie stehen vor „dem Moment im Leben, in dem Sie führen müssen". Sie kommen nicht vorwärts, wenn Sie verwalten, delegieren oder sich auf andere verlassen.

Starten Sie klein und wählen Sie Ihre Themen sorgfältig

Sie müssen Ihren Umsatz nicht innerhalb Ihrer ersten 100 Tage verdoppeln. Stattdessen sollten Sie sich fragen:

- Was sind die wichtigsten Problemfelder?
- In welchen Bereichen werden Daten am ineffizientesten behandelt?
- Wo können Sie schnell und einfach Erfolge erzielen?
- Um welche Themenbereiche hat sich bisher noch niemand gekümmert?

Das wichtige Kriterium für die Wahl Ihrer ersten Aktionen ist idealerweise nicht „Effizienz", sondern „Wirksamkeit". Mit anderen Worten, das absolute Ergebnis zählt hier mehr als das Verhältnis zwischen Ergebnis und Aufwand.

Ein guter Rat kommt dazu von Abhijit Akerkar, Leiter Applied Sciences bei der Lloyds Banking Group. Er sagt: „Starten Sie nicht dort, wo Sie die meisten Daten haben – starten Sie dort, wo deren Einfluss am besten ist."

Verstehen Sie dies jedoch nicht als Vorschlag, in jedem Fall ausschließlich taktisch vorzugehen. Um unangemessene Workarounds zu vermeiden, sollten Sie Ihre ersten Themen immer so angehen, dass die Lösungen später auch über den konkreten Fall hinaus angewendet werden können.

---

[1] Monty Halls ist der Gründer der Bildungsmanagementfirma Leaderbox, Schöpfer von Wild- und Abenteuerdokumentationen und ein berühmter TV-Sprecher.

Sein Sie bescheiden

Versuchen Sie nicht, als derjenige aufzutreten, der alles weiß. Und tun Sie nicht so, als ob Ihre Rolle allein Ihnen das Recht geben würde, den Menschen zu sagen, was sie tun sollen.

Entsprechend warnte Mark Coleman von Gartner schon während der Gartner-Konferenz Data & Analytics 2017 in London: „Wenn Sie versuchen, Kontrolle auszuüben, führt dies zu Widerstand, nicht zu Kooperation."

Aber was ist die Alternative?

- Anstatt zu sagen „Aus datentechnischer Sicht müssen Sie es so machen", könnten Sie fragen „Möchten Sie die Auswirkungen Ihres Ansatzes auf die Daten kennen?"

- Anstatt zu sagen „Daten werden das, was Sie heute noch selbst tun, besser machen können", könnten Sie sagen „Daten werden Sie dabei unterstützen, Ihre Arbeit noch besser zu machen."

- Anstatt zu sagen „Sie müssen Ihre Duplikate unter Kontrolle bringen", könnten Sie sagen „Ich bin sicher, Sie haben Ihre Duplikate unter Kontrolle. Möchten Sie mir verraten, wie Sie das tun?"

Beachten Sie, dass die dritte Frage keine Trickfrage sein soll! Wenn Duplikate NICHT unter Kontrolle sind, muss Ihr Gegenüber es zugeben, und Sie können Ihre Hilfe anbieten. Wenn es sich in der Tat um eine gute Methode handelt, können Sie sogar etwas lernen. Und Sie könnten den Ansatz wertschätzen und fragen, ob Sie beide gemeinsam dieses Konzept in anderen Bereichen der Organisation einführen könnten.

Präsentieren Sie sich als Moderator

Nicht alle Datenaktivitäten sollten zentralisiert werden. Stattdessen sollten alle Fachbereiche, die mit Daten zu tun haben, etwas von Daten verstehen. Ihr Data Office sollte daher in folgenden Bereichen Unterstützung bieten:

- Das Fundament legen: Die Grundlage, auf der die Fachbereiche arbeiten können.

- Bereitstellung eines Governance-Frameworks, das sich an unterschiedliche Geschäftsanforderungen anpassen kann.

- Bereitstellung von Schulungen und Ausbildung.

Das Ziel sollte sein, das Leben Ihrer Kollegen beim Umgang mit Daten so einfach wie möglich zu gestalten, damit diese sich auf ihre Kernaufgaben konzentrieren können. (Denken Sie daran, dass die meisten von ihnen nur deshalb einen Teil der Basisarbeiten für die Daten selbst erledigen, weil diese unverzichtbar sind und niemand anderes sie erledigt.)

Nehmen wir als Beispiel Analytics: Wenn die Fachabteilungen eigene Analytics-Teams haben, sollten Sie ihnen diese wahrscheinlich nicht wegnehmen. Stattdessen kann sich Ihr Team darum kümmern, die Arbeitsgrundlage für derartige Teams zu schaffen, d. h. eine klar definierte „einzige Quelle der Wahrheit", eindeutige Formulierungen und ein standardisiertes Datenmodell im Unternehmen bereitzustellen. Dies ermöglicht es diesen Teams, direkt in die Daten einzutauchen, um aus ihrer fachlichen Perspektive Erkenntnisse zu gewinnen. Sie müssen sich nämlich nicht mehr um die gesamte Vorarbeit kümmern. Denken Sie aber daran, dass Sie die richtige Balance zwischen der unternehmensweiten Wahrheit (vom Data Office aufbereitet) und der Freiheit der fachlichen Analytics-Teams finden müssen.

Denken Sie daran, dass Sie jederzeit anbieten können, eine Abteilungsaufgabe für Analytics zu übernehmen. Möglicherweise sind einige Abteilungen froh, Ihr Angebot anzunehmen (was Ihnen möglicherweise ermöglicht, ein noch stärkeres Center of Excellence für Analytics zu schaffen). Menschen schätzen es, eine Wahl zu haben. Geben Sie ihnen diese Wahl immer dort, wo beide Optionen aus datenbezogener Sicht akzeptabel sind.

Oder schauen wir uns ein Beispiel beim Referenzdatenmanagement an: Die Fachabteilungen sollten die Daten, die sie besitzen, selbst pflegen. Ein Data Management-Team muss dabei möglicherweise nicht einmal eine Genehmigungsrolle übernehmen — solange die Regeln beschrieben sind, die Zustimmungsprozesse definiert sind und so weiter.

Vermeiden Sie eine unpassende Sprache

Die Sprache, die Sie mit Ihrem Team verwenden, unterscheidet sich von der Ihrer internen Kunden. Der Leiter der Marketing-Abteilung wird wahrscheinlich nicht wissen, was ein Entity-Relationship-Diagramm ist. Inhaltlich wird die dort dokumentierte Beziehung zwischen zwei Entitäten ihm jedoch sofort klar werden, wenn sie ihm in nichttechnischen Worten erklärt wird.

Darüber hinaus sollten Sie die Perspektive der Person, mit der Sie sprechen, einnehmen. Diese Perspektive unterscheidet sich von Ihrer Datenperspektive. Die Einhaltung des Corporate Data Model beispielsweise hat für Kollegen aus den Fachbereichen keinerlei Bedeutung — sie würden keinen Nutzen darin sehen, sich an das CDM zu halten.

Allerdings geht es nicht nur darum, technische Sprache zu vermeiden.

Was denken Sie, welche Wörter Ihre Fachkollegen *nicht* hören wollen, obwohl der Inhalt für sie eigentlich relevant ist? Diese Liste unterscheidet sich von

Organisation zu Organisation, aber die folgenden Wörter finden sich fast immer auf der Liste:

- Daten(!)

- Governance

- Regeln; Compliance

- Warten; langfristig

- Datenmodell (einschließlich der zugehörigen Formulierungen wie Objekt oder Kardinalität)

Es ist in jedem Fall hilfreich, die Liste zu ermitteln, die Ihrer Organisation entspricht. Bitte finden Sie Alternativen zu all diesen Wörtern und Formulierungen. Erklären Sie es Kollegen und fragen Sie sie, wie sie es nennen würden. Testen Sie jeden alternativen Begriff mit Kollegen, bevor Sie ihn einführen.

Gehen Sie raus und sprechen Sie mit Menschen

Sie können eine traditionelle Organisation nicht wirkungsvoll in eine datengetriebene Organisation verwandeln, wenn Sie nicht herumlaufen (oder -reisen) und mit Menschen sprechen.

Oder, wie Ken Allen, der als CEO mit DHL Express den Turnaround geschafft hatte, sich ausdrückte: „Eines ist sicher: Sie können kein hervorragendes Unternehmen von Ihrem Schreibtisch aus aufbauen" (Allen 2019).

Beim Datenmanagement geht es mehr um Vertrauen als um alles andere.

Wie aber gewinnen Sie Vertrauen? Sprechen Sie mit Menschen, von Angesicht zu Angesicht. Besuchen Sie sie an ihrem Arbeitsplatz – egal, ob es sich um ein Büro oder eine Montagelinie handelt.

Und beginnen Sie nicht damit, Ihre Weisheiten zu teilen. Hören Sie zu und stellen Sie Fragen.

Es ist unerlässlich, eine Beziehung zu den Menschen aufzubauen, von denen Sie erwarten, dass sie Ihre Kommunikation später lesen oder hören und sich danach richten. Fragen Sie sich: Wie intensiv lesen *Sie* Mitteilungen von Menschen, die Sie nicht kennen?

Stakeholder-Management

„*Ähm ... Haben Sie irgendwelche alternativen Fakten?*"

timoelliott.com

Abb. 14-1. Nicht jeder wird Ihre Nachrichten mögen

© Der/die Autor(en), exklusiv lizenziert an APress Media, LLC, ein Teil von
Springer Nature 2023
M. Treder, *Das Management-Handbuch für Chief Data Officer*,
https://doi.org/10.1007/978-1-4842-9346-1_14

Managen Sie Stakeholder auf allen Ebenen

Wie in jeder anderen Rolle müssen Sie Ihre Stellung in der Organisation kennen, um Ihren Ansatz planen zu können. Um dies zu tun, müssen Sie...

- ...wissen, wer Ihre Unterstützer und wer Ihre Gegner sind

- ...sowohl deren Wissen als auch deren Motive kennen

- ...ein gutes Gefühl dafür bekommen, wie hoch die Bereitschaft und die Macht jedes einzelnen ist, Ihnen bei der Erreichung Ihrer Ziele zu helfen.

Stakeholder Management ist nicht auf die obersten Ebenen beschränkt. Praktisch jeder in Ihrer Organisation ist ein Stakeholder. (Oder kennen Sie einen Bereich, der nichts mit Daten zu tun hat?) Data Management kann (und sollte) sich nicht in einer gemütlichen Ecke verstecken, wo man nur mit seinen direkten Nachbarn interagieren muss...

Dieses Kapitel soll Ihnen Ideen für ein effektives Shareholder Management vermitteln. Die meisten Gedanken sind dabei nicht spezifisch für das Datenmanagement, da es sich hierbei um den Umgang mit Menschen handelt, der in allen Fachbereichen und auf allen Hierarchieebenen vergleichbar wichtig ist.

Dokumentieren Sie Ihre Erkenntnisse

Sie mögen schon seit vielen Jahren bei Ihrem Unternehmen sein und daher überzeugt sein, dass Sie die meisten Ihrer Stakeholder bereits relativ gut kennen.

Aber wissen Sie, was jeden einzelnen antreibt? Können Sie die Reaktionen auf konkrete Vorschläge sicher vorhersagen?

Für ein wirklich effektives Stakeholder Management müssen Sie etwas mehr Aufwand investieren. Und es ist genau die Art von Aufwand, die wir oft zu vermeiden versuchen: Langweilige Dokumentation. Aber ich verspreche Ihnen, dass es sich lohnt! Hier ist eine kurze Zusammenfassung meine Lieblings-Vorgehensweise, einem dreistufigen Ansatz:

1. Führen Sie systematisch eine (potentiell riesige) Liste aller Stakeholder. Alle Fachbereiche und alle Geographien sollten abgedeckt sein.

2. Trennen Sie Ihre Stakeholder in diejenigen, die positiv, neutral oder negativ gegenüber Ihren Ideen und Visionen sind.

3. Dokumentieren Sie, ob jemand **aktiv** unterstützend oder **aktiv** hemmend ist. Diese Menschen erfordern besondere Aufmerksamkeit.

Klassifizieren Sie Ihre Stakeholder

Ihre treuesten Unterstützer finden sich meist unter denjenigen, die unzufrieden mit dem Status quo sind, insbesondere mit genau denjenigen Problemen, die Sie als CDO angehen wollen.

Suchen Sie also gezielt nach diesen Kollegen, wenn Sie sich aufmachen, Ihre Geschichte zu verkaufen.

Moment – es gibt noch ein zweites Kriterium! Sie wollen weder die Jammerlappen noch die Leute, die sich gut fühlen, wenn sie über alles klagen. Sie suchen nach denjenigen, die bereit und willens sind zu handeln. Leider müssen Sie damit rechnen, dass diese in der Minderheit sind (siehe Abb. 14-2).

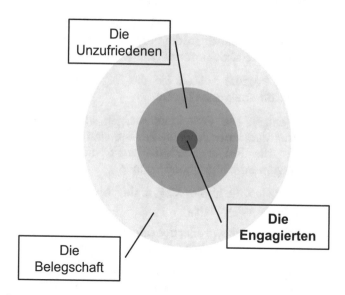

Abb. 14-2. Sie müssen Ihre Unterstützer finden

Das sind die Leute, die Sie in alle Diskussionen einbeziehen sollten und die das (zutreffende) Gefühl gewinnen sollten, dass *Sie* es sind, auf den sie so lange gewartet haben.

Wie ermitteln Sie diese Unterstützer?

a) Unterscheiden Sie zwischen „Unzufriedenen" und „Visionären".

- Wann immer es ein Problem gibt, muss es Leute geben, die heute darunter leiden – finden Sie sie! Fragen Sie sich durch die Hierarchien, von denen, die es Ihnen erzählt haben, bis Sie den ranghöchsten Manager finden, der die aktuelle Situation als Problem betrachtet.

- Selbst wo es kein Problem gibt, könnte es Kollegen geben, die verstehen, wie Daten die aktuelle Situation verbessern könnten – finden Sie sie! Sie werden dabei sicherlich mehr Experten als Manager finden – das ist aber okay!

b) Ermitteln Sie die „engagierten" Kollegen.

Nicht alle unzufriedenen und visionären Menschen werden bereit sein, Sie aktiv zu unterstützen.

Stellen Sie sich vor, Sie können Ihre Vision vorstellen, und alle sind einverstanden. Bedeutet das, dass Sie jetzt breite Unterstützung haben? Nicht unbedingt, leider.

Sie werden zunächst eine Art „Goldwäsche" durchführen müssen, um schließlich an die Nuggets zu gelangen – die wenigen, die Sie aktiv unterstützen werden.

In diesem Prozess sollten Sie die folgenden Gruppen identifizieren und aussortieren:

- Diejenigen, die Ihre Ideen mögen, aber mit dem Status quo leben können. Für sie sind die Chancen nicht die Reibungsverluste wert, die mit einem Engagement einhergehen können.

- Diejenigen, die immer klagen, aber ohne Antrieb sind, etwas zu verbessern.

- Diejenigen, die großartige Ideen haben, aber keine Energie, um irgendeine davon umzusetzen.

- Diejenigen, die den Wert sehen, aber wollen, dass **Sie** alles tun, weil sie zu faul oder mit anderen Dingen beschäftigt sind.

- Die Zyniker, die gerne über die Widerstände spotten, weil sie sich überlegen fühlen wollen.

- Diejenigen, die vorgeben, Sie zu verstehen, in Wirklichkeit aber keine Ahnung haben.

- Diejenigen, die Ihnen Erfolg wünschen, aber selbst nicht die von Ihnen angestrebte Veränderung benötigen, um als erfolgreich zu gelten.

Was übrig bleibt, sind die Goldnuggets – eine meist kleine Gruppe unzufriedener oder visionärer Menschen, die bereit sind zu handeln.

Ich spreche von denen, die Ihre Ideen offen gegen Widerstand unterstützen, die Zeit oder Ressourcen für Ihre Initiativen bereitstellen und die das Risiko des Scheiterns mit Ihnen teilen.

Dies sind die Menschen, die Sie suchen – auf allen Hierarchieebenen.

Bestimmen Sie Ihre Verbündeten unter den Entscheidern

Ein mächtiger Verbündeter ist natürlich besser als ein engagierter, aber zahnloser Tiger.

In diesem Sinne sollten Sie sich auf diejenigen konzentrieren, die Sie als Verbündete oder Sponsoren haben wollen (und müssen).

Es wird in der Regel nur eine kleine Anzahl einflussreicher Führungskräfte sein. Diese Beziehungen verdienen einen erheblichen Teil Ihrer Zeit und Aufmerksamkeit.

Wenn Sie nicht das Glück haben, selbst Mitglied des Vorstands zu sein, benötigen Sie einen Executive Sponsor. Und es muss ein aktiver Sponsor sein! Oder, wie Brent Dykes[1] einmal auf seinem Blog geschrieben hat:

Der Unterschied zwischen Erfolg und Misserfolg hängt oft davon ab, wie engagiert und involviert ein Sponsor ist. Ohne Engagement ist ein involvierter Executive Sponsor vielleicht bei jedem Treffen anwesend, gibt aber nur vor, das Engagement mit den Ressourcen, dem Budget oder der politischen Einflussnahme zu unterstützen, derer es bedarf, um erfolgreich zu sein. Ohne aktive Beteiligung wird ein engagierter Executive Sponsor zu einem fernen Fan, der zu beschäftigt ist, um zum Erfolg der Initiative beizutragen. (Dykes 2016)

Kennen Sie die Motive Ihrer Verbündeten

Es können verschiedene Gründe dafür vorliegen, dass sich jemand auf Ihre Seite stellt. Das ist okay. Aber Sie sollten immer wissen, *warum* jemand Sie unterstützen will.

- Diejenigen, die es „zum Wohle aller" tun wollen, sind in der Regel die zuverlässigsten Unterstützer – aber selten die einflussreichsten.

---

[1] Brent Dykes ist der Direktor für Datenstrategie bei Domo, einem Softwareunternehmen mit Sitz in American Fork, Utah, Vereinigte Staaten. Das Unternehmen ist auf Business Intelligence-Tools und Datenvisualisierung spezialisiert.

- Diejenigen, die denken, dass Ihre Feinde auch deren Feinde sind, sind gefährliche Unterstützer. Ihre Ansicht kann sich jederzeit ändern, zum Beispiel, wenn Menschen in neue Rollen wechseln.

- Es kann Leute geben, die erwarten, dass Sie deren selbstgemachte, möglicherweise datenunabhängige Probleme lösen. Hier müssen Sie Erwartungsmanagement betreiben, während Sie gleichzeitig weiterhin dazu stehen, dass Sie das Leben dieser Kollegen durch Ihre Arbeit einfacher machen werden.

Alles in allem sollten Sie bedenken, dass Ihre Unterstützer nicht identisch sind mit „guten" Menschen, genauso wenig wie Ihre Gegner unbedingt „böse" sind. Einige Ihrer Kollegen können Sie aus ethisch guten Gründen ablehnen, während andere Sie aus egoistischen Gründen unterstützen.

Konkrete Empfehlungen

(i) Schaffen Sie Verbündete, keine Untergebenen.

Niemand sollte Ihnen erzwungenermaßen oder gar aus Angst folgen.

Andererseits werden die meisten Menschen Sie nicht unterstützen, nur weil Sie eine nette Person sind.

Es ist daher wesentlich, sich auf den Wertzuwachs zu konzentrieren, nach einer **gemeinsamen Basis** zu suchen und win-win-Situationen zu entwickeln.

Pilotprojekte helfen hier sehr. Sie ermöglichen es Ihnen, schnell sichtbare Ergebnisse zu erzielen, was die Akzeptanz erhöht.

(ii) Investieren Sie Zeit und Energie.

Ich habe bereits erwähnt, dass es entscheidend ist zu verstehen, warum einzelne Spieler so handeln, wie sie es tun. Akzeptieren Sie keine einfachen Antworten! Manchmal benötigen Sie eine tiefe Ursachenanalyse, um die wahren Motive einer Person zu verstehen.

(iii) Arbeiten Sie mit den „Engagierten".

Ihre „Unterstützer" sind nicht automatisch für Sie tätig – Sie müssen sie aktiv einbeziehen. Hier sind einige Ideen:

- Arbeiten Sie mit Unterstützern an einem konkreten Fall. Es sollte ein gemeinsamer Fall sein, nicht „Ihr eigener" Fall.

- Formen Sie virtuelle Teams aus denjenigen, die bereit sind, in Ihrem Sinne zu handeln.

- Gestehen Sie Ihren Unterstützern eine Meinung zu. Erwarten Sie nicht, dass sie kritiklos Ihren eigenen Ideen folgen.

- Vereinbaren Sie eine geteilte Vision. Erstellen Sie gemeinsam mit allen einen handlungsfähigen Plan.

- Geben Sie diesen Menschen eine (formelle oder informelle) Rolle, damit sie ein regelmäßiger Teil Ihres Vorhabens werden.

(iv) Halten Sie den Dialog mit den Vorstandsmitgliedern aufrecht.

Die Vorstandsmitglieder sollten sich immer der Notwendigkeit bewusst sein, zu handeln. Schlagen Sie regelmäßige Gespräche mit einzelnen Vorstandsmitgliedern vor, oder vereinbaren Sie, sich von Zeit zu Zeit persönlich zu treffen, damit Sie nie als Bittsteller auftreten müssen.

(v) Bringen Sie Menschen dazu, Ressourcen zur Verfügung zu stellen.

Wenn Sie Finanzmittel benötigen, schließen Sie sich einer bereits finanzierten Initiative an: Versuchen Sie, eine win-win-Situation zu schaffen, in der die Initiative von Ihrer Teilnahme profitieren. Eine solche Situation motiviert Projektleiter oft dazu, ihr Budget und ihre Ressourcen mit Ihnen zu teilen.

Außerdem lohnt es sich oft, freiwillige IT-Ressourcen zu ermitteln und zu nutzen: Diejenigen, die Ihre Ideen mögen und die Zeit und Energie haben, Sie außerhalb einer formalen Ressourcenzuweisung zu unterstützen.

(vi) Vermitteln, vermitteln, vermitteln.

Unterschätzen Sie nicht die Kraft der Ausgewogenheit zwischen unterschiedlichen Anliegen. Sprechen Sie mit einzelnen Personen, sprechen Sie mit Paaren von Personen. Hören Sie zu! Fügen Sie verschiedene Dimensionen zu Verhandlungen hinzu, um eine eindimensionale „Aufteilung des Kuchens" zu vermeiden, die oft scheitert, weil Menschen an ihren eigenen „roten Linien" festhalten.

Ein erfolgreicher Vermittler gewinnt auf beiden Seiten.

(vii) Schaffen Sie aktiv Vertrauen.

Vertrauen kann schwerlich durch Tricks erlangt werden – es muss wirklich verdient werden. Und Sie sollten durch Ihr Verhalten zeigen, dass Sie eine vertrauenswürdige Person sind:

- Handeln Sie vorhersehbar.
- Fördern Sie die Ziele der Organisation, nicht Ihre eigenen.
- Und halten Sie Ihre Versprechen.

(viii)   Schießen Sie niemals zurück.

Ihre Gegner werden versuchen, Ihnen zu schaden. Reagieren Sie nicht auf die gleiche Weise. Außenstehende werden nicht in der Lage sein, festzustellen, wer Recht hat und wer nicht.

Passen Sie Ihre Geschichte an die Situation Ihrer Stakeholder an

Irgendwo im Orient, vor etwa 500 Jahren, hatte der geniale Omar gerade einen neuen Teekessel erfunden, bei dem er einen neuen Ton verwendet hat, und der in zwei Schichten mit einer Luftschicht dazwischen geformt ist. Durch vorgefertigte Formen wäre die Produktion effizient und günstig.

Omar entscheidet sich, den Kessel zunächst dem Sultan zu verkaufen. Er bekommt eine Audienz, und er erzählt seine Geschichte: „Schau, dieser Teekessel hat eine große Kapazität, er hält den Tee lange Zeit heiß, der Griff ist sehr bequem, und die Produktion ist billiger als die herkömmlicher Teekessel!" – „Na und!", sagt der Sultan, „Ich bekomme Tee, wann immer ich danach frage, es gibt immer genug Tee, meine Sklaven halten ihn heiß, und ich muss nie den Griff berühren. Und im Vergleich zu meinem Reichtum werden die geringen Ersparnisse keinen großen Unterschied machen. Ich bin nicht interessiert! Der Nächste, bitte!"

Zu Hause denkt Omar noch einmal über seine Audienz nach. So viele greifbare Vorteile! Der Sultan hat es einfach nicht verstanden – was für ein Narr! Und wenn er sich an mich erinnert, werde ich ihm nie wieder etwas verkaufen können.

Omar entscheidet sich, in ein anderes Sultanat umzusiedeln und es dort noch einmal zu versuchen. Dieses Mal wählt er jedoch eine andere Strategie. Er hatte verstanden, dass er dem Sultan nicht die Schuld geben sollte, sondern seiner eigenen, unzureichenden Verkaufsgeschichte.

In der Folge ermittelt er relevante Stakeholder am Hof, einschließlich des Küchenchefs, des Aufsehers der persönlichen Sklaven des Sultans, des Kelchwärters und des Schatzmeisters. Dann macht er persönliche Termine mit jedem von ihnen.

Er erklärt dem Küchenchef, dass sein isolierter Teekessel nicht ständig erhitzt werden muss, was das Aroma länger stabil hält als herkömmliche Teekessel. Der Schatzmeister lernt, wie viel Geld pro Teekessel gespart werden kann (und dass viele Teekessel viel Geld sparen). Der Aufseher bekommt die Chance, zu testen, wie benutzerfreundlich der Teekessel ist und dass der Griff wirklich nicht heiß wird. Dies würde seinen Sklaven viel Ärger ersparen. Als nächstes wird der Kelchwärter des Sultans von Omar zu einer Tasse Tee eingeladen. Omar zeigt ihm, wie einfach zu bedienen die Teekessel sind, die er in seiner Töpferei produziert und verkauft.

Einige Tage später zerbricht während einer Besprechung, die der Sultan mit seinen engsten Beratern hat, ein Teekessel am Boden, als ein Sklave sich seine Finger verbrennt und ihn versehentlich fallen lässt.

Der wütende Sultan ruft seinen Sklavenaufseher und weist ihn darauf hin, dass solche Dinge in seiner Gegenwart nicht zu passieren haben. Der Aufseher entschuldigt sich und erwähnte, dass ein neuer Laden namens „Omars Töpferei" einen Teekessel hat, der nicht so heiß an der Oberfläche wird. Der Kelchwärter fügt hinzu, dass Omars Teekessel kaum je Tee verschütten.

Der Küchenchef, der die Lebensmittelversorgung während der Beraterbesprechung überwacht, bestätigt, dass die Teekessel aus Omars Töpferei das Aroma bewahren und so ein Bitterwerden des Tees vermeiden.

Der Sultan sagt: „Omars Teekessel müssen fantastisch sein! Sie kosten wahrscheinlich ein Vermögen, aber sie könnten die Investition wert sein!"

Der Schatzmeister springt ein und sagt: „Wenn ich mich nicht irre, sind diese Teekessel sogar billiger als die, die wir bisher gekauft haben."

„Warum zum Teufel", sagt der Sultan, „haben wir noch keinen dieser Teekessel gekauft?" Bald darauf wird Omars Töpferei als „Hoflieferant des Majestätischen Sultans" bekannt.

Was können CDOs von dieser Geschichte lernen? Wie erzählen Sie eine Geschichte, die ankommt (Abb. 14-3)?

„...und die Kunden, Aktionäre und Mitarbeiter
lebten glücklich bis an ihr Lebensende!"

Abb. 14-3. Erzählen Sie eine Geschichte, die ankommt

a) **Es ist nicht ausreichend, alle richtigen Argumente auf seiner Seite zu haben.**

b) **Für verschiedene Stakeholder sind unterschiedliche Aspekte relevant.**

Stellen Sie die richtigen Fragen

Warum ist es so wichtig, Fragen zu stellen und Stakeholdern zuzuhören, bevor man mit Geschichten oder Vorschlägen kommt?

Sie haben es vielleicht schon erraten: Bevor Sie eine angemessene Geschichte für einen Stakeholder erstellen, müssen Sie dessen Position verstehen.

Bitte erwarten Sie von jedem – nicht nur von den Führungskräften – die Frage „Was bringt es mir?" Sie müssen sich darauf vorbereiten, überzeugend zu antworten. Und verschiedene Stakeholder erfordern unterschiedliche Antworten.

Aber wie können Sie eine perfekte Geschichte für jeden Stakeholder entwickeln? Zunächst, indem Sie sich auf jede Unzulänglichkeit konzentrieren, über die sich der Stakeholder beschwert oder die er zumindest als solche empfindet.

Dies ermöglicht es Ihnen, die eine oder andere dieser Schwächen auszuwählen, die diesem Stakeholder Kummer bereiten oder bei denen Sie glauben, dass Sie die attraktivste Lösung anbieten können.

Sie könnten auf diese Weise mit einer Liste der aktuellen Schwächen in Ihrer gesamten Organisation beginnen, die ein datengestützter Ansatz überwinden kann. In einem zweiten Schritt würden Sie in Gesprächen ermitteln, wie Ihre wichtigsten Stakeholder jede dieser Lücken beurteilen:

1. Teilen sie Ihr Urteil bereits?

2. Tun sie es, nachdem Sie es ihnen erklärt haben?

3. Denken sie, dass sie es alleine oder durch die aktuelle Organisation lösen können?

4. Oder würden sie gar die Existenz der angesprochenen Schwäche bestreiten (vielleicht, weil sie Teil des Problems sind)?

Ein solches (permanent gepflegtes!) Dokument – eine einfache Matrix würde wahrscheinlich genügen – sollte die Grundlage Ihres aktiven Stakeholder-Managements werden.

Ihre Geschichte sollte dazu eine Ursachenanalyse enthalten: Was verursacht die jeweilige Schwäche? Wie wir aus Six Sigma wissen, müssen Sie in der Regel „warum?" fünf Mal nacheinander fragen, bevor Sie zur ultimativen Ursache gelangen.

Wann immer möglich, sollten Sie Ihre Geschichte mit realen Beispielen würzen. Wenn Sie mit Führungskräften sprechen, kann es gut ankommen, Fälle zu verwenden, die Sie von Mitgliedern derer Teams gelernt haben.

Hier sind einige Fragen, die Sie jedem Vorstandsmitglied stellen können:

(i) Bewusstsein

- Wissen Sie, wie gut die Datenqualität unserer Organisation ist? Sei es für den operativen Betrieb, sei es für die Analyse?

- Wissen Sie, welche Daten wir haben?

- Wissen Sie, welche Daten wir haben könnten?

- Kennen Sie den Wert unserer Daten?

- Wissen Sie um die Möglichkeiten?

- Wer stellt sicher, dass unsere Daten im gesamten Unternehmen konsistent verwaltet werden?

- Wie schnell erfahren Sie von einer Kommunikationskatastrophe für Ihr Unternehmen? Früh durch die Analyse von Daten aus sozialen Medien oder spät durch die Presse?

- Können Sie einen negativen Tweet auf Twitter über Ihr Unternehmen mit einem bestimmten Vorfall in Verbindung bringen, bei dem der Autor des Tweets beteiligt war?

(ii) Statusfragen

- Haben wir die richtigen Leute?

- Gehen wir bestmöglich mit Daten um?

- (Wie gehen SIE mit Daten um?)

- Sind wir bereit für Daten?

- Fühlen Sie sich heute sicher?

(iii) Erste Ideen für den weiteren Verlauf

- Wie wäre es mit einer Datenstrategie, um die Unternehmensstrategie zu unterstützen?

- Wie wäre es mit einer querschnittsorientierten Zusammenarbeit?

- Wie wäre es mit der Schaffung von Bewusstsein für Daten bei ALLEN Mitarbeitern?

- Wie wäre es mit einer regelmäßigen Messung der Qualität unserer Daten?

Wählen Sie die richtigen Schwächen aus

Die Liste der ermittelten Schwächen selbst ist stark abhängig von der Situation in Ihrer Organisation. Aus diesem Grund ist es unerlässlich, sich auf Schwächen aus der Perspektive der Fachbereiche zu konzentrieren.

Ein Problem wie zum Beispiel „Mangel an Verantwortungsbewusstsein für Daten" ist daher KEINE Schwäche, die Sie auf diese Liste setzen würden. Es ist vielmehr eine der Ursachen, die Sie aus Schwächen als Teil Ihrer Geschichte ableiten würden.

Also, was sind typische Schwächen, die Sie durch Ihren Datenansatz angehen können?

Im Allgemeinen können Sie zwischen den Bedenken der Führungskräfte und den Bedenken aus der täglichen Arbeit unterscheiden.

Typische Bedenken aus dem Tagesgeschäft sind

- Ich habe keine Informationen. Und es gibt keine systematische Möglichkeit, das zu finden, was ich brauche.

- Ich finde normalerweise stets heraus, wenn etwas schief geht, aber ich weiß nicht, wo und wann es passiert.

- Wenn ich etwas ändern möchte, muss ich eine Anfrage Monate vor der tatsächlichen Änderung einreichen.

- Oft stelle ich fest, dass ich mit veralteten Informationen arbeite (und normalerweise weiß ich nicht einmal, ob sie noch aktuell sind).

- Unsere IT-Kollegen verstehen unseren Geschäftsbetrieb nicht.

- Unsere Geschäftskollegen verstehen nicht die grundlegenden IT-Prinzipien.

Die Bedenken der Führungskräfte könnten sein

- Wir entdecken unerwünschte Entwicklungen nicht früh genug.

- Ich würde meine Entscheidungen wirklich gerne mehr auf Fakten stützen. Aber in vielen Fällen habe ich einfach nicht alle relevanten Informationen und manchmal kommen die Informationen in einer Form, die ich nicht verwenden kann, ohne zu viel Zeit zu investieren.

- Wir haben nicht die notwendige Flexibilität, um angemessen auf Veränderungen am Markt zu reagieren.

- Geschäftliche Änderungen (z. B. Einführung, Anpassung oder Einstellung eines Produkts) dauern zu lange, beschäftigen verschiedene Abteilungen und erfordern viel manuelles Arbeiten.

- Wir scheinen Interoperabilitätsprobleme mit von uns erworbenen Organisationen (oder nach einer Fusion) zu haben.

Wie Sie sehen, erscheint das Wort „Daten" nirgendwo auf dieser Liste – weil Geschäftsleute nicht in Begriffen von „Daten" denken.

Machen Sie ihnen daraus keinen Vorwurf. Ehrlich gesagt, ist es die Verantwortung (und die Chance!) des CDO, geschäftliche Herausforderungen mit Datenproblemen und anschließend mit Datenlösungen zu verknüpfen.

Wenn Sie Ihren Stakeholdern zuhören, werden Sie wahrscheinlich eine kurze Liste von Schwächen ermitteln, die immer wieder auftauchen. Sie manifestieren sich jedoch in unterschiedlicher Form in den verschiedenen Fachbereichen.

So positiv es auch sein mag, die Gelegenheit zu bekommen, Ihre Geschichte vor dem gesamten Vorstand zu präsentieren, sollte dies doch erst der letzte Schritt sein, nachdem Sie die meisten Vorstands-Mitglieder durch „ihre" individuelle Reise geführt haben. Sie können nicht alle Probleme jeder Person ansprechen und gleichzeitig Ihre Präsentation klar und prägnant halten.

Aber denken Sie daran, dass Sie keine unterschiedlichen Realitäten präsentieren. Es ist der Fokus, der sich von Stakeholder zu Stakeholder unterscheidet. Eine Gesamtgeschichte auf Vorstands-Ebene darf niemals einer der individuellen Geschichten widersprechen. Sie sollte vielmehr signalisieren, dass jede dieser Geschichten sehr gut in Ihre Datengeschichte für die gesamte Organisation passt.

Halten Sie Daten auf der Agenda

Präsentieren Sie nicht einmal und lassen sich dann nie wieder blicken. Führungskräfte haben ein kurzes Gedächtnis, selbst wenn sie fasziniert zu sein scheinen. Was für Sie persönlich wie das Top-Thema schlechthin erscheint, wird für die Vorstandsmitglieder der siebte von 16 Agenda-Punkten sein.

Hier sind einige Empfehlungen, um den Ball am Laufen zu halten:

(i) **Stellen Sie sicher, dass Sie wieder eingeladen werden.**

Es sieht nicht gut aus, wenn Sie immer wieder um Erlaubnis bitten müssen, vor dem Vorstand präsentieren zu dürfen. Stattdessen sollten Sie im Vorstand den Wunsch erwecken, **sie** zu bitten, zurückzukehren.

Die beste Gelegenheit ist der Moment, in dem Sie präsentieren. Sagen Sie ihnen, dass in Ihrem Bereich viel passieren wird, und fragen Sie sie, ob sie auf dem Laufenden gehalten werden möchten.

Bieten Sie ein konkretes wiederkehrendes Update an (aber seien Sie bescheiden – Sie können nicht erwarten, Teil der festen Tagesordnung der Vorstandssitzungen zu werden!).

(ii) Erstellen Sie ein regelmäßiges Datenthema.

Selbst wenn Sie nicht alle Vorstandssitzungen besuchen, können Daten es auf die Liste der wiederkehrenden Agenda-Themen schaffen.

Ein vielversprechender Ansatz ist die Definition eines Data Scorecards. Metriken sind der kürzeste Weg, um Menschen zu sagen, wo sie stehen, und Vorstandsmitglieder lieben Kürze.

Vielleicht hat ein Vorstand bereits eine Liste von Key Performance Indicators (KPIs), die regelmäßig geteilt wird. Typische Beispiele sind Kundenzufriedenheit oder Umsatz nach Vertriebskanal. Versuchen Sie, das Thema „Daten" hinzuzufügen. Vielleicht finden Sie sogar einen einprägsamen Namen wie „Data Dashboard" oder „Daten-Kompass".

Idealerweise entwickeln Sie eine Hierarchie von Daten-KPIs (die ich Data Quality Indicators, kurz DQIs nenne – siehe Kap. 10 über das Management von Geschäftsmetriken), mit denen Sie sowieso arbeiten. Teilen Sie die aggregierten Top-Level-DQIs mit dem Vorstand, und gehen Sie nur dann auf detailliertere DQIs ein, wenn es dafür einen guten Grund gibt.

Aber konzentrieren Sie sich nicht nur auf Probleme – teilen Sie relevante Verbesserungen mit und beschreiben Sie deren Einfluss auf den Erfolg Ihrer Organisation (Umsatz, Marktanteil, Reputation usw.).

All dies kann in ein fünfminütiges Update gepackt werden. Die wichtigste Nachricht sollte sein: „Wir haben alles unter Kontrolle" (was hoffentlich der Fall ist). Basierend auf dieser Nachricht, machen Sie Ihre Zuhörer neugierig. Neben Egoismus („Was ist für mich drin?") Ist es ihre Neugier, die Führungskräfte aufmerksam zuhören lässt.

Gestalten Sie Ihr Datennetzwerk

Hier ist ein Beispiel dafür, wie die verschiedenen Elemente des Datennetzwerks einer Organisation aussehen könnten.

Datenchampions in den Fachbereichen

Über Datenchampions wurde bereits viel geschrieben, wodurch sich ungefähr so viele verschiedene Meinungen über ihre Rolle ergeben haben, wie es Organisationen gibt, die mit Datenchampions arbeiten.

Mein bevorzugtes Setup sind Datenchampions, die eine Geschäftseinheit (z. B. eine geografische Einheit oder Organisationseinheit) vertreten, in Kombination mit Datenexperten als Verantwortliche für (Teil-)Domänen des Datenmodells. Jeder Fachbereich und möglicherweise jede geografische Einheit benennt dabei einen Datenchampion, der die Interessen und Bedürfnisse dieser Gruppe im Bereich der Daten vertritt. Dies ist normalerweise eine zusätzliche Rolle für einen erfahrenen, datenaffinen Fachmann.

Die Rolle des Datenchampions eines Fachbereiches könnte Folgendes umfassen:

- Der einzige Ansprechpartner für das eigene Netzwerk, bestehend aus dem Hauptsitz und allen Entitäten für funktionsübergreifende Datenthemen zu sein.

- Der interne „Ansprechpartner" für alle datenbezogenen Fragen, Anfragen oder Vorschläge jedes Mitarbeiters des Fachbereichs zu sein. Zudem teilt und erklärt der Data Champion die Data Principles der Gesamtorganisation sowie alle Nachrichten des Data Office. Dabei muss sichergestellt werden, dass alles innerhalb des jeweiligen Verantwortungsbereichs verstanden wird.

- Ein lokales Datennetzwerk zu betreuen: Ein Datenchampion kennt alle lokalen Datenstewards, um diese miteinander in Kontakt bringen zu können, und um ihnen zu vermitteln, wie ihre Arbeit die Arbeit der Datenstewards in anderen Fachbereichen beeinflusst.

- Sicherzustellen, dass Experten aus der eigenen Einheit in organisationweite Diskussionen einbezogen werden, damit sie dort beispielsweise ihre Kenntnisse über lokale Adresshandhabungsgewohnheiten, beste Quellen für externe Daten oder lokale Gesetze mit Einfluss auf das Datenhandling einbringen können.

- Dafür zu sorgen, dass fachlich oder geographisch ausgerichtete Projekte datenbezogene Aspekte explizit berücksichtigen und aus einer datenbezogenen Perspektive unterstützen. Dies umfasst eine enge Zusammenarbeit mit dem zentralen Data Management-Team für einen konsistenten Ansatz.

- Das Verstehen lokaler Mechanismen, um die Datenqualität im Tagesgeschäft sicherzustellen.

- Das Beobachten lokaler Aktivitäten und das Aufspüren von datenbezogenen Problemen. Daran anschließend die Durchführung lokaler Initiativen und Ursachenanalysen auf der Grundlage von Datenerkenntnissen unter Verwendung von Six Sigma-Methoden.

- Die Konsolidierung lokaler Bedürfnisse hinsichtlich der Daten (Bedarf an Werkzeugen, z. B. Analytics-Visualisierung, Datenquellen, länderspezifischen Datenstrukturen, z. B. für erforderliche Handelslizenzen; Validierung lokaler Datenquellen, z. B. bei gesetzlichen Änderungen).

- Das Bestimmen von Best Practices (aber auch von Ansätzen, die *nicht* gut funktioniert haben) durch das Netzwerk, im Vorbereitungsprozess für eigene oder unterstützte lokale bzw. fachliche Projekte.

- Einen Rahmen zu schaffen für Diskussionen, wenn Teammitglieder aus verschiedenen Bereichen unterschiedliche Ansichten darüber haben, wie Daten in de Praxis zu handhaben sind.

Fachliche Verantwortliche von Datendomänen

Datenverantwortung kommt nicht automatisch. Die meisten Mitarbeiter in Fachbereichen sind nicht daran gewöhnt, für Daten verantwortlich zu sein.

Aber da Daten von Natur aus bereichsübergreifend sind, benötigen Sie jemanden, der zwischen allen Fachbereichen koordiniert, falls für jedes mögliche Datenelement Änderungsvorschläge oder Herausforderungen vorliegen – der fachliche Verantwortliche einer Datendomäne.

(i) Ein Datenverantwortlicher

Jeder fachliche Verantwortliche von Daten repräsentiert einen Teil des Datenmodells, üblicherweise eine Datendomäne (z. B. „Kunde" oder „Produkt"). Er oder sie muss sich mit allen Beteiligten dieser Datendomäne auseinandersetzen, jenseits des eigenen Geschäftsbereichs des Datenverantwortlichen.

Dies ist in vielen Fällen keine dedizierte Position. Für diese Rolle benötigt eine Organisation aber offene Menschen, die nicht mit Scheuklappen herumlaufen. Sie müssen in der Lage sein, die Datenkollaboration zwischen den Geschäftsfunktionen zu fördern.

(ii) Datenverantwortung

Die erforderliche Definition von Datendomänen sollte von Ihren Datenarchitekten koordiniert werden. Sie können existierende de facto-Standards oder Best Practices befolgen, sollten aber immer die Eigenheiten Ihrer Organisation berücksichtigen.

Manchmal ist die fachliche Verantwortung von Daten strikt entlang der Grenzen von Datendomänen nicht optimal, zum Beispiel dann, wenn unterschiedliche Abteilungen für verschiedene Attribute einer Entität innerhalb einer Domäne verantwortlich sind. In diesem Fall können Sie von Ihrem Domänenmodell abweichen. Dies ist einfacher, wenn Ihr Domänenmodell bereits ausdetailliert ist, zum Beispiel in Geschäftsobjekte, Subdomänen, Entitäten und / oder Attribute.

(iii) Bestimmung von Datenverantwortlichen

Aber wie stimmen Sie praktisch über die fachliche Verantwortung von Datenbereichen ab? Ich empfehle normalerweise einen dreistufigen Ansatz:

Phase 1: Ein Datenbüro-Team ermittelt die Vorstellungen aller Beteiligten, idealerweise in einem persönlichen Dialog. Sie sollten dabei das Domänenmodell als Vorlage verwenden, um die potenziellen Datenverantwortlichen durch alle Domänen zu führen, und sie erfassen daraufhin deren Vorschläge. Wo immer es einen einzelnen Freiwilligen gibt, zum Beispiel für eine Domäne oder ein Geschäftsobjekt, ist es ein einfacher Haken im Kästchen.

Phase 2: Das Team schlägt Verantwortliche für alle nicht abgedeckten Datendomänen vor, basierend auf dem, was sie während der Phase 1 über das Geschäft gelernt haben. Das Gesamtergebnis wird in eine erste umfassende Datenverantwortungsmatrix überführt, und zwar ohne eine einzige Lücke.

Phase 3: Die Datenverantwortungsmatrix wird allen Beteiligten zur Überprüfung zugesandt. Es ist dabei unerlässlich, strenge Überprüfungsregeln bereitzustellen, um eine unkontrollierbare Mischung von persönlichen Meinungen zu verhindern:

- Die Rezensenten werden nicht nach ihren Präferenzen oder Standpunkten gefragt.

- Stattdessen wird von ihnen erwartet, anzugeben, womit genau sie nicht einverstanden sind, und vor allem, *warum* sie nicht einverstanden sind.

- Nur Einwürfe mit einer fachlich validen Begründung können berücksichtigt werden.

- Was nicht in Frage gestellt wird, gilt als akzeptiert. Fehlendes (fristgerechtes) Feedback gilt als vollständige Zustimmung.

Alles nicht widersprüchliche Feedback wird eingearbeitet, und umstrittene Zuständigkeiten werden als solche gekennzeichnet.

Das Ergebnis wird durch die (funktionsübergreifenden) Datenentscheidungsgremien geleitet. Dabei wird für alle Fälle um eine Entscheidung gebeten, in denen keine Einigkeit zwischen den Fachbereichen erzielt werden konnte.

Da das Datenbüro entsprechend seinem Auftrag keinerlei Präferenz für eine bestimmte Zuordnung von Verantwortlichkeiten hat, können Sie jede dieser Geschäftsentscheidungen akzeptieren, ohne dass es Ihre Datenmission gefährdet.

Datenersteller: Datenpflegenetzwerk

Diese Leute haben die Befugnis, Daten auf Anfrage zu pflegen – sei es die Einfügung eines neuen Ländercodes oder die Änderung eines Kundendatensatzes. Sie sind in der Regel auf verschiedene Abteilungen verteilt.

Da die Arbeit der Datenersteller Auswirkungen auf andere Abteilungen hat, sollten sie eine Community bilden, um einen anhaltenden Dialog zu führen. Menschen werden nicht zu Datenerstellern „berufen" – sie sind automatisch Datenersteller aufgrund ihrer entsprechenden regelmäßigen Tätigkeiten.

Als Beispiel für Datenverbraucher: Analytics-Netzwerk

Fachbereiche haben oft ihr eigenes, eigenständig arbeitendes Analytics-Team. Obwohl es gut ist, Menschen zu haben, die sowohl ihr Geschäftsfeld als auch ihre Daten verstehen, hat dies in der Vergangenheit zu einer Vielzahl von Herausforderungen geführt:

- Viele unterschiedliche, untereinander inkompatible Lösungen, jede mit ihrer eigenen Technologie und Logik.

- Unterschiedliche Interpretationen derselben Daten.

- Ein Mangel an Transparenz bezüglich der Datenquellen, angewandter Logik und anderer Aspekte.

- Das Fehlen einer eindeutigen Wahrheit, der „Single Source of Truth".

- Eine fehlende Verwaltung der Datenherkünfte und der Daten-Supply Chain.

- Ungeregelte Nutzung von Daten durch zu viele verschiedene Benutzer.

- Versteckte Schätze: Es gibt möglicherweise viele wertvolle Daten und Logik in der Organisation, von denen selbst die meisten Daten-Menschen nichts wissen.

Als Reaktion darauf könnten das Data Office und die IT gemeinsam ein Analytics-Netzwerk über alle Fachbereiche hinweg einrichten. Hier sind einige typische Themen, mit denen sich ein solches Netzwerk befassen würde:

- System-Zielarchitektur (geleitet von der IT)

- Technologie und Betrieb (geleitet von der IT)

- Gestaltung einer gemeinsamen Governance-Struktur für Analytics (geleitet vom Data Office)

- Vereinbarung von kollektiven Ansätzen zur Messung und Verbesserung der Datenqualität (geleitet vom Data Office)

- Zusammenarbeit: Erfahrungsaustausch zwischen Teams (gemeinsam geleitet von der IT und dem Data Office)

Doppelte Loyalität

Wie kann man Leute dazu bringen, Teil eines Datenpflegenetzwerks oder eines Analytics-Netzwerks zu sein? Schließlich sitzen sie in verschiedenen Abteilungen und berichten an verschiedene Vorgesetzte.

Sie sollten natürlich nicht die Loyalität gegenüber der Fachabteilung durch eine fachbereichsübergreifende Datenloyalität ersetzen. Die gute Nachricht ist, dass diese beiden Arten von Loyalität sich nicht gegenseitig ausschließen.

Die entsprechenden Mitarbeiter können ihre fachliche Loyalität durch formale Berichtslinien beibehalten und gleichzeitig ihr Engagement für die Welt der Daten durch die Zugehörigkeit zu einer Daten-Community zum Ausdruck bringen (siehe Abb. 14-4). Als Ergebnis können sie der Botschafter jeder der beiden Welten sein, wenn sie mit der anderen interagieren.

Abb. 14-4. Datenexperten sollten sich beiden Welten verpflichtet fühlen

Orchestrieren Sie Ihre Datennetzwerke

Es ist eine ausgezeichnete Gelegenheit für ein Data Office, Datennetzwerke aktiv zu orchestrieren.

Online-Kollaborationsplattformen wie Viva Engage (ehemals Yammer) eignen sich hierfür hervorragend. Aber eine solche Kollaborationsplattform muss aktiv betrieben werden. Menschen werden sie nutzen, wenn sie ihnen hilfreich erscheint, insbesondere dann, wenn ihre Fragen von der Community oder vom Data Office beantwortet werden.

Dies hilft dabei, die notwendige „kritische Masse" zu erreichen, was natürlich in größeren Organisationen leichter ist. Niemand schaut regelmäßig auf eine Online-Kollaborationsplattform, die weniger als einen relevanten Nutzereintrag pro Tag hat.

Ein Schlüsselkonzept für eine Kollaborationsplattform ist, dass jedem der Zugang ermöglicht wird. Während Lenkungsausschüsse in der Regel unter zu vielen Mitgliedern leiden, gewinnt eine Kollaborationsplattform mit jedem weiteren Mitglied.

Dasselbe gilt für das Teilen von Informationen. Wenn Menschen wissen, dass es eine zentrale Plattform gibt, auf der alle Informationen geteilt werden, werden sie zuerst dort nachschauen.

Deshalb kann eine solche Plattform, sobald sie akzeptiert wurde, auch ein perfekter Kanal sein, um Nachrichten und Informationen rund um Daten zu verbreiten.

Schließlich denken Sie bitte auch an gemeinsame Initiativen, Wettbewerbe und Belohnungen, um Menschen das Gefühl zu geben, Teil der Datengemeinschaft zu sein.

Sie können die Mitgliedschaft formalisieren, um sie wertvoller erscheinen zu lassen. Dies würde es ermöglichen, „Nur für Mitglieder"-Konferenzen durchzuführen, um Menschen als Netzwerkmitglieder wertzuschätzen. Auch kleine Gadgets wie mit „Data Community Member" beschriftete Kaffeebecher tragen zu einem solchen Gefühl der Zugehörigkeit bei.

Planen Sie mit unterschiedlichen Zielgruppen

Sie werden nicht jeden mit derselben Nachricht erreichen.

Sie müssen nicht nur zwischen einem Vorstandsmitglied und einem Sachbearbeiter unterscheiden, sondern auch eine unterschiedliche Wortwahl verwenden, je nachdem, ob Sie mit Kollegen aus den Fachbereichen oder mit datenaffinen Menschen sprechen.

Es kann daher sinnvoll sein, Ihre Zielgruppen explizit zu definieren, d. h. formale Gruppen von Menschen einzurichten, die Sie ähnlich ansprechen können.

Zunächst einmal teilen sich Datenersteller und Datennutzer in der Regel nicht allzu viel miteinander. Wenn Sie über die Pflege von Referenzdaten diskutieren möchten, werden sich die Datennutzer langweilen. Die Verantwortliche für Referenzdaten interessieren sich umgekehrt in der Regel nicht besonders für die Datenvisualisierung. Aus diesem Grund sind zwei separate Netzwerke (oder zwei separate Bereiche in einem gemeinsamen Chatforum) in der Regel sinnvoll.

Zweitens kann es notwendig sein, die Datennutzer weiter in operative Nutzer und analytische Nutzer zu unterteilen.

Drittens werden Sie in der Regel einen Unterschied zwischen einer „Daten"-Perspektive und einer „Geschäfts"-Perspektive beobachten.

- Erstere konzentriert sich auf datenbezogene Aktivitäten, unabhängig von Business Case und Priorisierung.

- Letzteres betrachtet Datenthemen aus einer geschäftlichen Sicht: Anforderungen, Dringlichkeit, Chancen, Kosten, Ressourcen und Nutzen.

Die Erfahrung zeigt, dass diese beiden Perspektiven unterschiedliche Menschen und Rollen betreffen, so dass es sinnvoll ist, sie separat zu organisieren. In Abb. 14-5 finden Sie einen Überblick.

Ebene	DATEN-PERSPEKTIVE	GESCHÄFTLICHE PERSPEKTIVE
Zusammen-arbeit	**a) Daten-Netzwerke** • Netzwerk der Datenbereitsteller • Netzwerk der Datenverwender	**a) Kollaborations-Arbeitsgruppe** • Bewertungen, Vorschläge, Einigungen • Teamleiter und Top-Experten
Management	**b) Daten-Forum** • Verfolgung der Maßnahmen • Genehmigungen und Eskalation	**b) Data Management Council** • Statusberichte, Feedback, Aufträge • Datenverantwortliche und fachliche Leiter
Vorstand	**c) Executive-Briefings** • Monatlicher Statusbericht durch CDO • Stand, Fortschritte, Pläne, Ideen	**c) Data Strategy Board** • Strategie, Genehmigungen, Eskalationen • Vorstand und CDO

Abb. 14-5. Ansprechen der zwei unterschiedlichen Daten-Zielgruppen

Häufig genannte Bedenken

Der schwierigere Bruder der „Häufig gestellten Fragen" ist „Häufig genannte Bedenken". Wir haben sie im Laufe dieses Kapitels angesprochen, und hier ist eine Zusammenfassung.

1) Welches Problem versuchen Sie zu lösen?

Führungskräfte haben ihre individuellen Prioritäten und Probleme. Aus diesem Grund benötigen Sie für jeden von ihnen eine angepasste Geschichte.

Betrachten wir uns drei Beispiele.

BEISPIEL I

Die Geschichte des CFO

Ein CFO weiß, wie relevant seine eigene Rolle ist. Also fragen wir den CFO: „Wer macht für die Daten, was der CFO für die anderen Vermögenswerte tut?"

Die meisten Organisationen haben mehr Daten als materielle Vermögenswerte. Der finanzielle Wert von Daten kann anhand von Beispielen und Berichten ebenfalls veranschaulicht werden.

Und ein CFO wird verstehen, wenn Sie erklären, warum „Daten ein Vermögenswert sind".

Wenn Daten vorhanden sind und einen hohen Wert haben, sollte der CFO der Letzte sein, der bestreitet, dass jemand auf höchster Ebene sich darum kümmern sollte.

BEISPIEL 2

Die Geschichte der Produktion

Der Leiter der Produktion sieht vielleicht keinen Bedarf für ein aktives Datenmanagement, da alle KPIs bereits vorhanden sind.

Eine interessante Frage wäre: „Wissen Sie, wie genau Ihre KPIs die Realität wiedergeben?"

Vielleicht sieht der Leiter der Produktion Daten ähnlich wie Strom: Er ist einfach da und Sie müssen ein mit Strom betriebenes Gerät nur anschließen, um es zum Laufen zu bringen.

Ihre Fragen könnten lauten: „Wie schnell würden Sie herausfinden, dass die Daten, die Sie verwenden, falsch sind?" und „Welche Folgen hätte es, wenn falsche Daten Ihren Produktionsprozess steuern würden?"

Es ist dabei entscheidend, Beispiele zu verwenden – sowohl aus dem operativen Bereich (z. B. Daten aus einem Fehlersensor) als auch aus dem kommerziellen Bereich (z. B. falsche Nachfragedaten für ein Produkt).

BEISPIEL 3

Die Geschichte des Rechts

Warum sollte ein Rechtsanwalt in Ihrer Organisation am Management von Daten interessiert sein?

Interessante Fragen könnten sein: „Haben Sie einen Überblick über die Einhaltung unserer Datenschutzrichtlinie? Können wir sicher sein, dass wir eine externe Prüfung bestehen? Haben Sie die Zusicherung, dass keine personenbezogenen Daten länger als erforderlich gespeichert werden? Kennen Sie alle Personen, die für personenbezogene Daten in der Organisation verantwortlich sind?"

Außerdem könnten Sie fragen, ob Ihre Organisation im Falle einer Klage schnell alle Informationen zusammenstellen kann, um ihre Unschuld zu beweisen (oder frühzeitig herauszufinden, dass sie tatsächlich ein Problem hat)?

Es gibt natürlich noch viele weitere Probleme, die durch Datenmanagement gelöst werden können. Es ist daher hilfreich, eine Liste der Themen zu erstellen und alle Verantwortlichen (oder aber die am stärksten betroffenen Personen) einzubeziehen. In der Regel müssen Sie nicht beschreiben, wie Sie die Probleme lösen wollen, da die meisten Menschen mehr an dem Endresultat interessiert sind als an der Methode, dorthin zu gelangen.

2) Was bringt es mir?

Damit ein Data Office erfolgreich ist, muss alles, was es tut, einen Nutzen haben. Nicht für sich selbst – das ist zu kurzsichtig. Nicht für die Organisation – als Ganzes das ist zu weit weg. Nein, Sie müssen Ihren Kollegen klar machen, dass Ihre Arbeit deren Situation verbessert.

Das bedeutet nicht, dass Sie Ihre eigenen Ziele anpassen müssen. Es hilft jedoch, den Schwerpunkt der erwarteten Vorteile zu verlagern: Weg von gültigen, aber abstrakten datenorientierten Zielen wie „hoher Datenqualität" oder der „einzigen Quelle der Wahrheit" hin zu Vorteilen, die für Fachbereiche bedeutsam sind.

Im Allgemeinen sollten Sie herausfinden, was auf der Wunschliste der Menschen ganz oben steht – wir nennen es „A". Dann denken Sie darüber nach, wie Daten dabei helfen können, diese Wünsche zu erfüllen – dies nennen wir „B". Die Wertschöpfungsproposition würde dann einfach „A mittels B" lauten.

Passende Beispiele gibt es viele, wie „Reduzierung der Arbeitskosten durch Automatisierung von Prozessen", „Steigerung der Erfolgsquote bei der ersten Kontaktaufnahme durch Bereitstellung aller Kunden- und Fallinformationen in Echtzeit" und „Reduzierung der Überproduktion durch genaue Vorhersage der Nachfrage je Wochentag".

Ein zweiter Bestandteil von „Was bringt es mir?" ist der oft unterschätzte individuelle Aspekt: „Was bringt es mir persönlich?"

Beachten Sie, dass die Menschen dies normalerweise nicht so offen sagen – Sie müssen zwischen den Zeilen lesen, um es herauszufinden.

In einigen (idealen) Fällen werden Abteilungserfolge zu persönlichen Erfolgen. Oft sehnen sich die Menschen jedoch nach persönlichen Vorteilen wie weniger Aufwand in ihrer täglichen Arbeit, besserer Sichtbarkeit ihrer eigenen Leistungen oder Schutz vor ungerechtfertigten Beschwerden von Kollegen.

Schließlich müssen Sie als CDO manchmal Menschen bitten, Ihrer Richtung zu folgen, ohne dass diese daraus einen (abteilungs- oder persönlichen) Nutzen ziehen können. Die ehrliche Antwort auf „Was bringt es mir?" wäre „Nichts. Es ist nur besser aus der Sicht der Aktionäre."

Das ist offensichtlich schwer zu verkaufen, da die meisten Menschen nicht darauf abzielen, aus sich selbst heraus Gutes zu tun, so wie Aristoteles es dereinst vorschlug.

In solchen Situationen müssen Sie möglicherweise etwas anderes anbieten. Zum Glück hat ein Data Office so viel Mehrwert in seinem Portfolio, dass Sie für jeden etwas bieten können – seien es regelmäßige Datendienstleistungen oder etwas, das das Datenteam zufällig leisten kann, um abteilungs- oder persönliche Bedürfnisse zu befriedigen.

3) Ich habe keine Bandbreite für Datenkram

Ich erinnere mich an einen Fall, bei dem ein frisch ernannter CFO zum CDO sagte: „Sie haben viele interessante Ideen. Ich verspreche, dass ich sie mir genauer ansehen werde, sobald ich Zeit habe. Aber zuerst muss ich einige dringende Probleme lösen."

In diesem Fall bedeutete „Zeit" die Verfügbarkeit von Ressourcen, aber auch die notwendige Aufmerksamkeit, die aktuell noch auf viele kurzfristige Themen mit immensem Top-Management-Interesse gerichtet war.

Da der CDO in jener Organisation dem CFO unterstand, konnten die Teams des Data Office frei innerhalb ihrer unterstützenden Rolle agieren, aber eine strategische Entwicklung hin zu einer datengetriebenen Organisation war bis auf Weiteres nicht möglich.

Aus dieser Geschichte können Sie zwei Empfehlungen ableiten:

(i) **Daten müssen schnell liefern.**

Wenn Sie durch Daten Mehrwert schaffen, konzentrieren Sie sich nicht auf Initiativen mit den größten Skaleneffekten oder dem besten Business Case.

Starten Sie stattdessen mit Initiativen, bei denen Sie schnell liefern können und in denen nicht zu viele Ressourcen außerhalb des Data Office beschäftigt sind. Dies erhöht die Wahrscheinlichkeit, dass Sie eine Chance bekommen, Ihren Wert zu beweisen.

(ii) **Daten sind kein „Work on Top" – sie helfen sofort.**

Die Verwendung von Daten zur Verbesserung des Geschäfts ist keine Aufgabe, die zu allen anderen Verpflichtungen eines Teams hinzukommt und daher zusätzliche Ressourcen erfordert. Stattdessen erleichtert es die Lösung sogar taktischer Probleme.

Sie sollten früh damit beginnen, diese Nachricht zu vermitteln, da sie Führungskräften üblicherweise nicht intuitiv klar ist.

Sie erinnern sich vielleicht an die berühmte Karikatur, in der ein Steinzeitmann, der offensichtlich gerade das (runde) Rad erfunden hat, versucht, es zwei Kollegen anzubieten, die verzweifelt versuchen, einen Wagen mit quadratischen Rädern zu ziehen. Diese Aktivität erfordert so viel körperliche Anstrengung, dass die beiden keine Zeit haben, dem ersten Mann zuzuhören, dessen Angebot ihr Leben sofort erheblich erleichtern würde.

Es gibt viele andere Analogien, die Sie verwenden können, um die Möglichkeiten zu erklären, die mit Daten verbunden sind. Sie sollten jedoch leicht verständliche Beispiele aus der realen Welt verwenden.

4) Wir schauen uns Ihre strategischen Ideen gerne später mal an

Haben Sie jemals einem Buchhalter einen Termin angeboten, während er damit beschäftigt war, den Jahresabschluss fertigzustellen?

Unabhängig davon, wie großartig Ihre strategischen Ideen auch sein mögen – manchmal haben die Menschen einfach dringendere Dinge zu tun.

Das Problem beginnt jedoch dort, wo dies zum Dauerzustand wird. Und die meisten Menschen haben immer etwas zu tun – vom CEO bis zum Sachbearbeiter.

Wenn dies als Ausrede verwendet wird, können Sie möglicherweise Ihre Datengovernance verwenden, um die richtigen Prioritäten zu setzen und zu kommunizieren. Aber das alleine hilft möglicherweise nicht. Die Menschen werden nicht sofort ihren Stift fallen lassen, um mit Ihrem Team zusammenzuarbeiten.

Es ist in der Regel eine gute Idee, den Menschen mehr Zeit einzuräumen. Schließlich lehnen sie Ihre Idee im Allgemeinen nicht ab – sie wollen sich nur gerade jetzt nicht damit beschäftigen.

Warum machen Sie also keinen Deal? „Wenn Sie diese Aktivitäten bis zum Ende der nächsten Woche beendet haben, könnten Sie dann zwei Mitglieder Ihres Teams bitten, mit meinem Team an XYZ zu arbeiten." Bitte dokumentieren Sie jeden derartigen Deal, selbst wenn Sie ihn nur per E-Mail vereinbaren.

Ein solches Abkommen ermöglicht es Ihrem Gegenüber, sich zu organisieren und sich vorzubereiten. Und jeder fühlt sich umso wohler, je weiter die Auswirkungen einer eigenen Verpflichtung in der Zukunft liegen.

Um zu verhindern, dass dieser Ansatz Ihre Initiativen verzögert, sollten Sie Ihre Kollegen so früh wie möglich ansprechen, und zwar sobald Sie sich der Notwendigkeit bewusst werden, mit einem anderen Team zusammenzuarbeiten.

5) Die IT hat das bisher immer abgedeckt

Hier können wir zwischen drei verschiedenen Fällen unterscheiden:

(i)   Datenteams außerhalb des Data Office

Spezifische Daten-Aspekte wurden tatsächlich in der Vergangenheit oft von der IT abgedeckt. Und wenn diese Leute oder Teams dabei gut gearbeitet haben, sollten sie vielleicht weiterhin, allerdings als Teil des Data Office, die gleiche Arbeit machen. Dies ist ein sensibler Bereich, in dem Sie gut zuhören und sehr sorgfältig handeln sollten.

In vielen Fällen werden die zuvor verantwortlichen Teams nämlich gerne die Verantwortung übernehmen – aber sie werden kaum ihre Ressourcen aufgeben. Es ist immer noch die richtige Reihenfolge, zuerst die Verantwortlichkeiten zu klären. Sobald diese klar sind, zeigen Sie auf, dass Sie Leute brauchen, um genau diese Arbeiten zu erledigen.

(ii) Technische Teams, die datenbezogene Aktivitäten durchführen

Wann immer Sie herausfinden, dass ein *technisches* IT-Team einen Datenjob bisher erledigt hat, müssen Sie erläutern, warum der Wechsel Sinn macht. Interessante Fragen während eines solchen Dialogs wären die folgenden:

- Verstehen diese Leute wirklich die zugrundeliegenden Geschäftsprobleme?

- Lösen sie es selbst für Sie (oder mit Ihnen), oder stellen sie hauptsächlich die Werkzeuge bereit?

  Basierend auf den Antworten haben Sie entweder gute Argumente für einen Wechsel der Verantwortlichkeiten, oder Sie stellen fest, dass hier gute Datenexperten in einem technischen Team sitzen und dass sie bereit sein könnten, in das Data Office zu wechseln.

(iii) Bisher nicht abgedeckte Aktivitäten

Die IT hat hier möglicherweise einen begrenzten Service angeboten, wie dies oft in Organisationen ohne eine übergreifende Datenstrategie beobachtet werden kann.

Ein solcher unvollständiger Service umfasst in der Regel alle technischen Aspekte, während die kritischen Aktivitäten eines umfassenden Datenmanagements fehlen, z. B. die End-to-End-Perspektive oder die Ausrichtung an den Anforderungen der unterschiedlichen Geschäftsbereiche.

Solche Fälle bieten Ihnen hervorragende Möglichkeiten, die Idee eines durch Fachanforderungen gesteuerten Datenmanagements zu erläutern.

6) Ideales Datenhandling gefährdet mein Projekt

Menschen haben oft Angst, dass ihre Initiativen zu kompliziert werden, zu spät fertig werden und/oder das Budget aufgebraucht ist, wenn sie den neuen Datenregeln folgen.

Es lohnt sich hier ein bisschen tiefer zu bohren.

Ein Projektmanager oder Product Owner ist normalerweise nicht gegen ein „richtiges Ergebnis". Sie wollen nur nicht schlecht aussehen.

Geben Sie ihnen gute Argumente.

- Entweder: Wir können für das gesamte Unternehmen vieles besser machen, wenn wir einen Monat mehr Zeit haben, um den Datenaspekt nachhaltig zu gestalten.

- Oder: Wir bekommen kein grünes Licht vom Data Office, um live zu gehen, wenn wir es jetzt nicht richtig machen.

Sie können die letzte Aussage durch ein System datenbasierter Transparenz unterstützen:

- Jedes Projekt muss datenseitig überprüft werden, und die Ergebnisse müssen öffentlich gemacht werden.

- Kriterien für vorübergehende Zugeständnisse müssen definiert werden.

- All dies muss durch die von Ihnen einzurichtenden Datenentscheidungsgremien abgesegnet werden.

Auf diese Weise machen Sie das Leben von Menschen wie Projektmanagern oder Produktverantwortlichen nicht unnötig schwer. Stattdessen geben Sie ihnen gute Argumente für zusätzliche Ressourcen oder ein erhöhtes Budget. Und kaum jemand, der für etwas verantwortlich ist, würde die Möglichkeit ablehnen, genügend Geld und Mitarbeiter zu erhalten, um direkt eine nachhaltige Lösung zu erstellen.

7) Was, wenn Sie versagen?

Niemand kann wissen, ob ein Data Office erfolgreich sein wird und ob es bestehen bleibt.

Insbesondere politisch agierende Menschen werden oft zögern, den neuen Chief Data Officer offen zu unterstützen, solange das neu eingeführte Datenmanagement sich irgendwann als gescheitertes Experiment herausstellen könnte. Sie wollen nicht auf das falsche Pferd setzen.

Seien wir ehrlich: Wenn Sie sich in Ihrer Organisation noch nicht mit Ruhm bekleckert haben (oder regelmäßig mit dem CEO zu Abend essen), sind diese Bedenken tatsächlich berechtigt.

In einem solchen Fall hilft es, über die Grenzen Ihrer Organisation hinauszuschauen. Während ein eigenständiges Datenmanagement innerhalb Ihrer Organisation tatsächlich Neuland ist, ist es außerhalb, in allen Branchen, mittlerweile zu einem etablierten Ansatz geworden.

Und die Zunahme der Chief Data Officers ist nicht nur signifikant, sondern auch seit einiger Zeit anhaltend – zu lange für ein vorübergehendes Phänomen.

Unabhängig davon, wie zuversichtlich Sie sind, dass *Sie* die richtigen Rezepte für die Datenverarbeitung Ihrer Organisation haben, ist es klüger, darauf hinzuweisen, dass das Datenmanagement nicht von Ihnen erfunden wurde.

Viele konkrete Beispiele sind von anderen Organisationen verfügbar, nicht nur von denjenigen, die Daten als ihren Hauptgeschäftszweck betrachten. Ihre klare Botschaft, unterstützt von Aussagen der großen Beratungsunternehmen, könnte die folgende sein:

Wir sind nicht die erste Organisation mit einem Data Office. Andere haben es vor uns schon erfolgreich eingeführt. Und wenn wir es nicht tun, werden wir scheitern oder von unseren Wettbewerbern überholt. Wir können es uns einfach nicht leisten, zum alten Setup zurückzukehren.

Parallel dazu können Sie Einzelpersonen dazu ermutigen, mit Ihnen zu arbeiten, indem Sie versprechen, dass Sie als CDO das Risiko übernehmen – und im unwahrscheinlichen Fall eines Versagens die Schuld auf sich nehmen.

8) Es hat ohne Data Office gut funktioniert

Ich höre noch immer, wie der erfahrene Unternehmensveteran mir sagte: „Wir sind seit Jahrzehnten erfolgreich, ganz ohne einen Chief Data Officer!"

Ich musste zugeben, dass er Recht hatte. Und in seiner Organisation hatte sich auch nichts geändert.

Nun, nicht *in* der Organisation…

Bitten Sie die Menschen, über den Tellerrand zu schauen.

Zunächst einmal entwickeln sich die Dinge. Die Technologie entwickelt sich, das Verhalten der Menschen entwickelt sich und die Erwartungen entwickeln sich.

Zweitens nimmt die Geschwindigkeit dieser Entwicklung zu. Während eine gewählte Arbeitsweise während des letzten Jahrhunderts Jahrzehnte lang funktioniert hat, ist heute die Disruption die Norm.

Und welcher Bereich ist davon am stärksten betroffen?

Nein, es ist nicht die Technologie. Trotz eines enormen Fortschritts in diesem Bereich sind viele Grundgeschäftsmodelle unverändert geblieben. Autos, Züge und Flugzeuge bringen Menschen immer noch von A nach B, Computer haben immer noch einen Bildschirm und eine Tastatur und Filme werden immer noch in einem rechteckigen Format gezeigt.

Wir sollten in all diesen Bereichen in den kommenden Jahrzehnten grundlegende Veränderungen erwarten. Für den Moment müssen sich die Organisationen jedoch zunächst den bereits begonnenen Veränderungen in einem anderen Bereich anpassen.

Ja, ich spreche von der Welt der Daten.

Natürlich werden wir in dieser Welt in der Zukunft in vielen Bereichen Veränderungen sehen. Aber im Gegensatz zu den meisten anderen Bereichen sind diese Veränderungen rund um die Daten bereits in vollem Gange. Der Einsatz von Daten hat die Laboratorien bereits vor Jahren verlassen.

Die Zukunft der Daten hat bereits begonnen.

9) Ich will nichts ändern …

Warum hat Change Management als Disziplin in den letzten Jahren so viel Aufmerksamkeit auf sich gezogen?

Während die Welt um uns herum sich immer schneller verändert, hat sich die Fähigkeit des Menschen, sich an Veränderungen anzupassen, kaum verändert. Veränderung wird eher als Risiko denn als Chance wahrgenommen. Menschen bewerten die Auswirkungen negativer Konsequenzen höher als den Wert möglicher Gewinne, ohne dass sie sich dessen bewusst sind.

Mit dem aktiven Datenmanagement beginnen bedeutet aber Veränderung. Daher ist Datenmanagement zugleich Change Management.

Die Angst vor dem Unbekannten äußert sich nicht in der Form einzelner Aussagen, auf die man mit einer gut vorbereiteten Antwort reagieren kann, so wie es bei anderen, mehr faktenbasierten Bedenken der Fall ist.

Stattdessen sollten Sie die Ängste der Mitarbeiter systematisch angehen. Dazu einige Gedanken:

(i) Seien Sie ein positives Vorbild.

Bitten Sie Kollegen nicht darum, sich der Veränderung zu öffnen, sondern sagen Sie ihnen, wie *Sie* dies tun. Man wird Sie beobachten. Dabei sollten die Kollegen sehen, dass Sie offen sind gegenüber Veränderungen, selbst wenn dadurch Ihre sichere Position gefährdet wird.

Und natürlich sollten Sie nicht nur so tun, als ob Sie es täten. Sie müssen wirklich offen für Veränderungen sein, einschließlich einer möglichen zukünftigen Hinterfragung Ihrer eigenen Art, mit Daten umzugehen.

(ii) Schaffen Sie eine positive Atmosphäre.

Daten können eine aufregende Sache sein. Sie können ungeahnte Möglichkeiten aufzeigen. Deswegen sollte es Ihr Ziel sein, Menschen neugierig zu machen.

Geben Sie dabei Raum für Bedenken. Lassen Sie die Menschen ihre Fragen und ihre Ideen teilen, und gehen Sie mit allen transparent um.

Sie können das Data Office ähnlich wie einen Therapeuten aufstellen – der den Kollegen mit ihren aktuellen Problemen hilft *und* ihnen beibringt, wie sie sich künftig selbst richtig verhalten sollten.

(iii) Sprechen Sie die Angst vor dem Unbekannten an.

Viele Kollegen werden Angst davor haben, dass sie mit der neuen Art zu arbeiten nicht zurechtkommen. Schließlich sind Künstliche Intelligenz und Machine Learning für viele Synonyme für „Magie".

Ihre Botschaft kann hier lauten: „Sie müssen das nicht alles im Detail verstehen. Nur eine Handvoll Menschen müssen wahre Experten sein. Daten sollen vielmehr das Leben der restlichen Organisation erleichtern."

10) Wird ein Algorithmus mich ersetzen?

Viele Mitarbeiter werden befürchten, dass Jahrzehnte von Erfahrung und Fachwissen nutzlos werden.

Und wir müssen ehrlich sein: Bestimmte Qualifikationen werden in diesem Zusammenhang an Bedeutung verlieren.

Menschen mit Fähigkeiten, die überhaupt nicht mehr erforderlich sein werden, werden also zu Recht Angst haben. Aber die Aufrechterhaltung des Status quo würde das Problem ebenfalls nicht lösen: Andere Organisationen würden dann einen Kostenvorteil erzielen, was wiederum die eigenen Arbeitsplätze gefährdet.

Ich halte zwei Botschaften an dieser Stelle für essenziell:

(i) Upskilling ist möglich.

Kaum jemand wird unrettbar überflüssig. Es sind schließlich ausgebildete Fähigkeiten, die überflüssig werden, nicht Talent oder Intelligenz. Eine Weiterbildung kann Letztere nutzen, um zukunftssichere Fähigkeiten zu entwickeln.

(ii) Künstliche Intelligenz und Menschen ergänzen sich.

Künstliche Intelligenz und Menschen haben einander ergänzende Rollen – dort, wo jeder der beiden 90 % erreichen kann, kann die Kombination 97 % erreichen.

Darüber hinaus konzentriert sich die KI noch auf wiederholende, weniger komplexe Aufgaben. Dies könnte es den Menschen ermöglichen, sich auf anspruchsvollere Aufgaben zu konzentrieren – und gerade diese sind normalerweise die Aufgaben, die Menschen mehr genießen!

Nehmen Sie als Beispiel die Analogie eines möglichen Tennis-Hybrids:

- Menschen mit ihrer Kreativität müssen immer noch entscheiden, welchen Schlag sie wählen und wohin sie den Ball schlagen, und zwar basierend auf der aktuellen Situation, dem Eindruck des Zustands des Gegners und eines beabsichtigten Überraschungsfaktors.

- Maschinen mit ihrer Präzision könnten hingegen sicherstellen, dass der Ball genau dort landet, wo der menschliche Spieler ihn haben wollte.

Ein weiterer Aspekt zugunsten der Menschen ist die Notwendigkeit einer Qualitätssicherung: Im Moment möchten Sie nicht, dass die KI KI-Produkte verifiziert. Sie benötigen hier also noch den menschlichen Faktor.

Betrachten wir einmal die KI-Lösungen, die beispielsweise Krebs aus Hautbildern entdecken können. Wie werden diese Lösungen den Ärzten dieser Welt verkauft? Statt zu hören „KI wird die Mediziner ersetzen", erhalten sie die Botschaft: „Dies ist ein Werkzeug, das Sie stärker macht."

Sie sollten eine ähnliche Botschaft für Ihre Belegschaft vorbereiten. Nicht, um die Menschen zu beruhigen – sondern weil es stimmt.

Psychologie der Governance

„Fake news!"

Abb. 15-1. Die Daten stehen vielleicht auf Ihrer Seite – aber das reicht möglicherweise nicht aus!

© Der/die Autor(en), exklusiv lizenziert an APress Media, LLC, ein Teil von Springer Nature 2023
M. Treder, *Das Management-Handbuch für Chief Data Officer*,
https://doi.org/10.1007/978-1-4842-9346-1_15

Beanspruchen Sie keine bereits besetzten Themen

Gutes Datenmanagement ist unerlässlich. Aber muss es sich dabei unbedingt um „Governance made by CDO" handeln?

Menschen werden ihre Schwierigkeiten damit haben, neue Richtlinien zu akzeptieren, falls die bisherigen Richtlinien offensichtlich gut funktioniert haben.

Warum sollten Sie also derartige Richtlinien ändern wollen?

Wenn Sie bestehende Richtlinien in Ihr Gesamtframework für das Datenmanagement aufnehmen, können Sie sowohl die ursprünglichen Autoren als Verbündete gewinnen als auch jene, die die ursprünglichen Regeln gerne weiterhin anwenden möchten.

Ein weiterer Grund, die Verfügbarkeit einer Richtlinie oder eines Standards als „ein weniger dringliches Problem" zu betrachten, besteht darin, dass Sie sich dann auf die verbleibenden, tatsächlich ernsten Lücken konzentrieren können.

Sie können als CDO die Verantwortung für Elemente des Datenmanagements beanspruchen, ohne sie ändern zu müssen. Und wo Anpassungen erforderlich sind, zum Beispiel bei der Berücksichtigung neuer Entscheidungsgremien, können Sie betonen, dass die Kernregeln unverändert bleiben.

Manchmal können Sie sogar eine Regel oder einen Standard verallgemeinern, der ursprünglich nur für ein einziges Geschäftsfeld entwickelt wurde. Sie können nämlich damit rechnen, dass jemand, dessen Arbeitsergebnis über den eigenen Zuständigkeitsbereich hinaus angewendet wird, sehr loyal sein wird.

Es geht weniger darum, auf jeden Fall die bestmögliche Lösung zu finden, sondern darum, Menschen durch Empathie zu gewinnen. Wenn es Verbesserungspotenzial für eine bestehende Richtlinie oder Regel gibt, können Sie diese im Laufe der Zeit weiterentwickeln – idealerweise gemeinsam mit den ursprünglichen Autoren.

Entwerfen Sie einen leicht zu akzeptierenden Startpunkt

Es ist klug, eine allgemein akzeptierte Struktur zu gestalten, in der das Datenmanagement eine klar definierte Rolle hat.

- Ein Modell könnte sein: Alle grundlegenden Arbeiten werden entweder von der IT (Datenbanken, Infrastruktur, Lizenzen usw.) oder vom Data Management (Datenregeln, Governance, Business-Alignment, Glossar usw.) übernommen.

- Sie könnten dabei (vorübergehend) akzeptieren, dass andere Teams für Bereiche verantwortlich sind, die Sie eigentlich als Teil eines Data Management Office betrachten würden. Dies kann Ihnen tatsächlich dabei helfen, Zustimmung zu gewinnen und das unvermeidliche Gefühl der Konkurrenz um Macht zu mildern.

- Wenn Sie die Schmerzpunkte gut angehen, wird die Organisation (in der Regel der Vorstand) Sie möglicherweise sogar bitten, die Verantwortung für die anderen Bereiche zu übernehmen. Drängen Sie sich aber nicht auf, es sei denn, Sie haben einen guten Grund dafür.

Berufen Sie sich auf anerkannte Autoritäten

Ein allgemeiner Auftrag des Vorstands ist ein Muss, aber er wird Ihnen nicht bei der täglichen Arbeit helfen, und Sie möchten ihn auch sicherlich nicht den ganzen Tag wie eine Polizeimarke hochhalten.

Es ist daher hilfreich, zu überprüfen, was sonst Ihre Autorität stärken könnte – auch ohne formellen Charakter.

Generell sind Sie auf der sicheren Seite, wenn Sie offizielle Unternehmensstrategien in Datenstrategien übersetzen: „Um (Unternehmensstrategie X) umzusetzen, müssen wir uns auf (Datenstrategie Y) konzentrieren."

Darüber hinaus sollten Sie Vorstandsmitglieder und andere einflussreiche Führungskräfte zitieren. Sie sollten dies aber eher in Form von Randbemerkungen tun, um nicht arrogant zu klingen.

Jene, die Sie aktiv unterstützen, sollten idealerweise sogar bestätigen, dass Sie sie zitieren dürfen („Unser CFO hat mich gebeten, auch zu berücksichtigen …").

Aber Sie sollten auch diejenigen zitieren, die etwas sagen oder schreiben, das Ihre Ideen unterstützt. Wenn Sie aktiv zuhören, werden Sie viele für Sie nützliche Aussagen hören. Häufig werden Sie zum Beispiel hören, dass jemand Daten wertvoll findet, oder jemand wird die Notwendigkeit betonen, sich vor einer Entscheidung stärker auf die Daten zu konzentrieren.

Wenn Sie ein Besprechungsprotokoll erstellen (was ein mächtiges Tool ist, um Absprachen in Ihrem Sinne zu formulieren!), sollten Sie stets derartige Aussagen dokumentieren. Sie können den maßgeblichen Führungskräften sogar die erforderlichen Wörter in den Mund legen, indem Sie die richtigen Fragen stellen.

Letztendlich sollten die Leute den Eindruck gewinnen, dass eine weit über-wiegende Mehrheit der Entscheidungsträger die Richtung des CDO und des Data Office unterstützt.

Suchen Sie das Gleichgewicht zwischen den Extremen

Wenn die Antwort auf ein strukturelles Problem lediglich aus der Auswahl des richtigen Extrems bestünde, hätten wir weit mehr erfolgreiche Anführer: Es bestünde eine Wahrscheinlichkeit von 50 Prozent, die richtige Entscheidung zu treffen, ohne jegliche Expertise.

Tatsächlich aber bedeutet erfolgreiches Management, das richtige Gleich-gewicht zwischen den Extremen zu finden. Ein solcher Ansatz besteht aus einem initialen Denkprozess, bei dem es im Wesentlichen auf Ihre Einstellung ankommt, gefolgt von einem dauerhaften Anpassungsprozess, der auf einer genauen Beobachtung und aktivem Zuhören basiert.

Es gibt verschiedene Bereiche, bei denen Sie sich um Ausgewogenheit bemühen sollten. Lassen Sie mich vier davon als Beispiele beschreiben.

(1) Zwischen Absolutismus und Demokratie

Absolutismus würde bedeuten: „Ich weiß die Antwort. Ich stelle die Regeln auf. Ihr alle müsst sie befolgen." Viele Abteilungen sind versucht, diesen Ansatz zu verfolgen: Wir sind die Spezialisten, und die anderen sind es nicht. Warum sollten wir sie in die Regelentwicklung einbeziehen?

Demokratie hingegen würde bedeuten: „Setze keine Regel auf, es sei denn, es gibt eine Mehrheit dafür." Mit diesem Ansatz könnten zwei Dinge schiefgehen.

Erstens könnten Sie Situationen begegnen, in denen alle Abteilungen aus Gründen des größeren Ganzen nachgeben müssten (d. h. der Shareholder-Ansicht), und die Demokratie würde zu Mehrheitsabstimmungen gegen den Nutzen des Shareholders führen. Das Ergebnis ist entweder eine Silo-Mentalität, weil die Parteien sich mehrheitlich darauf einigen, dass jeder Bereich tun kann, was er möchte, oder eine finanziell ungesunde Entscheidung, von der eine Mehrheit der Stakeholder profitiert, während die Ge-samtorganisation verliert.

Zweitens könnten wichtige, aber schmerzhafte Entscheidungen (z. B. finanzielle Disziplin oder die Befolgung rechtlicher Vorschriften) blockiert werden, weil eine Mehrheit der Abteilungen sie nicht mögen.

Aber es gibt eine Position irgendwo zwischen den beiden Extremen, sowohl aus einer Gesamtperspektive als auch bei der Behandlung konkreter Fälle:

(i) Bei der Governance im Allgemeinen

Demokratie kann funktionieren, wenn der Spielraum für Entscheidungen so begrenzt ist, dass er eine negative Auswirkung auf die Organisation verhindert – genau wie die Verfassung eines demokratischen Staates Mehrheiten daran hindert, Minderheiten zu unterdrücken.

Zunächst einmal hilft ein Rahmen von Richtlinien. Er muss hinreichend allgemein sein für Entscheidungen auf Vorstandsebene (z. B. „Safety First" oder „Compliance above all").

Darüber hinaus würden eine anerkannte Datenstrategie sowie eine Liste von Datenprinzipien sicherstellen, dass Manager ihre Entscheidungsfreiheit ohne Gefahr für Datenziele nutzen können.

(ii) In jedem Einzelfall

Eine Entscheidung mit Autorität zu treffen, bedeutet nicht, die Meinungen anderer zu ignorieren.

Ein praktischer Ansatz ist daher zunächst, alle Stakeholder einzubeziehen, sich alle Argumente anzuhören und dann eine Lösung zu entwickeln.

Eine abschließende Überprüfung dieser Lösung durch alle Stakeholder ist sinnvoll, um sicherzustellen, dass nichts übersehen wurde. Einsprüche sollten Sie aber nur Verbindung mit guten Argumenten zulassen.

Wenn Sie sich schließlich entscheiden (oder Ihre Lösung für die Zustimmung durch ein Datengremium einreichen), ist niemand überrascht, und jeder hatte die Chance, qualifiziertes Feedback zu geben.

(2) Zwischen zentralen und lokalen Lösungen

Strikt zentrale Ansätze versagen leicht darin, lokale Besonderheiten zu berücksichtigen.

Lokale Ansätze, tendieren jedoch dazu, lokal optimierte Lösungen zu schaffen. Bereits geringfügig unterschiedliche lokale Anforderungen können schon zu unterschiedlichen „besten Lösungen" führen, was wiederum zu einer Vielzahl von nebeneinander existierenden Lösungen führt.

Auch hier finden Sie die tatsächlich beste Lösung durch einen ausgewogenen Ansatz.

Sie können zwar eine zentrale Lösung anstreben, sollten aber alle lokalen Beteiligten und Ihr virtuelles Netzwerk von Fachleuten einbeziehen.

Deren Eingaben müssen begründet sein und im Licht eines unternehmensweiten Business Case betrachtet werden, nicht nur eines lokalen.

Diese runternehmensweite Business Case ist entscheidend, um die „Kosten der Komplexität" zu berücksichtigen, d. h. den Aufwand, mehrere unterschiedliche (oft lokale) Lösungen oder Lösungsaspekte, gleichzeitig zu betreuen.

Dieser Einfluss steigt exponentiell zur Anzahl der parallelen Lösungen an, insbesondere wenn man die Risiken von Fehlern und der möglichen Umsetzungsgeschwindigkeit zukünftiger grundlegender Änderungen des gesamten Ökosystems berücksichtigt.

(3) Zwischen standardisierten und individualisierten Lösungen

Jeder CDO steht früher oder später vor diesem Dilemma: Daten-Architekten streben nach Struktur, und ihre Analytics-Kollegen streben nach Freiheit.

Ähnlich verhält es sich mit Datenbankdesignern, die ein festes Schema benötigen, während die Fachabteilungen sich wünschen, dass Anwendungen und Datenbanken schnell auf Änderungen der Geschäftslogik reagieren können.

Zum Glück müssen Sie sich nicht zwischen diesen beiden Extremen entscheiden. Ein hervorragender Ansatz, der zwischen „standardisiert" und „individualisiert" angesiedelt ist, lautet **„konfigurierbar"**.

Dieser Ansatz hat Auswirkungen auf Ihr Unternehmensdatenmodell: Wenn möglich, sollten sich außerhalb des Datenmodells keine gültigen Szenarien befinden, nicht einmal als „genehmigte Ausnahmen". Versuchen Sie stattdessen, alle *gültigen Abweichungen* in Ihr Datenmodell einzuarbeiten.

Die Vorteile sind, dass Sie die Fachabteilungen dazu zwingen, über ihre Geschäftsziele und -vorlieben nachzudenken, während Sie gleichzeitig das gesamte Geschäftsmodell auf eine Weise abbilden, durch die Software-Architekten die sich ergebende Datenstruktur ohne Mehrdeutigkeit umsetzen können.

Natürlich kommt dies zum Preis eines komplexeren Datenmodells. Aber dieser Preis sollte nicht zu hoch sein. Jedes zusätzliche Detail hilft letztendlich, Missverständnisse zu vermeiden, wenn Architekten und Softwareentwickler die Geschäftslogik in Anwendungen und Datenbankstrukturen umsetzen. Und sollte jemand das resultierende Datenmodell als zu komplex empfinden, erinnern Sie diese Person daran, dass dieses Datenmodell das Geschäftsmodell der Organisation widerspiegelt – welches möglicherweise bereits zu komplex ist.

(4) Zwischen schmutzigen und perfekten Lösungen

Definieren wir den Aufwand für die perfekte Lösung auf 100 %. Wie viel davon kostet es, den Happy Flow ohne Berücksichtigung von Ausnahmen oder Abweichungen abzudecken?

In der Regel höchstens 5 % des gesamten Aufwands.

Unter Druck stehende Menschen neigen dazu, genau darauf abzuzielen: Die ordnungsgemäße Behandlung von Ausnahmen einfach auszulassen, um so Kosten und Zeit zu reduzieren.

Ein primärer Zweck von datenbasierten Lösungen besteht jedoch gerade darin, Abweichungen vom Happy Flow zu behandeln. Der Grund dafür ist, dass solche Abweichungen den größten Teil der Geschäftskosten ausmachen.

Deshalb sollte niemand bei 5 % stehen bleiben!

Aber benötigen Sie tatsächlich jemals eine 100-prozentige Abdeckung? Wahrscheinlich nicht. Die berühmte 80/20-Regel gilt zumeist auch für Daten.

Die Abdeckung von 80 % der perfekten Lösung mit 20 % des Aufwands ist weit besser, als ausschließlich den Happy Flow mit 5 % des Aufwandes abzudecken.

Und denken Sie daran: Sie müssen sich nicht für immer von den verbleibenden 20 % verabschieden. Registrieren Sie alle Lücken als temporäre Daten-Konzessionen, und Sie werden sie im Laufe der Zeit schließen können.

Entwickeln Sie eine Marke für Ihr Data Office

„Data Office" wird für viele Mitarbeiter sehr technisch klingen. Sie sollten es in eine Marke verwandeln, mit der sich Menschen identifizieren können.

Wenn die Richtlinien Ihrer Organisation es erlauben, sollten Sie auch über ein Logo nachdenken – einfach, gerne farbenfroh und unbedingt positiv. Und verwenden Sie dieses Logo, wann immer Sie einen Service anbieten oder eine Nachricht veröffentlichen.

Es ist zudem eine gute Idee, die Arbeit des Data Office so zu vereinfachen, dass die Menschen es leichter verstehen - beispielsweise so, wie in Abb. 15-2 dargestellt.

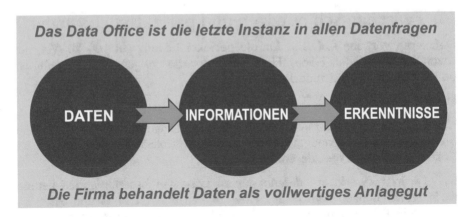

Abb. 15-2. Das Data Office in Kurzform

Elevator Pitch

Jeder weiß, wie wichtig ein Elevator Pitch ist. Ist Ihrer auf dem neuesten Stand?

Natürlich gibt es nicht den *einen* Elevator Pitch für das Datenmanagement. Die Geschichte hängt stark von der Situation der Organisation ab, genauso wie von Ihren eigenen Ideen. Aber es gibt einige Muster, die es wert sind, sich an ihnen zu orientieren.

Überlegen Sie sich eine allgemeine Aussage (Ihre Kernaussage, unabhängig vom Zielpublikum), gefolgt von einer spezifischen Botschaft für das Zielpublikum. Denken Sie daran: Jeder sieht andere Probleme und beurteilt Chancen auf unterschiedliche Weise, oft geleitet durch die eigene Rolle.

(i) Die universale Kernaussage

Denken Sie an eine einzige, brennende Botschaft, die den Menschen im Kopf bleibt. Zum Beispiel: „Ich denke, wir brauchen eine zentrale Datenorganisation im Unternehmen, um die Betriebsabläufe zu stabilisieren und um datengestützte Entscheidungen zu ermöglichen."

Hier begegnen wir einer spezifischen Herausforderung mit dem Wort „Daten": Viele Menschen, einschließlich der meisten Führungskräfte, wissen nicht, was damit gemeint ist, oder sie denken, dass Sie über irgendwelche IT-Themen sprechen.

In einer solchen Situation könnte eine Einführung erforderlich sein – aber auch nicht mehr als ein Satz. Manchmal müssen die Führungskräfte nicht das gesamte

Konzept verstehen – sie müssen Ihnen nur vertrauen. Das Zitieren externer, allgemein anerkannter Autoritäten kann hier wiederum helfen.

Ihr Ziel sollte es sein, Ihren Gesprächspartner dazu zu bringen, nach mehr Informationen zu fragen. Sie können dazu entweder eine provokante Aussage machen oder einfach nur die Neugierde der Führungskräfte wecken.

Denken Sie an ein oder zwei Schlüsselwörter, die ein Vorstandsmitglied nach einem Gespräch mit Ihnen mindestens in Erinnerung behalten sollte. Obwohl Sie Ihre begrenzte Zeit sorgfältig einsetzen müssen, sollten Sie diese ein oder zwei Schlüsselwörter so oft wie möglich verwenden.

(ii) Die zielgruppenspezifische Botschaft

Um eine gute (und kurze!) Geschichte zu erzählen, sollten Sie alles aufzählen, was für den Führungskraft bedeutsam ist und was mit Datenmanagement besser funktioniert als ohne Datenmanagement.

Eine gute Liste könnte diese drei Themenbereiche umfassen:

- Wo erreichen wir unsere Ziele heute nicht (aber Datenmanagement könnte dabei helfen)?
- Wo könnten wir unsere heutigen Ziele sogar übertreffen (durch Datenmanagement)?
- Welche Möglichkeiten bietet Datenmanagement für eine bessere Zukunft?

Jetzt können Sie den wichtigsten Punkt aus jedem der drei Themenbereiche auswählen. Dies sind schon einmal drei gute Argumente, die ein weites Geschäftsfeld abdecken.

Angenommen, Daten stehen heute bei der Entscheidungsfindung überhaupt nicht im Vordergrund, dann könnte ein typischer Elevator Pitch zur Vorbereitung eines Datenmanagements im Unternehmen folgendermaßen lauten:

Inwieweit denken Sie, dass wir unsere Entscheidungen heute auf Daten basieren? Fühlen Sie sich immer sicher bei Ihren Entscheidungen?

Wussten Sie, dass wir viele Daten bereits im Unternehmen haben (oder leicht erwerben könnten), und dass diese uns dabei helfen könnten, bessere Entscheidungen zu treffen?

Unsere Organisation hat viele Daten außerhalb Ihres Bereichs, die für Sie von Wert sein könnten.

Oder, wenn das Hauptproblem der Organisation ist, dass jede Funktion ihre eigene Sache macht:

Wir könnten weit mehr aus unseren Daten herausholen, als wir es heute tun. Jeder Fachbereich macht etwas auf eigene Faust. Dies führt zu vielen Duplikaten und Mehrdeutigkeiten. Und keiner der Fachbereiche hat das gesamte Bild.

Und für Führungskräfte, die das ganze schicke Zeug wollen, aber das gesamte Datenbild nicht sehen:

Um ehrlich zu sein, es ist nicht ausreichend, einfach ein Analytics-Team einzurichten. Es ist viel Vorarbeit erforderlich, um alle Geschäftsbereiche zusammenzubringen. Die Daten können falsch oder unvollständig sein. Aus diesem Grund müssen die Daten überall dort aktiv gemanagt werden, wo sie angefasst werden – was im Grunde überall der Fall ist.

Versuchen Sie, den Fuß in die Tür zu bekommen – beispielsweise indem Sie sich eine verbale Zusage geben lassen, auf die Sie sich bei einer späteren Gelegenheit beziehen können:

Werden Sie mich unterstützen, wenn ich mein Konzept dem Vorstand präsentiere? Hätten Sie 30 Minuten Zeit, damit ich mit Ihnen das Konzept einmal im Voraus durchgehen kann?

(iii) Wenn ein Vorstandsmitglied nach Ihrem Vorschlag fragt

Ich denke an ein dediziertes Datenbüro mit einem starken Mandat. Daten sollten keine Nebenaktivität einer bestehenden Abteilung sein, auch nicht von der IT. Um erfolgreich sein zu können, denke ich hier an zwei Schritte:

Schritt 1: Ich möchte zunächst ein offizielles Mandat vom Vorstand erhalten, da mein Erfolg nicht vollständig von freiwilliger Akzeptanz abhängen sollte.

Schritt 2: Es liegt dann an mir, alle Fachbereiche zu überzeugen. Schließlich möchte ich diese unterstützen und ihnen nichts wegnehmen.

Wie bei den meisten Erklärungen ist hier weniger mehr. Wenn dann etwas unklar bleibt, wird das Vorstandsmitglied sicherlich nachfragen.

Praktische Aspekte des Datenmanagements

Business Cases für Datenprojekte

Abb. 16-1. Das ROI-Dilemma

© Der/die Autor(en), exklusiv lizenziert an APress Media, LLC, ein Teil von
Springer Nature 2023
M. Treder, *Das Management-Handbuch für Chief Data Officer*,
https://doi.org/10.1007/978-1-4842-9346-1_16

Business Cases für Daten – warum denn das?

Denken Sie an einen typischen Hype Cycle, mit dem Organisationen wie Gartner arbeiten.

Wir kommen aus einer Zeit, in der man dachte, insbesondere die modernsten Datendisziplinen rund um künstliche Intelligenz (AI) und Robotic Process Automation (RPA) würden schon bald menschliche Intelligenz ersetzen.

Jede Organisation richtet daher Abteilungen für AI, Machine Learning oder Data Science ein, um den Zug nicht zu verpassen. Dies nennt Gartner den „Peak of Inflated Expectations" (Gipfel der überzogenen Erwartungen).

Inzwischen sind wir über den Punkt „Wir müssen es bedingungslos tun" hinweg. Das bedeutet nicht, dass Themen wie AI und RPA gescheitert sind. Sie sind es natürlich nicht, und jeder kennt Organisationen, die durch die Einrichtung solcher Datendisziplinen erfolgreich geworden sind.

Wir haben jedoch einen Punkt erreicht, an dem die Führungskräfte erwarten, dass Daten die Rentabilität ihrer eigenen Organisationen erhöhen. Aus diesem Grund hören wir „Zeig mir den Wertzuwachs" häufiger, wenn wir um die Finanzierung von Datenprojekten bitten.

Und das zu Recht! Datendisziplinen, die nicht direkt oder indirekt zu den Zielen einer Organisation beitragen, sollten zunächst noch an den Universitäten reifen (um etwas zu übertreiben).

Haben wir bereits Gartners „Trough of Disillusionment" (Tiefpunkt der Ernüchterung) erreicht? Noch nicht, aber wir müssen hart arbeiten, damit es nicht zu tief nach unten geht, bevor wir die „Slope of Enlightenment" (Steigung der Erleuchtung) betreten.

Ein wesentlicher Beitrag: Der Business Case. Sie sollten stets das Prinzip „Kein Projekt ohne Kosten-Nutzen-Analyse!" befolgen.

Denken Sie daran, dass es hier nicht um die Technologie hinter der kommerziellen Nutzung von Daten geht. Es geht vielmehr um das Vertrauen der Investoren und Budget-Verantwortlichen in die Rentabilität von Datenprojekten.

Zu diesem Zweck sind Business Cases die richtige Wahl. Wenn eine Entscheidung für oder gegen eine Aktivität getroffen werden muss, sollte ein Business Case dabei helfen, die Entscheidung auf Fakten zu basieren.

Fakten zu verwenden ist eine hervorragende Möglichkeit, Datenprojekte zu rechtfertigen – Sie können das, was Menschen nicht intuitiv verstehen, durch Zahlen untermauern.

Auf der anderen Seite erfordern auch Business Cases Zahlen – nicht nur die Kosten müssen quantifiziert werden, sondern auch die erwarteten Vorteile.

Dies ist eine Herausforderung insbesondere für Datenprojekte. Viele von ihnen liefern keinen direkten Wertbeitrag, sondern ermöglichen erst andere Aktivitäten, die dann ihrerseits Wertbeiträge liefern können.

Diese ambivalente Situation rechtfertigt ein eigenes Kapitel dieses Buches. Lassen Sie uns die Business Cases aus der Perspektive eines CDO genauer betrachten.

Business Cases in einer perfekten Welt

Bevor wir konkret an Lösungen arbeiten, sollten wir zunächst definieren, was ein Business Case ist, um dann die Herausforderungen und Chancen zu verstehen, die damit verbunden sind.

Die grundlegende Idee hinter einem Business Case

Schritt 1: Vergleichen Sie die Investition in ein Projekt

- Mit der **bestmöglichen Alternativ**-Investition (falls das Geld verfügbar ist) und/oder

- Mit dem **Kapitalkostensatz** Ihrer Organisation (falls das Geld geliehen werden muss)[1]

Schritt 2: Wenn das Projekt die höhere Rendite liefert, führen Sie es aus!

Dies ist zugegebenermaßen eine sehr einfache Beschreibung – aber die Realität des Umgangs mit Business Cases ist in vielen Organisationen noch schlichter.

Kapitalkosten im Laufe der Zeit

Typische Berechnungen betrachten Kapitalkosten im Laufe der Zeit.

- Sie wollen wissen, ob die Rendite des Projekts höher ist als der Zinssatz der (angenommenen) bestmöglichen alternativen Investition, dem Internen Zinsfuß (IZF) beziehungsweise, um den international gebräuchlichen Begriff zu verwenden, der **Internal Rate of Return (IRR).**

- Zuerst bestimmen Sie alle erwarteten, durch Ihr vorgeschlagenes Projekt verursachten Ausgaben und (auch durch Einsparungen erzielten) Einnahmen, zusammen mit dem jeweiligen „Effective Date" (d. h. dem Tag, an dem das Geld hereinkommt oder hinausgeht).

---

[1] Unternehmen haben in der Regel einen solchen Standard-Zinssatz definiert.

- In einem zweiten Schritt berechnen Sie für alle Positionen den Wertbeitrag zu einem Referenzdatum (in der Regel „heute"), indem Sie unter Verwendung des jeweiligen Zinssatzes rückwärts oder vorwärts rechnen. Wenn Sie von der Zukunft auf heute zurückrechnen, wird dies als „Abzinsung" bezeichnet (siehe Abb. 16-2).

Abb. 16-2. Abzinsung zukünftiger Werte

- Wenn das Referenzdatum „heute" ist, wird das Ergebnis als **Net Present Value (NPV)** oder auf Deutsch als Nettobarwert bezeichnet.

Zugegebenermaßen beinhaltet das viele Unbekannte – aber es ist allemal besser als nur auf sein Bauchgefühl zu vertrauen. (Ein kleiner Hinweis: Dies gilt auch für das Datenmanagement im Allgemeinen.)

BEISPIEL I

Angenommen, es sind heute Ausgaben von **95 $** fällig und Sie erwarten daraus in einem Jahr Einkünfte von **100 $**.

Weiterhin sei angenommen, Ihr Unternehmen arbeitet mit einer IRR von **5 %**.

Der Business Case betrachtet dann den heutigen Wert der beiden Beträge:

1. Die 95 $, die heute fällig sind.

2. Der Betrag, der in einem Jahr 100 $ wert sein wird, unter Verwendung des IRR von 5 %: **100 $/1,05 = 95,24 $**

(Formel: zukünftiger Betrag/$(1 + IRR)^{Jahre}$)
Der Gesamt-NPV beträgt 95 $ − 95,24 $ = −0,24 $. Das heißt, das Ergebnis ist negativ!

Die Organisation würde also Geld verdienen – aber im Vergleich zur besten als möglich angenommenen alternativen Investition Geld verlieren!

In diesem Fall wäre es für die Organisation besser, das Projekt nicht durchzuführen, da sie mehr Geld verdienen würde, wenn sie das Geld anderweitig investieren würde (bzw. kein Darlehen aufnehmen müsste) – vorausgesetzt, die zugrundegelegte IRR ist realistisch.

Berücksichtigung von „Risiko"

Zukünftig erwartete Geldbeträge müssen als „risikobehaftet" angesehen werden.

- In der Zwischenzeit können beispielsweise alternative Lösungen auf den Markt kommen.
- Oder die anvisierte Lösung, z. B. ein Produkt oder eine Software, hat einen begrenzten geplanten Lebenszyklus, so dass die erwarteten Vorteile mit der Zeit abnehmen.

Natürlich können Sie komplexe Formeln erstellen, um einen zeitabhängigen „Risikofaktor" zu bestimmen. Aber wie Sie wissen, kommt die Zukunft stets mit Unsicherheit.

Abb. 16-3 veranschaulicht, dass Unsicherheit oft sogar eine Berechnung des Break-Even-Zeitpunktes unmöglich macht.

Abb. 16-3. Unsicherheit und Zeit

Deshalb begrenzen die meisten Organisationen einfach die Berücksichtigung der erwarteten finanziellen Vorteile, z. B. auf drei Jahre. Der Business Case berücksichtigt in diesem Fall keine später entstehenden Vorteile.

Hinweis Etwas genau zu berechnen ist eine Sache – ob alle verwendeten Parameter sich dauerhaft als gültig herausstellen, ist eine andere Geschichte.

Projektauswahl

Wenn viele Projekte eine ausreichend hohe IRR aufweisen, kann eine Organisation die Anzahl der Projekte begrenzen, um innerhalb eines vordefinierten Budgets für alle Projekte zu bleiben. Als Folge davon können Projekte auch dann unterhalb der „Wasseroberfläche" bleiben, wenn sie als „lohnenswert" berechnet werden. Sie werden „ertrinken", also nicht stattfinden (Abb. 16-4).

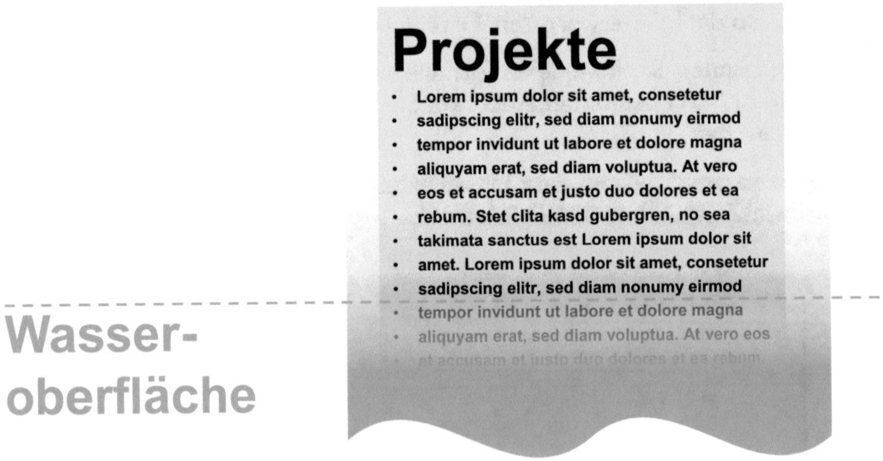

Abb. 16-4. Die Wasseroberfläche bei Projekten

Alternativ könnte eine Organisation zusätzliches Geld, z. B. von ihrer Hausbank oder dem Kapitalmarkt, aufnehmen. Dies macht Sinn, solange der dabei anwendbare Zinssatz unter der IRR des Projekts liegt.

In allen Fällen muss die Verfügbarkeit von Ressourcen berücksichtigt werden. Spezialwissen kann eine knappe Ressource sein, die Sie nicht einfach auf Anfrage erwerben können. Dies ist ein weiterer Faktor, der die Anzahl der Projekte begrenzen kann.

Alles gut?

All dies klingt nach einem wissenschaftlichen, unbestechlichen Ansatz. Es wird also dazu beitragen, alle datenbezogenen Projekte zu finanzieren und zu genehmigen, solange sie aus der Perspektive der Aktionäre durchgeführt werden sollten.

Oder etwa doch nicht?

Betrachten wir einige Fallen, die mit Business Cases verbunden sind, bevor wir uns die Möglichkeiten ansehen, die Business Case-Karte zu Ihren Gunsten zu spielen.

Die traurige Wahrheit ist

- Business Cases haben etliche Herausforderungen.
- **Daten**-Business Cases haben sogar noch *zusätzliche*.

Gehen wir einmal durch **neun** dieser Herausforderungen: **Fünf** allgemeine, gefolgt von **vieren,** die eher typisch für Datenprojekte sind.

Allgemeine Herausforderungen

(1) Business Cases und Unternehmenskultur

Machen wir einmal ein kurzes Quiz: Warum erstellen die meisten Menschen *wirklich* Business Cases?

- Um herauszufinden, ob ein Projekt genehmigt werden sollte?
- Als Hebel, um eine Initiative auf jeden Fall durchzusetzen?

Richtig geraten: Leider ist es NICHT die erste Option ...

Die typische Einstellung eines Projektmanagers, die oft durch eine unreife Unternehmenskultur gefördert wird, zu einem Business Case ist die folgende: „Ich muss ihn ‚nachschärfen‘, bis er ‚gut‘ genug ist. Wenn er nicht gut genug ist, um das Projekt genehmigt zu bekommen, werden sie mich als Versager betrachten. Und ich muss einige Projekte genehmigt bekommen, damit ich meinen Wert beweisen kann." Na, klingt das vertraut?

Dieses Verhaltensmuster kann in vielen, wenn nicht in den meisten großen internationalen Unternehmen beobachtet werden.

Es sorgt für eine suboptimale Verteilung der Mittel, und viel Energie wird für die „Optimierung der Business Cases" verschwendet.

Hier ist eine Faustregel für eine zielführende Business Case-Kultur:

BELOHNEN SIE NICHT POSITIVE BUSINESS CASES.

Belohnen Sie stattdessen ehrliche Business Cases.

---

(2) Quantifizierung von Vorteilen

Können alle Treiber eines Projekts quantifiziert werden?

Wie steht es beispielsweise mit diesen drei Aspekten aus (Abb. 16-5)?

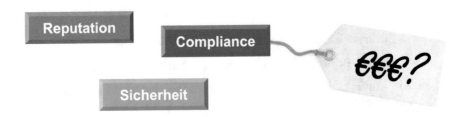

Abb. 16-5. Werte, die schwer zu quantifizieren sind

Versuchen Sie einmal, den Einfluss eines schlechten Rufs auf die Kundenloyalität zu quantifizieren. Dies wäre tatsächlich wichtig, wenn die Rechtfertigung von Compliance-Projekten erforderlich ist.

(3) Widersprüchliche Ziele innerhalb der Organisation

Verschiedene Ziele können miteinander in Konflikt geraten, selbst wenn jedes einzelne davon gültig ist. Eine typische Kombination von einander widersprechenden Zielen ist die von **Nachhaltigkeit, Agilität** und **Effizienz** – dabei ist jedes dieser Ziele für sich genommen wirklich wünschenswert – siehe Abb. 16-6.

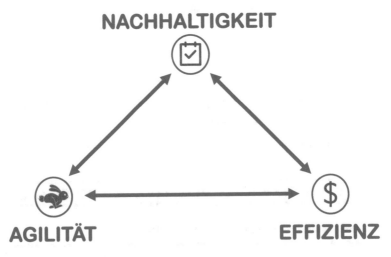

Abb. 16-6. Abwägen von Nachhaltigkeit, Agilität und Effizienz

Im Operations Research wird eine solche Situation in der Regel durch eine Zielfunktion angegangen, bei der das optimale Gewicht der verschiedenen Ziele Gegenstand der Optimierungsaufgabe ist.

Im wirklichen Leben können die Parameter a, b und c der Zielfunktion

a * Nachhaltigkeit + b * Agilität + c * Effizienz →max
jedoch nicht objektiv bestimmt werden, und jede Fachabteilung hat hier eine andere Perspektive. Obwohl Anreizsysteme für Manager darauf abzielen sollen, ihre persönlichen Ziele mit den Zielen der gesamten Organisation in Einklang zu bringen, besteht in der Praxis immer eine Lücke.

Jedes dieser drei Ziele hat einen Wert, der in den Business Case einfließen muss. Das Risikomanagement würde sogar die *Wahrscheinlichkeit* von Ereignissen – ein weiterer Aspekt, den Sie nicht eindeutig bestimmen können – hinzufügen.

Für Datenprojekte ist die Berücksichtigung all dieser Aspekte eine Aufgabe des Data Office. Ein mit entsprechender Autorität versehener CDO wird in der Lage sein, die Shareholder-Ansicht aufgrund der fachbereichsübergreifenden, langfristigen Perspektive, die ein wesentlicher Bestandteil der Rolle eines CDO ist, besser zu vertreten als andere Führungskräfte.

Die größte Herausforderung des CDO ist die hinreichende Unterstützung des Nachhaltigkeitsziels, also einer langfristigen Perspektive. Die Erfahrung zeigt, dass sehr wenige Stakeholder innerhalb der Managementebene einer Organisation dies aktiv unterstützen. Manchmal sind es nur der CDO und der CEO. Wenn der CEO kurz vor dem Ruhestand oder einem Wechsel steht, könnte es sogar nur der CDO sein.

Betrachten wir einmal einige typische Akteure in einer Organisation:

- Ein klassischer **Projektmanager** zielt darauf ab, die Agilität zu maximieren, damit das Projekt schnell und ohne zu viel „bürokratischen Ballast" abgeschlossen werden kann. Oft werden Projektmanager nicht für Nachhaltigkeit belohnt.

- Der **CFO** konzentriert sich auf die Effizienz, d. h. den maximalen Nutzen, den das investierte Geld erzielt, idealerweise noch im selben Geschäftsjahr. Dazu gehört auch ein Blick auf die Grenzkosten (Marginal Costs; MC): Sobald eine zusätzlich ausgegebene Geldeinheit eine Rendite unter einem bestimmten Schwellenwert liefert, wird die Bereitschaft des CFO, das Geld zur Verfügung zu stellen, rapide zurückgehen.

- **Langfristige Investoren** und Eigentümer legen in der Regel großen Wert auf die Nachhaltigkeit. Für sie ist es in Ordnung, wenn es etwas länger dauert, solange keine zukünftigen Kosten anfallen.

- Die **Rechtsabteilung** wird auf die Einhaltung rechtlicher Vorschriften bestehen – was Teil des Nachhaltigkeitsziels ist. Für diese Abteilung können die anderen beiden Ziele durchaus sekundär sein.

Alle diese Parteien müssen involviert werden, aber Sie werden sie zwingen müssen, ihre Präferenzen zu quantifizieren – um einen Gesamtvergleich der Kosten/Nutzen aus der Perspektive der Organisation zu ermöglichen.

(4) Schwierige Verifizierung im Nachhinein

Stellen Sie sich den typischen Prozess der Erstellung eines Business Cases vor:

- Sie berechnen sorgfältig die Kosten und Nutzen für den Business Case.

- Dann führen Sie das Projekt durch und beenden es erfolgreich!

- Sie wissen genau, wie viel Geld Sie ausgegeben haben.

- Aber ... *können Sie den erzeugten Mehrwert beweisen???*

Sie stoßen auf die folgenden beiden Probleme:

- Behauptete Vorteile lassen sich nicht leicht verifizieren.

- Erzielte Vorteile lassen sich nicht eindeutig einem einzelnen Projekt zuordnen.

Sie sollten die Verifizierung eines Business Cases von vornherein einplanen, um bei Ihren nächsten Business Cases besser positioniert zu sein. Wenn Sie Ihren eigenen Business Case nicht überzeugend finden, sollten Sie das Projekt sowieso nicht durchsetzen (Abb. 16-7).

Abb. 16-7. Vorteile, die schwer quantifizierbar sind

(5) Schnelles Veralten von Business Cases

Stellen Sie sich vor, Sie berechnen den Wert, den Ihr Projekt generieren wird. Und das Ergebnis ist genau und präzise.

Aber die Zeiten ändern sich …

Tatsächlich ist ein erwarteter Ertrag umso unsicherer, je weiter er in der Zukunft liegt.

Zum Beispiel können neue technische Entwicklungen eine ursprünglich gute Lösung nutzlos machen.

Datenspezifische Herausforderungen

Business Cases für Dateninitiativen sind manchmal nicht ohne Ironie: Sie benötigen einen Business Case für Ihre Daten und Daten für Ihren Business Case (Abb. 16-8).

„Ja, Sir, ich habe versucht, einen ROI-Case für unser BI-Projekt zu erstellen - aber ich konnte auf keine zuverlässigen Daten zugreifen!"

TimoElliott.com

Abb. 16-8. Business Case Catch-22

Dieser Cartoon erinnert uns daran, dass einige Herausforderungen häufiger bei Business Cases für Dateninitiativen auftreten als bei den durchschnittlichen Business Cases.

Aber was verstehen wir unter „datenbezogenem Business Case"? Es ist die Kurzform für Business Cases zu Initiativen, die darauf abzielen, aus Daten oder

Datenverarbeitung Kapital zu schlagen. Diese können so unterschiedlich sein wie

- Die Einführung eines fachbereichsübergreifenden MDM
- Ein Abonnement externer Datenquellen
- Ein firmenweiter Hackathon
- Die Erstellung zusätzlicher Stellen für Data Scientists
- Präskriptive Analytik auf der Grundlage des Verhaltens von Website-Besuchern
- Die Migration von Hadoop zu Spark (oder ein anderes IT-Projekt zur technischen Datenverarbeitung)

Hier sind einige der häufigsten Herausforderungen, die bei Business Cases für Dateninitiative auftreten.

(6) Daten sind nicht sexy

Hier ist noch ein Quiz. Welche Fehler finden Sie in folgender Geschichte?

BEISPIEL 2

Während des Abendessens nach der jährlichen Vorstandskonferenz plaudert der Leiter des Bereichs Maschinelles Lernen mit dem Chief Commercial Officer, einer Dame in den Dreißigern. Als wir näher kommen, hören wir, wie er zu ihr sagt:

„ ... und dann haben wir das Neural Network verbessert, indem wir auf die Verwendung einer einfachen Hard Sigmoid-Funktion als Aktivierungsfunktion verzichtet haben und stattdessen die Gudermannsche Funktion verwendet haben." Dann schreibt er auf ein Stück Papier: $f(x) = gd(x) = \int_0^x \frac{1}{\cosh t} dt = 2\arctan\left(\tanh\left(\frac{x}{2}\right)\right)$.

Weiter sagt er: „Dies erfordert mehr Rechenleistung, aber wir haben dadurch deutlich bessere Ergebnisse erzielt!"

Die Chief Commercial Officer antwortet: „Cool! Ich kann es kaum erwarten, dass Sie den Vorstand über die technischen Details informieren!

Sobald die Vorstandsmitglieder verstehen, wie es funktioniert, werden sie sofort das Budget für die zusätzliche Hardware bereitstellen!"

Gleichzeitig betrachtet sie den attraktiven Experten für Maschinelles Lernen und denkt: „Er ist sooo süß!"

Haben Sie alle Fehler markiert?

Hier ist die Auflösung:

a) Sie werden keinen Leiter für Maschinelles Lernen auf einer Vorstandskonferenz sehen.

b) Kein Vorstand wird einem Nerd zuhören.

c) Ein Vorstandsmitglied möchte wissen, OB es funktioniert, nicht, WIE es funktioniert.

d) Hoffen Sie nicht auf ein Budget, weil die Vorstandsmitglieder „Daten" verstehen. Sie tun es nicht.

e) Daten-Fachwissen macht Sie nicht sexy! (Tut mir leid, dass ich da ehrlich sein muss.)

(7) Bestimmung des Wertes geschaffener Grundlagen

Datenprojekte sind oft „Enabler", stellen also lediglich Grundlagen bereit: Messbarer Mehrwert entsteht erst durch zukünftige Anwendung. Beispiele:

- MDM verbessert die Stabilität des operativen Betriebes

- Analytics gibt dem Marketing die erforderlichen Markteinblicke und vermeidet so Geldverschwendung für nutzlose Marketingkampagnen.

- SOA[2] vermeidet Dateninkonsistenzen und reduziert so die Anzahl der manuellen Korrekturen im Finanzbereich.

- Data Science entdeckt bisher unbekannte geographische Korrelationen und ermöglicht so eine marktspezifische Servicekonfiguration.

Warum aber bleiben Enabler häufig ungedeckt, selbst wenn es keine politischen oder kulturellen Probleme gibt?

Sie stehen häufig vor den folgenden beiden Problemen:

- Es entsteht wenig bis gar kein *direkter* finanzieller Nutzen.

- Zukünftige Projekte, die auf den Enablern aufbauen, beanspruchen den erzeugten Mehrwert für sich.

Als Analogie betrachten wir einmal ein Enabler-Projekt jenseits des Datenbereichs.

---

[2] Service-Oriented Architecture.

BEISPIEL 3

Der „Enabler" von Burj Khalifa: Seine Grundlage!

Für den Bau des Stahlbeton-Fundaments dieses 828 Meter hohen Turms wurden mehr als 45.000 m³ Beton und mehr als 110.000 Tonnen Stahl verwendet. Die 192 Pfeiler des Turms sind mehr als 50 m tief im Boden verankert: 20 % des Turm-Betons sind unterhalb der Erdoberfläche verborgen!

Wie hätte der Business Case für das Fundament dieses Turms für sich genommen ausgesehen?

Ungeheure Kosten, kein einziges Zimmer, lediglich eine Plattform ...

Dieser Fall weist bereits auf einen ersten möglichen Ansatz hin: Das Fundament des Burj Khalifa wurde nicht isoliert genehmigt und finanziert – sondern zusammen mit dem Turm darauf, als ein einziges Projekt.

(8) Später Break-Even

Wie schnell muss eine Investition Break-Even erreichen?

Ein Projekt sollte durchgeführt werden, wenn es in der langfristigen Perspektive eine Wertschöpfung verspricht.

In der Realität wird eine Organisation nur so viele Projekte finanzieren, wie sie im Budget eingeplant hat. Alle anderen Projekte werden nicht durchgeführt, selbst wenn sie den Aktionären einen Nettozuwachs versprechen.

Welche Projekte werden die ersten Opfer sein? Es sind oft nicht die mit dem schlechtesten Return on Investment (RoI; auf deutsch auch Kapitalrendite), sondern die mit einem RoI in weiter Zukunft!

Die Abb. 16-9 illustriert einen Fall, in dem der Break-Even erst **nach** der vom Unternehmen definierten Referenzperiode erreicht wird. Eine solche Organisation wird für ein derartiges Projekt einen negativen ROI berechnen.

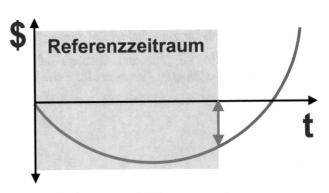

Abb. 16-9. Break-Even nach der Referenzperiode

Es ist nicht überraschend, dass ein großer Teil der Grundlagenarbeit für das Datenmanagement in diese Kategorie fällt.

Hier sind einige nützliche Analogien, um diese Situation von Datenprojekten einer Führungskraft zu erklären:

a) Alles andere als ein langfristiger Blick würde jede Fluggesellschaft daran hindern, neue Flugzeuge zu kaufen.

b) In der Forstwirtschaft könnte man durch das Nicht-Pflanzen neuer Bäume beim Fällen der gewachsenen Bäume erreichen, dass Geld gespart wird. Dieser Ansatz wird die Organisation jedoch ganz offenkundig auf lange Sicht töten.

(9) Motivation von Führungskräften

Wie Sie vielleicht bemerkt haben, werden viele Projekte aus sachfremden Gründen abgelehnt.

Aber warum unterstützen Führungskräfte denn nicht alle positiven Business Cases?

Ja, manchmal verstehen sie es *wirklich* nicht.

In vielen Fällen jedoch verstehen sie es, aber:

Sie sehen keinen Nutzen für sich selbst

Sie haben Angst vor dem Wandel

Sie folgen eher ihrer eigenen Agenda

Acht Empfehlungen für den Umgang mit Daten-Business Cases

Anstatt über etwas zu klagen, das wir nicht ändern können, sollten wir uns auf den Umgang mit dieser Situation konzentrieren.

Wenn wir uns alle möglichen Hindernisse vergegenwärtigen, die es zu überwinden gilt, um unseren Business Case genehmigt zu bekommen, benötigen wir eine vielseitige Strategie!

Während diese Strategie von Organisation zu Organisation unterschiedlich aussehen wird, möchte ich meine acht Empfehlungen für den Umgang mit Daten-Business Cases mit Ihnen teilen, die Sie zu Bestandteilen Ihrer Strategie machen können.

I. Führen Sie ein aktives Stakeholder-Management durch

Sie erinnern sich an die letzte Herausforderung beim Daten-Business Case: Die fehlende Unterstützung durch die Führungskräfte für die von Ihnen als offensichtliche Must-dos eingestuften Maßnahmen.

Deshalb ist das Stakeholder-Management so wichtig. Verstehen Sie sie, schaffen Sie Vertrauen, gestalten Sie Win-Win-Situationen und seien Sie bereit, bis zu einem gewissen Grad Kompromisse einzugehen.

Wie machen Sie das? Nehmen Sie Kontakt auf. Führen Sie individuelle Gespräche – formell oder bei einer Tasse Kaffee.

Die wichtigsten Aspekte sind

(i) Fragen und zuhören!

Diese Botschaft werden Sie von mir immer wieder hören. Sie gilt auch für das Business Case Management. Sie erfahren dabei, welche Sorgen die Entscheidungsträger am meisten beschäftigen. Und Sie können Ihre Geschichte entsprechend anpassen.

(ii) Machen Sie sie neugierig! Begeistern Sie!

Entwickeln Sie Beispiele, die für eine bestimmten Führungskraft sinnvoll sind. Je konkreter und greifbarer diese Beispiele sind, desto besser!

Es gibt auch einen mühsamen Aspekt des Stakeholder-Managements: Die Dokumentation. Erstellen Sie eine Stakeholder-Landkarte. Bestimmen und notieren Sie die Beziehungen zwischen den Entscheidern. Das können Sie dann beispielsweise dazu verwenden, um Entscheidern die (positive) Sicht ihrer Freunde oder Verbündeten auf Daten-Ideen zu vermitteln.

Und Sie sollten Ihre Stakeholder klassifizieren. Hier ist eine mögliche Liste der Kategorien:

- Die Überforderten: Interessiert, aber ängstlich

- Die Jammerlappen: Haben in der Vergangenheit immer geklagt, sind heute aber keine Beitragenden

- Die Neugierigen: Oft ahnungslos, aber bereit zuzuhören

- Die vermeintlich Autarken: Sehen den Wert der Daten. Denken aber, sie könnten das alles alleine hinbekommen

- Die Oberflächlichen: Wollen die bunten Ergebnisse, aber ohne die harte Arbeit

- Die Arroganten: Halten Datenmanagement insgesamt für überflüssig

- Die Verständigen, die offen sind und bereit, aktiv mitzuarbeiten: Das sind Ihre idealen Partner!

Sie benötigen einen Plan für jedes dieser Verhaltensmuster. Und Sie können planen, Stakeholder von einem Muster in ein anderes zu überführen.

II. Fördern Sie Datenkompetenz und Transparenz

Die Menschen müssen verstehen, worüber Sie sprechen. Sie müssen auf die vielfältigen Erwartungen eingehen und viel erklären, um das Vertrauen in die Daten zu fördern.

Wie erreichen Sie das?

Sie müssen zunächst die gesamte Belegschaft in Sachen Daten schulen.

Einfacher gesagt als getan, oder?

Richtig! Aber es gibt ein paar Dinge, die Sie tun können, um die Situation zu verbessern. Wer Daten versteht (oder zumindest versteht, was Daten erreichen können), wird Sie eher unterstützend.

Zunächst einmal: Seien Sie transparent und ehrlich in Bezug auf alle Vor- und Nachteile.

Es mag verlockend sein, Risiken zu verbergen, um Ihren Business Case besser aussehen zu lassen. Aber dies NICHT zu tun hat ein paar klare Vorteile:

(i) Es hilft Transparenz durchzusetzen.

Sobald Ihre Business Cases sich wiederholt als ehrlich herausstellen, erwerben Sie die Legitimation, den Standard für alle anderen Business Cases zu setzen.

(ii) Es verbessert Ihren Ruf.

Manager wie Sie, die sich mit Themen beschäftigen, die die Menschen allgemein nicht verstehen, sind davon abhängig, als vertrauenswürdig betrachtet zu werden. Schließlich können Sie nicht erwarten, dass allzu viele Menschen Ihnen aufgrund einer selbst vorgenommenen wissenschaftlichen Bewertung Ihrer Pläne zustimmen. Man wird Ihnen vertrauen müssen.

(iii) Es sichert Sie ab.

Die transparente Berücksichtigung von Risiken kann ein Projekt weniger attraktiv machen als eine Investition mit demselben RoI, aber niedrigerem Risiko. Aber es kann Sie im Fall des Scheiterns retten – Sie können auf das Risiko verweisen.

Deshalb sollte jedes Risiko in einen Business Case einbezogen werden.

Zweitens erwarten Sie bitte nicht, dass die Menschen freiwillig „in das Land der Daten eintreten". Sie sollten sie lieber dort abholen, wo sie sich befinden. Verwenden Sie ihre Sprache. Und denken Sie an Analogien, die für die Menschen in ihrem jeweiligen Kontext sinnvoll sind.

Hier ist ein schönes Beispiel für den Wertanstieg von Daten, wenn Sie diese weiterverarbeiten. Sie können dies mit dem Anstieg des Werts von Rohstoffen wie Eisenerz bei der Weiterverarbeitung bis zu einem fertigen Produkt wie einem Flugzeug vergleichen, wie in Abb. 16-10 dargestellt.

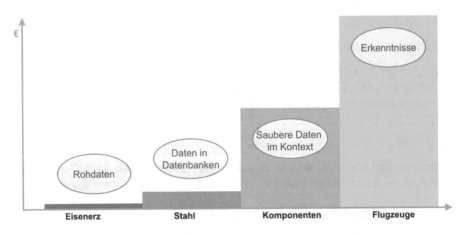

Abb. 16-10. Die Evolution des Werts

Dieses Beispiel wird leicht verstanden und ermöglicht es Ihnen, es mit dem Anstieg des Werts zu vergleichen, wenn Sie Daten in Informationen und Erkenntnisse (z. B. durch Strukturierung, Bereinigung, Zusammenführung der richtigen Daten usw.) verwandeln.

In einer verkürzten Version könnten Sie den häufigen Slogan „Data – Insight – Action" mit „Stahl – Flugzeuge – Lufttransport" vergleichen. Dieser Vergleich macht sichtbar, wie komplex der Weg von Daten zu Erkenntnissen im Vergleich zum Schritt von Erkenntnissen zu Handlungen ist.

Und Sie müssen hier nicht aufhören. Genau wie Flugzeuge nur dann Wert darstellen, wenn sie Passagiere oder Güter von A nach B bringen, werden

Erkenntnisse aus Daten erst dann wertvoll sein, wenn die Organisation sie nutzt, zum Beispiel durch bessere strategische oder operative Entscheidungen.

III. Erstellen und Aufrechterhalten einer Daten-Roadmap

Menschen sind oft offen für einprägsame Begriffe auf einer Roadmap, solange sie sich nicht verpflichten müssen, Ressourcen, Finanzmittel oder Compliance bereitzustellen. Aus diesem Grund ist es möglicherweise besser, die beiden Schritte zu trennen.

Als ersten Schritt sollten Sie lediglich Ihre Roadmap beschreiben, ohne konkrete Ressourcen oder Finanzmittel anzufordern. Sie sollten im Allgemeinen erklären, warum es sinnvoll ist, die vorgeschlagene Reihe von Schritten zu unternehmen. Dann können Sie um die Zustimmung aller zu Ihrer Roadmap bitten. Die meisten Menschen werden wahrscheinlich zustimmen, solange sie kein gutes Argument gegen Ihre Roadmap finden.

Sie können diese Zustimmung später zitieren, wenn Sie Ihre Pläne in konkrete Projekte übersetzen, und wenn Sie Finanzmittel und Ressourcen für diese Projekte benötigen.

Ein typischer Verweis auf eine frühere Zustimmung könnte lauten: „Dieses Projekt ist Teil unserer genehmigten Strategie, unsere MDM bis zum Ende des Jahres (20xx) zu modernisieren."

Ein solcher Ansatz ist ganz offensichtlich am stärksten, wenn die Zustimmung von ganz oben kommt. Menschen werden es sich zweimal überlegen, bevor sie sich weigern, eine Entscheidung der Geschäftsleitung zu unterstützen.

Und es geht hier nicht nur um den bloßen Finanzierungsprozess. Es geht auch darum, Managern in der gesamten Organisation die Bereitschaft abzuringen, Ihrer Initiative Ressourcen zur Verfügung zu stellen.

IV. Daten als Vermögenswert behandeln

Daten werden nicht nur immer häufiger als Vermögenswert bezeichnet. Sie haben auch vieles gemeinsam mit offiziell anerkannten Vermögenswerten wie Produktionsstoffen oder Maschinen.

- Ihre Nutzung bringt messbare Geschäftsvorteile, zum Beispiel:
    - Wir arbeiten mit dem Vermögenswert effizienter als ohne ihn.

- Wir können mit dem Vermögenswert leichter neue Kunden gewinnen und bestehende Kunden behalten.

- Wir können es zu etwas mit einem noch höheren Wert transformieren.

- Es degradiert im Laufe der Zeit und erfordert Wartung.

- Es zu haben und es nicht zu nutzen, ist Verschwendung.

Darüber hinaus haben immaterielle Vermögenswerte wie Daten sogar Vorteile gegenüber materiellen Vermögenswerten:

- Sie werden durch ihren Gebrauch nicht weniger.

- Sie können innerhalb von Sekunden überall verfügbar gemacht und von jedem gleichzeitig genutzt werden.

- Während ein übermäßiger Gebrauch bei der Arbeit mit materiellen Vermögenswerten oft nicht nachhaltig ist, ist es ein perfektes Rezept, um aus immateriellen Vermögenswerten wie Daten maximales Kapital zu schlagen.

Trotzdem sehen viele Organisationen Daten nicht als Vermögenswert an. Laut Valérie A. Logan, ehemaliger VP-Analyst für Data und Analytics bei Gartner, gaben lediglich „8 % [der Unternehmen] an, dass wichtige Informationsvermögen so behandelt werden, als wären sie Bestandteil der Bilanz" (Logan 2019).

Oder, wie Thomas Bodé, ehemaliger Global Head of Data and Analytics bei der Daniel Swarovski Corporation, es auf einer Datenkonferenz in Barcelona im Februar 2020 ausdrückte: „Daten sind das am wenigsten entdeckte Vermögen."

Diese Situation sollte Sie ermutigen, da sie erhebliche Chancen eröffnet.

Selbst wenn Regulierungen noch verhindern, dass Daten rechtlich als Vermögenswert behandelt werden, sollten Sie sich mit dem Thema beschäftigen. Die folgenden Aktivitäten können Ihnen helfen:

(i) **Heften Sie ein Preisschild an Ihre Daten.**

Daten sollten ein Preisschild erhalten, das auf ihrem Mehrwertpotenzial basiert.

Wenn im Rahmen eines Projekts der Wert von Daten (durch „Verfeinerung") steigt, sollten Sie diesen Mehrwert den Vorteilen des Projekts hinzurechnen – selbst wenn der tatsächliche Mehrwert außerhalb des Projekts liegt. (Erklären Sie aber stets, wie Sie berechnen!)

(ii) Arbeiten Sie eng mit den Benutzern zusammen.

Engagieren Sie die Fachabteilungen! Sie können gemeinsam den Mehrwert jedes Schritts in der Daten-Supply Chain bestimmen, z. B. Erwerb, Bereinigung, Anreicherung, Business-Metriken oder Berichte.

Als zweiter Schritt sollten die Benutzer den Mehrwert der Daten ausdrücklich bestätigen.

Ein Preisschild, das direkt vom Nutznießer kommt, ist eine Eintrittskarte für Business Cases!

(iii) Verwenden Sie Analogien und Beispiele.

Manchmal kann eine kühne Aussage helfen, die Gleichheit zu veranschaulichen, z. B. „Ungepflegte Kundendaten verderben so schnell wie vergessene Äpfel."

Tatsächlich könnten Daten mit dem Anstieg des Datenumsatzes in unserer digitalen Zeit immer mehr als FMCG (Fast-Moving Consumer Goods) eingestuft werden. Selbst wenn Sie nicht in dieser Branche tätig sind, sollten Sie in Erwägung ziehen, diese Analogie zu verwenden.

(iv) Stellen Sie die richtigen Fragen.

Helfen Sie den Menschen. Fragen Sie nicht einfach „Wie viel ist dieser Bericht wert?"

Fragen Sie stattdessen: „Welchen Einfluss hätte es, wenn Sie diesen Bericht nicht hätten?"

(v) Sprechen Sie mit dem CFO.

In den meisten Organisationen ist der CFO ein vielversprechender Ansprechpartner. Diese Person ist nicht nur sehr einflussreich, sondern sollte auch die Natur (und Bedeutsamkeit) von Vermögenswerten besser verstehen als jeder andere.

(vi) Schaffen Sie Richtlinien.

Selbst wenn es keinen unmittelbaren Einfluss von „Daten als Vermögenswert" auf die Bilanzen gibt, z. B. als „immaterieller Vermögenswert" gemäß IFRS,[3] können Sie innerhalb Ihrer Organisation an der Entwicklung von Richtlinien arbeiten, die es ermöglichen, mit Daten ähnlich wie mit anderen Vermögenswerten umzugehen.

---

[3] Der International Accounting Standard (IAS) 38 beschreibt „immaterielle Vermögenswerte". Siehe IFRS (2017) für die offizielle Definition der IFRS Foundation.

Dies ermöglicht es Ihnen, für Daten Prinzipien anzuwenden, die für alle anerkannten Vermögenswerte als akzeptabel gelten (Abb. 16-11).

„Ich bin gerade auf dem Weg zur Bank..."

Abb. 16-11. Daten als Vermögenswert

V. Arbeiten Sie im Tarn-Modus, falls erforderlich

Je nachdem, wie weit eine Organisation beim Umgang mit Daten ist, können datengetriebene Initiativen gezwungen sein, im „Tarn-Modus" zu laufen, bis erste Ergebnisse aus der Praxis vorliegen.

Wenn der unmittelbare Business Case keine ausreichenden Vorteile ohne Berücksichtigung der zukünftigen Wiederverwendung erbringt und wenn niemand an einer langfristigen Sicht er Dinge interessiert ist, kann es möglich sein, die Idee in einem anderen, genehmigten Projekt „zu verstecken".

Dies würde die Implementierung erster Anwendungsfälle ermöglichen. Der Wert wird dann in der Regel schon mit dem nächsten Use Case sichtbar.

Zum Beispiel ist es nicht mehr erforderlich, für den zweiten Fall noch irgendeine datenbezogene Logik zu implementieren – rufen Sie einfach den Webservice auf (der bereits für den ersten Use Case erstellt wurde).

Lassen Sie den Projektmanager des zweiten Falles die Erfolgsgeschichte verbreiten – und die Leute werden anfangen, an dieses Konzept zu glauben.

Sie haben Ihr Ziel erreicht, sobald diejenigen, die es immer noch lieber auf die schmutzige Weise implementieren möchten, Widerstand von anderen erfahren und sich daraufhin doch entscheiden, den Regeln zu folgen.

VI. Erklären Sie die Kosten dafür, es NICHT zu tun

Wie wir gesehen haben, wirkt sich eine solide Datengrundlage häufig als Enabler aus, und alle Vorteile werden den Projekten zugeschrieben, die von dieser Grundlage profitieren.

Anstatt Teile dieser Vorteile auch Ihrer Datengrundlage zuzuschreiben (und das Risiko einzugehen, des Doppelzählens von Wertbeiträgen beschuldigt zu werden), können Sie akzeptieren, dass die Zuordnung von Vorteilen zu den Implementierungsprojekten erfolgt. Die Leute, die diese Projekte durchführen, können Ihnen dankbar sein, dass Sie dazu beigetragen haben, die finanziellen Ziele dieser Projekte zu erreichen.

Stattdessen können Sie die „Kosten für das Nichterstellen einer Datengrundlage" berechnen. Dieser Ansatz ermöglicht es Ihnen, alle Projekte aufzulisten, die entweder nicht möglich gewesen wären oder zumindest nicht so viel Rendite auf die Investition erzielt hätten, wenn Sie nicht zuvor Ihren Datenbeitrag geleistet hätten.

VII. Stellen Sie Regeln für den Umgang mit Business Cases auf – und befolgen Sie sie selbst

Sie werden Situationen erleben, in denen Ihre Business Cases in Frage gestellt werden. Zum Beispiel können Menschen behaupten, dass Sie voreingenommen sind und dass Sie versucht haben, Ihren Business Case besser aussehen zu lassen, als er eigentlich ist.

Wir müssen zugeben, dass eine solche Beschuldigung oft nicht vollständig aus der Luft gegriffen ist. Es wird noch herausfordernder, auf derartige Vorwürfe zu reagieren, wo Sie mit indirekten Vorteilen arbeiten, wie dies ja häufig bei Business Cases mit Daten der Fall ist.

Es ist daher nützlich, vorbereitet zu sein, idealerweise durch allgemein anerkannte Prinzipien für die Erstellung von Business Cases. Und die Menschen werden allgemein anerkannte (berechtigte) Prinzipien eher akzeptieren, wenn sie sich nicht auch noch gleichzeitig zu Budget und Ressourcen verpflichten müssen.

Das ist der Grund, warum Sie derartige Regeln lange vor der ersten Anwendung aufstellen sollten, wenn Zustimmung niemanden etwas kostet!

Natürlich sollten Sie alle in diesem Kapitel beschriebenen Komponenten einschließen, wie zum Beispiel die „Net Present Value"-Berechnung oder eine maximale Zeitspanne für die Berücksichtigung von Vorteilen.

Aber Sie können mit datenbezogenen Projekten noch erheblich mehr erreichen, wenn Sie es schaffen, auch Regeln für weiche Faktoren einzuarbeiten.

Ein Beispiel ist die Berechnung der „Kosten für die Nichtdurchführung des Projekts", wie zuvor beschrieben. Diese sollten weit oben auf Ihrer Liste der Regeln für Business Cases stehen, die Sie zu Unternehmensstandards machen wollen.

Ein zweites Beispiel ist der Umgang mit bedingten Vorteilen. Genau wie ein Feuerlöscher, der eventuell nie verwendet werden muss, könne Ihr Unternehmen möglicherweise nie mit kompromittierter Sicherheit oder beschädigtem Ruf konfrontiert werden. Aber es gibt dennoch gute Gründe für eine gründliche Implementierung von Datenschutzmechanismen, genau wie es gute Gründe für einen Feuerlöscher gibt.

Eine einfache Regel zur Berechnung dieser Art von Vorteilen ist die Multiplikation der erwarteten finanziellen Auswirkung eines Ereignisses mit seiner Wahrscheinlichkeit. Sobald es eine Einigung sowohl in der Wahrscheinlichkeit als auch in der Auswirkung (positiv oder negativ) gibt, wird eine solche Berechnung des erwarteten Wertbeitrags einfach.

VIII. Entwickeln Sie eine Unternehmenskultur der Daten

Schauen Sie sich um Sie: Gibt es eine Funktion oder eine Abteilung in Ihrer Organisation, die fast alle Projekte genehmigt bekommt, unabhängig von den beteiligten Personen?

Ja? Warum ist das so? Wird eine bestimmte Art von Projekten als „selbstverständlich" oder „natürliche Notwendigkeit" angesehen?

Je nach der (expliziten oder impliziten) Kultur einer Organisation gelten bestimmte Aspekte allgemein als unverhandelbar.

- Vielleicht wird der Datenschutz als ein so wesentlicher Aspekt angesehen, dass alle damit verbundenen Projekte finanziert werden.

- Vielleicht gibt es eine langfristige Transformationsinitiative mit Vorstandssponsoring, sodass Projekte immer versuchen, als Teil davon betrachtet zu werden, um Budgetmittel zu erhalten.

Es sollte Ihr Ziel sein, „Wir werden eine datengetriebene Organisation werden" zu einem dieser vom Vorstand gesponserten Ziele oder Initiativen zu machen, vielleicht sogar als offizieller Teil der Unternehmenskultur Ihrer Organisation.

Anwendungsfälle für Daten als Vermögenswert

Business Cases dienen nicht nur der finanziellen Rechtfertigung. Sie dienen auch dazu, Menschen zu überzeugen.

Was treibt Ihre Prognosen an?

Hier ist eine wahre Geschichte. Ich werde den Namen der Organisation nicht verraten, und ich habe auch die Zahlen geändert.

Das Management dieser Organisation wusste, dass Mitarbeiter motiviert werden müssen. Sie entschieden, bei diesen eine optimistische Bereitschaft zum Handeln zu entwickeln, indem als Vorbild eine Geschichte aus der Vergangenheit des Unternehmens kommuniziert wurde:

Nach schwierigen Zeiten mussten Ziele für die kommenden Jahre gesetzt werden. Alle Führungskräfte hatten sehr moderate Ziele vorgeschlagen, die auf ihrer pessimistischen Sicht der Welt basierten.

Frustriert von diesen ambitionslosen Zielen stand der CEO auf und sagte: „Wir werden einen Umsatz von einer Milliarde Dollar erzielen!" Alle waren schockiert, da dies nicht realistisch schien.

Aber schließlich akzeptierten alle dieses Ziel (sie hatten ja auch keine andere Wahl). Alle Führungskräfte fühlten sich durch dieses Ziel herausgefordert, und sie begannen hart zu arbeiten (was sie sowieso getan hätten).

Einige Jahre später hatten sie sich von der Krise erholt und ihr Ziel von einer Milliarde Dollar erreicht.

Ohne einen ambitionierten CEO, so war der Eindruck, hätte dieses gute Ergebnis niemals erzielt werden können!

Jahre später entschied das Management, diese Geschichte zu erzählen, um zu erklären, warum sie wiederum sehr ambitionierte Ziele setzen. Skeptiker wurden an die Erfolgsgeschichte von damals erinnert.

Leider hatte sich die Wirtschaft inzwischen abgeschwächt. Der Markt schrumpfte, und die Konkurrenten boten Rabatte an, um Marktanteile zu gewinnen. Sowohl Umsatz als auch Gewinne waren rückläufig, obwohl die Organisation gut funktionierte, sowohl operativ als auch kommerziell. Anspruchsvolle Ziele hatten nicht geholfen. Stattdessen hatten sie trotz der guten Arbeit zu Enttäuschungen geführt, da jeder dachte, harte Arbeit würde ihnen helfen, das Ziel zu erreichen, so wie es das letzte Mal der Fall gewesen war.

Hier sind drei kritische Erkenntnisse für jede Art von finanzieller Prognose:

a) Ehrgeiz kann eine nützliche Zutat einer Prognose sein, aber wenn Sie Ihren gesamten Plan auf einer Mischung aus Bauchgefühl und Ehrgeiz aufbauen, könnten Sie genauso gut einen Zufallszahlengenerator verwenden.

b) Das Ignorieren von externen Daten macht Sie blind. Ehrgeiz schützt Sie nicht vor negativer Entwicklung des gesamten Marktes.

c) Das bloße Fortschreiben der Erfahrungen aus der Vergangenheit ist ebenfalls keine gute Idee. Die Außenwelt ändert sich, und dies kann nicht aus internen Daten abgeleitet werden.

Wie machen Sie Ihre Budgetprognose – basierend auf Ehrgeiz, Bauchgefühl oder Daten?

Daten – warum ausgerechnet JETZT

Es ist wichtig zu betonen, dass die Basis für Daten-Business Cases in den vergangenen zehn bis 20 Jahren enorm verändert hat.

- Laut Gartner gab es im Jahr 2020 mehr als 20 Mrd. verbundene Sensoren, Endpunkte und digitale Zwillinge für potenziell Milliarden von Dingen.[4]

- Die für die Analyse verfügbaren Daten verdoppeln sich alle zwei Jahre.

- Alte Algorithmen können jetzt erstmals angewendet werden, da die erforderliche Rechenleistung verfügbar geworden ist.

- Die Entwicklung von AI-Algorithmen schreitet schnell voran, da es sich mittlerweile um einen Schwerpunkt der mathematischen Forschung handelt.

- Die Zahl der Data Scientists steigt. Neuronale Netze sind ein zunehmend attraktiver Bereich des Mathematik-studiums. Data Science besteht schließlich im Wesentlichen aus Angewandter Mathematik.

---

[4] „Leading the IoT", 2017, herausgegeben von Mark Hung, Gartner Research VP, www.gartner.com/imagesrv/books/iot/iotEbook_digital.pdf.

- Die Erwartungen der Kunden entwickeln sich so schnell wie noch nie. Kunden tolerieren es beispielsweise nicht mehr, wenn Organisationen sie nach Informationen fragen, die sie bereits zuvor bereitgestellt hatten. Kunden wissen, dass dies vermieden werden kann.

Kundendaten

Können normale Daten als Vermögenswert dienen?

BEISPIEL 4

Als ich jung war (ich meine, *wirklich* jung), habe ich ein bisschen Geld verdient, indem ich Werbematerialien von einer Baumschule ausgetragen habe.

Diese Broschüren richteten sich an Menschen, die in Häusern mit Gärten lebten – andere Leute hätten kaum einen Nutzen für die verkauften Bäume gehabt.

Ich wurde in die Wohngebiete der Reichen geschickt und gebeten, keine Zeit oder Broschüren an Wohnungsgebäude, Geschäfte oder kleine Unternehmen zu verschwenden.

Heute wird diese Arbeit vom Postboten erledigt – der nicht überprüft, ob eine Adresse Teil der Zielgruppe ist.

Ohne lokales Wissen würde die Baumschule daher viel Geld verschwenden, per Post Broschüren an Familien in der vierten Etage zu senden, die sich fragen würden, wie sie auf ihrem Balkon einen Baum pflanzen sollen.

Stellen Sie sich nun vor, Sie hätten Daten, die den Charakter jedes Wohngebiets beschreiben: Handelt es sich um ein ländliches oder städtisches Gebiet, ist es eine reiche oder arme Siedlung usw.? Diese Daten könnten den Streuverlust erheblich reduzieren und sicherstellen, dass Sie nur Broschüren an ausreichend wohlhabende ländliche Gebiete verteilen.

Gehen wir einen Schritt weiter: Nehmen wir an, Sie haben Daten, die alle Adressen, einschließlich der Art des Wohnens, der Größe des Gartens, des Grundstückswerts und anderer Attribute enthalten. Dies würde Ihnen ermöglichen, Ihre Kampagnen noch besser anzupassen.

Schließlich können Sie diese Daten mit Ihrer Kundendatei kombinieren, um festzustellen, welchem Ihrer Kunden Sie welches Produkt anbieten sollten.

Angesichts der Vorteile, die sich mit jedem Reifegrad Ihrer Daten verbinden lassen, können Sie Ihren Daten ein Wertetikett hinzufügen. Oder, wenn Sie diese Daten zuerst erwerben müssen, können Sie bestimmen, wie viel Sie investieren möchten, damit es sich lohnt.

Im Laufe der Zeit werden Ihre Daten altern und Sie müssten sie regelmäßig aktualisieren, um die resultierende zunehmende Verschwendung zu verhindern.

Wenn die Baumschule mich damals gebeten hätte, als ich die Broschüren verteilte, alle relevanten Daten zu sammeln, hätten sie eine erhebliche Menge an wertvollen Daten gesammelt, die sie sogar an andere Organisationen hätten verkaufen können (nur soweit es die DSGVO zulässt, natürlich).

Betrachten Sie dieses Beispiel noch einmal:[5] Wenn im Text anstelle des Wortes „Daten" das Wort „Zauberstaub" gestanden hätte – die Geschichte hätte ebenso Sinn ergeben (trotz des etwas märchenhaften Klangs).

Der Unterschied? Organisationen könnten solchen „Zauberstaub" leicht als Vermögenswert bilanzieren. Sollten sie ihre „Daten" dann nicht zumindest *behandeln* wie einen Vermögenswert?

DATENMANAGEMENT-THEOREM # 10

Organisationen sollten Daten als Vermögenswert behandeln, unabhängig davon, ob sie aus rechtlicher oder steuerlicher Sicht als Vermögenswert betrachtet werden müssen.

---

[5] Haben Sie bemerkt, dass dieses Beispiel sogar DSGVO-konform ist? Es sind keine personenbezogenen Daten involviert, außer Kundendaten mit einer begründeten Verwendung.

Datenethik und -compliance

„Ich schaue nur nach, ob wir dunkle Daten im Keller haben...“

Abb. 17-1. Es gibt eine dunkle Seite der Daten

© Der/die Autor(en), exklusiv lizenziert an APress Media, LLC, ein Teil von Springer Nature 2023
M. Treder, *Das Management-Handbuch für Chief Data Officer*,
https://doi.org/10.1007/978-1-4842-9346-1_17

Ethisches Verhalten und Daten?

Was könnte schiefgehen?

Jeder weiß, dass die meisten Länder es Organisationen nicht erlauben, Bewerber aufgrund ihrer Hautfarbe oder religiösen Überzeugung abzulehnen. Die Gründe dafür sind einfach zu verstehen.

Aber nicht alles Böse, das wir mit Daten anstellen können, ist durch Gesetze verboten. Ein Großteil davon ist einfach noch zu jung, um durch Paragraphen systematisch abgedeckt zu werden.

Auf der anderen Seite sind einige Aktivitäten, die keineswegs darauf abzielen, Schaden anzurichten, verboten. Zugleich können Organisationen sich schnell strafbar machen, ohne böse Absichten zu haben.

Wenn man all dies berücksichtigt, wie geht man dann mit der Datenethik um, wenn man für das Datenmanagement seiner Organisation verantwortlich ist?

Zunächst einmal einige Beispiele für umstrittene Datentechnologien und Möglichkeiten:

- Optimierung auf Durchschnittswerte bei Diskriminierung von Einzelpersonen

- Akzeptanz von Algorithmusfehlern zu Lasten von Einzelpersonen

- Verwendung von personenbezogenen Daten ohne Zustimmung des Eigentümers, um diese Person vor irrelevanter Werbung zu schützen

- Verwendung von Daten gegen jemanden (als Waffe), um sich selbst zu verteidigen

- Analyse von Personen, um deren Verhalten beeinflussen zu können

- Fälschen von Daten oder Algorithmen, um die Wahrnehmung Ihres Publikums in einer bestimmten Situation zu verändern

Sie könnten einige dieser Punkte für völlig falsch halten, während Sie andere als akzeptabel betrachten oder sagen könnten, dass es von den Umständen abhängt.

In keinem Fall ist die Situation eindeutig, und es lohnt sich, genauer hinzuschauen.

Wo stehen wir heute?

In dem Maße, in dem Menschen die Möglichkeiten der Daten verstehen, werden sie sich auch der Risiken bewusst.

Dazu gehört die Angst vor dem Unbekannten: Es besteht vielleicht gar keine Gefahr, aber Sie wissen es nicht, da Ihnen der Einblick fehlt.

Als Reaktion darauf regulieren immer mehr Länder den Umgang mit Daten, und Transparenz wird Teil dieser Regulierung.

Die Vereinigten Staaten konzentrieren sich seit Jahren auf die Transparenz, in der Folge mehrerer Bilanzskandale. Das Sarbanes-Oxley-Gesetz, das Organisationen zur Transparenz in finanziellen Angelegenheiten zwingt, wurde bereits 2002 eingeführt.

Der primäre Schwerpunkt Europas liegt auf dem Datenschutz. Die Datenschutz-Grundverordnung (DSGVO, auf Englisch GDPR)[1] gilt in der Europäischen Union seit Mai 2018, und nach einer informellen Gnadenfrist von einem Jahr haben Strafen schon Unternehmen in ganz Europa getroffen. Nicht-europäische Organisationen müssen sich ebenfalls anpassen, wenn sie in der EU Geschäfte machen wollen.

Viele Kollegen in den Vereinigten Staaten und anderen nicht-europäischen Ländern haben mir gesagt, dass sie die DSGVO für eine übertriebene Reaktion auf die weltweiten Datenschutzherausforderungen halten.

Dies sollte jedoch kein Grund sein, sich weniger gesetzeskonform zu verhalten. Ich erkläre meinen amerikanischen Freunden in der Regel, dass europäische Behörden die DSGVO so ernst nehmen wie die US-Behörden SOX-Compliance. (Und jetzt raten Sie mal, wie ich den Europäern erkläre, wie ernst sie SOX nehmen sollten.)

Länder auf nahezu allen Kontinenten haben die DSGVO als Basis für die Entwicklung eigener Regulierungen genommen, da der Missbrauch von Daten mit seinen technologischen Möglichkeiten zunimmt und auch nicht an Landesgrenzen haltmacht.

Aber die meisten Länder haben nicht auf die EU-Regulierungen gewartet, damit sie sie kopieren können. Beispiele für ältere Gesetze sind das „Cybersecurity Law of the People's Republic of China" aus dem Jahr 2017 oder das „Russian Federal Law on Personal Data (No. 152-FZ)", das sogar auf das Jahr 2006 zurückgeht, obwohl es erst 2015 aufgrund der Notwendigkeit

---

[1] Die **Datenschutz-Grundverordnung** („DSGVO") „reguliert die Verarbeitung von personenbezogenen Daten durch eine natürliche Person, ein Unternehmen oder eine Organisation im EU-Raum" (EU-Kommission 2019).

der „Lokalisierung" der personenbezogenen Daten russischer Bürger erweitert wurde.[2]

Trotzdem ist noch viel potenziell unethisches Verhalten rund um Daten unreguliert. Aber das Bewusstsein unter den Regierungen nimmt zu, und wir können noch mehr Regulierung erwarten, zum Beispiel im Bereich der Gesichtserkennung. Was heute erlaubt ist, kann also morgen illegal sein.

Es ist interessant zu beobachten, dass die meisten Regulierungen ein „einwilligungsbasiertes" Modell verwenden: Die Verarbeitung von Daten einer Person erfordert die ausdrückliche Zustimmung dieser Person. Doch dort, wo Personen ihre Zustimmung geben (und einige Monopolisten ihnen vielleicht auch keine Wahl lassen), ist in der Regel fast alles, was mit ihren Daten gemacht wird, legal.

Sie sollten die Gesetze auf jeden Fall nach darüber hinausgehenden Einschränkungen überprüfen. So erlauben beispielsweise einige Länder die Lokalisierung von Personen unter bestimmten Umständen selbst dann nicht, wenn eine persönliche Zustimmung erteilt wurde.

Für jedes Unternehmen resultierende Fragen

In dieser Situation müssen sich Organisationen einige Fragen stellen, bevor sie sich auf eigene Grundsätze zur Datenethik festlegen. Typische Beispiele sind:

- Würden wir von der Ausnutzung umstrittener datenbezogener Technologien und Möglichkeiten profitieren?

- Falls ja, wie nachhaltig sind diese Vorteile?

- Sollen ethische Gründe für das Allgemeinwohl oder wirtschaftliche Gründe unser Handeln bestimmen? Oder eine Mischung aus beiden Motiven?

- In welchem Umfang macht ethisches Verhalten für uns Sinn?

- Lohnt es sich wirtschaftlich? Direkt oder indirekt?

- Macht es sogar Sinn, ethisch über das hinauszugehen, was die Gesetze verlangen?

- Haben wir innerhalb unserer Organisation Konsens darüber, was „ethisch" ist?

---

[2] Dies ist eines der Gesetze, die es global agierenden Organisationen erschwert haben, ausschließlich standardisierte Software und zentrale Datenspeicher für ihre weltweiten Daten zu verwenden: Daten, die in Russland über russische Staatsbürger erfasst werden, müssen zunächst in Russland erfasst und gespeichert werden, bevor sie in ein anderes Repository außerhalb Russlands übertragen werden können.

Was sind Ihre Optionen?

Organisationen sind nicht dazu gezwungen, sich zwischen ethischem und unethischem Verhalten zu entscheiden. Lassen Sie mich einige realistische Optionen aufzeigen:

(i) Fallweise, basierend auf Business Cases

Es ist möglich, für oder gegen die Einhaltung von Richtlinien auf der Grundlage eines (möglicherweise) komplexen Business Cases zu entscheiden. Dies würde in jedem einzelnen Fall erfolgen, in dem bei Nichteinhaltung ethischer Standards mit einigen Vorteilen gerechnet wird.

Die Kosten-/Nutzen-Rechnung müsste sowohl den unmittelbaren finanziellen Einfluss als auch den indirekten Einfluss (Reputation, etc.) der Nichteinhaltung berücksichtigen.

Außerdem müssten die Kosten des Bekanntwerdens unethischen Verhaltens mit dessen erwarteter Wahrscheinlichkeit multipliziert werden.

Schließlich wird eine so kalkulierende Organisation eine Nichteinhaltung ethischer Standards eher akzeptieren, wenn sie denkt, dass sie damit durchkommt.

Zum Beispiel würde die Entscheidung, den DSGVO-Richtlinien zu entsprechen, zu einem Business Case werden, indem die erwarteten Strafen und die Kosten negativer Verbraucherreaktionen addiert und mit der Wahrscheinlichkeit des Entdecktwerdens multipliziert werden.

Im Wesentlichen akzeptiert eine solche Organisation, das Gesetz zu brechen, wenn sie erwartet, dass der Aktienwert im Durchschnitt steigt.

Es wird Sie nicht überraschen, dass ein solcher Ansatz mit erheblichen Risiken verbunden ist:

- Was auch immer Sie als Kosten des Erwischtwerdens berechnen mögen: Sie müssen damit rechnen, dass es schlimmer kommt. Richter werden zwischen Organisationen unterscheiden, die zu faul waren, bekannte Probleme zu beheben, und Organisationen, die aus Gewinngründen bewusst gegen das Gesetz verstoßen haben.

- Organisationen können bankrottgehen. Das berüchtigte Unternehmen Cambridge Analytica war enorm erfolgreich: Sie haben geliefert, was sie angeboten hatten, und sie wurden dafür bezahlt. Sie waren profitabel. Sie haben jedoch Datenschutzgesetze verletzt und mussten 2018 die Geschäftstätigkeit einstellen. Selbst wenn das Opfern der eigenen Organisation ein berechneter Teil des gesamten Spiels gewesen sein sollte, zeigt diese Geschichte doch die mögliche Macht der öffentlichen Reaktion.

- Unethisches Verhalten gefährdet nicht nur den Ruf der Organisation. Auch der Ruf der Führungskräfte ist gefährdet. Mit unethischem Verhalten in Verbindung gebracht zu werden, sieht auf Ihrem Lebenslauf gar nicht gut aus.

(ii) Compliance als unverhandelbares Prinzip

Sie entscheiden sich, unter allen Umständen gesetzestreu zu sein.

Innerhalb dieser Grenzen zählt dann der Business Case.

Auf den ersten Blick klingt dieser Ansatz akzeptabel. Zumindest sind Sie auf der sicheren Seite, was die Einhaltung der Gesetze betrifft.

Die Risiken werden jedoch deutlich, wenn Sie es aus einer anderen Perspektive betrachten: Wenn es sich lohnt, entscheiden Sie sich im Grunde für das Prinzip „Wir tun es, es sei denn, es ist explizit verboten".

Was sind also die sich daraus ergebenden Risiken?

Leider sind Geldstrafen nicht die einzigen negativen Folgen, die hier zu berücksichtigen sind.

Jeder hat schon einmal die Auswirkungen von Shitstorms in den sozialen Medien beobachtet. Sie lassen Organisationen öffentlich schlecht aussehen und beeinflussen das Verbraucherverhalten. Und bei wie vielen der zugrunde liegenden Aktivitäten handelt es sich tatsächlich um Gesetzesverstöße? Organisationen dürfen laut Gesetz zum Beispiel Medikamente zu Preisen verkaufen, die signifikante Patientengruppen ausschließen, oder ihre Containerschiffe mit schmutzigem Rohöl betreiben.

Wenn Cambridge Analytica alle personenbezogenen Daten mit Zustimmung der Eigentümer erworben hätte, wäre das öffentliche Urteil nicht wesentlich günstiger ausgefallen. Die Marke wurde vor allem durch ihr toxisches Geschäftsmodell zerstört.

(iii) Ethik-basierte Business Cases

Hier würden Sie wieder einen (potenziell komplexen) Business Case verwenden, der sowohl kurz- als auch langfristige Kosten berücksichtigt.

Aber Sie würden auch anerkennen, dass offenbar auf den Märkten ethisches Verhalten eine Rolle spielt.

Sie würden dann fragen: Welche Risiken bestehen dabei, ethische Aspekte selbst bei Einhaltung der Gesetze nicht zu berücksichtigen?

Im Wesentlichen berücksichtigen Sie in Ihren Business Cases damit sowohl das Gesetz als auch die Ethik.

Sind Sie jetzt endlich auf der sicheren Seite?

Ich muss Sie hier enttäuschen – es bestehen immer noch erhebliche Risiken.

Die Welt ist dynamischer denn je, und das gilt auch für das Verbraucherverhalten. Ihre Business Cases spiegeln möglicherweise das Verhalten der Kunden von morgen nicht wider. Sie könnte auf einer veralteten Wahrnehmung des Kundenverhaltens (basierend auf Zahlen aus der Vergangenheit) oder auf Kundenpräferenzen beruhen, die kurz nach der Messung geändert werden.

Als vor einigen Jahren CO_2-neutrale Serviceangebote aufkamen, fragte ein Manager eines Expressunternehmens in meiner Gegenwart: „Wer auf der Welt würde freiwillig mehr für einen Paketversand bezahlen, nur weil dieser auf umweltfreundliche Weise durchgeführt wird?"

Und tatsächlich war dies damals unvorstellbar. Heute verlangen Organisationen, dass ihre Sendungen CO_2-neutral transportiert werden, und zwar weil die starke Nachfrage ihrer Kunden dies erfordert. Kein großer Transportanbieter könnte es sich leisten, einen solchen Service *nicht* anzubieten.

Aber was empfehle ich selbst, nachdem ich alle vorherigen Alternativen für den Umgang mit Ethik im Bereich der Daten kritisiert habe?

Hier ist meine Empfehlung:

(iv) Ethik als Organisationsprinzip

Sie haben vielleicht erkannt, dass das Gesetz nicht Ihr einziger Kompass sein sollte, wenn es um den akzeptablen Umgang mit Daten, insbesondere im Bereich der KI, geht.

Hier kommt die Kultur Ihrer Organisation ins Spiel. Ohne jegliche Leitlinie entwickelt sich schnell eine Kultur des „Wenn wir es tun dürfen, dann tun wir es auch" oder „Es ist in Ordnung, solange es nicht verboten ist". In einem solchen Fall könnte es schwierig sein, das Verhalten der Mitarbeiter zu ändern, sobald die Regulierung verschärft wird oder das Verbraucherverhalten sich ändert.

Denken Sie daran: Viele Aspekte gerade der KI sind noch zu jung, um bisher reguliert worden zu sein. Erwarten können Sie, dass bald weitere Regulierungen hinzukommen.

Wenn Sie dann erwischt werden, ist die Tatsache, dass „es bisher unreguliert war", keine gültige Entschuldigung. Regulatoren gewähren höchstens einen Übergangszeitraum.

Es ist daher einfacher, eine Kultur des zurückhaltenden Umgangs mit Daten zu schaffen, als alle Aktivitäten moralisch ungeleiteter Mitarbeiter ständig überwachen zu müssen.

Eine umfassendere Perspektive

Wir sollten das im Hinterkopf behalten: Ethisch zweifelhafte KI ist nur ein altes Verhalten in einer modernen Form. Das Böse ist nicht erst mit der KI gekommen.

Man könnte es so ausdrücken: Es gibt eine lange Tradition ethisch zweifelhafter HI (Human-Intelligenz). Die diskriminierenden Entscheidungen, die von voreingenommenen KI-Algorithmen getroffen werden, sind mit traditionellen menschlichen diskriminierenden Entscheidungen vergleichbar. Der Hauptunterschied besteht darin, dass Organisationen jetzt vermehrt versuchen, den Algorithmus dafür verantwortlich zu machen.

Als Air Berlin 2019 bankrottging, erhielt Lufthansa ein vorübergehendes Monopol auf einige deutsche Inlandsflugverbindungen. Sie erhöhte sofort die Preise.

Als dies bekannt wurde, geriet das Unternehmen in eine PR-Krise, die von Shitstorms bis hin zu Boykottaufrufen reichte.

Lufthansa beeilte sich zu erklären, dass man einen Algorithmus verwende, um die besten Preise auf der Grundlage verschiedener Faktoren wie Nachfrage und Auslastung zu bestimmen. Während dies tatsächlich nicht gelogen war, war es leicht zu sehen, dass der gesamte Prozess keine „höhere Gewalt" darstellte, der Lufthansa zum Opfer fiel.

Und der Algorithmus hatte eine Lücke: Er hatte nicht die Schäden an Lufthansas Reputation berücksichtigt, die den relativ geringen zusätzlichen Gewinn durch vorübergehend erhöhte Preise mehr als aufwogen.

Eine auf Ethik basierende Unternehmenskultur zusammen mit einer datenkompetenten Belegschaft hätte all dies bereits bei der Entwicklung der Preisalgorithmen berücksichtigt, zum Beispiel durch die Einführung einer Obergrenze für die Flugpreise.

Bedeutet das alles, dass wir keine Business Cases mehr für Daten erstellen müssen? Nun, Sie können es so sehen: Der erste Filter ist die Ethikkultur Ihrer Organisation, gefolgt von dem Business Case als finanziellem Filter.

Und wie werden Ihre Aktionäre oder Eigentümer diesen Ansatz bewerten? Könnten sie annehmen, dass Sie Aktionärswert für Ethik opfern?

Zum Glück handeln Sie ethisch, wenn Sie den Shareholder Value im Fokus haben. Ethik erhöht den Unternehmenswert. Ein Boykott eines Käufers zerstört diesen Wert.

Vor zwanzig Jahren wäre wohl kaum jemand davon ausgegangen, dass eines Tages eine erhebliche Anzahl von Menschen bereit ist, einen Aufpreis für ethisch hergestellte Waren oder ethisch bereitgestellte Dienstleistungen zu zahlen.

Wir wissen es heute besser – lassen Sie uns den Mut haben, unsere Organisationen durch ethisches Handeln erfolgreicher zu machen!

DSGVO – Alles erledigt?

Wir hatten das DSGVO-Projekt rechtzeitig vor dem 25. Mai 2018 abgeschlossen und jetzt sind wir fertig. Richtig?

Nun, die DSGVO zwingt uns, mit Daten so umzugehen, wie wir es sowieso hätten tun sollen. Letztendlich stellt die mit der DSGVO einhergehende Drohung hoher Strafen sicher, dass wir Unterstützung und finanzielle Mittel dafür erhalten.

Viele Organisationen haben „DSGVO-Konformität" jedoch lediglich als einmaliges Projekt betrachtet, das mit einem von außen auferlegten Termin verbunden ist. Und in vielen Fällen war das Ziel nicht, „X zu erreichen", sondern „bis zum Termin hinreichend konform zu sein".

Während dies ein integraler Bestandteil der DSGVO-Konformität ist, möchte ich Ihre Aufmerksamkeit auf drei weitere Aspekte der DSGVO lenken. Meiner Ansicht nach sind diese Aspekte mindestens ebenso relevant.

Sie sind nicht fertig, wenn Sie „das Projekt" abschließen

Hier ist der erste Aspekt: Hören Sie nicht auf, nur weil der 28. Mai 2018 vorbei ist.

Das klingt offensichtlich, da Organisationen weiterhin auditiert werden, und während einer Organisation in der Anfangszeit sehr viel vergeben worden wäre, wird jetzt von den Behörden eine vollständige Umsetzung erwartet. Sie gehen davon aus, dass alle Organisationen inzwischen genügend Zeit hatten, um wirklich gesetzeskonform zu werden.

Aber die Realität zeigt, dass die Aufmerksamkeit und die finanziellen Mittel schnell wieder woanders hinfließen. Die DSGVO verschwindet von den Radarschirmen der Führungskräfte, während neue, interessantere Themen aufkommen.

Privatsphäre muss zu einer Einstellung werden

Der zweite Aspekt betrifft die DSGVO als Prinzip anstelle eines einmaligen Projektes, das gestartet, ausgeführt und hoffentlich mehr oder weniger pünktlich abgeschlossen wurde.

Die DSGVO wird oft als „zusätzlich zum Tagesgeschäft der Mitarbeiter" wahrgenommen. Stattdessen sollte sie *Bestandteil* ihres Tagesgeschäfts werden.

Privatsphäre muss zu einem Prinzip werden. Das allererste „Projekt" sollte darauf abzielen, Datenschutz in unseren Zielen zu etablieren, nicht auf seine Implementierung.

„*Einige Bürger haben sich über unsere Datenschutzpolitik beschwert...*

Möchten Sie ihre Namen erfahren? Sozialversicherungsnummern? Die peinlichsten Geheimnisse?"

Abb. 17-2. Datenschutz in seiner schlechtesten Form

Geschäftsmöglichkeiten erkennen

Mein dritter Aspekt ist tatsächlich ein positiver: Die DSGVO erschwert Ihrer Organisation nicht nur das Leben, sondern sie ermöglicht auch neue Geschäftsmodelle und bietet Ihnen die Möglichkeit, sich positiv von Ihren Wettbewerbern zu unterscheiden.

Würden Ihre Kunden nicht die folgende Botschaft lieben? „Wir werden Ihnen immer sagen, was wir mit Ihren Daten machen. Wir machen es Ihnen einfach, zu bestimmen, was wir über Sie wissen dürfen."

Versetzen Sie sich in die Situation Ihres Kunden – wovor könnte er/sie Angst haben? Ein Kunde, der Ihnen wirklich vertraut, wird Sie nicht bitten, das, was Sie über ihn/sie wissen, wegzuwerfen.

Die DSGVO kann auch intern einen unmittelbaren Hygieneeffekt haben: Viele Analytics-Experten scheinen den Ausdruck „Garbage Collection" aus der C++- oder Java-Programmierung auf das Sammeln von Daten zu übertragen: „Sammeln, speichern und so viele Daten wie möglich behalten – es könnte sich in Zukunft ja mal auszahlen."

Solches Verhalten ist nicht effektiv. Wenn Sie alle Daten sammeln, die Sie erhalten können, werden Sie wahrscheinlich Schwierigkeiten haben, den wertvollen Anteil zu bestimmen: Sie werden den Wald vor lauter Bäumen nicht sehen!

Um eine weitere Analogie zu verwenden, Sie erzeugen *Geräusche:* Denken Sie an Ihre Schwierigkeiten, einzelne Stimmen in einem belebten Markt oder Bahnhof zu verstehen.

Die DSGVO gibt Ihnen ein Werkzeug an die Hand, um Bewusstsein beim Sammeln von Daten durchzusetzen. Dies kann Ihrer Organisation helfen, vor dem unbedingten Sammeln von Daten nachzudenken und zu planen.

Ethisches Verhalten ist nicht der Feind des Erfolgs! Wenn Sie Datenschutz zu den Prioritäten Ihrer Organisation machen, besteht Ihr langfristiger Erfolg aus einem besseren Ruf. Kunden schätzen glaubwürdiges Verhalten mehr denn je.

Empfehlungen

Hier sind meine Vorschläge auf der Grundlage der vorherigen drei Aspekte:

(i) **Adressieren Sie beides: Systeme und Kultur.**

Machen Sie deutlich, dass beide Aspekte gleich wichtig sind: Projekte mit klaren Zielvorgaben UND eine Kulturveränderung.

(ii) Erweitern Sie die Data Governance um Datenschutz.

Klare Regeln im Umgang mit Daten werden die Einhaltung der DSGVO einfach machen – einschließlich der Fähigkeit, diese Einhaltung nachzuweisen.

(iii) Fügen Sie den Datenschutz zu Ihren Unternehmenswerten hinzu.

Betonen Sie die Chancen, die mit dem Datenschutz verbunden sind. Beachten Sie, dass Menschen diesen Wert nur dann beachten werden, wenn er mindestens den gleichen Rang hat wie andere Werte. Andernfalls werden kurzfristige Vorteile schnell höher bewertet als langfristige Erfolgsfaktoren wie die Art und Weise, wie Sie mit Daten über Ihre Kunden und andere Beteiligte umgehen.

(iv) Beteiligen Sie alle Interessengruppen.
Als CDO können Sie das alles nicht alleine schaffen, und das kann auch ein CIO nicht. Bereichsübergreifende Zusammenarbeit ist hier erforderlich! Darüber hinaus müssen alle Fachbereichsleiter in einer Organisation sowohl die Risiken einer Nichteinhaltung als auch die Chance einer Einhaltung verstehen.

Die Außenwelt

*„Weißt du, was du brauchst?
Eine Luftveränderung!"*

Abb. 18-1. Schmoren Sie in Ihrem eigenen Datensaft?

© Der/die Autor(en), exklusiv lizenziert an APress Media, LLC, ein Teil von
Springer Nature 2023
M. Treder, *Das Management-Handbuch für Chief Data Officer*,
https://doi.org/10.1007/978-1-4842-9346-1_18

Warum sollte ich über meine Organisation hinausblicken?

Keine Organisation existiert in Isolation. Viele Dinge, die da draußen vorgehen, haben Auswirkungen auf die innere Welt einer Organisation. Daraus entstehen Bedrohungen, aber auch Chancen.

Es gibt genug Gründe, bewusst zu verfolgen, was jenseits der Grenzen Ihrer Organisation vorgeht. Ich werde mich in diesem Kapitel mit einigen der weniger offensichtlichen Themen befassen.

Datenaustausch zwischen Organisationen

Immer mehr Organisationen beginnen, in Gruppen ihre Daten zu teilen, als Teil dessen, was mittlerweile als „Shareconomy" bezeichnet wird.

Verschiedene Arten des Datenaustauschs

Sie können Daten im Wesentlichen auf zwei Arten teilen:

(i) Multilateraler Datenaustausch

Mehrere Parteien einigen sich darauf, einen Datenpool gemeinsam zu entwickeln, zu dem alle beitragen (in der Regel durch Hinzufügen zusätzlicher Daten, Entfernen obsoleter Daten oder Korrigieren falscher Daten), und alle Parteien können davon Gebrauch machen.

Um Neutralität zu gewährleisten, bieten Drittanbieter an, die Orchestrierung des Datenaustauschs durchzuführen. Sie bieten Methoden an, um Datendiebstahl unmöglich zu machen. Beispiele für solche Anbieter sind:

- „Corporate Data League" für Kunden- und Lieferantendaten[1]

- „Skywise" für Daten, die in der Luftfahrt verwendet werden[2]

---

[1] Gegründet von CDQ im Jahr 2016, in Zusammenarbeit mit der Universität St. Gallen; siehe www.cdq.ch/cdl-en.

[2] Norman Baker, Head of Digital Solutions, Airbus: „Data management – what big data is doing for aviation," in *FAST Magazine* 2019.

(ii) Bilateraler Datenaustausch

Dieses Konzept des Datenaustauschs wird in der Regel als „Datentauschhandel" bezeichnet. Zwei typische Beispiele sind:

- Zwei Organisationen einigen sich darauf, sich gegenseitig Daten von mehr oder weniger gleichem Wert zur Verfügung zu stellen, ohne dafür zu bezahlen.

- Eine Organisation bietet Kunden, die im Gegenzug ihre eigenen Daten bereitstellen, einen Rabatt an.

Fast alle Arten von Daten können zum Teilen geeignet sein, von normalen Adressdaten bis hin zu Sensordaten, die während eines Fluges gesammelt werden.

Die Motivation für das Teilen von Daten

Warum tun Organisationen das? Geben sie damit nicht wertvolle Informationen umsonst weg?

In der Tat geben sie, aber sie erhalten auch. Und es geht sowohl um „mehr Informationen" als auch um „sauberere Informationen".

Die Vorteile sind dort am höchsten, wo Konkurrenten zusammenarbeiten. Sie arbeiten offensichtlich mit ähnlichen Informationen und profitieren so noch mehr von den Daten der Konkurrenten.

Aber wenn alle gewinnen, wo ist der Wettbewerbsvorteil?

Es gibt hier grundsätzlich drei Aspekte:

(i) Wettbewerbsfähigkeit innerhalb einer Branche

Einige Organisationen innerhalb einer Branche können Daten austauschen, um einen Vorteil gegenüber anderen Wettbewerbern zu erzielen.

(ii) Wettbewerb zwischen Branchen

Sogar ganze Branchen konkurrieren miteinander! Wenn zum Beispiel alle Eisenbahngesellschaften ihre Effizienz in gleichem Maße verbesserten, würde die gesamte Eisenbahnindustrie beispielsweise im Vergleich zur Speditionsbranche an Wettbewerbsfähigkeit gewinnen.

Oder stellen Sie sich vor, alle Express- und Paketdienstleister würden durch den Austausch von Verkehrsdaten kooperieren. Die erzielten Effizienzsteigerungen (Kosteneinsparungen und schnellere Lieferungen) würden es für Organisationen attraktiver machen, ein Ersatzteil von Standort A nach Standort B zu versenden, als es an Standort B herzustellen. Als Ergebnis gewinnt die gesamte Transportbranche Umsatz hinzu.

Ein praktischer Ansatz könnte hier eine gemeinsame Vereinbarung im Bereich des 3D-Drucks sein. Von der Idee, standardisierte Druckdaten über lange Distanzen digital zu übermitteln und dann die Teile vor Ort zu drucken und nur die letzte Meile zu transportieren, ist zu erwarten, dass sie im Vergleich zum interkontinentalen Express-Transport mehr und mehr an Attraktivität gewinnt. Das Verfahren ist schließlich billiger, schneller und umweltfreundlicher.

Auf diesem erhöhten Wettbewerbsniveau werden die am Daten-Sharing beteiligten Organisationen natürlich weiterhin gegeneinander konkurrieren. Kurz gesagt, sie erhöhen gemeinsam die Größe ihres Marktes, bevor sie wie zuvor um Marktanteile konkurrieren.

(iii) Wettbewerb um Kapital

Eine gesamte Branche kann im Vergleich zu anderen Investitionen profitabler gemacht werden. Es ist ein bekanntes Phänomen, dass Organisationen im selben Sektor die Bewertung der anderen am Kapitalmarkt beeinflussen – wenn eine Organisation schlechte Ergebnisse veröffentlicht, fallen die Aktienkurse der anderen oft auch.

Stellen Sie sich nun vor, die gesamte Branche wird effizienter. Sie können erwarten, dass Investoren daraufhin alle Organisationen in dieser Branche attraktiver finden.

Externe Daten

Interne Daten reichen nicht aus

Was haben die Besucher Ihrer Website, die Pressemitteilungen Ihrer Konkurrenten und Facebook gemeinsam?

Alle bieten Ihnen wertvolle externe Daten. Holen Sie sie, verstehen Sie sie, fügen Sie sie Ihren internen Daten hinzu, und Sie werden die Welt besser verstehen.

Um kommerziell erfolgreich zu sein, müssen Organisationen alle Parteien verstehen, mit denen sie interagieren. Eine ausschließlich nach innen gerichtete Perspektive macht Sie blind gegenüber Marktveränderungen.

Mit internen Daten wäre Ihre Verkaufsprognose lediglich eine Extrapolation von Zahlen aus der Vergangenheit. Wenn Sie Daten aus den Märkten hinzufügen, können Sie externe Faktoren berücksichtigen, die Ihre zukünftige Umsatzentwicklung beeinflussen könnten.

Es ist durchaus hilfreich, sich dessen bewusst zu werden, dass weit mehr als 99 % dessen, was passiert, außerhalb Ihrer Organisation stattfindet!

Diese Beobachtung gilt sogar für die großen Social-Media-Plattformen. Sie sind jedoch sehr erfolgreich darin, ihre Kunden darum zu bitten, sie über all das, was passiert, zu informieren. Und genau diese Kunden teilen freiwillig alle ihre persönlichen Daten mit diesen Plattformen und lehren sie, wie unsere gesamte Welt sich entwickelt, da ihre Kundenbasis groß genug ist, um einen großen Teil der Erdbevölkerung zu repräsentieren.

Die meisten anderen Organisationen haben allerdings nicht diesen Vorteil, über alle Geographien und sozialen Gruppen hinweg eine ausreichend große Reichweite zu haben, um all das, „was da draußen vor sich geht", alleine auf der Grundlage der Informationen, die ihre Kunden mit ihnen teilen, zu verstehen.

Was Sie aus externen Daten lernen können

Interne Daten sind in der Regel historische Daten, das heißt, Sie können damit zurückblicken. Wichtiger sind jedoch Daten, die Ihnen helfen, nach vorne zu schauen.

Erst die Kombination mit externen Daten erlaubt es hilft Ihnen, Ihre internen Daten in einen breiteren Kontext zu stellen.

(i)   Erfahren Sie mehr über Ihre Konkurrenten.

Ihre Konkurrenten werden Ihnen (oder der Öffentlichkeit) natürlich niemals ihre geheimen Strategien mitteilen. Nicht einmal deren Aktionäre dürfen davon erfahren.

Aber es wäre doch gut, darüber Bescheid zu wissen, oder? Vielleicht wissen Ihre Wettbewerber etwas, das Sie nicht wissen. Und sehr oft ist der Schlüssel zum

Erfolg nicht nur, das Richtige zu tun, sondern es als Erster zu tun.

Einfacher als Sie denken, können Sie viele Pläne Ihrer Konkurrenten aus öffentlich zugänglichen Daten ableiten:

- Bewerten Sie deren Stellenanzeigen, um ihren zukünftigen Fokus zu verstehen: Worauf werden sie sich konzentrieren und wo werden sie Teams aufbauen?

- Betrachten Sie den zeitlichen Verlauf ihrer Kommunikation: Während Sie aus einer einzelnen Nachricht nicht auf ihre strategische Richtung schließen können, können Sie aus einer Reihe von öffentlichen Nachrichten im Laufe des Jahres oft einen Trend erkennen, bei dem subtile Änderungen in der Wortwahl möglicherweise auf einen bevorstehenden Schwerpunktwechsel hinweisen.

- Verlagert ein Konkurrent seine Investitionen von einem Bereich in den anderen? Sie können dies aus einzelnen Investitionen möglicherweise nicht ableiten – die systematische Sammlung aller Investitionen kann Ihnen jedoch häufig das Gesamtbild liefern.

(ii) Erfahren Sie mehr über Ihre Kunden.

Soziale Medien wurden erfunden, damit Ihre Kunden Ihnen freiwillig Daten zur Verfügung stellen, die sie Ihnen niemals auf eine direkte Anfrage hin gegeben hätten.

Zumindest könnte man das denken, wenn man das menschliche Verhalten im Web beobachtet.

Besonders Fehler Ihrer Organisation provozieren in den Sozialen Medien ein sehr ehrliches Feedback Ihrer Kunden. Selbst wenn es nicht als kostenlose Beratung gedacht war, können Sie es dafür verwenden.

Natürlich sind diese Kommentare nicht repräsentativ, da Menschen dazu neigen, sich über schlechte Erfahrungen ausführlicher zu äußern als über Fälle, die ihren Erwartungen entsprechen.

Sie können sie jedoch in Relation setzen. Wie haben sich die Zahlen im Laufe der Zeit verändert? Wie ist Ihre Situation im Vergleich zu der Ihrer Konkurrenten?

Ein weiterer Vorteil von externen Kundendaten ist, dass sie nicht auf Ihre bestehenden Kunden beschränkt sind.

Sie können damit die Präferenzen aller potenziell zukünftigen Kunden erfahren:

- Was brauchen die Menschen?

- Wie möchten sie es bekommen?

- Wie viel sind sie bereit zu zahlen?

- Welche Qualitätsanforderungen haben sie?

Änderungen in Ihren Beobachtungen helfen Ihnen, Trends frühzeitig zu erkennen.

(iii) Erfahren Sie mehr über Ihre Lieferanten.

Was sagen andere Kunden über Ihre Lieferanten? Die meisten Ihrer Lieferanten haben eine Facebook-Seite, die Ihnen mehr über sie verrät als jede Ratingagentur. Auch das Folgen der richtigen Hashtags auf X (Twitter) liefert viele Erkenntnisse.

Darüber hinaus können Sie natürlich auf die gleiche Weise wie über Ihr eigenes Unternehmen mehr über Ihre Lieferanten erfahren – die gleichen Rezepte gelten.

Das CDM und externe Daten

Herausforderungen bei externen Datenstrukturen

Sollte das Corporate Data Model (CDM) externe Daten berücksichtigen?

Eine Organisation kann die Struktur externer Daten möglicherweise nicht beeinflussen – aber sie muss sie in ihrem CDM so weit berücksichtigen, wie sie für die Organisation relevant ist.

Der Hauptgrund ist, dass externe Parteien (Kunden, Lieferanten, Behörden) sich nicht an die interne Datenstruktur Ihrer Organisation halten werden.

Als Folge müssen externe Daten auf interne Informationen abgebildet werden (d. h. auf die Art und Weise, wie Ihre Organisation die Welt sieht).

Beispiele:

- Die interne Aufteilung der Welt Ihrer Organisation in verschiedene Länder kann sich von der Liste der offiziellen ISO-Ländercodes unterscheiden. Dies ist nicht trivial! Selbst auf ISO-Ebene ist die Trennung nicht eindeutig.

Denken Sie zum Beispiel an die Kanarischen Inseln: Sie können sie als Teil Spaniens, ISO-Code ES, oder als IC (Abkürzung für Islas Canarias), den dedizierten ISO-Code für die Kanarischen Inseln, betrachten. Sie müssen damit rechnen, dass einige Kunden, Lieferanten oder Behörden den einen Code verwenden und einige von ihnen den anderen Code verwenden. Ihre Systeme müssen darauf vorbereitet sein, und die Notwendigkeit für manuelle Intervention sollte auf ein Minimum reduziert werden.

- Die Qualität offizieller Postleitzahlensysteme variiert von Land zu Land. Während einige dieser Systeme perfekt für die Beschreibung von Verkaufsgebieten oder die Definition von Servicepreisen geeignet sein können, sind die Postleitzahlensysteme anderer Länder möglicherweise zu grob oder weitgehend ungenutzt geblieben. In solchen Fällen benötigen Organisationen ihre interne geographische Einteilung. Diese beiden Arten der Aufteilung der Welt in kleinere geographische Gebiete sollten jedoch nicht voneinander unabhängig sein. Sie können zum Beispiel die offiziellen Postleitzahlen verwenden und diese dann mithilfe von Stadt(teil)- oder Gemeindenamen weiter unterteilen.

- Feiertage können sich von den operativen Tagen Ihrer Organisation unterscheiden. Stellen Sie sich vor, Sie betreiben Service Center in einem Land mit vielen lokalen Feiertagen (z. B. Spanien). Ein solches Service Center könnte Kunden in benachbarten Gemeinden mit abweichenden gesetzlichen Feiertagen bedienen müssen, so dass Sie diese Einrichtung auch während lokaler Feiertage geöffnet halten müssen. Dies sind die Referenzdaten, die Sie pflegen müssen, damit die Systeme die operativen Tage jedes Service Centers kennen.

Außenstehende, wie Ihre Kunden, Lieferanten, externen Partner und sogar Ihre Mitarbeiter (im Fall von gesetzlichen Feiertagen), werden hingegen wahrscheinlich auf externe Datendefinitionen verweisen.

Tatsächlich werden Sie diese Parteien nicht dazu zwingen wollen, Ihre internen Logik oder die von Ihnen verwendeten Fachbegriffe zu berücksichtigen. Aus diesem Grund sollten interne Datenstrukturen niemals Teil eines Kunden-Angebots sein.

Schließlich bestellen Kunden ein Endresultat mit definierter Qualitäts- und/oder Leistungsbeschreibung. Es ist Aufgabe Ihrer Organisation als Lieferant, dies auf die bestmögliche (und wirtschaftlichste) Weise zu erreichen. Kunden sollten niemals mit Daten belastet werden, die Ihre Organisation benötigt, um sich zu organisieren, während sie für den Kunden irrelevant sind, um die Qualität des Produkts beurteilen zu können.

Konsequenzen für Ihr Datenmodell

In jedem der vorherigen Beispiele benötigen Sie vollständige Flexibilität, um Ihre internen Daten unabhängig von Daten außerhalb Ihrer Kontrolle zu pflegen. Schließlich möchten Sie nicht gezwungen sein, Ihre postleitzahlabhängigen Verkaufsbezirke aufgrund einer extern beschlossenen Änderung der Zuschnitte einiger Postleitzahlgebiete zu ändern.

Gleichzeitig muss die Beziehung zwischen externen und internen Datenstrukturen gut definiert sein, damit die Software Ihrer Organisation zwischen den beiden Welten übersetzen kann. (Und denken Sie daran: In Zeiten der Möglichkeiten von Referenzdaten ist HARD-CODING keine gültige Option!)

Darüber hinaus braucht jedes Unternehmen die Flexibilität, seine Arbeitsweisen ohne Änderung der Produktversprechen zu ändern.

Deshalb müssen Sie in der Regel externe und interne Datenstrukturen umfassend und eindeutig aufeinander abbilden.

Die Zuordnung von internen und externen Daten

Leider gibt es zwei Bereiche, in denen die Zuordnung sehr schwierig werden kann:

(i) 1:n-Zuordnung

Wenn eine Organisation die externe Ansicht weiter aufteilen muss, z. B. aus internen Verarbeitungsgründen, steht man vor einer 1:n-Beziehung. Die Herausforderung besteht darin, dass die extern bereitgestellten Daten fehlen, um sie automatisch aufzuteilen.

Hier stehen Ihnen drei Optionen zur Verfügung: die erforderlichen Informationen aus anderen vom Kunden bereitgestellten Daten zu ermitteln (das Datenmodell sollte dies vorgeben!), den Kunden nach zusätzlichen Informationen zu fragen oder die fehlenden Informationen intern zu ermitteln.

Sie müssen Ihr CDM möglicherweise erweitern, bis alle betroffenen Entitäten und Attribute korrekt abgedeckt sind. Und Sie benötigen Geschäftsregeln, die beschreiben, wie fehlende Informationen zu ermitteln sind.

(ii) n:m-Zuordnung

Manchmal steht man vor einer Zuordnungs-Herausforderung in mehrfacher Hinsicht.

Denken Sie an die Herausforderungen rund um die Logik der ISO-Ländercodes, wie sie am Anfang dieses Kapitels beschrieben wurden.

Und jetzt stellen Sie sich vor, Sie möchten diese Logik auf Ihre *interne* Länderstruktur abbilden, in der unabhängige Länderorganisationen eigene Gewinn-und-Verlust-Verantwortung für bestimmte geographische Gebiete haben. Jetzt denken Sie einmal an die folgenden beiden Fälle:

- San Marino wird möglicherweise von Ihrer italienischen Zentrale verwaltet, sodass es aus der Perspektive Ihrer Organisation Teil Italiens ist. Gleichzeitig würden Ihre Kunden dort darauf bestehen, *nicht* als Italiener zu gelten.

- In politisch umstrittenen Gebieten sollte die Umsatz-Zuordnung nicht davon abhängen, welchen Ländercode ein Kunde verwendet.

Deshalb erfordern komplexe Beziehungen zwischen internen und externen Datenstrukturen ein genau definiertes Datenmodell samt Zuordnungsregeln.

Und denken Sie bitte nicht, dass dies eine technische Aufgabe ist. Inhaltlich sind es die Fachabteilungen, die die Entwicklung vorantreiben müssen. Lassen Sie den jeweiligen Datenverantwortlichen die Diskussion mit vorantreiben. Von Daten-Architekten wird erwartet, dass sie die richtigen Fragen stellen und die ermittelten Fachanforderungen in das Datenmodell übersetzen.

Datenqualität als Service?

Selbst wenn alle Ihre Daten bei der Eingabe validiert und bereinigt werden, verlieren sie im Laufe der Zeit an Qualität. Es sind dabei normalerweise nicht die Daten, die sich ändern – es ist die Realität, die sich ändert und zuvor korrekte Daten zu falschen Daten werden lässt.

Die dauerhafte Pflege großer Datenmengen ist eine enorme Aufgabe, und das Outsourcen dieser Aufgabe kann eine kluge Entscheidung sein.

Aber wie bestimmt man, was (und wie weit) outgesourct werden soll?

Beginnen wir mit dem Ziel, immer saubere Daten zur Verfügung zu haben. Ich möchte, dass Sie dabei drei Aspekte berücksichtigen.

Erstens ist es für eine Organisation normalerweise keine gute Entscheidung, externe Daten selbst zu bereinigen, unabhängig davon, ob die Organisation die Fähigkeit hat, Daten sauber zu halten oder nicht.

Stattdessen sollten jegliche externen Daten, es sei denn, sie werden einmalig auf Anfrage abgerufen, abonniert werden, damit sie automatisch auf dem neuesten Stand gehalten werden. Dies ist eine Frage der Effizienz. Es ist offensichtlich, dass ein Datenlieferant, der für mehrere Abonnenten dieselben Daten sauber hält, effizienter sein muss als zahlreiche Organisationen, die gleichzeitig die gleichen Daten selbst bereinigen.

Zweitens sind Daten, die von einer externen Organisation kontrolliert oder verwaltet werden, durch diese Organisation selbst besser aktuell zu halten. Sie haben die Befugnis, und sie sind mit ihren eigenen Daten vertraut.

Drittens ist es der beste Ansatz, so viel wie möglich zu automatisieren, sei es durch Algorithmen, sei es durch externe Auslöser.

Soweit möglich sollten Sie sich daher für vollständig automatisierte Korrekturen (wie Adressänderungen von externen Datenanbietern) entscheiden.

In allen anderen Fällen sollte Ihre automatisierte Qualitätsprüfung (gegen Metadaten und Plausibilität) bei Abweichung Alarme erzeugen. Als zweiten Schritt würden Sie dann organisieren, dass alle derart gemeldeten Datensätze manuell überprüft und korrigiert werden.

Sie können erwarten, dass die Zahl der Angebote AI-gestützter Heuristiken weiter steigen wird. Dies ermöglicht eine weitere Verbesserung der maschinellen Vorverarbeitung, wodurch immer weniger manuelle Überprüfungen verdächtiger Datensätze durch Ihre internen Mitarbeiter erforderlich sein werden.

Denken Sie daran, Daten mit personenbezogenen Informationen von diesem Ansatz auszunehmen (siehe Kap. 17 Abschnitt „DSGVO – Alles erledigt?"). In allen anderen Fällen von vertraulichen Daten können AI-gestützte Heuristiken definitiv dazu beitragen, eine Offenlegung vertraulicher Daten an externe Ressourcen zu vermeiden.

Überall dort, wo Daten nicht durch einen vollständig automatisierten Prozess korrigiert werden können, bestimmen Sie, wie und von wem die verbleibende manuelle Arbeit durchgeführt werden soll.

- Wenn interne Daten nicht vertraulich sind und deren Qualität gut beschrieben wird, könnten Sie einen externen Anbieter beauftragen, Ihre internen Daten zu bereinigen.

- In Fällen von Daten, die spezifisch für Ihre Organisation sind, ist das beste Know-how wahrscheinlich intern zu finden. Aber es sind nicht immer die offensichtlichen

Experten, die Ihnen am besten helfen können, sondern vielleicht der Veteran, der seit Jahrzehnten für Ihre Organisation tätig ist.

- Das Gleiche gilt für Daten, die Kenntnisse über lokale Märkte erfordern, in denen Ihre Organisation tätig ist. Im Gegensatz zu externen Anbietern sollten Ihre lokalen Teams hier die erforderlichen lokalen Kenntnisse haben.

Es ist ein bewährtes Rezept, die Arbeit an der Datenqualität zentral zu organisieren und die lokalen Teams für ihre Ergebnisse verantwortlich zu machen. Gleichzeitig können Sie deutlich machen, dass Sie in deren Wissen und Sorgfalt vertrauen.

Eine kurze Formel für die Verbesserung der Datenqualität ist:

- Automatisieren Sie, wo Sie können.

- Outsourcen Sie, wo es ein gutes Angebot gibt.

- Kümmern Sie sich intern um alle anderen Fälle.

- Verpassen Sie nie eine Chance, die Datenqualität zu verbessern!

Globale Standards

Ihre eigenen Standards – gut, aber nicht gut genug

Datenstandards sind gut. Aus diesem Grund definieren viele Organisationen interne Standards, um den Informationsaustausch zu erleichtern. Wie wir gesehen haben, berühren diese Standards eine Vielzahl von Data-Management-Bereichen wie Datenmodell, Datenglossar und Metadaten.

Ein typischer Ansatz besteht darin, Standards zu vereinbaren, sie so weit wie möglich mit proprietären Implementierungen in Beziehung zu bringen und ein Repository einzuführen, in dem all diese Zuordnungen dokumentiert sind.

Die Vorteile sind offensichtlich. Ihre Organisation erhält die Flexibilität, auf diese Zielstandards in einem mehrstufigen Prozess zu migrieren. Sie können dabei sogar die Integration der Daten Ihrer Kunden einschließen, obwohl Sie normalerweise keine Befugnis haben, Änderungen auf der Kundenseite vorzunehmen.

Aber in all diesen Fällen ist der Einfluss auf Ihre eigene Organisation und vielleicht eine Handvoll kooperativer Kunden begrenzt.

In vielen Fällen wird der Erfolg eines Prozesses, der über Organisationsgrenzen hinweg reicht, davon abhängen, dass *alle* Ihre Kunden, Lieferanten oder Partner sich anschließen, d. h. die gleiche Datensprache sprechen. Aber warum sollten diese Parteien bereit sein, *Ihre* Standards anzunehmen? Sie müssen dafür möglicherweise eigene Standards auf Ihre Standards abbilden. Und sie könnten Probleme mit Ihren Wettbewerbern haben, die wahrscheinlich nicht bereit sind, ebenfalls Ihre Standards zu befolgen (es sei denn, Ihre Organisation hat die Marktmacht oder die Befugnis, branchenweite Standards zu setzen).

Standards über Organisationen hinweg

Wie können Sie also näher an einen nahtlosen, übersetzungsfreien Datenfluss über Unternehmensgrenzen hinweg gelangen, ohne andere davon überzeugen zu müssen, Ihre eigenen Standards anzunehmen?

Verwenden Sie so weit wie möglich globale Standards!

Ihre Kunden verwenden ebenfalls Standards. Und insbesondere kleine Kunden haben möglicherweise nicht die Bandbreite oder das Wissen, um ihre eigenen Standards zu entwickeln. Sie übernehmen oft internationale, öffentliche Standards von etablierten Standardisierungsorganisationen wie UN/EDIFACT, ISO oder IEC. Ihre Organisation kann gar nicht zu groß sein, um diesen Ansatz ebenfalls zu verfolgen. Schauen Sie sich diese Standards genauer an, und Sie werden feststellen, dass die meisten, wenn nicht alle, auch für Ihre Organisation funktionieren.

Vielleicht finden Sie heraus, dass einige Ihrer Kunden oder Lieferanten die Standards bereits verwenden, die Sie in Betracht ziehen. Dies reduziert Ihren Migrationsaufwand noch weiter, da Sie sofort einige Ihrer externen Schnittstellen vereinfachen können.

Ein hervorragendes Beispiel für einen globalen, unternehmensunabhängigen Standard ist ISO/IEC 15459. Dieser Standard definiert ein weltweit eindeutiges Identifizierungsverfahren, z. B. für Seriennummern, Packstück-Identifier, Chargennummern usw., was eine Voraussetzung für einen nahtlosen Datenfluss entlang der gesamten Supply Chain ist, einschließlich der Nachverfolgbarkeit in dieser Supply Chain.

Die eindeutige Identifizierung ermöglicht es, die physische Supply Chain und die entsprechende Daten-Supply Chain vollständig zu synchronisieren: Jede physisch ausgetauschte Einheit[3] kann an einem beliebigen Ort, an dem die Daten zur Beschreibung der Transaktion elektronisch übertragen werden, durch einen Code eindeutig bezeichnet werden.

Diese Logik wird seit Jahrzehnten verwendet - zunächst, um die Inhalte von Strichcodes in den frühen 1990er Jahren zu standardisieren. Heute umfasst sie

---

[3] Beispiele sind eine Transporteinheit, ein Produkt, ein Artikel, der durch eine Seriennummer identifiziert wird, oder ein wiederverwendbarer Behälter.

den gesamten Bereich der *Automatic Identification and Data Capture* (AIDC), einschließlich zweidimensionaler Codes und RFID-Tags.

Ihre Philosophie ist ähnlich wie bei der Identifizierung von Web-Adressen, bei denen nur die Top-Level-Domains eine (sehr schlanke) zentrale Verwaltung erfordern. Die Identifizierung von Parteien auf niedrigeren Ebenen wird durch die jeweiligen höheren Domänen aufrechterhalten. ISO/IEC 15459 hat dies durch so genannte *Issuing Agencies* organisiert, die die eigentlichen Nummernkreise vergeben.

Sie können die unmittelbaren Vorteile leicht erkennen:

- Verschiedene Issuing Agencies können Identifikatoren in einem bestimmten Bereich autonom vergeben, ohne das Risiko einzugehen, dass mehr als eine Issuing Agency denselben Identifikator vergeben könnte.

- Organisationen können Waren austauschen und sie ohne vorherige Absprachen zu Formaten oder Nummernbereichen stets eindeutig identifizieren.

Weitere Informationen sowie eine konkrete Anwendung von ISO/IEC 15459 finden Sie in zwei Präsentationen, die ich vor einigen Jahren auf SlideShare veröffentlicht habe:

- (Treder, License Plate – The ISO Standard For Transport Package Identifiers, 2012)

- (Treder, Basics of Label and Identifier, 2012)

Seien Sie vor Pseudo-Standards auf der Hut!

Organisationen entwickeln manchmal „Standards" einseitig und hoffen, dass allein ihre Marktmacht dazu beiträgt, diese Standards zu etablieren. Diese Lösungen sind nicht nachhaltig, da Wettbewerber keinen Standard übernehmen wollen, den sie nicht beeinflussen können. Infolgedessen werden alternative, konkurrierende Standards entstehen.

Aus diesem Grund sollten Sie sicherstellen, dass die unterstützten Standards von Organisationen gepflegt werden, die die folgenden drei Kriterien erfüllen:

(i) Nicht-gewinnorientiert

Sobald eine Organisation Geld mit der Pflege von Bezeichnungen oder verwandten Dienstleistungen verdient, ist sie nicht mehr unabhängig.

Leider kann niemand verhindern, dass solche Organisationen sich selbst als „non-profit" bezeichnen.

Aus diesem Grund ist es immer ratsam, hinter die Kulissen zu schauen. Manchmal verrät die Rechtsform einer Organisation ihren kommerziellen Fokus.

Ein weiterer guter Indikator ist das Ausmaß der Marketingaktivitäten: Wenn eine Organisation ihre Standards und Dienstleistungen aktiv auf verschiedenen Kanälen bewirbt, sollten Sie vorsichtig sein.

(ii) Global

In unserer globalisierten Welt genügen nationale Standards nicht mehr den Anforderungen an eindeutige Bezeichnungen.

Stattdessen müssen Sie sicherstellen, dass jeder Identifikationsstandard auch für grenzüberschreitendes Geschäft funktioniert.

Nationale Ausstellungsbehörden sind akzeptabel, wenn sie Mitglieder einer internationalen Standardisierungsorganisation sind und wenn sie global geltende Regeln einhalten, um eine Ambiguität systematisch zu vermeiden.

(iii) Unabhängig

Wirklich unabhängige Standards werden von unabhängigen Organisationen gepflegt. Solche Organisationen werden immer von supranationalen Organisationen gegründet oder mit der Pflege beauftragt.

Beispiele sind die UN, ISO oder, im Fall der Global Legal Entity Identifier Foundation (GLEIF), die Group of Twenty (G20) und das Financial Stability Board (FSB).

Zusätzlich zu diesen drei Voraussetzungen erfordern globale Standards auch eine ordnungsgemäße Governance, einschließlich Regeln für die Teilnahme und Eskalation.

Ein reifes Governance-Modell ermöglicht es allen Benutzern, ein System mitzugestalten, ohne dass eine einzelne Partei dominiert.

Eine solche Konstellation ermöglicht es der Community sicherzustellen, dass alle relevanten Datenaspekte grundsätzlich berücksichtigt werden, wie z. B. die freie Verfügbarkeit oder weltweite Widerspruchsfreiheit.

Praktischer Ansatz

Aber was können Sie als Organisation hier ganz praktisch tun?

(i) **Bestehende Standards und Konzepte verstehen.**

Ganze Organisationen könnten sich bestimmter globaler Standards nicht bewusst sein. Aber selbst der CDO einer Organisation weiß möglicherweise nicht, welche Standards bereits Teilen der Organisation bekannt sind. Aus diesem Grund sollten Sie sich umsehen und mit Menschen sprechen.

Ich bin ein großer Befürworter eines eigenen Teams im Data Office, das für externe Daten verantwortlich ist. Ein solches Team kann auch die Bestandsaufnahme aller verfügbaren, unabhängigen Standards durchführen.

(ii) **Unabhängige Standards fördern.**

Sie können dieses Thema in Gesprächen mit Ihren Industriekollegen sowie mit Ihren Lieferanten und Kunden ansprechen.

Wann immer sich eine gesamte Industrie auf einen unabhängigen Standard einigt, kann sie dadurch die Wettbewerbsnachteile für einzelne Mitglieder vermeiden oder minimieren. Darüber hinaus wird möglicherweise die gesamte Industrie im Wettbewerb mit anderen Industrien gestärkt.

Zum Beispiel könnte die gesamte Fernsehindustrie durch Standardisierung die Nutzung ihrer Dienste vereinfachen und so leichter mit Streaming-Diensten konkurrieren.

(iii) **Engagieren Sie sich in der Entwicklung von Standards.**

Wie können Sie sicherstellen, dass globale Standards den operativen Bedürfnissen Ihrer Organisation entsprechen?

Engagieren Sie sich!

Globale Standards fallen nicht vom Himmel. Sie werden von Menschen entwickelt und gepflegt. Und da die meisten dieser Standardisierungsorganisationen keine Vollzeitexperten beschäftigen, hängen sie von der aktiven Mitarbeit von Menschen aus allen möglichen Organisationen ab.

Wenn Sie entscheiden, dass Sie oder jemand aus Ihrem Team an bestimmten ISO-Standards mitarbeiten soll, sollten Sie Ihre nationale Standardisierungsbehörde kontaktieren und nach den passenden Arbeitsgruppen fragen.

Diese nationalen Arbeitsgruppen arbeiten in der Regel auf kontinentaler Ebene zusammen. Schließlich treffen sich globale Arbeitsgruppen und diskutieren, sammeln und überprüfen Vorschläge, bis es schließlich zu einer Einigung kommt. Man gewinnt an Einfluss und kann viel erreichen, wenn man Teil dieses Prozesses ist.

Cloud-Strategien für Daten

Outsourcing in die Cloud

Cloud-Lösungen sind für die Datenspeicherung und -verarbeitung bei vielen Organisationen zu einer beliebten Option geworden – aus guten Gründen:

- Die gemeinsame Nutzung der Infrastruktur ermöglicht eine flexible Skalierung, da die Nachfrage im Durchschnitt über mehrere Nutzer der vorhandenen Infrastruktur ausgeglichen wird.

- Aktivitäten, die **nicht** zum Kern des Geschäftsmodells gehören (bei den meisten Firmen fällt der Betrieb von Datenzentren darunter), können von Dritten effizienter durchgeführt werden, die sich auf diese Themen spezialisiert haben.

- Datensicherheit, Resilienz und Compliance können ebenfalls externen Spezialisten überlassen werden, um die Skaleneffekte auch bei Änderungen der Regulierung oder bei externen Bedrohungen zu nutzen.

Software as a Service

Cloud-Lösungen werden in der Regel zusammen mit Software as a Service (SaaS)-Angeboten angeboten, die ähnliche Vorteile versprechen.

Sie haben vielleicht beobachtet, dass SaaS in Bereichen, in denen Prozesse relativ standardisiert sind, zum Beispiel Finanzen (SAP oder Oracle) oder Vertrieb (Salesforce.com), besonders schnell wächst. Organisationen outsourcen derartige Aufgaben relativ leicht, da diese in der Regel nicht Teil ihrer Kernkompetenzen oder ihres Alleinstellungsmerkmals sind.

Intelligenz als Service

Der nächste logische Schritt ist: Wenn Prozesse und Logik standardisiert werden, kann auch „Intelligenz" standardisiert werden!

Intelligenz als Service (Intelligence as a Service; IaaS) ist kein neues Konzept. Es ist wahrscheinlich so alt wie SaaS, da die Idee im Grunde genommen die gleiche ist.

Bisher hat sich jedoch noch keine weltweit anerkannte Definition von IaaS entwickelt. Ein Aspekt, mit dem die meisten Menschen einverstanden sind, ist, dass IaaS eine Teilmenge von SaaS ist.

In frühen Verweisen[4] wurde IaaS häufig verwendet, um das zu beschreiben, was wir eher als „Reporting as a Service" bezeichnen würden: Cloud-Services, die auf der Grundlage der bereitgestellten Daten nützliche Statistiken und Berichte erstellen – mit anderen Worten, etwas, das mittlerweile alle SaaS-Anbieter als Bestandteil ihrer funktionalen Softwarelösungen anbieten.

Aber IaaS entwickelt sich über einfaches Reporting hinaus. Es umfasst zunehmend künstliche Intelligenz (oft auch als AIaaS bezeichnet) und maschinelles Lernen.

Diese Entwicklung steht für einen Aspekt von SaaS, der an Bedeutung gewinnt. Sehr früh hat SaaS damit begonnen, die Deutungshoheit über Ihre Daten zu beanspruchen: Jetzt umfasst es zunehmend auch die Geschäftslogik hinter Ihren Daten.

Die Idee scheint zu sein: Wenn Erstellung, Änderung und operativer Einsatz Ihrer Daten sowieso in der Cloud stattfinden, warum nicht auch die Analyse „dort oben" durchführen?

Wenn externe Daten standardisiert werden, wächst die Chance weiter. Sie müssen nicht alle externen Daten selbst abrufen – ein IaaS-Anbieter erledigt alles für Sie, verbindet externe und interne Daten in der Cloud und stellt Ihnen schließlich die gewünschten Erkenntnisse bereit.

Dieser Ansatz kann sogar Datenschutzbedenken lindern. Ein IaaS-Anbieter kann personenbezogene Daten vor der Bereitstellung von Erkenntnissen an seine Kunden vollständig anonym aggregieren oder pseudonymisieren.

Als Beispiel betrachten Sie einmal den Umgang mit Verkehrsdaten: Der Service Real-Time Traffic Information (RTTI) sammelt Daten von einzelnen Fahrzeugen. Die entstehenden Verkehrsinformationen sind vollständig anonym. Persönliche Informationen sind nicht erforderlich.

Sie werden mich nicht dabei erwischen, die bisher beschriebenen Möglichkeiten in Frage zu stellen.

---

[4]Als interessantes Beispiel siehe InformationAge (2006).

Allerdings birgt die gesamte Vorgehensweise von Cloud, SaaS und IaaS Risiken, die jeder kennen sollte. Die meisten Führungskräfte sind sich dessen jedoch nicht bewusst.

Ich möchte zwei davon beschreiben: Datenmodellprobleme und Black-Box-Probleme.

Das Risiko von Datenmodellproblemen

Organisationen, die mit mehr als einem Cloud-Anbieter (oder mit einer Hybrid-Cloud-Lösung, die Sie sogar noch häufiger vorfinden) arbeiten, stehen vor dieser Herausforderung: *Jede Cloud/SaaS-Lösung kommt mit ihrem eigenen Datenmodell und eigenen Datenstrukturen.*

SaaS-Lösungen haben eine geringe Flexibilität in ihrem Datenmodell – designbedingt. Wenn jeder SaaS-Kunde sein eigenes Datenmodell hätte, würde eine gemeinsame Lösung einfach nicht funktionieren.

Es ist für eine Organisation aber logisch unmöglich, sich gleichzeitig an alle diese externen Datenmodelle zu halten, sobald zwei unterschiedliche Cloud-Lösungen in dieser Beziehung nicht miteinander kompatibel sind.

Hier kollidiert das auf einen einzigen Fachbereich beschränkte Wesen funktioneller Cloud-Lösungen mit der fachbereichsübergreifenden Natur jeder Unternehmensdatenstruktur. Die SaaS-Lösung für Ihr Verkaufsteam hat eine verkaufsorientierte Sicht darauf, was ein Kunde ist. Diese Sicht unterscheidet sich wahrscheinlich von der Kundenperspektive Ihrer Finanzabteilungs-SaaS-Lösung.

Jede SaaS-Lösung kommt mit einer Datenbankstruktur, die im Wesentlichen ein einziges Datenmodell unterstützt. Es gibt üblicherweise einige Flexibilität durch Konfiguration, aber dies ist designbedingt begrenzt. Zu viel Flexibilität würde den Betrieb eines Saas-Angebots unmöglich machen.

Keine Organisation kann daher einseitig das Datenmodell einer SaaS-Kernlösung verbessern, egal wie klein (oder wie wichtig) eine solche Änderung auch sein mag.

Und selbst wo Änderungen möglich sind, werden Sie sich von dem optimierten SaaS-Modell entfernen und bei zukünftigen Releases (die Sie nicht überspringen können, wiederum designbedingt) möglicherweise auf Kompatibilitäts-probleme stoßen.

Das ganze Problem ist eigentlich nicht neu. Denken Sie daran, wie viel Geld in die Anpassung von SAP-Lösungen an die spezifischen Bedürfnisse von Organisationen investiert wurde, noch bevor man begann, über SaaS zu sprechen. Je mehr Sie SAP angepasst hatten, desto schwieriger (und teurer!) wurde die Wartung, desto mehr funktionelle Überraschungen tauchten auf, und desto höher war das Risiko, bei jeder neuen Version die Rückwärtskompatibilität zu verlieren.[5]

Mit SaaS kommt noch eine Herausforderung hinzu: Sie zahlen für das „sorgenfreie" Modell mit einem Verlust an Flexibilität.

Wenn Sie bereit sind, Ihr eigenes Datenmodell dem Modell des SaaS-Anbieters anzupassen, müssen Sie sich auf die folgenden Herausforderungen vorbereiten:

(i) Rückwärtskompatibilität

Wenn Sie gezwungen sind, Ihre Kontenrahmen anzupassen, wie werden Sie dann Vergleiche mit den Vorjahren durchführen?

Und werden Sie in der Lage (oder bereit) sein, Ihr altes, schwer wartbares on-premise-Finanzsystem so lange aufrechtzuerhalten, wie Sie auf Daten aus der Zeit vor SaaS zugreifen (können) müssen?

(ii) Intra-SaaS-Kompatibilität

Eine Organisation kann sich an das Datenmodell eines einzelnen Cloud-Anbieters anpassen – aber wie sieht es mit *zwei* Anbietern (beispielsweise für Sales- und Finanzlösungen) aus? Wenn sie zum Beispiel „Umsatz" unterschiedlich definieren, oder wenn ihre Definitionen von „Adresse" dramatisch unterschiedlich sind?

Natürlich können Sie Ihre funktionellen Prozesse unabhängig voneinander ausführen, und viele Organisationen tun genau das. Aber Sie riskieren damit eine gefährliche Entkoppelung unterschiedlicher Datenwelten.

BEISPIEL I

Dieser reale Fall wurde im Transportwesen beobachtet:

Transportdienstleister müssen höhere Transportkosten für entlegene Gebiete berücksichtigen. Dies muss Teil des Preisprozesses für Standardtarife und Rabatte für Schlüsselkunden werden. Die Marketing-Abteilung möchte diese Informationen möglicherweise auch verwenden.

Um all diese Bedürfnisse zu erfüllen, benötigen Sie eine ausreichend feine, eindeutige und lückenlose Aufteilung der Welt in nicht überlappende geographische Gebiete. Und diese Aufteilung muss zwischen allen Fachbereichen identisch sein! Wenn eine Organisation die vollständige Kontrolle über alle ihre Systeme hat, kann sie einfach entscheiden, genau dies zu tun.

---

[5]Aus gutem Grund haben SAP-Berater immer empfohlen, dass Sie Ihre eigene Logik eher an das SAP-Modell anpassen sollten als umgekehrt.

Aber was, wenn ihre IT-Lösungen für die unterschiedlichen Geschäftsbereiche unabhängig voneinander von verschiedenen SaaS-Anbietern bereitgestellt werden?

Möglicherweise arbeiten einige Anbieter nur mit Postleitzahlen, andere mit einer proprietären Möglichkeit, Postleitzahlengebiete weiter zu unterteilen, und eine dritte Gruppe arbeitet mit Stadt- und Stadtteilnamen. Kompatibilität? Keine Chance!

Dies kann tatsächlich ein großes Problem sein. Aber Sie werden im täglichen Leben zusätzlich mehreren kleineren Problemen begegnen:

- Ihre Finanz-SaaS kann den Mahnprozess möglicherweise nicht sauber durchführen, da sie beispielsweise nicht erkennt, dass mehrere unbezahlte Rechnungen zum selben Kunden gehören.

- Gelieferte Dienstleistungen bleiben unverrechnet, da die Finanz-Perspektive auf einen Dritten von der der operativen Einheiten abweicht.

- Die Trennung von Aufgaben für Compliance-Zwecke (Segregation of Duties; SoD) kann scheitern, da die jeweilige Lösung nicht erkennt, dass die Parteien, die zwei sich ergänzende Rollen ausführen, identisch sind.

Heute bleiben viele dieser Fälle unbemerkt, da alles irgendwo in der Cloud passiert. Wenn Probleme auftreten, neigen wir dazu, die Symptome zu behandeln, da eine Ursachenanalyse schwierig (wenn nicht unmöglich) ist, über alle diese Cloud-Silos hinweg.

Es wird nicht besser, wenn es um Analytics geht. Welche Datenstrukturen werden die Analytics-Kollegen verwenden?

Wie funktioniert es in einer pre-IaaS-Umgebung? Sobald ein Data Scientist hier ein Problem oder eine Frage zum Datenmodell der Organisation hat, wird er zu einem Data Architect gehen und die Situation klären. Dies kann sogar dazu führen, dass ein Änderungsantrag gegen das aktuelle Datenmodell gestellt wird.

Mit IaaS wird dies jedoch normalerweise zu einer Einbahnstraße: Der IaaS-Anbieter wird Sie über das Datenmodell informieren. Das ist alles. Sie haben keine Chance, das Modell darauf hin zu überprüfen, ob es alle Details enthält, damit der Data Scientist seine Arbeit auf eine solide Grundlage basieren kann. Es ist, wie es ist, wenn Sie entscheiden, Intelligence outzusourcen.

Stellen Sie sich vor, Sie vertrauen Ihrem SaaS-Anbieter auch für Analytics. Wie stellen Sie sicher, dass AI-Algorithmen, die für bestimmte Modelle optimiert sind, auch mit anderen Modellen funktionieren? Bedenken Sie, dass Sie sie nicht einfach ändern können, da sie Teil des SaaS-Angebots sind.

Führungskräfte aus den Fachbereichen verstehen das Risiko inkompatibler Datenmodelle oftmals nicht. Sie kennen möglicherweise nicht einmal das Konzept eines Datenmodells, und das ist in den meisten Fällen auch völlig in Ordnung. Aber selbst IT-Experten neigen dazu, sich auf Cloud-Lösungen zu verlassen, um professionell all Ihre Datenprobleme zu lösen.

Wiej aber sollten Sie das Problem dann angehen?

Zunächst benötigen Sie die Unterstützung der relevanten Führungskräfte. Aus diesem Grund sollten Sie zunächst reale Beispiele aus der Praxis finden und deren Geschäftsauswirkungen den jeweiligen Führungskräften vermitteln. Bedenken Sie: Wenn Sie hier keine vollständige Unterstützung erhalten, können alle weiteren Aktivitäten zum Scheitern verurteilt sein!

Sobald Sie die Unterstützung Ihrer Organisation sichergestellt haben, sollten Sie das Thema Governance angehen: Jegliche in der Cloud von einem Ihrer hilfreichen Dienstleister verwalteten Daten müssen Ihrer organisatorischen Daten-Governance unterliegen.

Sie müssen dazu die technische Flexibilität der Cloud-Anbieter verstehen. Die meisten von ihnen bieten ihren Kunden weniger Flexibilität an, als sie technisch unterstützen. Sie sollten sie dazu zwingen, die Lösungen mit einem gemischten Team ihrer Organisation zu erarbeiten. Dies schließt zwingend Data Architects ein, damit der SaaS-Anbieter nicht nur mit den zukünftigen Geschäftsanwendern und den technischen IT-Experten verhandelt.

Jedes Cloud-Projekt muss die Zustimmung Ihres Data Architecture-Teams erfordern. Dieses Team muss von Anfang an, das heißt, bereits während der Erfassung der Anforderungen und auch während der Auswahl von Lieferanten, Teil einer solchen Initiative sein.

Ein wichtiges Ziel ist es dabei sicherzustellen, dass alle fachlichen Definitionen von Datenobjekten und -attributen – sowie die analytischen Modelle und Definitionen, die von cloudbasierten Geschäftsanwendungen wie ERP und CRM verwendet werden – mit den Datenstandards Ihrer Organisation übereinstimmen. Das Data Office muss zudem sicherstellen, dass jede identifizierte Lücke geschlossen oder als (temporäre) Data Architecture Concession dokumentiert wird.

Aber sollte eine Organisation wirklich ihr Schicksal in die Hände eines Teams von Datenspezialisten legen? Sollte es möglich sein, dass Data Architects große strategische Initiativen stoppen? Nicht unbedingt.

Der entscheidende Punkt in diesem Zusammenhang ist nicht unbedingt Autorität, sondern vielmehr **Transparenz**!

Hier ist mein Vorschlag für eine angemessene Daten-Governance – die Sie sogar jenseits von Data Architecture anwenden können:

- Jede Initiative, von einem kleinen Sprint bis zu einem mehrjährigen Programm, kann nur dann grünes Licht erhalten, wenn die Auswirkungen im Datenbereich für alle klar und sichtbar gemacht werden.

- Die Verantwortung liegt beim Team für Data Architecture. Ihre Ablehnung kann vom ursprünglichen Anforderer an das Data Executive Board und, falls nötig, an den Vorstand Ihrer Organisation eskaliert werden.

- Wenn der Vorstand sich (bewusst!) dafür entscheidet, die beschriebenen negativen Auswirkungen zu akzeptieren, da er zu dem Schluss kommt, dass die Vorteile die Kosten einer Nichteinhaltung überwiegen, kann er eine endgültige Zustimmung erteilen.

- All dies muss als Data Architecture Concession dokumentiert werden.

Diese Governance-Einrichtung stellt die Pyramide der Macht ausdrücklich nicht infrage, erzwingt aber bewusste, gut informierte Vorstands-Entscheidungen, und sie nimmt im Falle negativer Folgen das Data Office aus der Schusslinie.

DATA MANAGEMENT THEOREM #11

Ein effektives Datenmanagement ermöglicht bewusste, gut informierte Entscheidungen auf allen Management-Ebenen.

Das Risiko von Black-Box-Problemen

Besonders kleinere Organisationen können es sich nicht leisten, ihre eigene Basis für KI zu entwickeln. Sie werden sich auf öffentlich bereitgestellte Analytics-Schnittstellen verlassen müssen, wie sie sich auch schon heute auf SaaS-Angebote verlassen müssen.

Allerdings birgt die Nutzung von „Intelligence als Black Box" und der nicht offen gelegten Logik dahinter einige Risiken:

(i) Falsche Verwendung

Es besteht die Gefahr, die Genauigkeit der für Analysen bereitgestellten Daten zu überschätzen. Oder Sie verwenden den falschen Service für die benötigten Daten. Beispielsweise fragen Sie einen

Routenplanungsservice nach der korrekten Adresse einer Organisation. Diese Organisation ist möglicherweise bereits bankrott, aber der Serviceanbieter weiß es nicht – denn es gibt keinen Grund dafür, dass jemand nach der Insolvenz einer Organisation die Adressdatenanbieter über deren Schließung informiert.

(ii) **Abhängigkeit**

Der Markt für IaaS könnte zu einem Oligopol werden. Die Bereitstellung von Diensten erfordert eine erhebliche Menge an Daten sowie die Infrastruktur, um sie auf dem neuesten Stand zu halten. Nur wenige Organisationen können dies leisten.

Denken Sie dabei gerne an die üblichen Verdächtigen:

- Diejenigen, die Data Scientists magisch anziehen und sich deren Bezahlung leisten können

- Diejenigen, die bereits die zugrunde liegenden SaaS-Lösungen bereitstellen

(iii) **Falsche Informationen**

Falsche Daten oder Logik, die von einem Ihrer primären Lösungsanbieter angewendet werden, werden einen erheblichen Prozentsatz der Benutzer beeinträchtigen.

Die Menschen werden daran glauben, weil sie „es irgendwo anders schon einmal gehört haben" – obwohl möglicherweise alle Aussagen auf die gleiche Quelle zurückzuführen sind!

Es wird spätestens dann wirklich gefährlich, wenn Regierungen diese Situation missbrauchen, um Menschen systematisch zu täuschen.

Optionen für eine sinnvolle IaaS-Nutzung

Aber was wäre eine gute Vorgehensweise als Antwort auf diese Gefahren? Denken Sie an folgende Optionen:

(i) **Überlegen Sie sich Ihr Datenmodell frühzeitig.**

Die Welt hat schon zu viele Fälle gesehen, in denen die Entscheidung für eine bestimmte Cloud-Lösung getroffen wurde, während der CEO des Lösungsanbieters und der CFO des Kunden miteinander Golf spielten.[6]

Natürlich war dies keine reine Bauchentscheidung des CFO. Sie basierte vielmehr auf einer Menge gründlicher Evaluierungsarbeit, die beide Organisationen im Voraus gemeinsam durchgeführt haben. Natürlich hat die Annahme, dass der Cloud-Anbieter nicht so groß und berühmt geworden wäre, wenn seine Lösungen nicht großartig wären, dazu beigetragen, eine Einigung zu erzielen.

Aber in wievielen Fällen war wohl eine Analyse gegen das Datenmodell des Kunden Teil dieser Bewertung?

Denken Sie daran: Das Datenmodell ist keine IT-Detailfrage. Es ist ein wesentlicher Bestandteil der Formalisierung Ihres Geschäftsmodells.

Also, was genau sollte Teil des Entscheidungsprozesses werden?

Ich denke an eine Gap-Analyse der Datenstrukturen, gefolgt von einigen technisch möglichen Optionen und der Ermittlung des Aufwands (plus Risiko), um zu einer dieser Optionen zu wechseln.

Diese Alternativen reichen von der Übernahme des Vendor-Modells bis zur Anpassung des Modells an das aktuelle (oder gewünschte) Organisationmodell.

Die Wahl des Vendor-Modells in der SaaS-Lösung bei gleichzeitigem Verbleiben des gesamten Analytics-Teils in der Verantwortung Ihrer Organisation sollte ebenfalls als Option in Betracht gezogen werden.

(ii) Überprüfen Sie Ihre Flexibilität.

Um SaaS und IaaS zu nutzen, müssten Sie Ihre vorhandene HR-Logik oder Ihre Kontenplan aufgeben? Okay, warum nicht?

Denken Sie daran, die SaaS-Lösung (einschließlich ihres Analytics-Teils) funktioniert vermutlich bereits gut in anderen Unternehmen. Sie mag sich von Ihrer aktuellen Logik unterscheiden, ist aber nicht unbedingt schlechter.

---

[6] Je nach Organisation können Sie natürlich CFO durch CIO, Chief Marketing Officer usw. beziehungsweise Golf durch ein Abendessen beim Sterne-Koch oder einen Opernbesuch ersetzen.

Als Faustregel können Sie annehmen, dass es in Bereichen akzeptabel ist, ein Drittanbieter-Modell zu übernehmen, die **nicht im Kern Ihres Produktangebots** liegen.

Die Schlüsselbereiche, mit denen Ihre Organisation sich vom Wettbewerb absetzen möchte, sind wahrscheinlich voller einzigartiger Kenntnisse über Ihre Organisation und das Erreichen Ihres Geschäftszweckes. Natürlich möchten Sie den Umgang mit diesen Kenntnissen technisch modernisieren (es gibt beispielsweise Möglichkeiten, von Mainframe zu einer Service-orientierten Architektur (SOA) zu migrieren, ohne wertvolle Logik aufzugeben, die in den letzten 20 Jahren entwickelt wurde). Aber Sie würden wahrscheinlich nie exklusive Branchenkenntnisse aufgeben wollen, nur um den Umzug zu einer schicken Cloud-Lösung möglich zu machen.

Schauen Sie sich hingegen die unterstützenden Bereiche genau an, die einfach nur funktionieren müssen, damit Ihre Organisation mit ihrem einzigartigen Produktangebot erfolgreich ist: Eine Cloud-Lösung wird diese Bereiche in die Hände von Menschen legen, deren Kernkompetenz dort liegt. Dieser Schritt ermöglicht es Ihnen, alle Energie auf Ihr tatsächliches Kerngeschäft zu konzentrieren.

(iii) Stellen Sie Transparenz sicher.

Es war noch nie so wichtig wie heute, dass die Logik hinter einem öffentlich angebotenen Service bekannt und sichtbar gemacht wird.

Dies ist insbesondere für Daten-Webservices und APIs wichtig — sei es eine operativen Abfrage, sei es eine komplexe Analyse.

Mit anderen Worten, wenn Sie die Logik hinter einer Abfrage nicht kennen, sollten Sie viele Fragen stellen, bevor Sie den Service kommerziell nutzen.

Zum Glück ist die globale Analytics-Community eine sehr offene, die in vielen Fällen bereit ist, den Quellcode (meist leicht auf GitHub zugänglich) zu teilen.

Public Domain ist nicht mehr gleichbedeutend mit dubios, riskant oder schlecht. Die Gefahr, die damit verbunden ist, reduziert sich mit zunehmender Transparenz. Darüber hinaus ist die Community in der Regel groß und aktiv genug, um sehr schnell Probleme zu entdecken, Fehler zu beheben und Lücken zu schließen.

(iv) Vermeiden Sie Abhängigkeiten von Lieferanten.

Unabhängig davon, wie sehr Sie einen bestimmten Anbieter mögen (sei es ein SaaS-Anbieter, sei es ein Datenanbieter wie Dun & Bradstreet), sollten Sie Ihre Architektur so gestalten, dass Sie technisch unabhängig bleiben.

Sie können beispielsweise erwarten, dass Oracle lautstark über Ihre Unwilligkeit klagt, Oracle Analytics zusammen mit Ihrer Oracle Cloud-Lösung zu verwenden – aber es gibt keinen technischen Grund, diesen Klagen nachzugeben.

(Anmerkung: Lassen Sie sich von keinem Anbieter erzählen, dass Sie automatisch Latenzprobleme bekommen, wenn Sie Ihre Cloud-Anbieter dazu zwingen, mit Datenquellen und Datenservices in anderen Clouds zu arbeiten. Wenn die Datenübertragung über weite Distanzen ein Problem wäre, wäre es diesem SaaS-Anbieter mit seinen mutmaßlich weltweit verteilten Datenzentren bereits zuvor widerfahren.)

Zusammenfassung: Sie sollten sicherstellen, dass Sie die Kontrolle behalten. Das Datenmodell ist Ihres, nicht das von Oracle, Salesforce.com, Workday oder einem der anderen „as a Service"-Anbieter.

Und die Oberhoheit über den Bereich Analytics muss in Ihrer Organisation liegen – die Lösungsanbieter mögen Ihnen die technischen Plattformen und schicken Visualisierungswerkzeuge anbieten, aber die Verantwortung für die Logik und den Inhalt liegt bei Ihnen.

Blockchain

Es wurde schon viel über Blockchain und die damit verbundenen Möglichkeiten geschrieben, die damit verbunden sind. Ich möchte das alles nicht wiederholen. Stattdessen möchte ich mit Ihnen ein paar Gedanken teilen, die Ihnen bei der Planung der Implementierung helfen könnten.

Eindeutige Identifizierung und Blockchain

Blockchain scheint die primäre Technologie für eine dezentralisierte, vor unbemerkten Änderungen geschützte Protokollierung von Transaktionen und anderen Informationen zu werden, die mit mehr als einer Partei in Beziehung stehen. Vertragspartner jeglicher Art können einfach ihre vertraglichen Informationen zu einer Blockchain hinzufügen und den Inhalt von Tausenden anderer, unabhängiger Parteien bestätigen lassen. Diese Parteien können die inhaltliche Richtigkeit natürlich nicht bestätigen, aber ihre Unterschriften ermöglichen jederzeit die Überprüfung, ob der Eintrag geändert wurde oder nicht.

In der Tat, eine tolle Sache!

Aber wie stellen die beteiligten Parteien die Bedeutung der in diesem Eintrag verwendeten Bezeichner sicher? Wenn die Partei A später behauptet, dass „Produkt 12345" sich auf etwas völlig anderes bezieht als das, was die Partei B angenommen hat?

Ein Ansatz besteht darin, alle diese Informationen ebenfalls in der Blockchain zu speichern. Aber natürlich ist diese Information sehr redundant. Wenn eine Organisation ein Produkt anbietet, das eine Beschreibung von mehreren Megabyte umfasst, und das Produkt 1 Mio. Mal verkauft, wird die Blockchain massiv aufgebläht.

Eine Lösung ist die Erstellung einer separaten Produktblockchain, in der Organisationen Produktdokumentation (einschließlich aller Änderungen im Laufe der Zeit) mit eindeutigen Bezeichnern verknüpfen, sodass auch hier keine unerlaubte Änderung unbemerkt erfolgen kann.

Aber wie identifizieren Sie derartige Elemente eindeutig, ohne wieder ein zentral verwaltetes Datenrepository zu benötigen? Eine Zahl 123456 könnte eine Seriennummer, eine Versandnummer, eine Bestellnummer usw. der Organisation A, B oder C sein. Um hierbei eindeutig zu werden, müssten Sie neben der Art des Bezeichners auch eine Organisationen-ID hinzufügen. Aber woher nehmen Sie diese Organisationen-ID? Aus einem anderen zentral gewarteten Register? Dieses könnte möglicherweise nicht universell umfassend sein und daher nicht alle Organisationen auf der Erde enthalten. Ein kommerziell gewartetes Register wäre auch wieder von einer einzigen Organisation abhängig, die ihre eigenen Interessen hat und sogar bankrottgehen könnte.

Also, was gibt es irgendwo auf dieser Welt, das man zumindest als hinreichend neutral und global betrachten kann?

Meine Antwort auf diese Frage ist wiederum die Empfehlung, mit globalen Standards zu arbeiten, wie schon weiter oben in diesem Kapitel beschrieben.

Tatsächlich kann das Konzept der ISO zur weltweit eindeutigen Identifizierung von Gütern, von Packstücken, von wiederverwendbaren Behältern und einigen anderen Entitäten uns auch hier helfen. Verteilte Logik ohne zentrale Autorität oder eine vorab spezifizierte Anzahl von Teilnehmern profitieren von Standards, die keine formelle Vereinbarung zwischen allen an einer Transaktion beteiligten Parteien erfordern.

Ein falsches Gefühl der Sicherheit

Eine Blockchain stellt sicher, dass jede rückwirkende Änderung an einer Transaktion sichtbar wird. Umgekehrt, wenn die Blockchain sagt, dass alles in Ordnung ist, dann bist du sicher.

Richtig?

Nun ja, technisch gesehen …

Ehrlich gesagt, dies ist wahr, wenn Sie die Algorithmen verstehen und wenn Sie den Quellcode kennen.

Aber versetzen Sie sich einmal in die Lage eines Benutzers – sei es ein Einzelner, der ein solches System für Transaktionen mit unbekannten Partnern (wie beim Handel mit Bitcoins) verwendet, sei es ein Controller Ihrer Organisation, der Blockchain verwendet, um Geschäftstransaktionen abzusichern.

Jeder dieser Benutzer wird eine Art von Software verwenden, um Einträge in die Blockchain hinzuzufügen – es ist sogar sehr wahrscheinlich, dass die normale Arbeitssoftware des Benutzers dies im Hintergrund als zusätzlichen Schritt ausführt, der dem Benutzer möglicherweise verborgen bleibt, abgesehen von einer Meldung, die dem Benutzer sagt, dass „die Transaktion gesichert wurde und nicht mehr geändert werden kann".

Diese Software könnte jedoch eine bösartige Software sein oder, noch wahrscheinlicher, eine legale Software, die von jemandem gehackt wurde. Glauben Sie, dass ein Endbenutzer den Unterschied erkennen würde?

Und „gehackt" bedeutet nicht unbedingt, dass die Software jetzt dauerhaft schlechte Dinge tut. Stattdessen kann sie genau so funktionieren, wie erwartet, mit Ausnahme der kleinen Anzahl von Transaktionen, die Sie mit einem bestimmten Geschäftspartner durchführen. Sie kann syntaktisch korrekte Einträge mit falschem Inhalt in die Blockchain erstellen, und jeder würde die Abweichung sehen, es sei denn … ja, es sei denn, die bösartige Software geht einen Schritt weiter und sagt dem Benutzer, dass alles in Ordnung ist. Wie könnte der Benutzer das selbst beurteilen?

Haben Sie jemals den Inhalt einer Blockchain selbst überprüft, also nicht einfach der positiven Meldung einer Software vertraut? Vertrauen Sie in diese Software? Woher kommt sie eigentlich?

Okay, Sie sagen, es geht um die Zertifizierung der Software? Ja, das ist ein wichtiger Teil. Aber wer zertifiziert? Denken Sie daran, es gibt keine zentrale, neutrale Behörde. Kennen Sie den Aussteller des Zertifikats ausreichend gut, um dieser Organisation zu vertrauen?

Außerdem: Wenn Ihre Software Ihnen sagt, dass sie zertifiziert ist, wie können Sie sicher sein, dass es stimmt? Können Sie einer sich selbst zertifizierenden Software vertrauen?

Diese Fragen zeigen, dass eine Organisation, die die Blockchain-Technologie einführt, mehr tun muss, als nur die Geschäftslogik zu definieren und diese Logik dann in Software umzusetzen (oder vielleicht sogar nur Software zu verwenden, die alles Nötige bereits enthält).

Aber was sollten Sie dann tun?

Zunächst einmal ist das technische Wissen rund um Blockchain nichts, was eine Organisation komplett an Externe auslagern sollte. Sie benötigen Experten im Unternehmen, die wirklich verstehen, was da vor sich geht, anstatt blind auf „Black-Box"-Blockchain-Dienste zu vertrauen.

Zweitens müssen diese Experten in der Lage sein, sich den Quellcode gemeinsam mit Informationssicherheitsspezialisten anzusehen.

Drittens müssen verschiedene Experten unabhängig voneinander die gleichen Lösungen untersuchen. Andernfalls könnte sich herausstellen, dass der einzige Blockchain-Guru in Ihrer Organisation Teil der Bande ist.

Schließlich sollte Software Software überwachen. Wenn Sie vorgefertigte Software, SaaS oder öffentliche Webdienste verwenden, können Sie Ihre eigenen Routinen hinzufügen, um nach verdächtigen Ergebnissen zu suchen.

Übertrieben?

Denken Sie daran, dass es immer schwieriger wird, Manipulationen an Blockchain-geschützten Daten durch gesunden Menschenverstand zu entdecken. Dies macht diesen Bereich extrem interessant für Kriminelle. Und sie werden nicht ungeschickt das gesamte System an einem Tag zusammenbrechen lassen – sie werden eher alles daran setzen, ihren Einbruch unbemerkt zu halten.

Die Situation ist ein bisschen ähnlich wie bei der ersten Generation von Banking-Software, bei der einzelne Programmierer Logik hinzufügen konnten, um Mikrobeträge an ihre eigenen Bankkonten zu überweisen. Sie konnten dies jahrelang unbemerkt tun, wodurch die Programmierer reich wurden, ohne dass jemand anders Geld vermisste.

Es ist also eine gute Idee, ein solches Verhalten von Anfang an zu antizipieren, wenn man ein neues Zeitalter mit neuer Technologie betritt.

Der Umgang mit Daten

*„Nein, ich fürchte, wir können die Daten nicht einfach
‚nach Bedarf anpassen'
−Wir sind Geschäftsleute, keine Politiker..."*

Abb. 19-1. Data Management in der Geschäftswelt ist ernst

© Der/die Autor(en), exklusiv lizenziert an APress Media, LLC, ein Teil von
Springer Nature 2023
M. Treder, *Das Management-Handbuch für Chief Data Officer*,
https://doi.org/10.1007/978-1-4842-9346-1_19

Die virtuelle Single Source of Truth

Wie sieht eine VSSoT aus?

Betrachten Sie Ihren Data Lake als Ihre Single Source of Truth? Oder zumindest als das Ziel?

Das sollten Sie nicht tun...

Als „Single Source of Truth" sollte **nicht** als der berühmte Topf voller (Daten-) Gold am Ende des Regenbogens betrachtet werden.

Vielmehr sind Daten immer auf einer Reise, von ihrer Erstellung, Erfassung oder Erwerb über ihre Modifikation, Filterung und Zusammenführung bis hin zu vielfältiger Verwendung, gefolgt von ihrer Deaktivierung und Löschung.

Daten können also gesammelt, strukturiert, transformiert, zusammengeführt oder miteinander verbunden werden. Jede neue Instanz, sei es eine Tabelle, eine Datenbank oder eine Ansicht, sollte Teil Ihrer virtuellen Single Source of Truth (VSSoT) werden.

Denken Sie daran, dass das Erstellen einer solchen neuen Instanz keine der vorherigen ungültig macht. Die gleichen Daten können sich somit in verschiedenen Tabellen und Ansichten finden, und die Auswahl der jeweils am besten geeigneten Quelle ist nicht immer trivial.

Im Gegensatz zu anderen Assets verschleißen Daten nicht durch Gebrauch, so dass sie immer wieder modifiziert und in verschiedenen Formen und Zusammensetzungen verwendet werden können, ohne dass sie darunter leiden. Die üblichen Modifikationen stellen nicht einmal einen linearen Prozess dar. Denken Sie an Operationen wie Outer Joins, bei denen zwei Tabellen zusammen eine neue Tabelle erstellen, die man nicht als Nachfolger einer der beiden Tabellen betrachten kann.

Darüber hinaus können verschiedene Entwicklungsphasen derselben Daten nebeneinander existieren. Dies kann hilfreich sein, birgt aber auch ein Risiko: Konsumenten können versehentlich die falsche Entwicklungsphase verwenden, z. B. eine Version der Daten, in der bestimmte Datensätze gefiltert oder aggregiert wurden, damit das Ergebnis in einem anderen Bereich einen anderen Zweck erfüllt.

Ein typischer Fall: „Wir haben immer Tabelle X aus Abteilung A für unsere Analyse verwendet. Niemand hat uns gesagt, dass die Abteilung A eines Tages ihre Logik geändert hat, um Tabelle X zu erstellen."

Deshalb muss **die gesamte Daten-Lineage** abgedeckt werden, wenn von einer „einzigen Wahrheit" die Rede ist:

- Die Erstellung oder Akquisition von Daten muss eindeutig definiert werden (Ursprung, Regeln, Zeitstempel).

- Die Reise der Daten von einem Repository oder einer Stufe zur anderen muss präzise definiert sein. Dies umfasst auch den zeitlichen Aspekt, um Inkonsistenzen durch unterschiedliche Geschwindigkeiten bei der Modifizierung von verschiedenen Datenelementen zu vermeiden.

- Jede Manipulation von Daten muss auf eine wohldefinierte Weise erfolgen, solange das Ergebnis für Konsumenten allgemein verfügbar ist.

- Das Altern von Daten muss ebenfalls gut definiert sein: Ab wann gelten Daten als „veraltet"?

Sie können sich die Komplexität Ihrer VSSoT vorstellen, wenn Sie die Abb. 19-2 auf die Data Lineage Ihrer Organisation erweitern. In welchem Umfang wird all dies in Ihrer Organisation heute dokumentiert?

Wie formt man eine VSSoT?

Die Arbeit an einer Virtuellen Einzigen Wahrheit beginnt mit einer Bestandsaufnahme:

- Die Datenflüsse abbilden.

- Die Zeitdimension hinzufügen (Sequenz; Echtzeit vs. Verzögerung; Einzeldatensatz vs. Batch).

- Den Zweck jeder Datentransformation verstehen und dokumentieren.

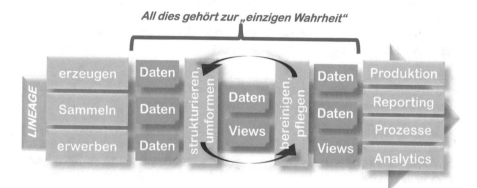

Abb. 19-2. Die Komplexität der Single Source of Truth

Das Ergebnis wird eine „virtuelle Datenquelle" sein. In einer ersten Phase können Sie sie in Ihre „Virtuelle Einzige Wahrheit" transformieren, bevor Sie in einer zweiten Phase mit der Optimierung beginnen.

Eine solche Optimierung besteht aus der Beurteilung, wo Daten zentralisiert werden sollen, aber auch aus der Synchronisierung von Datenflüssen. Es geht jedoch **nicht** um das Ziel, *die eine einzige Datenbank* zu erstellen!

Selbst die Replikation von Daten kann mit dem Prinzip der Einzigen Wahrheit vereinbar sein – wenn alle „Kopien" als Teil einer einzigen Quelle verwaltet (und synchron geändert) werden.

Die physische Struktur einer einzelnen Datenquelle muss beispielsweise jede geplante Art der Verwendung unterstützen. Wenn die gleichen Daten für völlig unterschiedliche Zwecke verwendet werden sollen, müssen sie daher möglicherweise in physisch unterschiedliche Repositories repliziert werden, z. B. In-Memory-Datenbanken oder hoch denormalisierte Tabellenstrukturen für Echtzeit-Operationszwecke beziehungsweise Hadoop Clustern oder Spark Resilient Distributed Datasets (RDD) für massive parallele Analyseprozesse.

Edge Computing ist ein weiteres Beispiel für eine begründete Replikation von Daten – die auf angemessene und kontrollierte Weise durchgeführt werden sollte: Wenn Sie die Konsistenz sicherstellen, können Sie Daten an den Rand (die „Edge") verschieben – wo sie dem Client nahe sind, dabei aber immer noch Teil der VSSoT bleiben!

Die gesamte Daten-Supply Chain muss gut dokumentiert sein, einschließlich der Verantwortung für die Daten. Idealerweise wird jeder Datentransformationsschritt einer Ihrer Datendomänen zugeordnet, sodass Ihre vorhandene, domänenbasierte Verantwortlichkeit innerhalb des Data Architecture-Teams einschließlich der zugehörigen Prozesse wiederverwendet werden kann.

Aber erwarten Sie nicht, dass es sich bei all diesen Schritten um eine einfache Aufgabe handelt. Unterschiedliche Strukturen und wahrscheinlich eine Vielzahl unterschiedlicher physischer Datenmodelle machen die Integration unterschiedlicher Datenquellen und Stufen der Daten-Lineage zu einer anspruchsvollen Übung.

Und betrachten Sie es bitte nicht als eine einmalige Aktivität. Neue Anforderungen führen zu neuen Daten-Transformationen, und dieses lebendige Ökosystem erfordert ein aktives Management.

Es gibt gute Gründe dafür, dass Rick Greenwald, Research Director of Data Management Strategies bei der Gartner Group, während einer Konferenz im Jahr 2018 vorhersagte, dass „Datenintegration in Zukunft die zeitaufwändigste Aufgabe sein wird".

Eine „Single Source of Truth" auch für die Datenlogik

Serviceorientierte Architektur (SOA)

Okay, Sie haben alle Ihre Daten unter Kontrolle. Während sie lokal gepflegt werden, gibt es einen zentralen (logischen) Ort für Ihre Daten, der eine virtuelle einzige Wahrheit schafft...

...für Ihre Daten.

Aber was ist mit Ihrer Datenlogik?

Überlassen Sie die Implementierung der Logik den Client-Anwendungen? Erlauben Sie ihnen, perfekte, eindeutige Daten aus einer Single Source of Truth zu beziehen, nur um die Logik in allen Client-Anwendungen unabhängig voneinander implementieren zu lassen?

Ein solcher Ansatz kann leicht zu denselben Problemen führen wie bei Daten, die unabhängig voneinander an verschiedenen Orten gepflegt werden.

Meine bevorzugte Lösung basiert auf der guten alten serviceorientierten Architektur (SOA): Daten sollten, ausschließlich bei Bedarf, in jedem Einzelfall über APIs bezogen werden.

Sie haben vielleicht ein paar Vorteile kennengelernt, die mit dem SOA-Konzept verbunden sind, darunter die Möglichkeit, mit kleinen, unabhängigen Entwicklungsteams durch klar definierte Anfrage-/Antwort-Schnittstellen zu arbeiten, oder die Unterstützung eines agilen Ansatzes, der mit dieser Unabhängigkeit einhergeht. Eine einzige Quelle für die Datenlogik zu haben ist ein weiterer, oft unterschätzter Vorteil dieses Ansatzes: Nicht nur verwendet jeder die gleichen Rohdaten – nein, sogar jede auf Daten angewandte Operation kann standardisiert werden.

Da Sie keine Leute benötigen, die die Logik in ihren jeweiligen Anwendungen implementieren, reduzieren Sie das Risiko unterschiedlicher Interpretation und Implementierung. Auch Tests werden einfacher, da Sie nicht mehrere Anwendungen im Detail testen müssen.

Verteilte Logik – das Octopus-Prinzip

SOA erfordert in der Regel einen direkten Echtzeit-Zugriff via API auf zentral bereitgestellte Webservices, wie in Abb. 19-3 dargestellt.

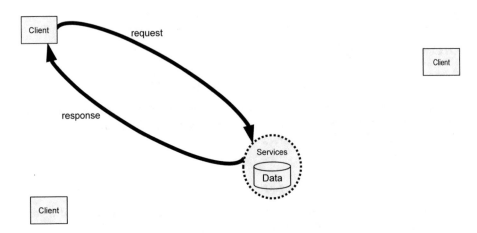

Abb. 19-3. Das Webservice-Prinzip

Aber was tun Sie, wenn dies nicht möglich ist?

Denken Sie an die Kunden oder Geschäftspartner, von denen Sie erwarten, dass sie Ihre Webservices verwenden:

- Diese können nicht bereit sein, das Risiko einer Datenverbindungsstörung zu akzeptieren, die ihre Lieferketten unterbricht, da durch dieses Konzept Teile ihrer Softwareanwendung auf der anderen Seite einer solchen potenziellen Störung liegen.

- Sie können auch Bedenken haben, sich auf Software zu verlassen, die außerhalb ihrer eigenen Kontrolle liegt und auf einem Server einer anderen Organisation ausgeführt wird. (Schließlich sind Sie nicht Salesforce oder SAP, sondern ein „gewöhnlicher" Geschäftspartner.)

Wenn ein externer Partner auf diese Weise ablehnend reagiert, würden Sie dann zum alten Arbeitsstil zurückkehren? Würden Sie wieder Ihre Rohdaten senden, einschließlich regelmäßiger Updates, und den Partner bitten, die Logik nachzubauen, die Sie intern implementiert haben? Mit anderen Worten, zurück in die Steinzeit?

Nein, die Lösung hierfür ist NICHT, einer Client-Anwendung erneut Rohdatendateien zu senden!

Stattdessen können Sie den Webservice näher an den Client bringen, wie Sie auf der rechten Seite der Abb. 19-4 sehen können.

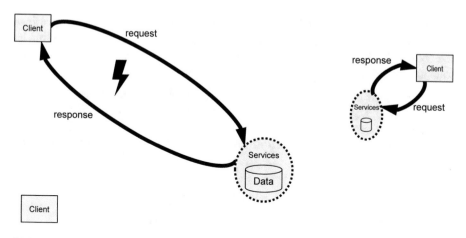

Abb. 19-4. Lokaler Webservice

In der Praxis würden Sie Ihrem Geschäftspartner oder Kunden eine Software bereitstellen, die als Black Box funktioniert und sich gegenüber dem Client genauso verhält, wie es Ihre interne Software tut. Idealerweise basiert diese Software auch auf demselben Quellcode.

Als zweiten Schritt stellen Sie sicher, dass Updates von Daten und Software durch den zentralen Service gesteuert und im Hintergrund ausgeführt werden.

Als Ergebnis wird der gesamte „Eltern"-Service auf die „Kind"-Services vererbt, wie in Abb. 19-5 dargestellt.

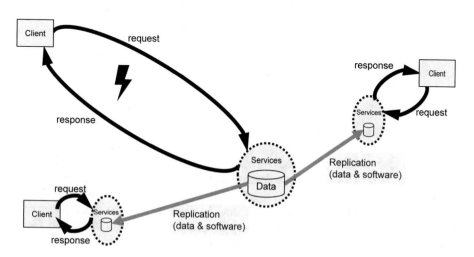

Abb. 19-5. Datenreplikation zu lokalen Webservices

Dieser Ansatz mindert das Risiko von Verbindungsproblemen oder temporären Ausfällen Ihrer eigenen Infrastruktur. Das Schlimmste, was passieren kann, ist die Nichtverfügbarkeit des Update-Controllers, was dazu führt, dass die lokalen Webservices zeitweise auf etwas veralteten Daten basieren.

Stellen Sie sich nun vor, dass dieses Verfahren auf mehrere lokale Server für Webservices angewendet wird, die an verschiedenen Standorten von Geschäftspartnern ausgeführt werden: Dies ist der **Octopus,** dessen Tentakel die Fähigkeit symbolisieren, Daten *und* Logik nah an den Client zu bringen (Abb. 19-6).

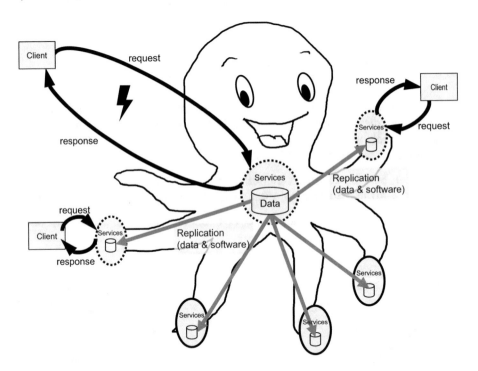

Abb. 19-6. Der SOA- Octopus

Dies ist der wichtigste Aspekt des „Octopus-Prinzips": Der Octopus repräsentiert Ihre Virtual Single Source of Truth (VSSoT), deren „Tentakel" in Edge-Lösungen hineinreichen. Es ist nicht mehr die Edge-Anwendung, die dafür verantwortlich ist, ihre Daten und Logik auf dem neuesten Stand zu halten. Tatsächlich kann (und sollte) das Innere der gesamten virtuellen SSoT für diese Anwendungen völlig unsichtbar sein.

Die Edge-Anwendung muss nicht einmal unterscheiden, ob sie eine lokale oder eine entfernte Instanz eines Webservices aufruft. Die Schnittstelle ist identisch, und die Unterschiede beschränken sich auf die IP-Adresse und gegebenenfalls die Port-Adresse.

Edge-Repositories können, je nach lokaler Anwendung, auf Teilmengen der zentralen SSoT beschränkt sein, sowohl hinsichtlich der Attribute als auch der Datensätze. Ein Produktbestell-Webservice, der in einem bestimmten Land ausgeführt wird, muss beispielsweise nicht die Preislisten für alle anderen Länder replizieren.

Aber der Octopus selbst muss sicherstellen, dass alle Daten, die für die Replikation in das Edge-Repository ausgewählt wurden, auf dem neuesten Stand gehalten werden, und dass jederzeit die referentielle Integrität gewährleistet ist.

Ebenso muss die Registry der SSoT, die das gesamte Setup dokumentiert, auf dem neuesten Stand gehalten werden. Ihre Erstellung ist keine einmalige Aktivität. Sie muss zu einer ständig aktualisierten Datenquelle für jeden Nutzer werden, der nach den richtigen Daten sucht.

Die Zeitdimension spielt dabei eine wichtige Rolle: Alle Daten müssen für jeden Client rechtzeitig verfügbar sein. Verzögerungen könnten leicht zu Inkonsistenzen zwischen zwei voneinander abhängigen Datenquellen führen.

Aber die Daten müssen auch nicht früher als nötig lokal vorhanden sein. In einigen Fällen können Sie Geld sparen, indem Sie Datenflüsse zeitlich planen.

Um die am besten geeignete Art der Bereitstellung von Daten an einen Client-Standort zu finden, ist es hilfreich, das Risiko von falschen oder veralteten Daten in Ihren Business Case mit einzubeziehen. Manchmal können falsche Daten extrem teuer werden, zum Beispiel, wenn ein Kunde gegen eine veraltete Preisliste bestellt oder wenn die Lieferkette eines Kunden aufgrund von wichtigen Datenänderungen unterbrochen wird, die noch nicht an den Standort des Kunden repliziert wurden. In anderen Fällen ist es nicht wirklich kritisch, zum Beispiel dort, wo Daten verwendet werden, um ein ungefähres Leistungsniveau anzuzeigen, und wo ein kleiner Bruchteil veralteter Informationen das Ergebnis nicht wesentlich beeinflusst.

Wenn der Gesamteinfluss von leicht veralteten Daten begrenzt ist, können Sie sogar einen *regelmäßigen* Offline-Betrieb planen, um die Abhängigkeiten von Datenverbindungen und Updates weiter zu reduzieren. Das gleiche gilt für Referenzdaten, die nicht sehr häufig geändert werden.

Last but not least sollte ein ausgeklügelter Update-Mechanismus auch die *Datenlogik* auf jede lokale Instanz aktualisieren. Genau wie Sie es häufig bei Drittanbieter-Software auf Ihrem PC sehen, sollte eine lokale Instanz regelmäßig beim Server anfragen, ob sie noch auf dem neuesten Stand ist. Sobald eine neuere Version verfügbar ist, kann der lokale Client diese herunterladen und mit der aktualisierten Datenlogik neu starten.

Vieles spricht heute für Edge Computing. Sie können das Octopus-Prinzip als einen Enabler von Edge Computing betrachten, mit replizierbaren Ergebnissen.

Konfiguration vs. Standardisierung

Eine Vielzahl von unterschiedlichen Bedeutungen desselben Ausdrucks ist offensichtlich keine gute Idee. Eine Vielzahl logischer Datenmodelle, die die divergierenden Bedürfnisse verschiedener Fachbereiche oder geographischer Einheiten einer Organisation abdecken, führen zu denselben Problemen.

Aber ist Standardisierung immer die Antwort?

In einigen Fällen gibt es gewichtige Gründe für unterschiedliche Datenlogik oder unterschiedliche Definitionen.

Hier empfehle ich die **Konfiguration:** Sie ermöglichen unterschiedliche Bedeutung oder unterschiedliche Logik unter demselben Datenmodell.

Betrachten wir zwei Beispiele, die häufig verwendete Datendomänen betreffen.

BEISPIEL I

Produkte:

Denken Sie an eine Organisation, die global agiert. Lokale Vorschriften erfordern in einigen Märkten abweichende Produktspezifikationen.

Anstatt diese als Ausnahmen zu betrachten, sollten derartige Abweichungen als Varianten desselben Produkts modelliert werden, entsprechend den jeweiligen Märkten.

BEISPIEL 2

Betriebsgebäude:

Jedes große Unternehmen muss unterschiedliche Arten eigener Betriebsgebäude kennen und eindeutig identifizieren, seien es Büroeinrichtungen, Lagerhäuser oder Produktionshallen.

All diese unterschiedlichen Arten von Betriebsgebäuden sollten jedoch nicht isoliert betrachtet werden, da viele Attribute für alle Gebäudearten relevant sind.

Aus diesem Grund bietet sich eine große Chance darin, alle Gebäude nach einer einzigen Logik zu identifizieren.

Sie sollten aber auf jeden Fall zusätzlich Attribute wie Nutzungsart hinzufügen, damit verschiedene Anwendungen ihre spezifischen Sichten auf denselben Datensatz haben.

Macht das alles das Datenmodell komplexer? Ja, das tut es! Aber denken Sie daran, das Datenmodell soll das Geschäftsmodell widerspiegeln. Wenn ein solches Datenmodell zu komplex ist, könnte Ihr Geschäftsmodell auch zu komplex sein.

Also, ja, warum nicht auf Standardisierung bestehen? Aber bitte fangen Sie mit dem Geschäftsmodell an, nicht mit dem Datenmodell. Wenn das Datenmodell Handlungsbedarf anzeigt, können Sie tatsächlich davon ausgehen, dass Ihr Geschäftsmodell zu komplex ist, und deshalb sollten Sie dort anfangen.

Wenn die Organisation den Grad der Geschäftskomplexität als angemessen erachtet, kann sie beim besten Willen nicht erwarteen, dass dies durch ein einfacheres Datenmodell widergegeben werden kann.

Das Datenmodell könnte jedoch verwendet werden, um einen Harmonisierungsfahrplan zu erstellen, bei dem sowohl die aktuellen Geschäftsanforderungen als auch die technischen Anforderungen an die Rückwärtskompatibilität berücksichtigt werden. Selbst wenn die Geschäftslogik durch alle Systeme hindurch vereinfacht wird, könnten Sie mit der Komplexität der historischen Daten zu kämpfen haben. Und Sie könnten Schwierigkeiten bekommen, die Daten verschiedener Jahre zu vergleichen. Aber dies ist der unvermeidliche Preis für Veränderungen.

Konzept des „Effective Date"

Ein „Effective Date" ersetzt einen einzelnen, zeitlosen Attributwert durch eine zeitliche Abfolge von Werten für das Attribut. Jeder dieser Werte hat ein „Effective Date" (Startdatum) und ein „Expiry Date" (Enddatum). Einige zusätzliche Regeln:

- Wenn ein Wert geändert werden soll, läuft der ursprüngliche Wert am letzten Tag (oder Stunde, Minute, etc.) seines bisherigen Gültigkeitszeitraumes ab, und ein neuer Wert wird mit einem direkt darauffolgenden „Effective Date" erstellt (d. h. ohne die Möglichkeit, dass ein Zeitpunkt zwischen Expiry Date und Effective Date fällt).

- Wenn ein Wert nicht mehr gültig ist, wird er nicht gelöscht. Stattdessen wird er beibehalten und ihm wird ein „Expiry Date" zugeordnet, das seinen letzten Gültigkeitstag anzeigt.

- Wenn für den letzten Wert kein Ablauf vorgesehen ist, muss für ihn das „Expiry Date" auf einen Wert gesetzt werden, der „ewig" darstellt.

Die Notwendigkeit der Konsistenz erfordert, dass alle Änderungen zusammenhängender Masterdaten vollständig synchronisiert werden. Ohne ein durchgängiges Konzept des „Effective Date" könnte beispielsweise ein Postleitzahlengebiet einer Verkaufsregion zugeordnet werden, die noch nicht (oder nicht mehr) existiert. Die Datenpflege beginnt dabei stets mit den unabhängigen Datenfeldern, gefolgt von Feldern, die davon abhängen.

Aber warum benötigen wir das Effective Date-Konzept? Nicht alle Datenänderungen können innerhalb einer Sekunde um Mitternacht aktiviert werden. Das Konzept des „Effective Date" löst dieses Problem, indem es die zeitgesteuerte Aktivierung vorab konfigurierter Änderungen ermöglicht.

Wenn dieses mit einer ordnungsgemäß implementierten serviceorientierten Architektur kombiniert wird, ist es jederzeit möglich, konsistente Änderungen vorzunehmen: Alle neuen Werte werden während derselben Sekunde aktiv, und die Integrität der Daten ist gewährleistet.

Die Datenpflege kann dabei über Webservices erfolgen, die den Zielwert, das „Effective Date" und das „Expiry Date" übergeben. Der Webservice selbst ist füh die technischen Aktivitäten zuständig, d. h. er führt die erforderlichen Verifizierungsprüfungen durch und fügt dann den neuen Wert in die vorhandene Kette ein. Dies wird in der Regel die Änderung des „Effective Date" und/oder des „Expiry Date" der aktuellen Attributwerte umfassen.

Dieser Ansatz ermöglicht sogar die Verarbeitung von Bereichen (z. B. einen Bereich von Postleitzahlen oder Nummern): Wenn ein Teil eines solchen Bereichs geändert werden soll, können wir es dem Webservice überlassen, die notwendigen Wertänderungen herauszufinden. Er kann den gesamten Postleitzahlenbereich aufteilen in den Bereich unterhalb des Teilbereichs, der sich ändern soll, den Teilbereich selbst und den Bereich darüber. Während die Bereiche darüber und darunter die ursprünglichen Werte erben, wird beim mittleren Bereich der neuen Wert wie zuvor beschrieben eingefügt.

Die Anwendung kann auf zwei Arten erfolgen: Entweder fragt der Client nach einer Momentaufnahme der Daten zu einem bestimmten Zeitpunkt (der Standard-Zeitpunkt ist üblicherweise „jetzt") oder die gesamte Kette wird angefordert, wobei optional ein Start- und Enddatum angegeben wird (wenn keines der beiden angegeben wird, wird die gesamte Kette zurückgegeben).

Dies ermöglicht es auch, den Status eines jeden Zeitpunktes in der Vergangenheit über alle Datenquellen und Datenrepositorien hinweg wiederherzustellen.

Im Bereich Analytics ermöglicht das Konzept des „Effective Date", einen Masterdata -Snapshot für jeden beliebigen Zeitpunkt zu erstellen.

Daten international machen

Der Babylon-Effekt

Wenn Sie nicht für eine strikt nationale Organisation arbeiten, werden Sie mit mehreren Sprachen zu tun haben. Diese Herausforderung gilt für Lieferanten, Behörden und Kunden.

Insbesondere Ihre Kunden werden nicht bereit sein, eine von Ihrer Organisation definierten Standardsprache zu akzeptieren. Sie werden immer darauf bestehen, dass ihre eigene Sprache ihre Kommunikationssprache ist, wenn sie mit Ihrer Organisation sprechen. In den meisten Fällen wird Ihr Unternehmen Konkurrenten haben, für die dies kein Problem darstellt.

Natürlich könnten Sie einfach alle Sprach-Versionen Ihrer Daten speichern und sie verarbeiten, wie sie kommen. Aber Ihr Lagerpersonal in Alabama oder Ihre Produktionsleute in Bangladesch können vielleicht einen lokalen Ausdruck von Ihrer Landesorganisation irgendwo in Afrika nicht verstehen.

Es gibt für dieses Problem keine einfache Lösung. Immer alles aus der Quellsprache in alle anderen Sprachen zu übersetzen, ist mit enormem Aufwand verbunden. Außerdem werden Sie schnell in Ambiguitäts-Probleme geraten, da es stets mehrere (gültige!) Möglichkeiten gibt, etwas von Sprache A nach Sprache B zu übersetzen.

Alias-Begriffe

Nachdem Sie einen lokalen Ausdruck in Ihre interne Version übersetzt und in Ihren Masterdaten gespeichert haben, möchten Sie vermutlich in der Lage sein, ihn jedes Mal mit demselben Ausdruck zu vergleichen, wenn er von einem Kunden online eingegeben wird. Dies kann nur funktionieren, wenn die eingegebenen Informationen exakt so übersetzt werden, wie der ursprüngliche Begriff übersetzt wurde.

Ein erster Lösungsansatz ist es, eine führende Sprache zu definieren und alle „primären Begriffe" in dieser Sprache zu speichern. Alle lokalen Versionen werden dabei als „Alias-Begriffe" hinzugefügt.

Jede Version, die von einem Kunden verwendet wird, kann dann identifiziert und in den „primären Begriff" übersetzt werden. Letzterer ist in Ihrer Organisation der Begriff für alle Mitarbeiter, die den lokalen Ausdruck nicht kennen.

Als Beispiel möchten Sie vielleicht alle Städtenamen weltweit mit ihren offiziellen englischen Übersetzungen speichern. Sie würden dann Wien nach Vienna übersetzen und dies zu Ihrem „primären Namen" machen. Jedes Mal, wenn ein österreichischer Kunde „Wien" eingibt, wird ein Lookup „Vienna" als Ihren internen „primären Namen" zurückgeben.

Weitere Beispiele sind Produktnamen, rechtliche Ausdrücke oder Ländernamen.

Transliteration

Aber wie sollen Sie mit verschiedenen Alphabeten umgehen?

Während die sechs wichtigsten Alphabete der Welt (Latein, Chinesisch, Devanagari, Arabisch, Kyrillisch, Dravidisch) 90 % der Weltbevölkerung abdecken, müssen Sie mindestens die Top 20-Alphabete unterstützen, wenn Ihre Organisation wirklich global agiert. Und die meisten dieser Alphabete haben verschiedene Varianten, die ebenfalls noch berücksichtigt werden müssen.

Hier kommt die Transliteration ins Spiel. Sie definiert den Übergang von einem Alphabet zum anderen, Zeichen für Zeichen. Wenn das Zielalphabet das lateinische ist, wird der Ansatz auch als *Romanisierung* bezeichnet.

Sofern Sie die Transliteration nicht aufwändig erweitern, indem Sie den Zielzeichen diakritische Zeichen hinzufügen, ist der Weg zurück zum ursprünglichen Wort möglicherweise nicht eindeutig – dies kann sogar zu den Eigenheiten des Schreibsystems der Quellsprache gehören. Dies bedeutet, dass Zeichenvergleiche (wie bei Datenbankabfragen sonst üblich) schon sprachenbedingt nicht sicher zum Ziel führen. Um diese Probleme zu verhindern, sollten Sie immer die nicht transliterierte Version in Ihren Masterdaten speichern. Diese Version wird dann zunächst transliteriert, bevor Sie das Ergebnis mit einem angegebenen Wort vergleichen.

Dieser Ansatz erfordert offenkundig eine standardisierte Art der Transliteration. Vielleicht denken Sie hier auch sofort an ISO-Standards, und das ist in der Tat der richtige Weg.

Aber selbst ISO-Standards sind nicht immer eindeutig, und manchmal müssen Sie zunächst wissen, zu welcher Sprache ein angegebenes Wort gehört, um den geeigneten ISO-Standard auszuwählen.

Deshalb benötigt jede Organisation ihren internen Standard, um reproduzierbare Ergebnisse zu erzielen.

Eine weitere Herausforderung für die Automatisierung der Transliteration ist ihre Schwierigkeit mit Sprachen, die nicht auf einzelnen Zeichen basieren. Die bekanntesten Beispiele sind logographische Alphabete wie Chinesisch (bei dem jedes Symbol ein Wort darstellt) und Silbenschriftalphabete wie das japanische Kana (bei dem jedes Symbol, vereinfacht ausgedrückt, eine Silbe darstellt).

In einigen Alphabeten hängt die Transliteration eines Zeichens auch von den folgenden Zeichen ab – was es nahezu unmöglich macht, beispielsweise beim Tippen von Text in ein Dateneingabefeld sofort zu transliterieren.

Beachten Sie, dass selbst ISO unterschiedliche Standards für die Romanisierung von russischem Kyrillisch oder japanischem Text anbietet. In jedem Fall benötigen Sie deshalb einen internen Standard, der es Ihrer Organisation ermöglicht, jedes Wort in genau einer lateinischen Buchstabierung zu speichern. Jede Dateneingabe dieses Wortes kann dann sofort romanisiert und mit dieser lateinischen Referenzversion verglichen werden, um eine mögliche Übereinstimmung zu prüfen.

Alles in allem ist das Thema sehr komplex. Aber wenn Ihre Organisation in vielen verschiedenen Ländern arbeitet, einschließlich eines grenzüberschreitenden Aspekts, müssen Sie sich damit auseinandersetzen. Zum Glück gibt es externe Lösungsanbieter, die Ihnen dabei helfen.

Länderspezifische Sprachen

In Ihrem Prozess der Vorbereitung auf die Interaktion mit Kunden aus verschiedenen Ländern sollten Sie der Versuchung widerstehen, zu sehr zu vereinfachen, indem Sie einfach die vermeintlich nächstliegende unter den von Ihnen unterstützten Sprachen auswählen.

Oft bevorzugen die Menschen es, Englisch zu sprechen, anstatt eine Sprache in der Nähe ihrer eigenen zu sprechen – was oft auf einen ungeliebten Nachbarstaat zurückzuführen ist. Hier sind zwei typische Beispiele:

- Ukrainer verstehen in der Regel Russisch, aber viele schätzen es nicht, dazu gezwungen zu werden, Russisch zu sprechen (und übrigens unterscheidet sich das ukrainische Kyrillisch vom russischen Kyrillisch!).

- Französisch unterscheidet sich zwischen Ländern wie Frankreich, Belgien, Kanada und der französischen Schweiz. Einige dieser Länder sind dabei strenger als andere, wenn es darum geht, Anglizismen zu vermeiden.

Deshalb sollte Ihre internationale Einrichtung immer auf der Kombination aus Sprache und Land basieren.

Zum Glück haben schon viele Organisationen ähnliche Herausforderungen bewältigen müssen, so dass mittlerweile ein Satz an de-facto-Regeln und -Standards entstanden ist und entsprechende öffentliche Webservices verfügbar sind.

Welche Quelle Sie auch immer wählen, Sie sollten deren Verwendung zu einer offiziellen Regel machen, damit die Internetpräsenz Ihrer Organisation (Ihr Intranet eingeschlossen), Verarbeitungsalgorithmen und Speicherung unternehmensweit konsistent sind.

„Technical Debt" im Datenmanagement

Es ist eine Illusion, eine Umgebung zu erwarten, in der alle Projekte immer darauf abzielen, es „direkt richtig zu machen", das berühmte „First Time Right". Und tatsächlich gibt es in vielen Fällen gute Gründe, zunächst mit einer Workaround-Lösung zu beginnen, z. B. wenn Sie ein Sicherheitsleck schnell schließen müssen.

Müssen Sie in einem solchen Fall auf die Einhaltung wesentlicher Datenstandards verzichten?

Wenn Sie es gut machen, müssen Sie es nicht – jedenfalls nicht auf Dauer.

Die Idee hinter dem Gedanken, das „Technical Debt"-Konzept aus der Agile-Methodologie auf das Datenmanagement zu übertragen (ich nenne es Data Debt Management) ist es, möglichst nur in der Zeitdimension Kompromisse einzugehen.

In der praktischen Umsetzung sollten Sie darauf bestehen, dass in ALLEN Fällen eine Genehmigung durch das Data Architecture-Team erforderlich ist, einschließlich der „dringenden" Fälle. Umgekehrt können Sie anbieten, eine „vorübergehende Genehmigung" zu erteilen, bei der der Vorschlag eines nicht datenkonformen Vorgehens selbst bereits die Verpflichtung (einschließlich der Finanzierung und Ressourcen!) enthält, die Nichteinhaltung bis zu einem bestimmten Stichtag, in der Regel in einer zweiten Projektphase, zu beheben.

Es gibt übrigens wenig Grund, diesen universellen Ansatz ausschließlich auf datenbezogene Compliance anzuwenden. Betrachten Sie ihn als allgemeine Möglichkeit, um langfristige Workarounds zu vermeiden. (Siehe dazu die Ausführung zum Umgang mit „Technical Debt" im Kap. 8)

Organisationen, die einen agilen Ansatz verfolgen, werden mit dem Konzept vertraut sein. Erfahrungen haben jedoch gezeigt, dass gerade diese Organisationen am wenigsten streng darin sind, Verpflichtungen aus dem Bereich der „Architekturschulden" nachzukommen und Lücken gemäß dem vereinbarten Zeitplan zu schließen.

Toleranz in diesem Bereich führt jedoch unweigerlich zu einem schnell wachsenden Schuldenberg!

Hier ist ein mögliches Rezept, um Ihren Prozess des Data Debt Management zu formalisieren:

(i) Einrichtung eines Überprüfungsausschusses für Architekturthemen.

Legen Sie einen Überprüfungsausschuss für die Architektur mit offiziell benannten Mitgliedern aus allen Architekturdisziplinen fest:

- Technische Architektur

- Datenarchitektur

- Business-Architektur

- Softwarearchitektur

    Beachten Sie, dass die Verantwortung für die Softwarearchitektur zwar auf verschiedene Teams aufgeteilt werden kann, dieser Ausschuss jedoch die finale Entscheidung treffen muss.

(ii) Einführung eines obligatorischen Überprüfungsprozesses.

Ein funktionierendes Architecture Debt Management erfordert einen Überprüfungsprozess für die Architektur.[1]

Sie benötigen solch einen Prozess nicht nur für Geschäftstransformationsinitiativen. Er muss sämtliche Veränderungen abdecken, von den großen Change-Initiative Ihrer Organisation bis hin zum Business-as-usual, und er sollte berücksichtigen, dass Veränderungen der Architekturlandschaft ursprünglich konforme Lösungen unzulässig machen können.

Zunächst sollte der Prozess alle Auslöseereignisse beschreiben (d. h. jene Ereignisse, die den Prozess initiieren). Das häufigste Auslöseereignis wird sicherlich die Einreichung einer Projektanfrage sein, aber auch Anfragen zur Klärung oder Änderungsanfragen für genehmigte Projekte sollten berücksichtigt werden.

Die genaue Liste der erforderlichen Informationen sollte enthalten sein, idealerweise in Form einer Checkliste. Denken Sie daran, die Liste so schlank wie möglich zu halten, um unnötigen bürokratischen Aufwand zu vermeiden. Pflichtfelder sind der vorgeschlagene Abschlusstermin und die zuständige Abteilung.

---

[1] Wenn bereits ein solcher Prozess vorhanden ist, sollte er auf die hier beschriebenen Anforderungen überprüft werden.

Die Hauptaufgabe des Überprüfungsprozesses besteht nun darin, die Behandlung von entdeckten Verletzungen der Architekturregeln zu beschreiben. Zunächst muss der Prozess Kriterien für die Annahme vorübergehender Workarounds enthalten, z. B. eine zu lange Verletzung von gesetzlichen Vorschriften oder erhebliche Umsatzeinbußen im Falle einer regelkonformen Umsetzung.

Wie bei jedem Prozess müssen die Verantwortlichkeiten klar sein. Wer kann genehmigen, ablehnen oder eine vorherige Entscheidung überarbeiten? Welche Kriterien gelten für eine Genehmigung (oder deren Verweigerung)? Welcher Eskalationspfad ist vorgesehen?

(iii) Hinzufügen eines „Architecture Debt"-Prozesses.

Nachdem eine Ausnahme vom Architektur-Überprüfungsausschuss genehmigt wurde, ist ein systematisches Nachverfolgen unerlässlich. Sie sollten dies in einem gut beschriebenen Prozess abbilden.

Zunächst muss der Prozess sicherstellen, dass alle (genehmigten oder erkannten) Abweichungen von den Architekturstandards dokumentiert werden. Er sollte auf einer eindeutigen Identifikationslogik basieren und jeder Ausnahme eine eindeutige Kennung zuweisen. Und das „Gültigkeitsdatum" muss für jede Ausnahme mit genehmigt werden.

Der Hauptteil dieses Prozesses ist die Beschreibung eines proaktiven Nachverfolgungsprozesses für alle Ausnahmen, von der Genehmigung, über eine eventuelle Verlängerung bis hin zur Schließung.

Schließlich sollte dieser Prozess die Verantwortlichkeiten für alle erforderlichen Aktivitäten festlegen. Das Data Office sollte in allen Datenarchitekturfragen die entscheidende Rolle spielen.

(iv) Sicherstellung vollständiger Transparenz.

Architekturausnahmen sollten nicht hinter verschlossenen Türen behandelt werden. Jeder sollte den Compliance-Status jeder Initiative, jedes Prozesses oder jeder Lösung nachschauen können.

Es geht hierbei nicht darum, die Belegschaft mit technischen Details zu belästigen. Stattdessen sollten Sie gut definierte Metriken entwickeln, so dass sowohl der Grad der Einhaltung der Architekturvorgaben als auch der Grad der Einhaltung der genehmigten Fristen aus regelmäßig veröffentlichten KPIs abgelesen werden können.

Die erforderliche Sichtbarkeit sollte zudem durch kontinuierliche Kommunikation erreicht werden. Darüber hinaus sollte eine allgemeine Schulung allen relevanten Personen das Prozessverständnis ermöglichen, um die Prozesse ausreichend gut befolgen zu können.

Agile und Daten

Eine solide Grundlage – warum?

Sollten Sie bei der Arbeit mit Daten Agile oder Wasserfall verwenden?

Ich fürchte, dies ist die falsche Fragestellung ...

Es gibt nämlich gute Gründe, in diesem Fall eine entweder-oder-Entscheidung zu vermeiden.

Wann immer Sie sich entscheiden müssen, welchen Projektansatz Sie wählen, könnten Sie sich fragen: Was kann leicht auf agile Weise wieder geändert werden, und wo ist es besser, sorgfältige Vorbereitung und sorgfältige Planung durchzuführen?

Auf den ersten Blick ist Agile der bessere Weg, da es viele Probleme vermeidet, die mit der Wasserfall-Mentalität verbunden sind, insbesondere die Einrichtung von abgeschotteten Verantwortlichkeiten: Sie implementieren, wie vorgegeben, selbst wenn Sie sehen, dass die Spezifikationen keinen Sinn ergaben. Niemand könnte Sie dafür verantwortlich machen, dass Sie sich an diese Spezifikationen halten, aber wenn Sie aus den besten Gründen davon abgewichen sind, stehen Sie als der Schuldige da, wenn etwas schiefläuft.

Darüber hinaus ermutigt Agile eine Organisation, die Richtung zu ändern, wann immer dies als nötig erachtet wird. Dies ist entscheidend, um zu vermeiden, was die London Business School als „Escalation of Commitment" bezeichnet: Sie führen etwas immer weiter durch, obwohl Sie wissen, dass es falsch ist.

Aber ist zeitaufwändige Vorarbeit wirklich so wichtig, angesichts der Notwendigkeit, sowieso schnell auf eine sich ständig ändernde Umgebung reagieren zu können? Oder ist es klüger, immer aus der Hüfte zu schießen? Sollten Sie Data-Architecture-Entscheidungen auf agile Weise treffen, an die Sie möglicherweise auf absehbare Zukunft gebunden bleiben?

Einstein sagte es damals so: „Wenn ich eine Stunde hätte, um die Welt zu retten, würde ich fünfundfünfzig Minuten damit verbringen, das Problem zu definieren." Er sagte nicht 15 oder 30 ...

Einstein hatte gute Gründe für seine Aussage, und diese sind auch heute noch gültig.

Hier sind drei starke Argumente für eine strukturierte Grundlage, die auf Planung basiert:

a) **Es macht Sie langfristig agiler(!).**

b) **Ad-hoc-Entscheidungen schaffen Interdependenzen.**

c) **Mit schnellen Lösungen riskiert man, nur die Symptome zu behandeln, anstatt die Ursache zu beheben.**

Wenn Sie sich auf das Unerwartete vorbereiten, können Sie schneller reagieren, falls es doch passiert. Zwei Beispiele:

- Selbst der agilste Ansatz wird es Ihnen nicht ermöglichen, ein Datenbankschema schnell über mehrere Anwendungen und Schnittstellen hinweg zu ändern. Und agile Änderungen von Nachrichtenformaten sind besonders kompliziert, wenn auch der Datenaustausch mit Lieferanten und Kunden betroffen ist.

- Verlorene Daten können oft nicht wiederhergestellt werden, wenn die Wiederherstellung nicht Teil der ursprünglichen Überlegungen war.

Bedeutet dies, dass Agile Vorgehensweise und sorgfältige Planung sich gegenseitig ausschließen?

Nein. Agilität und Nachhaltigkeit sind zwei wichtige Ziele, die Sie im Gleichgewicht halten müssen.

Ein gutes Beispiel ist, wie erwähnt, das agile Konzept des „Technical Debt", das es Ihnen ermöglicht, schnell voranzukommen, während sichergestellt wird, dass dauerhafte Nichteinhaltung nicht toleriert wird. Als Teil eines ausgereiften Datenprozesses (siehe Abschnitt „Projekt-Daten-Überprüfungsprozess" im Kap. 8), bietet es Ihnen ein Werkzeug, um den Bedarf an schneller Implementierung gegen eine langfristige Perspektive auszubalancieren.

Eine solide Grundlage – aber wie?

Um langfristig agil zu sein, hilft es, die folgenden Komponenten zu implementieren (die meisten davon wurden in diesem Buch besprochen):

- APIs, die Anwendungen innerhalb weniger Minuten verbinden können, idealerweise als Webservices über einen aktiv verwalteten Enterprise Service Bus.

- Dokumentierte Kenntnisse darüber, wo sich alle Arten von Daten befinden.

- Ein strukturierter Änderungsprozess (auch, um zu wissen, wen man fragen soll).

- Ein Unternehmensglossar, um die Notwendigkeit von miteinander inkompatiblen Glossaren einzelner Initiativen zu beseitigen.

- Klare Datenrichtlinien, die vor Beginn jeder Aktivität kommuniziert werden.

- Ein Corporate Data Model, das der IT die Umsetzung in Software erleichtert, indem die Datenbankschemata direkt aus der Geschäftsdatenlogik abgeleitet werden können.

- Eine nachhaltige Six-Sigma-Kultur, in der die Menschen freiwillig Six-Sigma-Tools wie Gemba Walks, 5 Whys oder Fishbone-Diagramme anwenden, um die Ursachen von Problemen zu finden (Agile bedeutet niemals „nur Symptome bekämpfen!").

Alle diese Aspekte sollten Teil Ihrer Daten-Governance sein, da die meisten Menschen in einer Organisation, wenn man es alleine ihnen überlässt, schnelle Gewinne bevorzugen würden, anstatt einen nachhaltigen Ansatz zu verfolgen.

Mit dem Happy Flow beginnen?

Was macht eine Initiative erfolgreich?

Ob Sie in einem agilen oder Wasserfall-Modus arbeiten, Sie möchten Ihre Ziele schnell erreichen. Und es ist nichts falsch daran, dies zu versuchen. Schließlich beginnen die Vorteile so schneller zu greifen.

Aber welchen Preis sind Sie bereit dafür zu zahlen?

Ein häufiger Ansatz ist es, nach dem MVP, dem „Minimum Viable Product", zu streben. Neben der Tatsache, dass ein solches MVP als die kleinstmögliche sinnvolle Funktionalität im operativen Einsatz betrachtet wird, gibt es kaum eine einheitliche Ansicht darüber, was es beinhaltet.

Leider ist eine häufige Interpretation des MVP eine Lösung, die den „Happy Flow" abdeckt. In anderen Worten, es funktioniert gut, wenn alle Regeln eingehalten werden.

Die Befürworter dieser Definition schlagen also vor, dass wir uns zunächst auf den Happy Flow konzentrieren sollten. Sobald dieser funktioniert wie gewünscht, können wir uns ansehen, wie wir mit Ausnahmen umgehen.

Der Hintergrund solcher Aussagen ist in der Regel keine tiefgreifende Theorie der Effizienzsteigerung oder ein durchdachtes Investitionskonzept, sondern schlicht der Zeit- und Kostendruck in einem Projekt.

Basierend auf meiner Erfahrung mit Hunderten von Prozessen, habe ich die **80/5-Regel** abgeleitet: Wenn Sie 100 % aller Fälle abdecken möchten, sind 80 % der Investition erforderlich, um die 5 % Abweichungen vom Happy Flow verwalten zu können. (Es werden natürlich nie genau 80 % oder 5 % sein, aber die Größenordnung passt für die meisten Fälle.)

Eine zweite Beobachtung zeigt, dass die Korrektur dieser Abweichungen den größten Teil der Investitionen verursacht – entweder direkt durch den höheren Aufwand, um das Ziel in diesen Fällen zu erreichen, oder indirekt durch die beeinträchtigte Kundenzufriedenheit und die ruinierte Reputation.

Deshalb hat die Gleichung „MVP = Happy Flow" keinen guten Business Case.

Aber brauchen Sie überhaupt 100 % Abdeckung? Wahrscheinlich nicht. Ich hatte die berühmte 80/20-Regel bereits in einem früheren Kapitel erwähnt: Die Abdeckung der wichtigsten 80 % der angestrebten Funktionalität mit 20 % des Aufwands ist wirtschaftlicher, als die gesamten Fachanforderungen zu erfüllen, indem man fünfmal so viel Geld ausgibt.

Ähnlich können Sie, wenn wir noch einmal die 5 Prozent der möglichen Abweichungen vom Happy Flow betrachten, 4,99 dieser Prozentpunkte für die Hälfte der Kosten abdecken, die erforderlich sind, um 4,999 Prozentpunkte abzudecken. Das ist viel Geld für einen so kleinen Zuwachs!

Wiederum sollten Sie sich nicht auf die exakten Zahlen konzentrieren. Finden Sie stattdessen heraus, ob die *Auswirkungen* eines Problems die Investition in seine Lösung rechtfertigen.

Die drei Dimensionen des Projekterfolgs

Wollen Sie die bestmögliche Lösung erreichen, müssen Sie die Auswahl der wichtigsten Änderungen auf Fakten und Daten gründen, anstatt auf individuelle Gefühle („Meine Erfahrung sagt mir …") oder ein irreführendes Belohnungsschema („… pünktlich zu liefern ist das Wichtigste …") zu setzen.

Wir haben im Kap. 16 über widersprüchliche Ziele innerhalb einer Organisation gesprochen. Projektmanager und Produktbesitzer stehen vor einem ähnlichen Dilemma.

Jede Initiative muss zwischen **Kosten** („Bleiben Sie im Budget"), **Geschwindigkeit** („Liefern Sie fristgerecht") und **Qualität** („Erfüllen Sie alle – qualitativen und quantitativen – Anforderungen") optimieren.

Wie wird ein Projektmanager diese widersprüchlichen Anforderungen ausbalancieren? Schließlich ist der akademisch ideale Ansatz, eine angemessen gewichtete Zielgröße zu erstellen, weder einfach noch bietet er dem Projektmanager einen umsetzbaren Plan.

Stattdessen unterbreitet der Projektmanager seinen Auftraggebern üblicherweise einen Vorschlag vor, in der Hoffnung, dass sie diesen als ausreichend ausgewogen betrachten. Dies ist ein fairer Ansatz.

Aber was passiert, wenn *während* der Initiative etwas schief geht? Selbst mit einem agilen Ansatz kann man in schwere Probleme geraten, zum Beispiel, wenn sich eine ausgewählte technische Lösung als nicht praktikabel herausstellt, oder wenn es sehr lange dauert, einen Softwarefehler zu finden.

In solchen Fällen ist eine Überprüfung aller drei Dimensionen erforderlich: Erhöhen wir das Budget, geben wir der Initiative mehr Zeit, oder akzeptieren wir eine Reduktion, von Qualität bzw. dem Leistungsumfang (d. h. Kompromisse bei den Fachanforderungen)? In jedem Fall wird sich der Projektmanager unglücklich fühlen – niemand möchte einem Lenkungsausschuss eine solche Geschichte präsentieren müssen, selbst wenn es ausgezeichnete Ausreden gibt.

Wie also könnte ein Projektmanager verhindern, dass er ein Scheitern eingestehen muss?

- Über das Budget? In reifen Organisationen ist es schwierig, den Betrag, der ausgegeben werden soll, informell zu erhöhen. Einige Puffer werden üblicherweise aus Vorsicht vorbereitet, aber die Optionen sind im Allgemeinen begrenzt.

- Über die Zeit? Sobald ein Zeitplan vereinbart und veröffentlicht wurde, können Sie ihn nicht mehr einseitig ändern. Dies gilt sowohl für Agile als auch für Wasserfall, selbst wenn letzteres es im Rahmen der Methodik erlaubt, Fristen zu verschieben.

- Über den Leistungsumfang? Funktionen, die vereinbart wurden, können nicht einfach von der Liste genommen (oder in den Backlog eines Produktes verschoben) werden - eine Zustimmung des Lenkungsausschusses wäre erforderlich. Das Gleiche gilt für nicht-funktionale Anforderungen wie Antwortzeiten oder Verfügbarkeit.

- Aber warten Sie! Vielleicht kann das Produkt *unter der Oberfläche* vereinfacht werden. Die Architekturkonformität könnte aufgegeben werden. Zum Beispiel könnten Einstellungen, statt konfigurierbar implementiert zu werden, hartcodiert werden. Neue Software könnte als monolithischer Block entwickelt werden, anstatt eine modulare Lösung auf der Basis von Microservices und einem Enterprise Service Bus zu erstellen. All das wird ja sowieso erst in der Zukunft (also nach Projektende) zu Entwicklungsproblemen führen ...

Es mag sich dabei um explizite oder implizite Gedanken eines Projektmanagers handeln, sie spiegeln aber ganz sicher die Realität in zahlreichen Initiativen wider. Ein Projektmanager wird zuerst in unsichtbaren Bereichen und auf Zielen, für die er nicht belohnt wird, Kompromisse eingehen.

Deshalb hat jeder Chief Data Officer höchstes Interesse daran, solche Situationen zu vermeiden. Unter allen Architektur-Disziplinen verursacht eine Nichteinhaltung der Datenarchitektur die schwerwiegendsten Folgen, und dies noch mehr, falls dies ein regelmäßiges Muster über mehrere Initiativen hinweg ist.

Aber wie würden Sie dieses Thema angehen? Lassen Sie mich drei Tätigkeitsfelder vorschlagen:

(i) Bewusstsein schaffen.

Kein Projekt existiert in Isolation. Um den Menschen verstehen zu geben, dass ihre Initiativen Auswirkungen auf den Rest der Organisation haben, können Sie die Geschichte der „3+1 Dimensionen eines Projekts" erzählen: Sie müssen nicht nur die drei projektspezifischen Faktoren **Kosten**, **Zeit** und **Umfang** berücksichtigen, sondern auch den Faktor **Architektur**. Je geringer die Architekturkonformität, desto größer der Einfluss auf den Rest der Organisation. Natürlich sollte auch diese vierte Dimension messbar (und damit sichtbar) gemacht werden.

(ii) Die Beteiligung der Architektur sicherstellen.

Es muss verpflichtend sein, in jeder Phase eines Projekts oder in jedem Scrum Daten-Architekten einzubeziehen.

In allen Initiativen muss die Organisation ihr „technical debt" aktiv verwalten. Die Verantwortung für die Nachverfolgung des Data Debt liegt beim Data Office.

Wenn eine Organisation erfolgreich agil arbeiten möchte, muss der Produkt-Backlog einen Architektur-Backlog enthalten.

(iii) Die finanziellen Auswirkungen zeigen.

Es ist nicht sinnvoll, auf der Grundlage eines „Prinzips der Ordnung" oder eines anderen gültigen, aber abstrakten Arguments um architektonische Konformität zu bitten.

Stattdessen sollten Sie den Perspektivenwechsel von einer isolierten Projektsicht hin zu seinem Einfluss auf die gesamte Organisation (Shareholder-Value-Prinzip) vornehmen, indem Sie die Auswirkungen von Nichteinhaltung der Architektur aufzeigen und einen Preis dafür ermitteln.

Sie sollten hierbei auf jeden Fall die **Kosten der Komplexität** berücksichtigen, insbesondere durch die Veranschaulichung des Einflusses einer steigenden Anzahl von Architekturverstößen auf zukünftige Änderungen am Geschäft Ihrer Organisation:

- Die Kosten steigen exponentiell, da eine wachsende Anzahl an Bereichen bewertet, angepasst und getestet werden muss, wahrscheinlich auch im Bezug auf Wechselwirkungen.

- Die Zeit bis zur operativen Umsetzung wird zunehmen, da Ihre Organisation möglicherweise nicht über ausreichend Spezialisten verfügt, um alle erforderlichen Änderungen parallel durchzuführen. Dies kann auch zusätzliche Interface-Workarounds erfordern.

- Es entsteht ein erhöhtes Fehlerrisiko, da die gleiche neue Logik in einer Vielzahl unterschiedlicher Bereiche korrekt implementiert werden muss.

Wenn Sie sich einmal einige konkrete Anwendungsbeispiele vorstellen, werden Sie erkennen, dass Komplexität nicht nur Ihre tägliche Arbeit erschwert. Es ist auch ein Hindernis für Innovation, das Lebenselixier erfolgreicher Organisationen (Abb. 19-7). Obwohl dies in der Regel schwer zu quantifizieren ist, sollte sein finanzieller Einfluss nicht unterschätzt werden.

Abb. 19-7. Die Kosten der Komplexität

Die genannten drei Tätigkeitsfelder sollten zu einem ausgewogenen Ansatz für die Einhaltung der Architekturvorgaben führen.

Je nach Gesamtsituation der Organisation wird sich der Vorstand natürlich das Recht vorbehalten, Architekturstandards zu überstimmen. Dies ist sein gutes Recht, und es ist absolut akzeptabel, wenn sie dies bewusst und in voller Transparenz tun. Und das Data Office ist aus der Schusslinie.

Ein Priorisierungsansatz

Ich nehme an, Sie möchten jetzt wissen, wie Sie die optimale Lösung finden können – irgendwo zwischen dem Happy Flow und der 100-prozentigen Lösung.

Anstatt sich allein auf Ihr Bauchgefühl oder 30 Jahre Berufserfahrung zu verlassen, benötigen Sie Daten, damit Sie Ihre Entscheidung auf Fakten stützen können. (Warum nur ist das jetzt keine Überraschung?)

Auch hier müssen Sie den „3+1-Ansatz für Projekte" berücksichtigen, d. h. die projektspezifischen Aspekte sowie den unternehmensweiten, langfristigen Blickwinkel.

Für letzteres müssen Sie die zukünftigen Kosten der Nichteinhaltung der Architekturvorgaben kennen, wie zuvor beschrieben. Für das erstere sind die folgenden Fragen zu beantworten:

- Wo kann es in jedem der betroffenen Geschäftsprozesse zu Problemen kommen?

- Welche (direkten und indirekten) Kosten entstehen bei einem Fehler? (Denken Sie an die 1-10-100-Regel, die in Kap. 1 beschrieben wurde)

- Welche Kosten entstehen, um diese Punkte abzudecken – sowohl bei der Erstellung einer adäquaten Lösung als auch später im täglichen Geschäft?

Aber wie verstehen Sie, wo Probleme auftreten können? Auch hier können Daten helfen!

Die folgenden Ansätze können in der Regel kombiniert werden:

(i) User Stories

Der Bedarf an Verbesserungen, die ursprünglich zur Initiative geführt haben, sollte Ihnen eine Fülle an Use Cases und User Stories geliefert haben. Jede Schwachstelle, die entdeckt wurde, hat das Potenzial, eine User Story zu bilden – normalerweise einschließlich einer beobachteten Abweichung vom Happy Flow.

(ii) Ergebnisse der bisherigen Prozesse

Betrachten Sie die Ergebnisse vergleichbarer Prozesse aus der Vergangenheit oder die Ergebnisse der Vorgänger neuer Prozesse: Selbst, wenn sich Prozesse vollständig ändern, können viele Parameter aus früheren Versionen oder aus verwandten Prozessen in anderen Bereichen dazu beitragen, die erwarteten Fehler und Ausnahmen sowie sogar deren Häufigkeit vorherzusagen.

(iii) Simulationen

Wenn Ihre Organisation das Nutzungsverhalten auf der Subprozess-Ebene systematisch aufzeichnet (z. B. das Klickverhalten von Besuchern Ihrer Website), können Sie genau nachvollziehen, nach welchen Mustern sich bestimmte Nutzergruppen in bestimmten Situationen verhalten – selbst in einem anderen Kontext.

Die Kenntnis der Wahrscheinlichkeiten jedes einzelnen Aspekts Ihres Zielprozesses sagt Ihnen nicht sofort die endgültigen Ausnahmen und ihre Wahrscheinlichkeiten voraus. Aber durch sie lassen sich in der Regel mit einer erheblichen Anzahl von Testfällen Simulationsrechnungen durchführen. Hier kann ein Zufallszahlengenerator die tägliche Lebensvariabilität simulieren, entsprechend den Verteilungen, die zuvor aufgezeichnet wurden.

Zum Glück erfordern solche Simulationen in der Regel keine persönlichen Daten. Aus diesem Grund können Sie anonymisierte oder pseudonymisierte Daten über das Kundenverhalten auf Ihrer Website sowie über das Verhalten von Mitarbeitern vor ihren Bürocomputern sammeln.

Natürlich ist all dies ein iterativer Prozess. Auf der Grundlage der dabei gewonnenen Erkenntnisse sollten Ausnahmeprozesse entworfen werden – aber auch diese Prozesse müssen verifiziert werden, und sie kommen üblicherweise mit neuen Fällen, den „Abweichungen von den Abweichungen".

Fühlen Sie sich ermutigt, all dies auf Ihre eigenen Datenprozesse anzuwenden. Diese Prozesse sind definitiv besonders anfällig für Abweichungen vom Happy Flow.

Data Analytics

„Und nun die Wirtschaftsnachrichten von heute Abend: irrelevante Statistiken sind um 27,45% gestiegen, aber bedeutungslose Zahlen sind um 110% gefallen."

Abb. 20-1. Sinnlose Analyse

© Der/die Autor(en), exklusiv lizenziert an APress Media, LLC, ein Teil von
Springer Nature 2023
M. Treder, *Das Management-Handbuch für Chief Data Officer*,
https://doi.org/10.1007/978-1-4842-9346-1_20

Voraussetzungen für eine sinnvolle Analyse

Sind genaue Algorithmen und hochwertige Daten alles, was Sie brauchen?

Wenn Sie dazu tendieren, mit „ja" zu antworten, werde ich versuchen, Sie zu enttäuschen ...

Selbst wenn Sie zuverlässige Daten haben und mathematisch bewiesene Algorithmen verwenden, könnten die Ergebnisse alles andere als wasserdicht sein.

Hier sind die zwei zusätzlichen Hauptherausforderungen:

- Die Voraussetzungen für die Anwendbarkeit eines Algorithmus
- Die mehrdeutige Interpretation von Regeln

Ich verwende zur Illustration das Beispiel der bekannten ANOVA (Analysis of Variance) aus der angewandten Statistik. Diese Methode wird häufig verwendet, um die Variationen von verschiedenen Gruppen innerhalb einer Stichprobe zu vergleichen. Ich werde nicht ins Detail gehen, aber einige potentielle Fallen aufzeigen.

Sind alle Vorbedingungen erfüllt?

Data Scientists nehmen im Allgemeinen dankbar die Bereitstellung von mathematischen Routinen durch Statistiksoftware oder bereitgestellte APIs an.

Dieser einfache Zugriff birgt jedoch das Risiko, dass diese Routinen unbedacht eingesetzt werden. Voraussetzungen und Angemessenheit bleiben oft ungeprüft.

Betrachten wir ein typisches Beispiel: Eine einfache Varianzanalyse. Die drei kritischen Annahmen für die Zuverlässigkeit einer solchen Varianzanalyse sind

- Residuen der Antwortvariablen sind (ungefähr) normalverteilt.
- Varianzen der Populationen sind gleich („Varianzhomogenität").
- Antworten für eine gegebene Gruppe sind voneinander unabhängige und identisch verteilte normale Zufallsvariablen.

Die Verifizierung dieser Annahmen ist in der Realität nicht einfach. Als Beispiel können Sie die Residuen auf der Grundlage Ihrer Stichprobe bestimmen, aber Sie können nicht überprüfen, ob sie einer Normalverteilung folgen. Darüber hinaus ist es schwierig zu sagen, ob die Varianzen von verschiedenen Stichproben hinreichend gleich sind.

Kann der Data Scientist den Ausgang beeinflussen?

Der letzte Punkt führt zu einer zweiten Herausforderung: Trotz der Verfügbarkeit einer korrekt bestimmten Stichprobe und der Genauigkeit der mathematischen Formeln bleiben viele Entscheidungen dem Data Scientist überlassen. Diese Feststellung sollte jeden überraschen, der Data Science als eine mathematische, faktenbasierte, nicht anzweifelbare Disziplin betrachtet.

Verzerrungen treten in zwei Phasen auf: Zuerst in der Datenvorbereitungsphase, dann in der Datenanalysephase.

Die Datenvorbereitungsphase, auch als Exploratory Data Analysis (EDA) bekannt, ist ein unverzichtbarer Schritt, um Datenprobleme frühzeitig zu erkennen, erste Fehler auszuschließen und so weiter. Wenn sie gut gemacht wird, führt dies zu sinnvolleren Ergebnissen bei der eigentlichen Analyse. Aber es ist nicht eine mathematisch genau beschriebene Phase. Die meisten Entscheidungen werden dem Ermittler überlassen. Mit anderen Worten, sie basieren auf Erfahrung und Bauchgefühl.

Die anschließende Datenanalysephase lässt trotz der Verfügbarkeit von mathematischen Algorithmen ebenfalls viel Raum für menschengemachte Verzerrungen.

Ich werde die ANOVA noch einmal als Beispiel für einen wissenschaftlichen Ansatz verwenden, der eine beträchtliche Anzahl von Entscheidungen und Schätzungen dem Menschen überlässt.

Betrachten wir einen Trainings-Text der Universität Zürich, nachdem die Ausführung einer ANOVA beschrieben wurde:

„Der Levene-Test prüft die Nullhypothese, dass die Varianzen der Gruppen sich nicht unterscheiden. Ist der Levene-Test nicht signifikant, so kann von homogenen Varianzen ausgegangen werden. Wäre der Levene-Test jedoch signifikant, so wäre eine der Grundvoraussetzungen der Varianzanalyse verletzt. Gegen leichte Verletzungen gilt die Varianzanalyse als robust; vor allem bei genügend grossen und etwa gleich grossen Gruppen sind Verletzungen nicht problematisch. Bei ungleich grossen Gruppen führt eine starke Verletzung der Varianzhomogenität zu einer Verzerrung des F-Tests. Alternativ können dann auf den Brown-Forsythe-Test oder den Welch-Test zurückgegriffen werden. Dabei handelt es sich um adjustierte F-Tests.(...)" Die Levene-Test testet die Hypothesen, dass die verschiedenen Gruppen die gleichen Varianzen haben. Im Falle, dass der Levene-Test nicht signifikant ist, können homogene Varianzen angenommen werden. Wenn jedoch der Levene-Test signifikant war, wäre eine der Vorbedingungen der ANOVA verletzt. Die ANOVA wird angenommen, um in Fällen von leichten Verletzungen fehlertolerant zu sein. Verletzungen werden betrachtet unproblematisch besonders in Fällen von ausreichend großen Gruppen von mehr oder weniger gleich großen Größen.

*Wenn die Größen der Proben deutlich voneinander abweichen, führt eine
starke Verletzung der Homogenität der Varianzen zu einer Verzerrung des
F-Tests. Alternativ können Sie den Brown Forsythe Test oder den Welch Test
verwenden, die angepasste F-Tests sind.*[1]

Ich habe hier alle Wörter unterstrichen, die Interpretations-Spielraum lassen
und anfällig sind für Voreingenommenheit des Data Scientists – eine
erstaunliche Anzahl!

Als Beispiel nehmen wir den Ausdruck „signifikant" aus diesem Text. Sie
könnten argumentieren: „Im Fall der Statistik sind signifikant und nicht
signifikant doch sehr genau definiert, oder? Daher ist doch kaum bis gar kein
Interpretationsspielraum vorhanden."

Ja, die Grenze zwischen „bedeutsam" und „nicht bedeutsam" ist in der Regel
genau **definiert**. Diese Definition ist jedoch kein Ergebnis einer objektiven
Bestimmung des bestmöglichen (oder gar „korrekten") Schwellenwerts.

Egal wie Sie Signifikanz messen, es wird in der Regel eine kontinuierliche
Funktion sein. Folglich ist der Grad der Signifikanz auf beiden Seiten des
ausgewählten Schwellenwerts bei Annäherung an diesen fast identisch.[2]

Mit anderen Worten, „objektive Signifikanz" gibt es nicht. Während es immer
gute Gründe für die gewählte Trennung zwischen „bedeutsam" und „nicht
bedeutsam" gibt, bleibt ihre endgültige Bestimmung etwas willkürlich: Irgendwo
muss man halt eine Grenze ziehen.

In der Realität stellen Sie sich zwei zufällige Proben vor, die aus derselben
Grundpopulation stammen. Nicht überraschend führen sie fast zum gleichen
analytischen Ergebnis. Seien Sie sich jedoch bewusst, dass „fast" bedeuten
kann, dass ein Ergebnis leicht unterhalb des Schwellenwerts liegt, während das
andere Ergebnis oberhalb dieses Schwellenwerts liegt.

Wie gehen Sie in einem solchen Fall vor? Werden Sie der Versuchung
widerstehen, die Probe auszuwählen, die Ihre ursprüngliche Annahme
unterstützt (oder die Erwartung Ihres Vorgesetzten)? Was, wenn jemand
anderes die andere Probe verwendet? Sie kommen zu grundlegend

---

[1] Website der Universität Zürich, www.methodenberatung.uzh.ch/de/datenanalyse_spss/
unterschiede/zentral/evarianz.html (Abgerufen am 18. Juli 2019).

[2] Das bedeutet, dass Sie den Unterschied so klein wie möglich machen können, indem Sie
beide Werte ausreichend nahe an den Schwellenwert heranrücken. Mathematisch ausgedrückt würden Sie sagen, dass es keine Rolle spielt, wie klein Sie den Unterschied Δ in
der Signifikanz s (x) (x ist eine reelle Zahl) wählen, es wird stets einen Wert ε geben, so
dass der Unterschied zwischen s (Schwellenwert $-$ ε) und s (Schwellenwert $+$ ε) kleiner
ist als Δ.

unterschiedlichen Schlussfolgerungen, die auf sehr ähnlichen statistischen Ergebnissen mit Bezug auf denselben Sachverhalt basieren.

Dieses Thema ist ein typischer Fall für mathematisch korrekte Aussagen, die in der Regel unangefochten bleiben. Ich lade Sie ein, solche Aussagen anzuzweifeln, selbst wenn sie aus statistischen Lehrbüchern stammen. Zumindest sollten Sie die zugrunde liegende Logik und Entscheidungen verstehen, um die Auswirkungen menschlicher Voreingenommenheit zu begrenzen.

Wie wäre es, beide Herausforderungen zu kombinieren?

Manchmal finden Sie beide Probleme kombiniert: Die Voraussetzungen werden ohne Erklärungen aufgelistet und auf eine Weise, die eine verzerrte Herangehensweise ermöglicht. Ein schönes Beispiel finden Sie auf BA-Support. com, wieder über die ANOVA:

> *„Dieser Test kann nur dann verwendet werden, wenn eine Reihe von Voraussetzungen erfüllt sind. Dazu gehören, dass alle Gruppen entweder mehr als 30 Beobachtungen enthalten oder normalverteilt sind. Außerdem muss es vergleichbare Varianzen zwischen den Gruppen geben.*
>
> *Darüber hinaus sollte die Variable, die die Gruppen beschreibt, nominal skaliert sein. Die abhängige Variable (die Variable, mit der wir vergleichen, oder einfach ‚die andere!') hingegen sollte intervallskaliert sein. In einigen Lehrbüchern können Sie auch lesen, die Gruppen sollten in etwa gleich groß sein – machen Sie sich darüber keine Sorgen: In SPSS gibt es ein Verfahren, um ungleiche Stichprobengrößen zu korrigieren.*

Wieder bilden die unterstrichenen Wörter eine beeindruckende Anzahl von Fällen, die menschlicher Verzerrung ausgesetzt sind. Ich lade Sie ein, über die folgenden Fragen nachzudenken:

- Woher kommt die Schwelle von „30 Beobachtungen"?

- Gibt es wirklich einen guten Grund, genau an der Grenze zwischen 30 und 31 Beobachtungen eine Linie zu ziehen – alles unterhalb ist „schlecht", alles darüber ist „gut"?

- Was bedeutet „vergleichbar"? Wird diese Entscheidung dem Data Scientist, seiner Erfahrung und seinem Bauchgefühl überlassen?

- „Sollte" bedeutet, dass etwas empfohlen wird, aber nicht zwingend erforderlich ist. Was passiert also, wenn ein Data Scientist sich *nicht* an diesen Rat hält?

- Ist es klug, einer Software zu vertrauen, ohne zu wissen, welche Logik diese Software verwendet, um eine Entscheidung zu treffen?

Allgemeine Grenzen der KI

Künstliche Intelligenz bietet eine unglaubliche Anzahl von Möglichkeiten. Aber wir müssen uns der Grenzen bewusst sein und wissen, wie wir damit umgehen sollten.

Datenquellen

Die besten Algorithmen führen zu falschen Ergebnissen, wenn sie mit Daten von schlechter Qualität gefüttert werden. Dies sollte intuitiv klar sein, wird jedoch immer noch weitgehend ignoriert, da der Hauptfokus oft auf dem Erzielen von Ergebnissen liegt. Und Informationen, die aus schlechten Daten abgeleitet werden, sehen nicht schlechter aus, als wenn sie auf hochwertigen Daten basieren.

Als Folge wird in vielen Fällen von Data Scientists nur das Folgende erwartet, wenn es darum geht, Daten zu finden:

- Das Web mit Schlüsselwörtern durchzusuchen

- Screen Scraping durchzuführen, wo immer Daten nicht im Dateiformat heruntergeladen werden können

- Dateien herunterzuladen (falls erforderlich, aus zweiter Hand)

- Dateien wiederzuverwenden, die jemand anderes zuvor heruntergeladen hat

- Die Bedeutung der Spalten aus Kopfzeilennamen oder Inhalt abzuleiten

Dieser Ansatz hat zu typischen Problemmustern geführt, die den Wert von Daten reduzieren:

- Das Alter der Daten ist oft unklar. Die Daten können vor einiger Zeit tatsächlich genau gewesen sein, sind aber mittlerweile veraltet. (Und „vor einiger Zeit" steht heutzutage für einen immer kürzeren Zeitraum!)

- Der Grad der Vollständigkeit ist oft unklar: Daten können gefiltert worden sein, oder ihre Sammlung wurde möglicherweise vorzeitig beendet.

- Die Definitionen der Spalten werden oft geschätzt: Da die meisten reinen Text-Dateien oder Tabellen ohne eine angemessene Dokumentation vorliegen, sind Data Scientists üblicherweise gezwungen, die Bedeutung beispielsweise aus Kopfzeilennamen abzuleiten.

- Voreingenommenheit! Es ist meistens unbekannt, ob eine Tabelle zu einem bestimmten manipulativen Zweck erstellt wurde. Selbst wenn eine Organisation, die Daten bereitstellt, einen guten Ruf hat, sind Menschen bei der Zusammenstellung der Daten involviert. Und Sie können es nicht aus dem Inhalt selbst erkennen: Eine ehrliche „5" und eine manipulierte „5" sehen in einer Datendatei genau gleich aus.

- Ein anderer Data Scientist hat möglicherweise Spalten entfernt oder zusammengeführt, die stark mit anderen korrelieren, möglicherweise aus guten Gründen im Kontext der spezifischen Frage dieses Data Scientists. Aber vielleicht wären die subtilen Unterschiede gerade die interessanten Dinge gewesen, um bei der erneuten Verwendung der Daten ganz andere Fragen zu beantworten.

Als Reaktion darauf möchten Sie möglicherweise bestimmte Verantwortlichkeiten zu den Aufgaben eines jeden Data Scientists hinzufügen, um die Datenbeschaffung zu unterstützen:

(i)   Kennen Sie die Quelle

Es ist wichtig, Informationen über die Ersteller und Anbieter von öffentlich verfügbaren Daten zu erhalten. Ohne dieses Wissen sind Daten so nutzlos wie eine positive Produkt-Bewertung im Internet, bei der Sie nicht wissen, ob der Autor auch der Verkäufer ist, oder ob gar für die Bewertung bezahlt wurde.

Datensuchportale wie https://datasetsearch.research. google.com (nach langem Warten endlich 2020 veröffentlicht) sind großartig. Aber sie sind nicht „die Quelle", und die geben keine Garantie für Datenqualität.

(ii)   Kontaktieren Sie den Anbieter

In einigen Fällen hilft es, Kontakt mit den ursprünglichen Erstellern oder Anbietern von im Internet gefundenen Daten aufzunehmen, um deren Motive und Methoden zu verstehen.

Auf lange Sicht kann eine gute Beziehung Zugang zu zusätzlichen Daten oder sogar zu einem regelmäßigen, fruchtbaren Austausch zwischen zwei Parteien bieten.

(iii) **Verstehen Sie die Geschichte der Daten**

Datenqualität ist kein konstantes Attribut. Sie ändert sich sogar dann, wenn die Daten selbst gleichbleiben. Wenn Sie die Qualitätshistorie einer Datenquelle kennen, hilft Ihnen das, den Status quo zu verstehen: Wurden die Daten gepflegt? Wird dies permanent überprüft? Oder waren die Daten das mittlerweile veraltete Ergebnis einer einmaligen „Fire-and-Forget"-Aktion (bei der keine Rolle mehr spielt, wie sorgfältig sie durchgeführt worden war)?

(iv) **Klären Sie das Datenmodell**

Das Datenmodell und die Terminologie, die von einer Datenquelle verwendet werden, unterscheiden sich wahrscheinlich von den Begriffen und Beziehungen, die Ihre eigene Organisation verwendet, und wie diese ihre Datenstrukturen definiert.

Ein wenig Forschung an dieser Stelle hilft, später schwere Probleme zu vermeiden oder sogar unbemerkte Missverständnisse, die zu falschen Schlussfolgerungen führen.

(v) **Prüfen Sie mehrere Quellen**

Die wenigsten Daten sind nur über eine einzige Quelle verfügbar. Daher ist es ein gutes Prinzip, regelmäßig nach mehreren Quellen für dieselben Daten zu suchen, da dies eine Verifizierung durch Vergleich der Versionen ermöglicht.

Berücksichtigen Sie aber bitte, dass verschiedene Parteien oft die Daten voneinander beziehen. Hier sorgt hohe Übereinstimmung verschiedener Versionen schnell für ein falsches Gefühl bestätigter Datenqualität.

(vi) **Bewerten Sie die Qualität Ihrer Datenquellen - nach objektiven Maßstäben**

Damit Sie in der Lage sind, die Ergebnisse Ihrer Data Science-Initiatives reproduzierbar einzustufen, müssen Sie die Qualität jeder einzelnen Datenquelle bewerten.

Typische dabei zu verwendende Attribute sind die allgemeine Zuverlässigkeit des Inhalts, Vollständigkeit und Richtigkeit der Beschreibung sowie die Häufigkeit von Aktualisierungen.

Wenn sie den Grad der Vertrauenswürdigkeit und Voreingenommenheit einer Datenquelle bewerten, denken Sie bitte daran, dass es nicht nur um die Person geht, die diese Daten zusammengestellt hat. Vielleicht sind die Daten mit ehrlicher Absicht als „repräsentative" Sammlung oder auf der Basis von Schätzungen zusammengestellt worden.

Eine statistische Erhebung ist beispielsweise eine zulässige Methode, um auch dort ein besseres Verständnis einer Situation zu erlangen, wo eine vollständige Erhebung nur mit unvertretbar hohem Aufwand verbunden wäre. Allerdings können sowohl die Befragten als auch deren Auswahl voreingeommen sein.

Nehmen Sie beispielsweise an, Sie fragen 1.000 CEOs nach dem Digitalisierungsstand ihrer Unternehmen, oder Sie fragen eine Million Ihrer Kunden nach ihrer Zufriedenheit. Sie haben jeweils eine respektable Stichprobe vorliegen, aber jede Aussage wird subjektiv sein, und jeder Befragte legt andere Maßstäbe an.

(vii) Dokumentieren Sie Ihre Datenquellen

Alle Informationen über Ihre Datenquellen (sowohl die Daten selbst als auch ihren Ursprung) sollten Sie zusammen mit allen relevanten Metadaten dokumentieren (und all dies auch regelmäßig aktualisieren), damit diese Informationen systematisch allen Data Scientists zugänglich gemacht werden. Ein Datenkatalog, der erst bei kuratierten Daten ansetzt, greift zu spät!

Ihre Dokumentation sollte alle bekannten Attribute beinhalten, außerdem alle (gesicherten!) Bedeutungen von Spalten, welcher Zeitpunkt oder -raum beschrieben ist, das Erstellungsdatum, potenziell angewandte Filter sowie den ursprünglichen Zweck der Erstellung dieser Datensammlung.

Zudem sollten Sie auf jeden Fall versuchen, alle Kriterien und Attribute zu standardisieren, um die Vergleichbarkeit von Quellen zu erhöhen.

(viii) **Firmenübergreifende Zusammenarbeit**

Falls die Richtlinien Ihrer Organisation es zulassen, ermutige ich alle Data Scientists, mit einer breiteren Daten-Community zusammenzuarbeiten, die über Ihre eigene Organisation hinausgeht. Dabei geht es nicht darum, interne Informationen zu offenbaren, sondern darum, Informationen über externe Datenquellen zu teilen.

Künstliche Intelligenz-Algorithmen

Ich möchte anhand eines konkreten Beispiels einige Einschränkungen der KI veranschaulichen.

Dieses Beispiel handelt von Gesichtserkennung, einem der auffälligsten Anwendungsgebiete von Neuronalen Netzen.

Ich persönlich bin beeindruckt, was man mit Gesichtserkennung bereits erreichen kann. Wenn man solche Algorithmen jedoch beispielsweise dazu verwendet, geeignete Kandidaten aus einer Liste von Bewerbern auszuwählen, ergeben sich einige Herausforderungen, die Sie vielleicht dazu bringen, die universelle Eignung dieses Algorithmus in Frage zu stellen.

Und ich spreche hier noch nicht einmal von dem ethischen Teil – sogar das Ergebnis selbst ist möglicherweise das investierte Geld nicht wert!

Im Herbst 2019 veröffentlichte Bobby Hellard einen Artikel mit dem Titel „AI und Gesichtsanalyse werden zum ‚ersten Mal' in Bewerbungsgesprächen verwendet." Darin wird das Beispiel einer US-Organisation beschrieben, die eine Software entwickelt hat, „die den Tonfall, den Wortschatz und den Gesichtsausdruck in Videointerviews analysiert, um die Eignung eines Kandidaten zu bestimmen" (Hellard 2019).

Der verwendete Algorithmus kann zufällig tendenziös sein. Schlimmer noch, er kann *absichtlich* tendenziös sein. Die Schöpfer könnten ihn so gestaltet haben, dass ihre eigenen Lebensläufe am höchsten bewertet werden und sie selbst wie die vielversprechendsten Kandidaten aussehen. Im Wesentlichen ermöglicht es AI den Entwicklern, perfekte Jobmöglichkeiten für ihre eigene Karriereentwicklung auf sehr unethische Weise zu schaffen. Schließlich ist es eine Blackbox – niemand sonst wird es jemals herausfinden ...

Der für mich schlimmste Aspekt: Ein solcher Ansatz verhindert, dass sich die Urteilsfähigkeit von HR im Laufe der Zeit verbessert!

Hier sind einige der Schwächen des zugrunde liegenden AI-Algorithmus. Sie werden sie auch in anderen Fällen finden:

(i)   **Fehler der Vergangenheit manifestieren**

Personen mit Kombinationen von Attributen, die es ihren Besitzern in der Vergangenheit schwer gemacht haben, ausgewählt zu werden, werden auch in Zukunft nicht ausgewählt. Wenn die Auswahlkriterien der Vergangenheit suboptimal waren, werden die Kriterien der Zukunft ebenfalls suboptimal sein.

(ii) **Unfähigkeit der Berücksichtigung von Veränderungen im Nachfrageverhalten**

Die Welt ändert sich, und andere Profile werden erforderlich. Wie sollte ein ausschließlich rückwärtsgerichteter Algorithmus aktuelle Veränderungen im Nachfrageverhalten erkennen und berücksichtigen?

(iii) **Unfähigkeit, das Lernniveau zu beurteilen**

Das unbeaufsichtigte Lernen ist der Schlüssel zur Verbesserung. In diesem Fall kann die Erfolgsrate jedoch kaum verifiziert werden, insbesondere nicht vom Algorithmus selbst. Dies ist kein Problem des Algorithmus, sondern der verfügbaren Trainingsdaten. Schließlich dauert es Jahre, bis man feststellen (und dem Algorithmus mitteilen) kann, ob ein neuer Mitarbeiter als erfolgreich bezeichnet werden kann.

(iv) **Nicht wissen, WARUM**

Wie bei vielen AI-Algorithmen sagt uns der vorliegende Algorithmus nicht, *warum* bestimmte Profile in der Vergangenheit erfolgreicher waren als andere. Um die besten Kandidaten zu ermitteln, müsste Ihre Einstellungslogik auf die relevanten Parameter zurückzuführen sein. Ein Algorithmus, der Kausalität nicht von Korrelation unterscheiden kann, ist nutzlos und gefährlich.

Verstehen Sie mich nicht falsch: Wir sollten nicht davon ausgehen, dass die Ermittlung einer Korrelation immer unzureichend ist! Aber wir müssen uns darüber im Klaren sein, wann wir Kausalität benötigen und in welchen Fällen wir mit Korrelation arbeiten können.

Konkret: Wenn es darum geht herauszufinden, ob wir „mehr von A tun sollten, um mehr von B zu erreichen", ist Kausalität entscheidend. Wenn wir jedoch ermitteln wollen, ob eine Aussage wie „Achten Sie auf C, um mehr von D zu finden", korrekt ist, ist die Arbeit mit Korrelation völlig in Ordnung.

(v) **Kein Einblick über die Trainingsdaten hinaus**

Eine große Herausforderung der KI ist die Anwendbarkeit der Ergebnisse. Kein AI-Algorithmus kann zuverlässige Erkenntnisse über seine Trainingsdaten hinaus liefern. Wenn ein Element von einem Algorithmus „ausgewertet" wird, ohne dass es im vorherigen Training oder Test des Algorithmus berücksichtigt ist, ist das Ergebnis nutzlos oder zumindest beliebig. Eine solche Situation könnte akzeptabel sein, wenn ein Algorithmus versucht, eine durchschnittliche Auswahl zu verbessern, zum Beispiel die Anzahl der Löcher, die Sie in den Boden bohren müssen, um ein bestimmtes Rohmaterial zu finden. Man könnte es als Erfolg betrachten, wenn 50 % aller Fälle eine Verbesserung aufwiesen, während die anderen 50 % nur zufällig waren – der Gesamtaufwand würde ja abnehmen. Aber immer, wenn es um einzelne Menschen geht, ist die Verbesserung im Durchschnitt in den meisten modernen Gesellschaften (zurecht) ethisch nicht akzeptabel.

Warum benötigen wir eine datenkompetente HR-Welt? Um zu verhindern, dass Ansätze wie dieser zu Standardwerkzeugen einer HR-Abteilung werden. Niemand aus dem Datenmanagement oder dem Datenschutz sollte den HR-Kollegen obige Punkte erst erklären müssen!

(vi) **Rechtliche Fragen**

Organisationen, die diese Art von Algorithmen verwenden, betonen in der Regel, dass es sich nur um eine Bewertungskomponente handelt und dass Menschen immer noch die finale Beurteilung vornehmen, bevor eine Einstellungsentscheidung getroffen wird.

Diese Aussage gilt jedoch nicht für diejenigen Lebensläufe, die vom Algorithmus *vor* dem ersten Blick eines Menschen aussortiert werden. Diese werden zu 100 % durch Software beurteilt, unabhängig davon, wie viel menschliche Bewertung anschließend auf die verbleibenden Lebensläufe angewendet wird.

Aus diesem Grund ist diese Vorgehensweise nicht nur ethisch fragwürdig, sondern sie verstößt auch gegen bestehendes Recht. In Artikel 22 der DSGVO heißt es: „Die betroffene Person hat das Recht, nicht einer ausschließlich auf einer automatisierten Verarbeitung - einschließlich Profiling – beruhenden Entscheidung unterworfen zu werden."

Alles in allem möchten Sie nicht die Kontrolle über den Prozess verlieren (lassen Sie sich Abb. 20-2 eine Warnung sein). Der beste Rat, den ich in diesem Zusammenhang gelesen habe, stammt von Hanover Recruitment Limited, einer britischen Personalagentur. Auf ihrer Website heißt es: „Letztendlich sollten Sie Kandidaten- und Kundendaten so behandeln, wie Sie Ihre eigenen Daten behandelt wissen möchten!" (Beatie 2018).

„Ja, wir haben die KI die Kandidaten in die engere Wahl nehmen lassen!..."

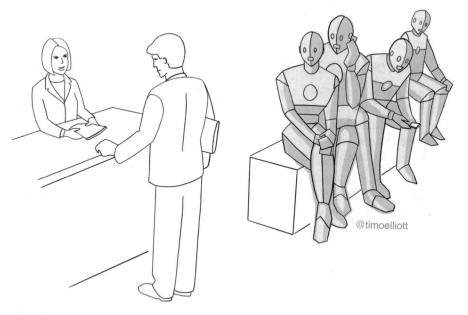

Abb. 20-2.   HR = „Humanoide Ressourcen"?

Menschliches Verhalten

„Ich weiß, was ich tue", ist das, was ich oft von Data Scientists höre. Aber es ist nicht ausreichend für einen Wissenschaftler, so etwas *zu wissen*.

Bei Data Science geht es um Glaubwürdigkeit. Es ist nur eine Frage der Zeit, bis zwei Kollegen unabhängig voneinander an demselben Problem arbeiten. Sie werden wahrscheinlich unterschiedliche (Variationen von) Methoden verwenden. Sie können davon ausgehen, dass beide die gleiche Situation unterschiedlich interpretieren und zu unterschiedlichen Ergebnissen kommen werden.

Diese Ergebnisse werden sich in der Regel nicht grundlegend unterscheiden. Aber sie werden zumindest so unterschiedlich sein, dass selbst ein Laie aus dem Marketing die von der üblicherweise mitgelieferten Anzahl der Dezimalstellen nach dem Komma suggerierte Präzision in Frage stellen wird.

Was hilft? **Transparenz!** Teilen Sie, was Sie tun, ohne Fachchinesisch. Versprechen Sie nicht zu viel – Sie müssen es nicht! Erklären Sie alle Einschränkungen. Es schadet nicht zu sagen: „Diese Aussage ist nur gültig, wenn A und B unabhängig sind, aber wir wissen nicht, inwieweit sie es tatsächlich sind."

Künstliche Intelligenz – Quo Vadis?

Das Spiel Go gilt als eines der komplexesten Spiele der Erde. Sie haben natürlich gelesen, dass der Computer AlphaGo von DeepMind im Jahr 2016 den südkoreanischen Weltmeister Lee Sedol besiegt hat. Dieses Ereignis wurde allgemein als ein großer Schritt in der Entwicklung der Künstlichen Intelligenz (KI) wahrgenommen.

Ich habe kürzlich einen Artikel von IBM gelesen, in dem behauptet wird: „Das wichtigste Ergebnis aus Sedols Niederlage ist nicht, dass DeepMinds KI lernen kann, Go zu bezwingen, sondern dass sie durch passende Erweiterung auch alles lernen kann, was einfacher ist als Go – was eine Vielzahl von Dingen umfasst."

Klingt vernünftig? Nun, möglicherweise ist es das nicht.

Das Hauptproblem, das ich mit dieser Aussage habe, ist das Wort „einfacher". Diese Art des Vergleichens deutet darauf hin, dass wir über eine eindimensionale Skala sprechen. Mit anderen Worten, aus der Aussage von IBM könnten Sie schließen, dass zwei beliebige intelligenzbasierte Leistungen nach „Einfachheit" sortiert werden können (zumindest, wenn es sich bei einer der beiden um „Go spielen" handelt).

Aber wie definiert man „einfach"? Ist es *einfacher*, den amtierenden Weltmeister in Go zu besiegen, oder ist es einfacher, einem Kidnapper klarzumachen, dass es für ihn besser ist, alle Geiseln freizulassen und aufzugeben? Ist es einfacher, *Jeopardy!* zu gewinnen oder jemandem während einer Diskussion von einer anderen Ansicht zu überzeugen? Wir stehen hier offensichtlich vor verschiedenen Dimensionen menschlicher Gehirnleistung.

Bitten Sie einen Computer wie AlphaGo, die besten nächsten Bewegungen eines Fußballspielers in Echtzeit zu berechnen, und (abgesehen von Hardwareeinschränkungen) wäre vermutlich sogar der Autor dieser Zeilen dem Algorithmus überlegen (und das sagt einiges!). Wer jemals RoboCup gesehen hat – die Weltmeisterschaft im Roboterfußball – weiß, was ich meine ...

Ich weiß nicht, wie schnell AI voranschreiten wird. Ein Indikator ist jedoch die Investition von Geld in Forschung. Meine jüngsten Gespräche mit vielen Organisationen deuten darauf hin, dass sie sich von der Phase „Wir müssen uns auf jeden Fall daran beteiligen" in die Phase „Zeigen Sie mir den Mehrwert" bewegen. Das meiste Geld wird in diejenige AI-Forschung fließen, die mit einem guten Business Case verbunden ist.[3]

Versetzen Sie sich einmal selbst in die Lage einer Organisation. Wie würden Sie als Vorstand denken und handeln?

Eine gut gemanagte Organisation wird unweigerlich fragen: „Wie kann uns KI erfolgreicher machen?" (natürlich unter Berücksichtigung des üblichen Stakeholder-Triumvirats aus Kunden, Aktionären und Mitarbeitern). Selbst Universitäten und gemeinnützige Organisationen sind generell zunehmend darauf ausgerichtet, mittels KI konkreten Mehrwert zu schaffen.

Seien wir ehrlich: Es wird eine riesige, langfristige Investition erfordern, bis wahre Künstliche Intelligenz (im Sinne der Kopie des menschlichen Denkens) beginnen wird, unserer Gesellschaft (oder sogar einzelnen Organisationen) einen Mehrwert zu liefern. Also, worauf sind die Investitionen der Organisationen dann ausgerichtet?

Organisationen bevorzugen im Allgemeinen dedizierte Speziallösungen für jede Aufgabe. Dies ist nicht spezifisch für KI. Kein Autokonzern würde in ein Fahrzeug investieren wollen, das schwere Güter transportieren, ein Formel-1-Rennen gewinnen und gleichzeitig ein luxuriöses Cabrio-Gefühl vermitteln kann. Drei spezialisierte Lösungen werden in der Regel besser in ihren jeweiligen Bereichen funktionieren und dadurch insgesamt geringere Kosten verursachen. Die Tatsache, dass Sie für drei Aufgaben drei Lösungen benötigen, wird dabei nicht als Schwäche wahrgenommen, und zwar aus gutem Grund.

Betrachten Sie die Robotik: Während die Medien voll sind mit humanoiden Robotern, die lächeln und Hände schütteln können, wird die meiste

---

[3] Bitte denken Sie hierbei nicht an die von dem Wunsch nach Öffentlichkeitsarbeit getriebenen „Innovation Hubs" großer Konzerne, in denen Forscher ohne kommerziellen Druck spielen können, solange sie von Zeit zu Zeit interessante Geschichten veröffentlichen.

kommerziell getriebene Forschung noch immer mit spezialisierten Robotern durchgeführt, die genau eine Sache in nahezu perfekter Weise tun können (und die zumindest erhebliche Konfiguration erfordern, bevor sie in der Lage sind, eine andere Aufgabe auszuführen). Die Industrie arbeitet daran seit Jahrzehnten, und zwar mit beeindruckendem Erfolg.

Zweitens wird die Weiterentwicklung universeller KI auf lange Sicht weit hinter den Fähigkeiten ihres Vorbildes (in diesem Fall den aktuellen menschlichen Fähigkeiten) zurückbleiben. Dies sorgt für einen schlechten Business Case: Die Rendite liegt in ferner Zukunft und ist zudem unsicher.

Deshalb bin ich mir ziemlich sicher, dass die Entwicklung in der KI sich weiterhin vorrangig auf Bereiche konzentrieren wird, in denen die KI unmittelbar eine bessere (oder zumindest vergleichbare) Leistung als die Intelligenz der Menschen erbringt. Durch spezialisierte Lösungen die klugen Mechanismen des menschlichen Gehirns nachzuahmen wird sicherlich weiterhin zum Erfolg dieses Ansatzes beitragen.

Aus den gleichen Gründen erwarte ich in absehbarer Zukunft keine erheblichen Fortschritte bei der Entwicklung von Klonen des menschlichen Gehirns, die für den Einsatz in neuen Bereichen keine Neuprogrammierung erfordern.

Klingt das pessimistisch? Es ist auf jeden Fall nicht so gemeint!

Ich bin ein großer Befürworter der wachsenden Fähigkeiten der KI, die Möglichkeiten der Menschen *zu ergänzen*. Gott hat uns nicht gottgleich gestaltet (was man leicht einsieht, wenn man die Abendnachrichten sieht), also warum sollten wir unseren kostbaren Gehirnschmalz darauf verwenden, ausgerechnet menschenähnliche Geräte zu entwickeln?

Empfehlungen für Analytics-Teams

Basierend auf dem, was ich bisher gesagt habe, möchte ich eine Reihe von (nicht-technischen) Richtlinien vorschlagen, die Ihr gesamtes Analytics-Team befolgen sollte: Meine „12 Empfehlungen für Analytics-Teams".

Sie sollten sich frei fühlen, sie Ihren individuellen Erkenntnissen und Prioritäten anzupassen, aber ich empfehle dringend, solche Richtlinien zu haben, da sie dazu beitragen, einen konsistenten Ansatz im gesamten Team zu erreichen.

I. Bestimmen Sie den erforderlichen Grad an Präzision

Manchmal sind nicht alle mathematischen Voraussetzungen erforderlich.

Dies ist insbesondere dann der Fall, wenn es nur darum geht, durch Heuristiken einen voroptimieren Startpunkt für einen zweiten Algorithmus zu finden. In diesem Fall hat die Qualität des Startpunkts zwar Einfluss auf den verbleibenden Berechnungsaufwand, aber nicht auf das Endergebnis.

Manchmal ist jedoch die Konvergenz des Algorithmus nicht garantiert, und oft können Sie später nur schwer verifizieren, ob Ihr Algorithmus und die Daten gut zusammen funktioniert haben. Selbst wenn Sie Ihre Daten nach den üblichen Regeln in Trainings- und Testdaten aufteilen, könnten letztere die Realität nicht richtig widerspiegeln.

Aber überall dort, wo von Ihrem Modell „nur" erwartet wird, einen Prozess effizienter zu machen, wo Sie einen kurzen Verifizierungszyklus haben und wo Sie den Erfolg leicht messen können, sollten Sie nicht von vornherein auf ein Mindestmaß an Genauigkeit bestehen.

Es ist nicht wichtig, ob Sie den bestmöglichen Algorithmus gefunden haben – wenn er Dinge besser macht, ist seine Existenz gerechtfertigt. Wenn die Prozessleistung bei 70 % lag und Sie sie auf 80 % bringen, hat sie einen Mehrwert geliefert, trotz der Tatsache, dass 80 % weit weniger als 100 % sind.

In einem solchen Fall können Sie ein Modell innerhalb weniger Tage operationalisieren – nachdem Sie es parallel ausgeführt haben und der neue Algorithmus verbesserte Ergebnisse geliefert hat.

Und sobald Ihre Lösung live ist, sind Sie in einer noch besseren Position, sie weiter zu verfeinern, insbesondere wenn Sie das Delta zwischen ihrer aktuellen Leistung und 100 % messen können.

Wenn es Ihnen gelingt, derartige Fortschritte in Diagrammen darzustellen, hilft dies, auch Ihre internen Kunden zu beeindrucken: Sie können sofort etwas, das Ihr Team ge leistet hat, mit einer Verbesserung einer Metrik verbinden, die für die dadurch unterstützen Fachbereiche relevant ist.

II. Verwenden Sie keine Formel, nur weil „sie funktioniert"

Angenommen, Sie haben einen interessanten Fall. Die Frage ist klar; die Grundpopulation ist bereits in Ihrer Datenbank verfügbar. Sie können eine Funktion Ihrer Statistiksoftware aufrufen, und sie wird ein syntaktisch (und mathematisch) korrektes Ergebnis zurückgeben. Alle Eingabeparameter sind verfügbar. Die Versuchung ist groß.

Aber passt die Formel zum Zweck? Vielleicht gibt es einen besseren Ansatz – vielleicht sogar unter Verwendung vorhandener Geschäftsinformationen?

Zum Beispiel? Sie haben möglicherweise eine unüberwachte Lernroutine verwendet, um Ihre Grundpopulation zu clustern. Die Anzahl der Cluster entspricht wissenschaftlich akzeptierten Kriterien, z. B. unter Verwendung der Summe der quadratischen Abstände innerhalb jeder Gruppe. Ihr Bauchgefühl sagt Ihnen, dass Sie einen guten Kompromiss gefunden haben – das Erhöhen der Anzahl der Cluster würde den von Ihnen definierten Score nicht signifikant erhöhen, gerade wenn man bedenkt, dass bei mit jedem weiteren Clustering eine Verringerung der Clustergröße einhergeht. Lassen Sie mich es in der Sprache der Wirtschaft sagen: Ihr marginaler Nutzen bei der Erhöhung der Anzahl der Cluster nähert sich Null.

Für welche Anzahl von Clustern Sie sich schließlich entschieden haben, basiert also auf einer Mischung aus Daten, Formeln, Bauchgefühl und Erfahrung. Es kann jedoch **nicht** auf dem fachlichen Hintergrund der zugrunde liegenden Population basieren.

Deshalb müssen Data Scientists bereit sein, aus ihrer Komfortzone herauszukommen. Auf der Fachseite gibt es viel zusätzliches Wissen zu entdecken. Diskussionen mit den richtigen Fachleuten können zum Beispiel ergeben, dass eine natürliche Clustering der Grundpopulation bereits aus fachlicher Perspektive unter Verwendung von Kombinationen bekannter Attribute erhältlich ist.

Die Verwendung von Wissen aus den Fachbereichen kann nicht nur angemessener sein als die Anwendung einer weit verbreiteten, jedoch vom Inhalt unabhängigen Methoden wie einem Ellbogenkriterium (bei dem Sie nach einem starken Knick in der Kurve der Nutzenfunktion suchen, bei der eine starke Abnahme der Steigung auf einen signifikanten Rückgang des marginalen Gewinns hindeutet). Durch ein solches Vorgehen wird es auch für die Kollegen aus den Fachbereichen einfacher, zu verstehen, was die Data Scientists tun, und Ihre Glaubwürdigkeit als praktischer Problemlöser wird zunehmen.

III. Überprüfen Sie alle Vorbedingungen

Ist Ihre Grundgesamtheit normalverteilt? Wirklich? Und können Sie die vollständige statistische Unabhängigkeit garantieren? Tatsächlich?

Sie können nicht aus dem Ergebnis ableiten, ob alle Vorbedingungen für die Anwendung einer Methode erfüllt waren. Und selbst wenn es fast unmöglich ist, eine Vorbedingung vollständig zu erfüllen, sollten Sie zumindest wissen, wie weit sie erfüllt ist.

Soweit möglich, sollten Sie stets nachträglich überprüfen, ob alle Vorbedingungen erfüllt waren. In einigen Fällen werden Sie feststellen, dass Ihre Ergebnisse zu schlecht waren, um die Vorbedingungen als wahr anzusehen – und manchmal bestätigen Ihre Ergebnisse Ihre Annahme, dass alle Vorbedingungen erfüllt waren.

Denken Sie an Wahlergebnisse, bei denen Menschen, die aus ihren Wahlkabinen kommen, gefragt werden, für welche Partei sie soeben gestimmt haben. Das Ergebnis wird dann als erste Prognose nach Schließung der Wahllokale angezeigt. Das Institut wählt die Wahllokale in der Regel so aus, dass ihr gemeinsames Ergebnis bei der letzten Wahl dem tatsächlichen Ergebnis sehr nahe kam. Darüber hinaus müssen diese Menschen zufällig ausgewählt werden, und alle müssen freiwillig die Wahrheit sagen.

Sie werden sich erinnern, dass die Ergebnisse solcher Umfragen in der Regel relativ nah an den endgültigen Wahlergebnissen liegen. Aber sind sie so gut, wie sie sein müssten, wenn alle statistischen Vorbedingungen erfüllt wären? Die Antwort ist NEIN. Wenn Sie etwas Mathematik anwenden, werden Sie feststellen, dass **98 %** aller Umfragen mit erfüllten Vorbedingungen besser wären als das beobachtete Ergebnis!

Natürlich können nicht alle Ihre Berechnungen im Geschäftsumfeld so schnell verifiziert werden wie diese Art von Wahlergebnissen. Aber wenn Sie die Möglichkeit haben, zum Beispiel Ihre Prognose der Verkaufsverteilung über das Produktportfolio gegen die tatsächlichen Verkaufszahlen zu überprüfen, sollten Sie dies stets tun, um ein besseres Verständnis für die Gültigkeit der Vorbedingungen zu erlangen.[4]

IV. Kommunizieren Sie offen die Grenzen

Sowohl Daten als auch Algorithmen haben natürliche Grenzen. Sie mögen hier und da Gründe haben, das Risiko einzugehen, sie jenseits dieser Grenzen zu verwenden. Seien Sie aber klar über Ihre Wahl und Ihre Motive.

Manchmal müssen Sie Vergleiche mit dem Vorjahr durchführen, bei denen die Daten beider Jahre aus zwei verschiedenen Quellen stammen (z. B. weil zwischenzeitlich neue Software eingeführt wurde oder weil der Datenanbieter gewechselt hat). Bitte fügen Sie diese Informationen der Präsentation der Ergebnisse hinzu, als Warnung.

Eine weitere typische Einschränkung ist die Herkunft der Trainingsdaten für Ihre KI-Modelle. Sie können sie normalerweise nicht selbst zusammenstellen, insbesondere wenn Sie Ihre Analysen auf Millionen von erfassten Werten aufbauen möchten. Als Folge davon wird es oft darauf hinauslaufen, dass Sie die gleiche, begrenzte Anzahl an öffentlich verfügbaren Datenrepositories verwenden. Hier ist das Problem: Die Tatsache, dass Ihre Ergebnisse mit denen anderer übereinstimmen, beweist nicht ihre Richtigkeit. Es kann vielmehr darauf hindeuten, dass alle die gleiche Quelle für ihre Daten verwendet haben.

Schauen Sie sich die Bildersammlungen für das Training von OCR und Bilderkennung an: Sie wurden normalerweise in einem bestimmten Kontext zusammengestellt und werden wahrscheinlich nicht jenseits dieses Kontexts funktionieren.

---

[4] Das bedeutet nicht, dass Sie dem Vorstand sagen müssen, dass Sie mit unerfüllten Vorbedingungen gearbeitet haben.

Es gibt noch eine weitere Herausforderung, die mit der Zeichenerkennung verbunden ist: Kein OCR-Algorithmus kann sicher sagen, ob es sich bei einer 0 (Null) um den Großbuchstaben „O" handelt, oder wann es sich um ein „I" (d. h. der Ziffer „1" im angelsächsischen Stil) oder um den Großbuchstaben „I" (wenn er ohne Serifen geschrieben wird) handelt. Dasselbe Bild kann also zwei verschiedene Bedeutungen haben. Selbst innerhalb der Ziffernfamilie können eine europäische „1" und eine angelsächsische „7" identisch aussehen. Für eine sichere Unterscheidung müssen Sie daher auch den Kontext berücksichtigen. Wenn das nicht möglich ist, sprechen Sie offen darüber!

V. Erklären Sie Ihre Annahmen

Bitte schauen Sie sich noch einmal das obige Clustering-Beispiel an und erinnern Sie sich an die Beschreibung der Varianzanalyse am Anfang dieses Kapitels. Wie oft mussten Sie eine menschliche Wahl treffen? Beispielsweise:

- Definieren eines Scores

- Auswahl der Metriken, die bewerten, wie ähnlich die Elemente eines Clusters sich verhalten

- Abwägen der Varianz innerhalb jedes Clusters gegen den Aufwand, der mit der Anzahl der Clusters zunimmt (und so weiter...)

Wir sind weit entfernt von einem Niveau des unbeaufsichtigten Lernens, das es uns ermöglichen würde, all dies einem Algorithmus zu überlassen, der autonom weiß, welche Informationen er berücksichtigen soll. Das bedeutet, es ist nach wie vor in Ordnung, wenn Menschen Entscheidungen treffen.

Aber Sie müssen diese Entscheidungen erklären. Welche Annahmen haben Sie in jedem Fall dazu bewogen, so (und nicht anders) zu entscheiden?

VI. Suggerieren Sie keine falsche Präzision

Stellen Sie sich jemanden vor, der die Pässe einer Gruppe von 40 Personen einsammelt, daraus das Alter aller Personen ermittelt und das Durchschnittsalter des Teams berechnet. Nehmen wir an, das Ergebnis der Berechnung beträgt „circa 34 Jahre".

Jetzt stellen Sie sich eine andere Person vor, die die Pässe ignoriert und das Alter jedes Teammitglieds schätzt. Diese Person berechnet das durchschnittliche Alter des Teams mit „37,575 Jahren".

Welche der beiden Personen liefert ein genaueres Ergebnis?

Ich denke, Sie wissen, worauf ich hinauswill.

Offen über die Genauigkeit Ihrer Ergebnisse zu sein, ist Teil des Rezeptes, um Ihre Glaubwürdigkeit zu entwickeln. Ein anderes Beispiel: Statt der (unwissenschaftlichen) Aussage, „die Wahrscheinlichkeit, dass ein Kunde in dieser Gruppe einen Kredit zurückzahlen wird, beträgt 68 %", können Sie sagen:

„Mit einer Wahrscheinlichkeit von 95 % liegt die Wahrscheinlichkeit zwischen 65 und 71 %, unter der Bedingung, dass alle Voraussetzungen des Algorithmus erfüllt sind. Mit anderen Worten, wenn die wahre Wahrscheinlichkeit dieser Gruppe 68 % betragen würde, lägen dann im Schnitt 19 von 20 Simulationsergebnissen zwischen 65 und 71 %. Für jede Bedingung, die nicht erfüllt ist, nimmt die Unsicherheit zu."

Diese Aussage ist schwieriger zu verdauen, aber sobald die Leute es verstehen, müssen Sie es nicht immer wiederholen. Sie würden durch derartig erklärte Ergebnisse die folgenden Ziele erreichen:

- Sie unterstützen Ihre Organisation auf ihrer Reise hin zu einer datenorientierten Organisation. Kein Mitarbeiter muss in der Lage sein, das Bayes-Theorem zu beweisen, aber sie sollten alle ein grundlegendes Verständnis dafür entwickeln, was möglich ist.

- Sie sorgen für realistische Erwartungen und schützen sich selbst: Die Menschen sollten eine Vorstellung davon entwickeln, wie genau Ihre Zahlen sind. Und Sie wollen sicherlich nicht „widerlegt" werden.

Natürlich gibt es immer Raum für Verbesserungen. Mehr Daten und leistungsfähigere Computer erhöhen im Allgemeinen die Genauigkeit. Dies ermöglicht es Ihnen, einen Preis für die erhöhte Genauigkeit zu erstellen. Wenn ein wichtiger Entscheider mit einem Genauigkeitsbereich von sechs Prozentpunkten nicht zufrieden ist, wie im vorherigen Beispiel, wissen Sie, wie Sie argumentieren müssen.

VII. Aufbereitung der Daten sorgfältig automatisieren

Die Automatisierung der Datenaufbereitung kann viel Zeit sparen und ermöglicht Reproduzierbarkeit, da der menschliche Faktor, einschließlich persönlicher Subjektivität, reduziert wird.

Beachten Sie aber, dass eine derartige Vorgehensweise nicht die Richtigkeit der Daten garantiert (oder sogar verbessert). Jenseits der Reduzierung des menschlichen Fehlers und der Beschleunigung des Prozesses lässt sie die gleichen Daten nur besser aussehen und erleichtert die anschließende

Verarbeitung. Dies kann jedoch zu einem falschen Eindruck von Datenqualität führen.

VIII. Verwenden Sie DataOps

Schon mit dem ersten Aufkommen von DevOps, d.h. mit der Entwicklung *und* Ausführung eines Softwareprodukts durch dieselben Teams, begannen Menschen, diese Idee auf Datenthemen auszuweiten. Es überrascht nicht, dass man dieses Konzept üblicherweise als DataOps bezeichnet.

DataOps hilft dabei, die richtigen Anreize zu setzen, indem versucht wird, eine Situation zu vermeiden, in der verschiedene Parteien nur auf ihre eigenen Ziele hinarbeiten.

Darüber hinaus helfen die Überprüfungszyklen und die kontinuierliche Überwachung der Datenqualität dabei, unplausible Daten zu entdecken, z. B. durch Heuristiken.

Aber widerstehen Sie der Versuchung, diesen Ansatz allein auf Analytics zu beschränken. DataOps erst mit der Vorbereitung von bisher unüberwachten Daten für Analytics-Zwecke zu beginnen, ist zu spät.

IX. Wägen Sie sorgfältig ab

Sie werden das tatsächliche Gesamtoptimum für ein Problem kaum jemals finden. Die Welt ist *einfach zu komplex* (Achtung, Wortspiel!). Es gibt zu viele beeinflussende Parameter, und die unterschiedlichen Optimierungskriterien können in der Regel nicht objektiv gewichtet werden.

Diese Situation zwingt Sie zu Kompromissen – entweder durch weitere Vereinfachung Ihrer Modelle (ein jedes Modell vereinfacht ja per Definition) oder durch Reduzierung der zu bewertenden Optionen (da Sie aufgrund der vielen Kombinationsmöglichkeiten sehr schnell mehr Optionen haben, als Atome im bekannten Universum vorhanden sind).

Sie können beide Strategien auf mehreren Ebenen anwenden.

- Den optimalen Grad an Vereinfachung können Sie anstreben, indem Sie ein so komplexes Modell wie technisch möglich erstellen oder, indem Sie so viel wie möglich vereinfachen, solange Sie immer noch ein syntaktisch gültiges Ergebnis erhalten.

- Alternativ können Sie die Anzahl der Optionen durch cleveren Einsatz von Algorithmen reduzieren (z. B. kann ich darauf verzichten, eine gesamte Liste von Optionen einzeln zu bewerten, sobald ich eine Option gefunden habe, die nachweislich besser ist als jede andere Option in dieser Liste).

- Darüber hinaus können Sie Ihre Liste der Optionen bereits *vor* dem Einsatz eines Algorithmus aufgrund nichtwissenschaftlicher Faktoren wie Ihrer Geschäftsstrategie reduzieren. Zum Beispiel haben Sie eine Gruppe von Optionen bestimmt, und Sie können nachweisen, dass das Gesamtoptimum Teil dieser Gruppe ist. Aber keine dieser Optionen entspricht dem, was Ihre Organisation im Rahmen ihrer Produktstrategie als Richtung vorgegeben hat.

Aber wie erfahren Sie, in welchem Umfang Sie Kompromisse eingehen sollten? Wieder müssten Sie es berechnen. Und wieder würden Sie schnell herausfinden, dass die Bestimmung des „besten" Kompromisses eine unglaublich komplexe Berechnung ist – zu komplex, um ausführbar zu sein.

Die erste Herausforderung wäre die **Messung** des Grades eines Kompromisses. Die vollständige Berücksichtigung **aller** Parameter würde offensichtlich einen Kompromiss von 0 % bedeuten, während eine komplett zufällige Auswahl 100 % Kompromiss bedeuten würde. Aber wie finden Sie heraus, wo dazwischen jede mögliche Herangehensweise angesiedelt wäre?

Kurzum: Komplexität kann nicht durch die Entwicklung immer ausgefeilterer Algorithmen überwunden werden. Je ausgefeilter ein Algorithmus ist, desto komplexer wird er. Und je komplexer ein Algorithmus ist, desto weniger wissen Sie, wie genau das Ergebnis ist. Mit anderen Worten, Sie gewinnen nichts, selbst im Vergleich zum reinen Erraten des richtigen Gleichgewichts.

Oft denken wir, dass wir gezwungen sind, direkt vom althergebrachten Bauchgefühl zur modernen Data Science überzugehen, und dass Data Science das Bauchgefühl vollständig ersetzen wird. Diese Art des Denkens suggeriert, dass Data Science die wahre Lösung ist, und dass sie uns die ultimativen Antworten liefern wird.

Stattdessen kann die beste Wahl ein gut ausgewogenes Vorgehen irgendwo zwischen den beiden Extremen bleiben. Dies erfordert jedoch möglicherweise eine Änderung des Anspruchsniveaus: Weg vom Ziel, herauszufinden, was „die richtigen Geschäftsentscheidungen" sind, hin zur Ermittlung, wie datengesteuerte Ansätze auf eine *angemessene* (nicht perfekte!) Weise unterstützend angewendet werden können.

Und, ja, Erfahrung und Bauchgefühl bleiben Teil dieser Übung – was die Wichtigkeit betont, offen mit den Einschränkungen umzugehen (siehe Richtlinie IV „Kommunizen Sie offen die Grenzen").

X. Emotionale Faktoren ausschließen

Eine weitere hilfreiche Kompetenz ist Ihre Fähigkeit, zwischen „rationalen" und „emotionalen" Entscheidungsfaktoren zu unterscheiden. Wie wir gesehen haben, sind schon die rationalen Faktoren mangelhaft. Aus diesem Grund sollten Sie zumindest emotionale Faktoren wie Stolz oder Wut eliminieren.

Wie entwickeln Sie solche Fähigkeiten? Natürlich können Sie Bücher über Emotionale Intelligenz lesen (und ich empfehle Ihnen, dies zu tun), aber im Gegensatz zum Studium der Naturwissenschaft reicht es hier nicht, einfach „zu lesen und auswendig zu lernen".

Deshalb empfehle ich Ihnen, gemeinsam mit anderen zu reflektieren. Seien Sie offen für Neues und erwarten Sie von anderen, dass sie Sie überraschen. Auch hier gilt im Gegensatz zur Naturwissenschaft, dass zwei unterschiedliche Ansichten gleichzeitig akzeptabel sein können (wenn wir mal Schrödingers Katze außen vor lassen).

Dieser Ansatz bedeutet also nicht, eine weitere Portion Wissen oder eine Regel-Engine zu einem Wissensspeicher in Ihrem Gehirn hinzuzufügen – anstelle dessen sollten Sie es vorziehen, Ihre Grundlage für zukünftige Entscheidungen zu erweitern.

XI. Berücksichtigen Sie Änderungen außerhalb des Modells

In der traditionellen Modellierung entscheiden Sie bewusst, welche Parameter Teil Ihres Modells werden sollen. In der Makroökonomie wird dies oft als Ceteris Paribus (lateinisch für „alles andere gleich") bezeichnet: Von allem, was Sie nicht in Ihr Modell aufnehmen möchten (oder können), wird angenommen, dass es konstant bleibt. Folglich müssen Sie von vornherein über **alle** Aspekte nachdenken, die einen potenziellen Einfluss haben, damit Sie bewusst entscheiden können, ob Sie sie in Ihr Modell aufnehmen möchten.

Bei neuronalen Netzen verlassen Sie sich oft darauf, dass das Modell diese Arbeit für Sie erledigt. Es wird erwartet, dass es alle relevanten Aspekte implizit entdeckt: Wenn sie in den Trainingsdaten enthalten sind, werden sie den Trainingsprozess automatisch positiv beeinflussen.

Die fehlende Notwendigkeit, *alle* Aspekte von vornherein zu berücksichtigen, birgt jedoch ein Risiko. Es geht hierbei um die Repräsentativität der Stichprobendaten, die Sie verwenden, um Ihr Modell zu trainieren und anschließend zu verifizieren.

Tatsächlich können Sie bei der Datenerfassung bestimmte Aspekte übersehen. Sie denken, Ihre Daten seien repräsentativ, aber Sie haben möglicherweise relevante Teilmengen Ihrer Gesamtpopulation aus Versehen ausgelassen.

Die häufigste Auslassung besteht wahrscheinlich darin, die **Zeit**-Dimension nicht zu berücksichtigen. Selbstverständlich wurde jede Stichprobe in der Vergangenheit gesammelt. Nun, inzwischen hat sich möglicherweise einiges geändert! Die COVID-19-Pandemie mit ihrer dramatischen Änderung der Konsumentenpräferenzen ist dafür ein gutes Beispiel.

Es können sich auch Aspekte ändern, an die Sie nicht einmal zu denken gewagt haben, die jedoch Auswirkungen auf das haben könnten, was Sie untersuchen. Als Beispiele können Änderungen der Gesetzgebung oder öffentlich bekannt gewordene Skandale die Kaufpräferenzen der Menschen erheblich beeinflusst haben, so dass eine Stichprobe von *vor* einem solchen Vorfall die heutige Realität nicht widerspiegeln würde.

Das Problem ist, dass diese Art von Fehlern schwer zu erkennen ist. Sie würden vielleicht, wie gewohnt, 70 % der Stichprobe verwenden, um Ihr Modell zu trainieren, und die restlichen 30 %, um Ihren Algorithmus zu testen. Als Ergebnis würden Ihre Testdaten fälschlicherweise Ihr Modell bestätigen, da sie die gleiche Zeit in der Vergangenheit wie Ihre Trainingsdaten widerspiegeln.

Die gute Nachricht ist, dass Sie etwas dagegen unternehmen können. Die Kehrseite ist, dass dies mit zusätzlichem Aufwand verbunden ist: Sie müssten über alle möglicherweise beeinflussenden Aspekte nachdenken, selbst wenn sie weit entfernt von Ihren Kernüberlegungen sind.

Insbesondere ist es nicht ausreichend, alle Attribute zu berücksichtigen, die Sie in Ihrer Stichprobe finden, egal wie zuverlässig diese Stichprobe sein mag. Sie sind plötzlich in gewissem Maße wieder auf die harte Arbeit der deterministischen Modelle angewiesen: Sorgfältig darüber nachzudenken, welche potenziellen Einflussfaktoren es gibt.

Natürlich können Sie das Problem auch durch andere Maßnahmen angehen: Verwenden Sie den längstmöglichen Zeitraum für Ihre Trainingsdaten und trennen Sie ihn nach Zeitabschnitten. Wenn Ihr Modell mit Daten aus verschiedenen Zeitperioden in der Vergangenheit ähnlich funktioniert, scheint es zumindest invariant gegenüber *regelmäßigen* Änderungen (wie Modetrends oder dem Wechsel zu einer anderen Regierung) oder der Präsenz von *singulären* Ereignissen (wie einer Pandemie, einer Naturkatastrophe oder den Olympischen Spielen) zu sein. Dies wird allerdings nicht in Fällen helfen, in denen alle Zeitperioden, die von Ihren Trainingsdaten abgedeckt werden, *vor* einem einflussreichen Tag X liegen, während Sie Vorhersagen über die Zeit *nach* diesem Tag X machen möchten.

Dies habe ich aus derartigen Fällen gelernt: Ein gutes Modell erfordert mehr als einen perfekt trainierten Data Scientist – ein breiter Bildungshintergrund ist fast ebenso wichtig. Dies ist ein guter Grund für gemischte Teams, in denen unterschiedliche Kompetenzen sich gegenseitig ergänzen.

XII. Erfolg umfassend definieren

Wie verifizieren Sie, ob eine KI-Initiative erfolgreich war? Oder, falls Sie ein Modell iterativ verbessern wollen, wie wissen Sie, ob Sie sich in die richtige Richtung bewegen?

Auf den ersten Blick ist es einfach, wenn ein messbares fachliches Kriterium vorab definiert und gemessen wurde. Sie sehen eine Verbesserung, und Sie können beweisen, dass Ihr Algorithmus erfolgreich war, selbst wenn Sie nicht wissen, ob Sie es noch besser hätten machen können.

Dieses Urteil kann jedoch falsch sein, und der Grund dafür könnte eine unvollständige Messung des Einflusses jenseits des einzelnen Zielkriteriums sein, auf das Sie sich konzentriert haben.

Stellen Sie sich eine Polizeiwache vor, die proaktiv bei der Vermeidung von Kriminalität agieren möchte. Wir können davon ausgehen, dass es genügend historische Daten gibt, um einen Algorithmus zu entwickeln und zu trainieren, der die Wahrscheinlichkeit bestimmt, dass eine bestimmte Person bald ein Verbrechen begehen wird. Als Folge davon könnte die Polizeiwache eine Politik umsetzen, Personen inhaftieren zu lassen, deren berechnetes Risiko, ein Verbrechen zu begehen, einen bestimmten Schwellenwert überschreitet.

Natürlich würden selbst die autokratischsten Länder ein solches Konzept wahrscheinlich nicht umsetzen. Aber das zugrunde liegende Prinzip könnte Ihnen vertraut vorkommen, da es immer wieder, wenn auch auf andere Anwendungsfälle angewendet wird.

Hier ist der interessante Aspekt: In dem zuvor beschriebenen Fall würden Sie mit Sicherheit feststellen, dass die Kriminalitätsrate tatsächlich sinkt! Der KI-Algorithmus wird viele wirklich gefährliche Personen identifizieren, die nicht in der Lage sein werden, ein Verbrechen zu begehen, während sie im Gefängnis sind. Die Initiative wird als Erfolg im Namen der Sicherheit betrachtet werden.

Aber gibt es da nicht einige unerwünschte Nebenwirkungen?

Wenn Sie die Gesamtwirkung einer Initiative nicht in Ihrer Bewertung berücksichtigen, können Sie möglicherweise wichtige Faktoren (in diesem Fall die Grundrechte der Menschen) übersehen, wodurch das gesamte Ergebnis entwertet wird.

Sie werden möglicherweise keine derart dramatischen Beispiele in Ihrer Organisation finden. Aber Sie werden oft ein ähnliches Muster entdecken.

Ein sehr einfaches Beispiel ist die Bewertung verschiedener Maßnahmen zur Steigerung des Umsatzes. Wenn eine der Maßnahmen darin besteht, Rabatte anzuwenden, sollten Sie nicht nur den Anstieg des Umsatzes verifizieren (was in einem solchen Fall fast sicher ist). Stattdessen sollten Sie auch den negativen

Einfluss der Rabatte auf die Marge (und letztendlich auf die Ertragslage Ihrer Organisation) berücksichtigen.

Hier ist mein Vorschlag: Bestimmen Sie alle Bereiche, die möglicherweise durch eine datengesteuerte Änderung beeinflusst werden, und berücksichtigen Sie sie in einer umfassenden Ziel-Funktion von vornherein.

Eine derart umfangreiche, gewichtete Ziel-Funktion zwingt Ihre Kunden aus den Fachbereichen zudem, sich zu entscheiden und Prioritäten zu setzen.

Zugegeben, in einer Zielfunktion alle Parameter in die gleiche Zielgröße zu übersetzen (in der Regel die finanzielle Auswirkung auf die Gewinn- und Verlustrechnung einer Organisation) erfordert viel Arbeit. Allerdings können Ihnen Daten dabei helfen, diese Arbeit zu erledigen, und – genau! – Sie sind ja für das Data Management zuständig!

Erklärbare KI (XAI)

Im Gegensatz zu früher, als Algorithmen aus Regeln erstellt wurden, basieren viele moderne KI-Methoden auf dem Lernen (daher der Ausdruck *Machine Learning*) durch Beobachtung, entweder aus Beispielen oder durch Belohnungen.

Der traditionelle, **bestätigende** Ansatz, wie er aus dem Operations Research bekannt ist und sich während der zweiten Hälfte des zwanzigsten Jahrhunderts entwickelt hatte, beginnt immer mit der Bestimmung aller Regeln und Einschränkungen. Diese werden dann in ein Modell übersetzt, auf das ein geeigneter (mathematisch bewiesener) Algorithmus angewendet wird.

Dieser Ansatz birgt zwei Hauptrisiken:

(i)   **Offenheit für Voreingenommenheit und Betrug**

Der bestätigende Ansatz beginnt mit einer Reihe von Regeln, die sich außerhalb des eigentlichen Algorithmus befinden. Sie werden in der Regel von Personen zusammengestellt, die an der zugrunde liegenden Frage interessiert sind und daher möglicherweise voreingenommen sind oder sogar auf das von ihnen gewünschte Ergebnis hinarbeiten.

Als Folge werden Grenzen der Anwendbarkeit ignoriert, Einschränkungen unterschätzt oder Ungleichungen „angepasst". Eine weitere wesentliche Quelle der Voreingenommenheit ist die Erstellung der Ziel-Funktion, d.h. die Gewichtung der verschiedenen Ziel-Parameter für die insgesamt normalisierte Zielgröße.

Die resultierende „Problemstellung", in der Regel ein Ungleichungssystem,[5] kann dann mit mathematischer Genauigkeit eindeutig berechnet werden – was darauf hindeutet, dass das Ergebnis unbestreitbar richtig ist. Wenn das zugrunde liegende Modell jedoch Opfer von Voreingenommenheit wurde, wird das Ergebnis eher die Ambitionen der Ermittler widerspiegeln als ein objektiv richtiges Optimum.

(ii) **Die Unvollständigkeit des Modells**

Jedes Optimierungsproblem hat in der Praxis unendlich viele Parameter. Jede noch so umfangreiche Sammlung von Knoten, Grenzen und Einschränkungen stellt eine Vereinfachung des wahren Problems dar.

Während in den frühen Tagen der Optimierungsrechnung die Rechenleistung der wesentliche begrenzende Faktor war, ist die primäre Einschränkung heute die Vollständigkeit des zugrunde liegenden betriebswirtschaftlichen Wissens. Wo immer Menschen Einschränkungen nicht kennen, können sie sie nicht zum Modell hinzufügen.

Natürlich sind Modelle Vereinfachungen der Realität. Im Operations Research können Sie jedoch nicht im Voraus sagen, ob das Modell die reale Situation ausreichend präzise beschreibt, und das Ergebnis wird es Ihnen auch nicht verraten.

Erst wenn Sie das Ergebnis in der realen Welt verwenden, können Sie herausfinden, wie gut das Modell war. In den meisten Fällen werden Sie jedoch in einer unbefriedigenden Situation enden, da sich herausstellt, dass bestimmte Einschränkungen im Modell fehlten. Diese Situation erfordert einen langen iterativen Prozess, der nicht vollständig an Computer delegiert werden kann.

Aus dieser Situation lernte man, dass der Ansatz umgedreht werden sollte, und dass der Entwicklung der künstlichen Intelligenz eine zweite Chance gegeben werden sollte: Sie beginnen mit Daten, gefolgt von der Ableitung von Korrelationen und Kausalitäten.

Dieser Übergang von regelbasierten Ansätzen zu neuronalen Netzen bedeutet eine fundamentale Änderung der Richtung:

---

[5] Ein solches Ungleichungssystem wird in der Regel durch eine Matrix dargestellt, oder auch durch effizientere Notationen im Falle von Netzwerkoptimierungsaufgaben, bei denen die Matrix extrem dünn besetzt wäre.

Von

Weisheit zu Daten (bestätigend) hin zu

Daten-zu-Weisheit (explorativ/Bayesian)

Sie haben vielleicht bereits erraten, dass dieser Schritt nicht alle Probleme der Menschheit gelöst hat. Tatsächlich hat er sogar neue Fragen aufgeworfen.

Betrachten wir uns einige auffällige Herausforderungen.

Unbekannte Ursache und Wirkung

Wie wir gesehen haben, arbeiten die heutigen Algorithmen als Black Box: Sie wissen nicht mehr, *warum* ein neuronales Netz zu einem Ergebnis kommt. Die *Kausalität ist unklar.* Neuronale Netze basieren auf Knoten, die aktiviert und auf Signalen, die abgefeuert werden, stets basierend auf Schwellenwerten …

Aber wie verbessern Sie einen Algorithmus, dessen Funktionsweise Sie nicht kennen? Es ist nicht möglich, die Regeln fein abzustimmen – es gibt ja keine Regeln, nach denen der Algorithmus arbeitet, zumindest nicht in einem deterministischen Sinne. Der übliche Weg, um die Qualität der Entscheidungen eines Neuronalen Netzes zu verbessern, besteht darin, immer mehr Trainingsdaten zu erhalten. Aber was ist, wenn Sie keine zusätzlichen Trainingsdaten mehr bekommen können?

Und selbst wenn die bekannten Fälle, die Sie zum Zwecke der Verifizierung behalten haben, eine ausreichend hohe Erfolgsrate bestätigen, wie gehen Sie mit falsch positiven Ergebnissen um?

Stellen Sie sich einen Algorithmus vor, der 99 % aller Bilder mit einem Hund erfolgreich erkennt. Er kann vielleicht sogar die Rasse des Hundes auf den Bildern identifizieren.

Aber woher wissen Sie, dass derselbe Algorithmus in der Realität nicht ein (zuvor ungetestetes) zufälliges Farbmuster als Hund erkennt? Die Schwelle zwischen „Es ist wahrscheinlich ein Hund" und „Die Wahrscheinlichkeit, dass es sich um einen Hund handelt, ist höher als die Wahrscheinlichkeit, dass es sich um ein anderes Tier handelt", wird in der Regel durch manuell eingestellte Schwellenwerte bestimmt.

Ich bin mir fast sicher, dass die Wissenschaft diese Black Boxes mit der Zeit besser verstehen wird. Aber es wird eine lange und mühsame Entdeckungsreise sein, vergleichbar mit dem jahrzehntelangen (und noch andauernden) Prozess des Verständnisses des menschlichen Gehirns selbst.

Vertrauensfragen

Es ist normalerweise in Ordnung, wenn ein Patient weiß, dass ein Mustererkennungsalgorithmus den Arzt bei der Erkennung von Hautkrebs unterstützt. Schließlich werden die Ergebnisse kaum schlechter sein als die menschliche Beurteilung allein.

Aber was ist mit Algorithmen, die für einzelne Menschen nachteilige Entscheidungen treffen können?

Ein KI-Algorithmus weiß nichts über die Subjekte seiner Berechnungen. Er kann normalerweise nicht sagen: „Warten Sie, diese Person, die von einer Überwachungskamera aufgenommen wurde, kann nicht Ronald Reagan sein – es muss sich um eine Maske handeln!" Stattdessen müssten wir die Daten vorab anreichern oder modifizieren, da der Algorithmus selbst nicht regelbasiert ist.

Ihnen werden leicht weitere praktische Beispiele einfallen, die für Sie und mich von Bedeutung sind, wie KI-Algorithmen, die Kredit-Scores berechnen.

Ein weiteres Beispiel für ein solches Dilemma ist ein Algorithmus in autonomen Fahrzeugen, der zwischen zwei Optionen entscheiden muss, die beide zu Opfern führen werden. Würden Sie einem Algorithmus erlauben, Ihr Auto zu steuern, der gegebenenfalls zu dem Schluss kommen würde, dass Ihr eigenes Leben weniger wert ist als das Leben einer Gruppe von Menschen auf der Straße?

Ethische Fragen

Evidenzbasierte Algorithmen haben kein Gewissen – während man bei regelbasierten Algorithmen durch das intelligente Festlegen von Grenzen oder durch die Auswahl unterschiedlicher Gewichte in der Zielfunktion unethische Ergebnisse systematisch verringern kann.

Aber wie finden Sie heraus, dass ein Ergebnis, das ein KI-Algorithmus als optimal erachtet, in Wirklichkeit ein unethisches Ergebnis ist?

Denken Sie an das HR-Beispiel unter „Allgemeine Grenzen der KI" weiter oben in diesem Kapitel: Hier sortieren wir Bewerber systematisch anhand eines Algorithmus aus, dessen Funktionsweise selbst die Data Scientists nicht verstehen.

Dies verstößt nicht nur gegen die DSGVO und andere Datenschutzgesetze, sondern es diskriminiert auch bestimmte Bevölkerungsgruppen, *ohne* dass die Entwickler dies beabsichtigen! Mit anderen Worten, es ist nicht ausreichend, *ethisch zu fühlen*. Ein Data Scientist muss sich auch *ethisch verhalten*, indem er bewusst nach Faktoren sucht, die einen ethisch unerwünschten Einfluss haben können.

Gibt es einen Ausweg?

Diese Frage wird immer häufiger gestellt und hat zu dem Ausdruck „Erklärbare KI" (Explainable AI, kurz XAI) geführt: „Verstehen, was passiert", wird als entscheidend angesehen, um die Probleme von **Black-Box-Algorithmen, Ethik** und **Vertrauen** anzugehen.

Diese Diskussion hat gerade erst begonnen, und es gibt noch keine wirklich befriedigenden Antworten.

Die folgenden Fragen können uns jedoch durch daen aufkommenden Dialog führen:

- Wie werden Data Scientists das Vertrauen der Benutzer gewinnen können? Niemand vertraut mehr einem Algorithmus, der Bewerber aufgrund von Erfahrungen auswählt, die möglicherweise suboptimal sind.

- In welchen Fällen werden die Benutzer die „Black Box" akzeptieren, und wann werden sie sie ablehnen?

- Und wie lösen wir das Problem? Wird es neue Algorithmen geben, die es ermöglichen, die Entscheidungswege zurückzuverfolgen? Inwieweit wird es möglich sein, „Regeln des Lebens" aus dem Gradienten eines lernenden KI-Algorithmus abzuleiten? Werden Erweiterungen bekannter Algorithmen wie der seit einiger Zeit angepriesenen „Layer-wise Relevance Propagation" (LRP) weiter ausreifen, um bestehenden neuronalen Netzen Transparenz zu verleihen? Oder werden neue Ansätze dominieren, bei denen Transparenz schon im Design berücksichtigt wird? Sie könnten hier zum Beispiel mit Unterproblemen mit einer geringeren Anzahl von Dimensionen beginnen, in denen eine geringere Anzahl von Aspekten schneller verstanden werden kann und in denen Menschen die kleinere Anzahl von Abhängigkeiten immer noch verstehen können.

- Wird es möglich sein, einen zweiten Algorithmus auf die Ausgabe einer solchen „Black Box" anzuwenden, der zeigt, welche Parameter (oder Kombination von Parametern) zu einer Ja/Nein-Entscheidung geführt haben?

- Falls Transparenzansätze entwickelt werden, wie wird es dann möglich sein, sie so zu klassifizieren, dass Data Scientists wissen, welchen Algorithmus sie in welchem Fall anwenden dürfen?

- Denken Sie, dass die jüngsten Initiativen zur Gestaltung von XAI bald Erfolg haben werden? Oder werden sich die Menschen daran gewöhnen, einer KI zu vertrauen, so wie sie gelernt haben, ihrem mit dem Internet verbundenen Fernsehgerät oder ihrem Alexa-Gerät zu vertrauen?

- Wo sonst in unserem Geschäftsleben treffen wir auf Black Boxes? Wo haben wir sie immer als selbstverständlich akzeptiert, zum Beispiel, weil Organisationen nicht gezwungen sein wollen, ihre Geschäftsgeheimnisse zu enthüllen?

- Wenn alle Data Scientists die gleiche kleine Anzahl von Analytics-Bibliotheken und Trainingsdatensätzen verwenden, akzeptieren wir dann den relativ hohen Einfluss, wenn einige dieser Routinen oder Daten nicht objektiv sind?

- Werden wir am Ende ethische Standards haben, die hauptsächlich von der Auswirkung eines Algorithmus abhängen? Werden Data Scientists in der Lage (oder sogar dazu verpflichtet) sein, das Gesetz zurate ziehen, bevor sie den am besten geeigneten Algorithmus für ein gegebenes Problem auswählen oder entwickeln? Werden Organisationen ethische Richtlinien („Responsible AI Policy") entwickeln, um Vertrauen zu gewinnen, indem sie über das hinausgehen, was die Gesetze verlangen?

- Wie komplex wird es für einen einzelnen Data Scientist sein, sich an all diese „nicht-technischen" Richtlinien zu halten? Wie komplex wird es für einen Head of Data Analytics sein, sicherzustellen, dass das gesamte Team gesetzeskonform handelt? Wird es möglich sein, die Einhaltung zu überwachen?

Diese Diskussion basiert nicht auf der Annahme, dass wir alle bestehenden KI-Algorithmen ausreichend transparent machen können. Aber es wird sicherlich für einige dieser Algorithmen möglich werden, und andere Algorithmen ermöglichen zumindest teilweise Transparenz. Stellen Sie sich zum Beispiel einen zweistufigen Algorithmus vor, bei dem die erste Phase auf der Grundlage der Trainings mit Testdaten eine Reihe von Regeln entwickelt. Die zweite Phase würde dann die am besten geeignete Regel anwenden, was nahezu in Echtzeit möglich ist, da die komplexesten Berechnungen bereits während der ersten Phase stattfanden. Ein solcher Algorithmus kann mitteilen, welche Regeln während der zweiten Phase ausgewählt und angewendet werden.

Sie wissen zwar immer noch nicht, **warum** diese Regeln in einem bestimmten Fall als die am besten geeigneten Regeln erwiesen wurden, aber Sie können nach möglichen Fehlern suchen, wenn eine Regel sich als objektiv falsch oder als diskriminierend erweist.

Schließlich kann ein Kompromiss zwischen Wirksamkeit und „Explainability" von Algorithmen sowohl möglich als auch notwendig werden. KI-Lösungsanbieter müssen möglicherweise die Wirksamkeit von Algorithmen reduzieren, um den gesetzlichen Anforderungen an ein Mindestmaß an Transparenz und Erklärbarkeit gerecht zu werden.

Eine solche Regulierung kann von der Europäischen Union erwartet werden, wie aus ihrem Weißbuch zur künstlichen Intelligenz hervorgeht, das im Februar 2020 veröffentlicht wurde (Europäische Kommission 2020). Hier wurde Transparenz als eine der sieben Schlüsselanforderungen der Kommission an ihr Regulierungsrahmenwerk für künstliche Intelligenz bestimmt.

Auf Seite 15 ihres Weißbuchs schreibt die Kommission:

Die fehlende Transparenz (Opaqueness von AI) erschwert die Identifizierung und den Nachweis möglicher Verstöße gegen Gesetze, einschließlich der rechtlichen Bestimmungen, die die Grundrechte schützen, die Haftung zuordnen und die Bedingungen für einen Schadensersatzanspruch erfüllen. Um eine wirksame Anwendung und Durchsetzung sicherzustellen, kann es in bestimmten Bereichen erforderlich sein, bestehendes Recht anzupassen oder zu klären [...]

Es ist ratsam, die Entwicklung sorgfältig zu verfolgen, falls Ihre Organisation unter EU-Recht fällt oder in einem der EU-Länder aktiv sein möchte. Aus ethischen Gründen sollten Sie dies allerdings nicht nur in diesen Fällen tun!

Datenmanagement in Krisensituationen

Abb. 21-1. Vorbereitung auf Krisen

© Der/die Autor(en), exklusiv lizenziert an APress Media, LLC, ein Teil von
Springer Nature 2023
M. Treder, *Das Management-Handbuch für Chief Data Officer*,
https://doi.org/10.1007/978-1-4842-9346-1_21

Sich auf Krisen vorbereiten

Denken Sie das Unvorstellbare

In einer meiner Daten-Rollen hatten mein Team und ich uns auf jede Krise vorbereitet, die wir uns vorstellen konnten. Unsere Computer waren voll mit großartigen Werkzeugen und Daten. Dann traf ein Ransomware-Angriff das gesamte Unternehmen. Obwohl unser Unternehmen nicht das eigentliche Ziel gewesen war, breitete sich die Ransomware rasend schnell in unserem Netzwerk aus. Alle unsere Windows-basierten Systeme wurden infiziert, und das Netzwerk ging innerhalb weniger Minuten in die Knie.

Ein Team begabter Data Scientists, Datenanalysten und Projektmanager saß plötzlich hilflos hinter seinen Schreibtischen, ohne einen einzigen funktionierenden PC oder Laptop. Natürlich sahen alle unsere Krisenpläne vor, dass wir das Problem mit Hilfe unserer Computer angehen würden.

Ähnlich bereiteten sich bis 2019 Organisationen auf der ganzen Welt auf große Notfälle vor. Alle Konzepte begannen damit, dass Menschen zusammenkommen sollten, um die Situation gemeinsam zu bewerten und Aktionsgruppen zu bilden. Die im Frühjahr 2020 begonnene COVID-19-Krise erforderte natürlich genau derartige Aktionsgruppen, aber der Kampf gegen diese Krise machte plötzlich persönliche Treffen unmöglich.

Wenn Sie sich auf eine Krise vorbereiten, lernen Sie aus früheren Krisen, denken Sie aber nicht nur an diese. Stellen Sie sich das Unvorstellbare vor!

ielleicht müssen Sie sich nicht gerade auf ein Ereignis im Weltraum vorbereiten, das intensive Radiowellen aussendet, die die Telekommunikation auf der Erde unmöglich machen und... aber warum eigentlich nicht?

Sie müssen sich natürlich nicht auf alles vorbereiten, also alle möglichen Gründe für Krisen vorhersehen. Aber wie wäre es, wenn Sie es einmal umgekehrt angehen und alle unverzichtbaren Aspekte des Geschäftsbetriebs Ihrer Organisation auflisten? Schließlich hängt die Anwendbarkeit eines Notfallplans in der Regel von den Auswirkungen, nicht von der Ursache einer Krise ab.

Bitten Sie Ihr Team, über den Tellerrand zu schauen während sie Krisen der Vergangenheit verallgemeinern, dabei mehrere Prozesse durchgehen und alle Aspekte ermitteln, die erforderlich sind, um den jeweiligen Prozess auszuführen.

Sie sollten dabei auch Aspekte einschließen, die jeder für selbstverständlich hält – Sie können die Eintrittswahrscheinlichkeiten später bewerten. Fragen Sie stets: „Welche Auswirkungen hätte es, wenn Aspekt X nicht verfügbar wäre?" Dokumentieren Sie alle Gedanken.

In einer nachfolgenden Runde können Sie sich auf datenbezogene Aspekte konzentrieren. Wo wären Daten Teil des Problems und wo könnten sie Teil der Lösung sein?

Denken Sie schließlich über Wahrscheinlichkeiten nach. Die meiste Energie bei der Vorbereitung sollte auf Szenarien mit dem höchsten Produkt aus Auswirkung und Eintrittswahrscheinlichkeit verwendet werden.

Seien Sie bereit, Aktivitäten zu priorisieren

Schauen Sie sich an, was die Mitglieder des Data Office heute tun. Alle diese Aktivitäten sind nützlich – aber welche sind unerlässlich? Bereiten Sie sich darauf vor, diejenigen Aktivitäten während einer Krise zu stoppen, die „nur nützlich" sind, um Bandbreite für krisenspezifische Aktivitäten zu generieren.

Jede Vorarbeit, die Sie während normaler Zeiten leisten, hilft Ihnen, im Notfall kostbare Zeit zu sparen. Und COVID-19 kann Ihnen eine einzigartige Begründung dafür liefern, sich neben Ihren normalen Verantwortungen auch (kosten- und personalintensiv) auf Krisen vorzubereiten.

Wenn sich die Zeiten ändern und Mitarbeiter kommen und gehen, sollten Sie Ihren Krisenplan von Zeit zu Zeit mit Ihrem Team überprüfen. Planen Sie dafür einen regelmäßigen Zyklus und feste Termine ein.

Seien Sie Teil des Krisenplans der Organisation

Jede Reaktion auf eine Krise erfordert Daten. Im Angesicht einer Krise können Menschen in alte Gewohnheiten zurückfallen, versuchen, die Daten selbst zu finden, oder sogar auf Bauchgefühl als ihren wichtigsten Ratgeber zurückgreifen.

Es ist daher entscheidend, dass Sie die Organisation darauf vorbereiten, in solchen Fällen auf Daten zu vertrauen. Die Rolle des Data Office muss von vornherein institutionalisiert werden – wenn Sie dies erst während einer Krise tun, könnte es zu spät sein.

Deshalb sollten Sie sich regelmäßig mit anderen Führungskräften über das Krisenmanagement unterhalten.

Darüber hinaus sollten Sie sicherstellen, dass das Data Office an der Vorbereitung auf Krisen im Unternehmen beteiligt ist und automatisch Teil des Krisenreaktionsteams wird. Sie möchten nicht während einer Krise Energie darauf verschwenden müssen, gehört zu werden. Die meisten Katastrophen sind fachübergreifend relevant, und für das Datenmanagement gilt dasselbe – ein guter Grund dafür, dass Daten im Zentrum jeder Notfallplanung stehen.

Wer aus dem Data Office sollte zum „Crisis Lead" ernannt werden? Die Antwort ist einfach: Wenn eine Krise den CDO nicht persönlich dazu bewegt, die Führung zu übernehmen, ist es keine echte Krise.

Meistern Sie die Krise

Ausrichtung an den Unternehmensprioritäten

Alle Prioritäten ändern sich mit dem Beginn einer Krise, und sie können sich während der Krise weiterhin ändern. Um die richtigen Datenprioritäten zu setzen, ist es hilfreich, sich mit den vom Vorstand vereinbarten Prioritäten für die Krise abzustimmen. Mit anderen Worten, Sie würden eine beschleunigte Version der üblichen Strategieabstimmung ausführen (siehe Kap. 4). Dieser Ansatz sorgt nicht nur dafür, dass Sie die richtigen Ziele unterstützen. Er hilft Ihnen auch, Ihre Aktivitäten gegen Kritiker zu verteidigen.

Sie sollten natürlich die Gelegenheit nutzen, Mitglied des Krisenreaktionsteams zu sein, indem Sie gezielt Input zum Priorisierungsprozess geben.

Versuchen Sie nicht, ein Held zu werden

Sie werden nicht erfolgreich sein, wenn Sie versuchen, Ruhm zu erlangen. Ruhm sollte als mögliches Ergebnis betrachtet werden, nicht als Ziel.

Als wir uns damals dem Ransomware-Angriff gegenübersahen, bestand das größte Risiko in den zu erwartenden Umsatzeinbußen, da unser Cashflow auszutrocknen drohte. Angesichts dessen versuchten wir vorrangig sicherzustellen, dass alle erbrachten Dienstleistungen tatsächlich an die Kunden in Rechnung gestellt werden konnten.

Die Lösung dieser Herausforderung könnte einen CDO berühmt machen. Aber wir im Data Office sahen keinen Grund, das zehnte Team zu sein, das sich mit diesem Thema beschäftigte, und wir wollten von den anderen TEams nicht verlangen, dass sie uns Datenleuten die Kontrolle überlassen sollen.

Stattdessen beobachteten wir die Situation genau. Wir erkannten bald, dass das Hauptrisiko das Gegenteil von Umsatzeinbußen war: Unterschiedliche Teams hatten unabhängig voneinander Transaktionsdaten wiederhergestellt, was zum Risiko der doppelten Abrechnung erbrachter Dienstleistungen führte.

Wir entschieden uns für eine Analyse der übereinstimmenden Transaktionsdatensätze. Wir würden kaum zwei Datensätze finden, die die gleiche Transaktion zu 100 % beschreiben – aber das mussten wir auch nicht. Die Berechnung von Wahrscheinlichkeitswerten über Millionen von Transaktionen wies uns auf Bereiche systematischer Erzeugung von Duplikaten hin.

Unsere Duplikatserkennung hatte zusammen mit den Bemühungen aller anderen Teams, Transaktionen wiederherzustellen, einen echten Mehrwert für die Organisation. Schließlich wurden wir alle gemeinsam gelobt. Wenn aber niemand das Risiko der doppelten Abrechnung angesprochen hätte, hätte es trotz der enormen Bemühungen aller anderen Beteiligten überhaupt keinen Grund für Lob gegeben.

Bereiten Sie Ihr Team vor

Ihr Team darf die Situation nicht als „irgendjemandes Krise" wahrnehmen, sondern als „unsere Krise". Dies ist entscheidend für Ihre Handlungsfähigkeit. Aus diesem Grund sollten Sie diese s Prinzip so weit und so schnell wie möglich mit allen Mitgliedern Ihres Teams teilen, spätestens in einer ersten Krisensitzung (sei es vor Ort oder remote).

Sie sollteen dabei die folgenden Botschaften übermitteln:

- Klären Sie, dass jedes Mitglied des Teams wichtiger ist als die Organisation. Sicherheit und Stabilität haben die höchste Priorität.

- Teilen Sie den Ernst der Lage aus Sicht der Organisation mit. Spielen Sie mit offenen Karten.

- Betonen Sie, dass dieses Team etwas gegen die Situation unternehmen kann: Wir können die Krise vielleicht nicht beenden oder alle entstehenden Probleme lösen, aber wir werden sie zumindest abmildern. Und das kann für die Organisation überlebenswichtig sein!

Hören Sie auf Ihr Team

Die erste Frage während einer Krise ist nicht, *wie* die richtigen Dinge zu tun sind. Es ist: *Welche* Dinge sind jetzt zu tun?

Die Antwort für das Data Office muss nicht unbedingt vom CDO allein kommen. Es wird wahrscheinlich Zeit und Raum für Brainstorming geben – nutzen Sie es! Und selbst wenn Sie bereits Ideen haben, bringen Sie sie nicht zu früh an den Tisch. Seien Sie bereit, Ihre Gedanken beim Brainstorming zu verwerfen, während Sie Ihren Mitarbeitern zuhören.

Strukturieren Sie Ihre Aktionen

Wie bei allen Veränderungen wird es einen Bedarf an neuen Aktivitäten geben, und bestimmte vorhandene Aktivitäten werden kritischer. Gleichzeitig müssen aufgrund begrenzter Ressourcen andere Aufgaben reduziert oder sogar gestoppt werden. Zu den ersteren gehören Aktivitäten, um das Geschäft am Laufen zu halten, Aktivitäten zur Messung der Auswirkungen der Krise sowie Entwicklungen von Vorschlägen für taktische Schritte.

Sie sollten daher immer eine umfassende Aufzählung aller Data Office-Aktivitäten zur Hand haben, damit ein Krisenreaktionsteam oder sogar der Vorstand Prioritäten setzen (oder, idealerweise, Ihre Vorschläge bestätigen) kann, ohne das Risiko einzugehen, etwas Wesentliches zu vergessen. Eine derartige Vorbereitung wird Ihnen helfen, einige Ihrer Datendienstleistungen einzustellen, an die sich die Menschen gewöhnt haben, die aber während einer Krise weniger kritisch sind.

Organisatorisch sollten krisenbezogene Koordinationsaktivitäten in einem Krisenkernteam innerhalb des Data Office zusammengefasst werden. Dieses Team sollte auch direkte Kommunikationskanäle zu anderen Einheiten einrichten, um die Reaktionszeiten zu verkürzen.

Managen Sie den Ausnahmezustand aktiv

Je nach Ausmaß einer Krise müssen einige der Unternehmensregeln und -prinzipien vorübergehend ausgesetzt oder geändert werden. Wenn Sie im Bereich der Daten dafür einen Bedarf sehen, sollten Sie die Zustimmung des Krisenreaktionsteams einholen.

Manchmal müssen Sie um eine Blankovollmacht bitten, damit Sie nicht gefangen werden zwischen Verletzungen von Organisationsregeln (die Sie verwundbar machen können) und dem Erfordernis, jede einzelne Abweichung beantragen zu müssen (was Ihr Vorgehen stark verlangsamen kann).

Typische temporär verzichtbare Regeln im Bereich der Daten finden sich in Datenschutz und Datensicherheit. Natürlich müssen Sie jede gewährte Freiheit mit der notwendigen Vorsicht verwenden.

Lernen Sie aus der Krise

Wann endet eine Krise?

Die meisten Krisen haben kein formelles Enddatum. In der Regel kann man damit rechnen, dass sich die Situation im Laufe der Zeit kontinuierlich verbessert. Allerdings sollten Sie immer bewusst vom Krisenmodus in den Normalmodus wechseln. Es ist daher sinnvoll, während der Krise Kriterien für ein formales Ende zu vereinbaren.

Zurück in den „Normalmodus" zu wechseln bedeutet nicht unbedingt, zur vorherigen Arbeitsweise der Organisation zurückzukehren. Die Krise kann eine Organisation, ihre Branche (oft ausgelöst durch technologischen Fortschritt) oder sogar die ganze Welt verändert haben, wie man bei der Finanzkrise 2008 und der COVID-19-Krise 2020 beobachten konnte.

Die Krise als Katalysator

Krisen beschleunigen oft Innovationen, die sonst Jahre gebraucht hätten, um die Zustimmung aller erforderlichen Stakeholder zu erhalten. Da viele Innovationen Daten betreffen – insbesondere im Bereich der Digitalisierung – bieten solche außergewöhnlichen Situationen großartige Chancen.

Direkt nach einer Krise beginnt ein kurzes Zeitfenster, in dem Organisationen entscheiden, ob sie solche Innovationen beibehalten oder zur alten Arbeitsweise zurückkehren möchten.

Gleichzeitig könnten Sie feststellen, dass bestimmte Aktivitäten, die Sie während der Krise stoppen mussten, von niemandem vermisst werden. Ich erinnere mich an eine Vielzahl von Berichten, die wir in einer Krise stoppen mussten, nur um herauszufinden, dass die ursprünglichen Anforderer die Firma Jahre zuvor verlassen hatten, und dass diese Berichte seitdem von niemandem mehr gelesen wurden.

Sie können ganz allgemein die Gelegenheit nutzen, um alle Aktivitäten aufzugeben, die sich als überflüssig erwiesen haben – Ihr Team kann sich dann auf Aktivitäten konzentrieren, die höheren Wert generieren.

Gewonnene Erkenntnisse

Während einer Krise lernen Sie, mit einer Krise umzugehen, aber Sie lernen auch vieles, das nichts mit der Krise zu tun hat. Sie lernen Ihre Organisation, Ihre Branche und Ihre Kunden von einer anderen Seite kennen. Es ist daher eine gute Angewohnheit, nicht nur die gelernten „Krisenlektionen" zu dokumentieren, sondern auch jede Art von Verhaltensmuster, das Sie während dieser Phase entdeckt haben.

Sie könnten sogar feststellen, dass Sie eine andere Struktur Ihres Data Office benötigen, um die durch die Krise veränderte Situation angemessen zu handhaben. Wenn Erkenntnisse, erste Schlussfolgerungen und Konzepte Teil Ihrer „Lessons Learned"-Dokumentation werden, kann es leichter sein, derartige Änderungen zu rechtfertigen – was insbesondere dann entscheidend ist, wenn Sie beabsichtigen, Ihr Portfolio an Aktivitäten oder Verantwortlichkeiten zu erweitern.

Vergessen Sie nicht, zum Schluss zu feiern

Wie bei jedem abgeschlossenen Projekt sollten Sie als Team die Überwindung einer Krise feiern. Dies ist oft die erste Gelegenheit, um gemeinsam zurückzublicken. Die Geschichten, die während der Feier erzählt werden („Erinnerst du dich, was wir getan haben, als …?"), sind etwas, das die Menschen in guter Erinnerung behalten werden. Es wird Teil des Erbes der Organisation und schafft ein Zusammengehörigkeitsgefühl. Loyalität baut auf solchen Erfahrungen auf.

Die Möglichkeit zu feiern ist ein weiterer Grund, warum Organisationen bewusst ein Ende der Krise verkünden sollten - und dabei gleichzeitig betonen müssen, dass noch viele Aufräumarbeiten anstehen. Ohne ein solches klares Datum besteht die Gefahr, dass Organisationen schleichend zurück in den Alltag gleiten, und dass die außergewöhnlichen Leistungen und Erfolge vieler Mitarbeiter während der Krise nicht anerkannt werden.

Im Verlaufe von Krisen gehen viele Mitarbeiter über ihren üblichen Einsatz hinaus. Sie sollten versuchen, dieses Momentum zu bewahren. Dazu sollten Sie Ihre Mitarbeiter nicht einfach für das belohnen, was erreicht wurde – dies würde sie vielleicht verleiten, sich zurückzulehnen und zu genießen. Stattdessen loben Sie ihren Einsatz, ihren Mut und ihre Einstellung. Dieser vorwärtsgerichtete Ansatz motiviert Menschen im Allgemeinen, ihr außergewöhnliches Verhalten über eine abgeschlossene Aufgabe oder die Überwindung einer Krise hinaus beizubehalten.

Daten in Fusionen und Übernahmen

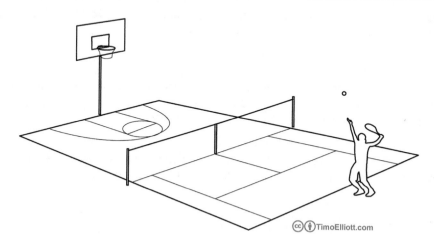

*Bevor man eine spielverändernde Technologie
einsetzt, muss man wissen, welches Spiel man spielt!*

Abb. 22-1. Gleiche Größe und gleiches Genre machen es möglicherweise nicht einfacher

© Der/die Autor(en), exklusiv lizenziert an APress Media, LLC, ein Teil von
Springer Nature 2023
M. Treder, *Das Management-Handbuch für Chief Data Officer*,
https://doi.org/10.1007/978-1-4842-9346-1_22

Was läuft heutzutage schief?

Viele Fusionen unterschiedlicher Organisationen – seien es Übernahmen oder Fusionen auf Augenhöhe – scheitern.

Da Fusionen und Übernahmen (Mergers and Aquisitions; M&A) in unserer freien Marktwirtschaft zu einer Selbstverständlichkeit geworden sind, hat sich die Wahrnehmung entwickelt, dass die meisten Fehler durch ein Vernachlässigen kultureller und menschlicher Aspekte verursacht werden.

Diese Wahrnehmung hat dazu geführt, dass Organisationen auf der ganzen Welt sich verstärkt darauf konzentrieren, diese kulturellen Aspekte von Fusionen und Übernahmen zu verstehen und anzugehen. Dieser Fokus hilft sicherlich, viele Fehler der Vergangenheit zu vermeiden.

Leider hat dieser Wandel zur Folge, dass Organisationen nun vermehrt die Aspekte operativer Kompatibilität unterschätzen.

Als Ergebnis kann das Scheitern von Integration heute zumeist nicht auf kulturelle Aspekte zurückgeführt werden – so sehr es auch einige Berater versuchen mögen, uns glauben zu machen.

Stattdessen scheitern immer mehr Fusionen aus banalen **Kompatibilitäts**gründen. Und ob es sich um inkompatible Zuschnitte von Verkaufsgebieten oder unterschiedlich strukturierte Produktportfolios handelt, die meisten nichttechnischen Kompatibilitätsprobleme drehen sich um unterschiedliche Handhabung von **Daten.**

Als Folge davon können Datenthemen bei einer Fusion oder Übernahme nicht nebenbei adressiert werden. Stattdessen müssen alle Aspekte der Integration zweier oder mehrerer Organisationen unter Beteiligung von Fachleuten, Technikern (falls zutreffend) und Datenexperten gleichzeitig aus einer gemeinsamen Perspektive angegangen werden.

Deshalb erfordert eine erfolgreiche Integration neben einem Plan für die technische Integration unterschiedlicher Hardware- und Softwarewelten auch einen systematischen, fachbereichsübergreifenden Ansatz zur Datenintegration.

Integrationsplanung

Ein typischer Integrationsplan bei einer Akquisition oder einer Fusion basiert auf einer Reihe von Themenbereichen, für die Arbeitsgruppen eingerichtet werden, die parallel ihre Arbeit aufnehmen.

Typische Herausforderungen sind Abhängigkeiten zwischen den Arbeitsgruppen, ein Anreizsystem, das sich auf den kurzfristigen Erfolg konzentriert, und Vernachlässigung von Datenaspekten.

Eine Organisation, die sich in einer Fusion befindet, sollte daher mit derselben Folge von Schritten beginnen wie bei jeder größeren geschäftlichen

Veränderung, wobei von Anfang an ein starker Fokus auf Daten gelegt werden sollte:

(i)   **Marktpositionierung klären**

Wofür soll die resultierende Organisation stehen? Was würden Kunden idealerweise von unserer Organisation kaufen wollen? Und warum sollten sie uns unseren Wettbewerbern vorziehen?

(ii)   **Ziel-Serviceangebot definieren**

Was sind unsere zukünftigen Produkte und Dienstleistungen? Wie wollen wir sie strukturieren und identifizieren? Wie hoch ist die beabsichtigte Komplexität (z. B. ein Satz von Produkten, die individuell für jeden Absatzmarkt beziehungsweise mit lokalisierten Merkmalen definiert werden)? Inwieweit können wir das Serviceangebot strukturieren, sodass nachfolgende Schritte automatisiert werden können (z. B. Produktion oder Rechnungsstellung)? Wo und inwieweit unterscheidet sich unser Ziel-Serviceportfolio von einem der Portfolios der zu fusionierten Einheiten?

(iii)   **Was sind unsere Zielprozesse?**

Unser Serviceangebot muss durch Prozesse unterstützt werden. Es muss bestimmt werden, inwieweit diese Prozesse präzise vordefiniert werden können und in welchen Fällen die Individualität eines erbrachten Services uns dazu zwingt, anstelle dessen mit Richtlinien zu arbeiten.

Wir sollten verschiedene Alternativen entwickeln, sie vergleichen und die Auswirkungen jeder dieser Optionen einschätzen. Wir sollten so genau wie möglich sein, was die Bestimmung von Kosten, Zeit und Verfügbarkeit von Ressourcen betrifft Schließlich handelt es sich hierbei eigentlich immer um die kritischen Aspekte für die Auswahl eines Zielprozesses.

(iv)   **Welche Anforderungen gibt es an die Daten?**

Wie strukturieren wir alle Aspekte der Daten? Wo haben wir Datenmodell-Inkompatibilitäten? Wo können wir die beiden (oder auch mehr) Datenmodelle abgleichen, wo können wir einen Workaround finden und wo ist es unmöglich, zwei Welten ohne Verlust von Informationen zu vereinen, sowohl in Datenrepositories als auch im täglichen Betrieb?

Hier gelten die gleichen Schritte wie unter (iii)! Es müssen unterschiedliche potenzielle Ziel-Datenmodelle entwickelt und dann die gleichen Kriterien angewendet werden, um das beste Ziel-Datenmodell auszuwählen. Dieser Aspekt ist absolut kritisch.

Es darf keine Softwareentwicklung ohne ein Ziel-Datenmodell erfolgen, auf das hingearbeitet wird. Zwischenschritte beim Datenmodell sind möglich und oft sogar notwendig – aber das Zielmodell muss immer bekannt sein und vorrangig verfolgt werden.

(v) **Technische Implementierung**

Basierend auf den Ergebnissen von (iii) und (iv) muss ein Fahrplan entwickelt werden, wobei die Kosten mehrfacher Änderungen in Betracht gezogen werden müssen. Quick Wins sind aber auch dann okay, wenn die reine Kostenkalkulation sie nicht befürworten würde.

Dies liegt an psychologischen Aspekten: Menschen müssen frühzeitig Ergebnisse sehen. Sie werden nicht loyal bleiben, wenn sie warten müssen, bis am Ende des Prozesses jemand die finale Lösung einschaltet. Darüber hinaus kann jeder bei der Anwendung von Zwischen-lösungen lernen, und diese Erkenntnisse können dazu beitragen, das Design der Ziellösung zu verbessern.

Außerdem wird Arbeit an temporären Lösungen erforderlich sein, insbesondere um eine vorübergehende Kompatibilität zwischen Bereichen zu erzielen, die sich mit unterschiedlicher Geschwindigkeit entwickeln.[1]

Abhängigkeiten müssen zwischen den Zeitplänen aller Bereiche abgebildet werden, um den kritischen Pfad zu bestimmen. Kaum etwas ist so frustrierend wie neun fertige Arbeitspakete, deren Arbeitsgruppen auf das zehnte Paket warten müssen.

Es versteht sich von selbst, dass die hier vorgeschlagene Vorgehensweise nicht als strikt einzuhaltende Reihenfolge gedacht ist. Sie sollte vielmehr als iterativer Prozess gesehen werden. Beinahe nichts ist derart schwer zu planen wie eine Fusion zweier sich zuvor fremder Unternehmen, denn hier werden die Mitarbeiter beider Seiten täglich von unerwarteten Erkenntnissen überrascht.

---

[1] Dies erfordert einen großen, umfassenden Business Case, damit solche Zwischenarbeiten als Teil des langfristigen Plans gerechtfertigt werden können.

Der Datenansatz

Hier sind einige Empfehlungen für die Planung im Bereich Data Management als Teil einer Fusion oder Akquisition.

Wer sollte für die Datenintegration verantwortlich sein?

Herausforderungen sollten nicht isoliert durch direkt betroffene Geschäftsprozesse angegangen werden, womöglich sogar unabhängig voneinander. Ein solcher Ansatz führt leicht zu Lösungen, die das Problem eines Teams lösen, während sie unerwünschte Auswirkungen auf die Arbeit anderer Teams haben.

Jede Fusion oder Übernahme sollte mit einer Bewertung der Datenprobleme im Zusammenschlussprozess beginnen. Diese Aktivität wird eine lange Liste von Herausforderungen bei der Interoperabilität und im Berichtswesen hervorbringen, die in der Regel auf Zuordnungsproblemen zwischen den Datenstrukturen basieren.

Um das Thema „Daten in Fusionen und Übernahmen" angemessen anzugehen, sollte die Führungsfrage frühzeitig geklärt werden. Wenn eine Fusion zu zwei nebeneinander existierenden Legacy-Data Offices führt, sollte die Entscheidung für einen einzigen CDO frühzeitig getroffen werden, wohingegen alle Mitglieder beider Teams für die anstehende Arbeit erforderlich sind. Bis eine endgültige Führungsentscheidung getroffen wird, sollten Sie sich mit Ihrem Gegenüber auf einen „Schönheitswettbewerb unter Waffenstillstandsbedingungen" einigen. Wenn Sie selbst die Führung übernehmen, sollten Sie sofort eine dedizierte (aber temporäre) Einheit einrichten, die für die Datenaspekte des gesamten M&A-Programms verantwortlich ist („Data in Integration"). Wenn es im Unternehmen ein eigenes Budget für die Fusion oder Integration gibt (was in der Regel der Fall ist), sollten Sie davon einen fairen Anteil beanspruchen, damit Sie die Datenaspekte ohne erhebliche Einschränkungen der täglichen Arbeit des Data Office angehen können.

Verstehen Sie die Motive

Ob Sie nun eine Integration oder eine Akquisition vor sich haben, es ist wichtig, die wesentlichen Treiber zu verstehen. Dies hilft bei der Entscheidung, ob primär *schnell* oder *gründlich* integriert werden soll, oder ob ein ausgewogenerer Ansatz zwischen den beiden Extremen zu bevorzugen ist.

Eine lange geplante strategische Fusion ermöglicht es eher, darauf abzuzielen, es „gleich beim ersten Mal richtig zu machen", während eine auf das nackte Überleben abzielende Fusion zweier Marktteilnehmer, die beide zu klein sind, um einzeln zu überleben, wahrscheinlich zunächst auf ein „irgendwie muss es funktionieren" abzielen wird.

Bevor Sie versuchen, die Entscheidung mit datenbezogenen Überlegungen zu beeinflussen, ist es unerlässlich, die zugrunde liegenden Prioritäten des Vorstands vollständig zu verstehen, vielleicht sogar die eines eventuell vorhandenen Aufsichtsrates.

Ganz im Allgemeinen müssen Sie mit vielen unterschiedlichen Motiven rechnen bei einer Organisation, die sich für eine Harmonisierung entscheidet, ob dies nun durch eine Fusion, eine Übernahme oder innerhalb eines Unternehmens durch strategische oder operative Überlegungen ausgelöst ist.

Manche Organisationen beabsichtigen beispielsweise, zuvor unabhängige Landesorganisationen oder Einheiten zu integrieren, damit sie effizient gemeinsam verwaltet werden können oder ihre Leistung leichter miteinander verglichen werden kann.

Manchmal wollen Organisationen auch ein harmonisiertes Produkt anbieten über alle nun zusamengehörenden Einheiten hinweg, oder eine einzelne Marke soll für die gleichen Wertversprechen in allen Unternehmensteilen stehen.

Andere Organisationen entscheiden sich für eine Harmonisierung, damit sie standardisierte Prozesse outsourcen oder automatisieren können. (Erfahrungen zeigen, dass Organisationen standardisieren sollten, **bevor** sie outsourcen. Wenn Sie eine Vielzahl unterschiedlicher Verfahren für die gleichen Aktivitäten outsourcen, erhöht sich der Aufwand bei der Zusammenarbeit mit dem Dienstleister erheblich , und die Kosten könnten durch die Decke gehen.[2])

In allen oben genannten Fällen sollten Business Cases für eine Datenintegration in der Regel auf dem zugrunde liegenden Treibern für die Harmonisierung basieren.

Konzentrieren Sie sich auf Interoperabilität

Im Zuge einer Fusion oder Übernahme müssen Daten von unterschiedlichen Parteien zusammengeführt werden – sei es für operative Zwecke, für einen einheitlichen Prozess beispielsweise von der Bestellung bis zur Rechnung (Order-to-Cash), für die Kundensichtbarkeit oder für ein gemeinsames finanzielles Berichtswesen.

Deshalb ist das primäre Integrationsziel fast immer die *Interoperabilität*, d. h. die Notwendigkeit für Prozesse und/oder Systeme der einen Seite, Daten der anderen Seite erfassen, interpretieren und verarbeiten zu können. Ein wichtiger Aspekt der Interoperabilität ist dabei eine harmonisierte Identifikationslogik

---

[2] Eine Deloitte-Umfrage hatte 2019 ergeben, dass Prozessfragmentierung – also die Art und Weise, wie Prozesse, oft mit einer Vielzahl von Methoden, verwaltet werden – von 36 % der Befragten als Haupthindernis für die Einführung intelligenter Prozessautomatisierung gesehen wird. Das Fehlen von IT-Voraussetzungen wird dagegen nur von 17 % der Organisationen als Haupthindernis angesehen (Deloitte 2019).

für alle Dinge, mit denen ein Unternehmen umgehen können muss, von Rohstoffen bis hin zu Anlagen, Produkten und Mitarbeitern.

Das zugehörige Interoperabilitätsziel muss die „neue Welt" darstellen, nicht eine der beiden „alten Welten". Dies bedeutet, dass bei einer Übernahme in den meisten Fällen auch die erwerbende Organisation sich ändern muss (es sei denn, es handelt sich um eine relativ kleine Übernahme).

Sie benötigen auch eine Zuordnung für gemeinsame Berichte. Typische Geschäftsanforderungen während einer Integration sehen so aus:

- „Für die Erstellung der P&L-Berichte der übernommenen Organisation sind Änderungen erforderlich, um Eindeutigkeit und Vergleichbarkeit zu gewährleisten."

- „Wir müssen herausfinden, welche Daten der einen Einheit bereits in den Daten der anderen Einheit verfügbar sind."

Während eine vollständig integrierte Organisation diese Fragen als Ergebnis der Integration beantwortet haben wird, erfordert es zusätzliche Anstrengungen, um eine ordnungsgemäßes Berichtswesen vor und während des Integrationsprozesses bereitzustellen.

Selbst dort, wo gute Fortschritte bei der Erstellung gemeinsamer Datenrepositorys und beim technischen Übertragen von Daten zwischen den unterschiedlichen Einheiten erzielt werden, unterscheiden sich die **Struktur und Bedeutung der Datenelemente oft erheblich!**

Bitte denken Sie daran: Die Datenherausforderungen multiplizieren sich mit dem Umfang der Altlasten (denken Sie an die Daten-Schulden) auf der einen oder anderen Seite.

■ **Hinweis** Keine dieser Herausforderungen ist spezifisch für Fusionen und Übernahmen. Die Harmonisierung zuvor unabhängiger Landesorganisationen oder Einheiten kann genau denselben Ansatz verfolgen. Technisch gesehen spielt es keine große Rolle, ob die unterschiedlichen Einheiten gerade Teil derselben Organisation geworden sind oder ob sie bereits seit Jahren in derselben Organisation koexistieren.

Erstellen Sie einen vorläufigen Plan

Unabhängig davon, was hinter dem Wunsch Ihrer Organisation steht, zu integrieren, zeigt die Erfahrung, dass es Sinn macht, die folgende Reihenfolge der Schritte einzuhalten:

- Ermitteln Sie Best Practices je Themenbereich in den unterschiedlichen Einheiten.

- Lösen Sie einzelne Probleme auf eine „wiederverwendbare" Weise. Erstellen Sie allgemeine Prozesse, Richtlinien usw.

- Ermitteln Sie alle bestehenden Prozesse und IT-Anwendungen (die aus einer rechtlichen Einheit, einer Tochtergesellschaft oder einer zentralen Funktion stammen können).

- Modifizieren Sie diese Prozesse und IT-Anwendungen, um Zusammenarbeit zu ermöglichen.

- Wählen Sie eine oder zwei erste Einheiten aus, um die Lösung zu pilotieren.

- Berücksichtigen Sie die Erkenntnisse aus dem Piloten, wenn Sie an der globalen Einführung Ihrer Lösungen arbeiten.

Bestimmen Sie die „Best-of-Breed"-Lösungen

Jede der zu harmonisierenden Einheiten kann bei bestimmten Aktivitäten am besten funktionieren oder die besseren Modelle verwenden. Sie können diese Situation nutzen, um eine Zielkonfiguration zu entwickeln, die besser ist als das Setup jeder der ursprünglichen Einheiten:

- Machen Sie eine Bestandsaufnahme der Lösungen und Prozesse aller Entitäten, die integriert werden sollen.

- Messen Sie sie mit denselben Standards, um transparent machen zu können, welche der Entitäten bei welchem Prozess am besten ist. Dies ist speziell dort wichtig, wo fachfremde Erwägungen eine große Rolle spielen.

- Bestimmen Sie die bestehenden besten Lösungen. Überprüfen Sie sie auf Kompatibilität und Interoperabilität.

- Wählen Sie die beste gültige Kombination für die Zielkonfiguration aus. Sie müssen dabei in der Regel Kompromisse eingehen, da verschiedene Einheiten oft bei unterschiedlichen Prozessen am besten sind, diese Prozesse aber möglicherweise nicht vollständig interoperabel sind.

Optimieren Sie nicht (zu viel) parallel

Manchmal werden Sie vor der Herausforderung stehen, dass die Menschen nicht bereit sind, die Weiterentwicklung während des gesamten Integrationszeitraums auf Eis zu legen. Bitte bleiben Sie standhaft. Beharren Sie auf dem Prinzip der „Harmonisierung vor Optimierung". Der Versuch der gleichzeitigen Harmonisierung und Optimierung ist ein sicheres Rezept für den Misserfolg.

Darüber hinaus wird ein Harmonisierungsprozess, der nicht zugleich versucht zu optimieren, schneller sein – und es ist sehr wichtig, dass dieser Prozess so kurz wie möglich gehalten wird.

Außerdem werden Innovation und Optimierung durch eine erfolgreiche Integration erheblich einfacher, da Sie sich auf ein einziges Ökosystem von Prozessen und Datenstrukturen beschränken können.

Schließlich werden Sie implizit optimieren, wo immer Ihre Integration dem Best-of-Breed-Ansatz folgt, da Sie bestehende Lösungen durch überlegene ersetzen.

Datenmapping

Für eine erfolgreiche Integration von zwei oder mehr unterschiedlichen organisatorischen Einheiten benötigen Sie eine konsistente Sicht auf alle Teile der Organisation. Um dorthin zu gelangen, müssen Sie Datenfelder und Datenelemente einander passend zuordnen, sie also „mappen".

Sie sollten diese Gelegenheit nutzen und, wo immer möglich, auf ein normalisiertes Modell hinarbeiten, das zum vereinbarten Zielzustand des Unternehmens führt.

Wo ein solcher Zustand noch nicht definiert wurde, sollte dies die höchste Priorität haben – ein Zielzustand ist auch erforderlich für andere Integrationsaktivitäten.

Wo eine solche Definition (technisch oder rechtlich) unmöglich ist, sollte Ihre Arbeit auf vereinbarten Zwischenstufen basieren, ohne die keine gezielte Arbeit an der Integration möglich wäre.

Ein Datenmapping-Prozess ist keine technische Aktivität! Er erfordert bewusste unternehmerische Entscheidungen. Aus diesem Grund sollte er niemals allein von der IT durchgeführt werden.

Der Grund dafür ist, dass das Mapping oft nicht eindeutig ist. Wo Sie kein perfektes 1:1-Mapping finden können, müssen Sie jedoch zumindest ein Mapping finden, das diesem nahe kommt. Aber welche der (möglicherweise zahlreichen) Optionen sollte gewählt werden? Diese Entscheidung sollte auf unternehmerischen Überlegungen basieren: Sie müssen den unmittelbaren Einfluss auf die Geschäftätigkeit Ihrer Organisation sowie auf die Erreichung der Ziele der Integration berücksichtigen.

Sobald alle unternehmerischen Entscheidungen getroffen sind, ist eine enge Zusammenarbeit zwischen dem Data Office und dem IT-Architekturteam erforderlich, um die Ergebnisse in einem Format zu dokumentieren, das eine eindeutige Implementierung der zugrunde liegenden Zielprozesse in IT-Anwendungen ermöglicht.

Typische Artefakte sind Datenflussdiagramme, Entity-Relationship-Modelle (für Ziel- und Zwischenstufen) sowie ein kanonisches Datenmodell.

Organisation

Ihr „Data in Integration"-Team wird einen einzigen Ansprechpartner für alle Mapping-Anforderungen benötigen. Diese Person wird in der Regel nicht selbst das Mapping ausführen, sondern die Mapping-Aktivitäten koordinieren und orchestrieren. Eine strikte Koordination ist unerlässlich, um eine effiziente Arbeitsteilung zu gewährleisten sowie Lücken und Inkonsistenzen beim Mapping zwischen verschiedenen Funktionsinitiativen zu vermeiden.

Alle von dieser Einheit koordinierten Mapping-Initiativen müssen aus Datensicht einem „Vollständigkeits-Check" unterzogen werden, wie Sie es auch bei anderen Integrationstätigkeiten tun würden. Hier ist eine typische Checkliste:

- Das Geschäftsproblem ist formuliert.

- Der „Data Champion" ist bestimmt und bereit, die fachliche Verantwortung zu übernehmen.

- Die Querschnittsthemen werden angesprochen.

- Die zu erbringenden Leistungen sind klar beschrieben (berücksichtigen Sie sowohl die erwarteten fachlichen Ergebnisse als auch die erforderlichen Daten-spezifischen Ergebnisse!).

- Die zugrunde liegenden Geschäftsentscheidungen wurden getroffen.

- Die Abhängigkeiten sind klar.

- Der Zeitplan ist definiert.

- Die Arbeitsteilung ist organisiert.

- Ein agiler Änderungsprozess ist vorhanden.

- Die „Datenprinzipien" (siehe Kap. 6) werden befolgt.

Sobald Sie all diese Punkte abgehakt haben, sollte die „Datenmapping"-Einheit ihre Aktivitäten auf Bestandsaufnahme, Überwachung und Dokumentation beschränken.

Konkrete Mapping-Fälle

Es gibt kein „One-Size-Fits-All"! Typische Mapping-Typen sind:

(i) **1:1-Mapping**

Dies ist der einfachste aller Mapping-Fälle, der dort angewendet wird, wo einzelne Elemente oder strukturelle Aspekte der Daten zwar unterschiedlich bezeichnet werden, aber denselben Bedeutungen entsprechen.

Die resultierende Aufgabe ist ein traditionelles „Glossar"-Thema: Sie müssen führende Ausdrücke und Aliasnamen/Synonyme definieren. Dies erfordert in jedem Fall eine enge Zusammenarbeit zwischen verschiedenen Fachbereichen, um die bestmögliche Wahl zu treffen.

(ii) **1:n-Mapping**

Ein typisches Beispiel für ein 1:n-Mapping ist eine Liste von Attributen, die durch Codes dargestellt werden, bei denen eine der zu integrierenden Parteien jeweils eigene Codes für verschiedene Varianten verwendet, während die andere Partei alle Varianten unter einem Code zusammenfasst, da es beispielsweise zwischen ihnen keinen operativen Unterschied gibt.

Ein adäquates Mapping erfordert ein operatives Verständnis. Sie müssen eng mit den Verantwortlichen aller betroffenen Geschäftsprozesse (z. B. Produktion und Produktmanagement) zusammenarbeiten, um die beste Mapping-Lösung zu finden.

In einigen Fällen müssen Sie sogar operative Prozesse ändern, um eine ordnungsgemäße Verarbeitung über Einheiten-Grenzen hinweg zu ermöglichen, wenn Sie keine andere Möglichkeit haben, den Verlust operativ notwendiger Informationen zu vermeiden.

(iii) **n:m-Zuordnung**

Stellen Sie sich folgende Situation vor: In zwei Listen mit Attributen, die gemappt werden müssen, ist die Granularität manchmal auf der einen Seite feiner, manchmal auf der anderen Seite.

Im Vergleich zum vorherigen Fall ergibt sich zusätzlich die Herausforderung, dass Sie sich nicht einfach für die Seite mit der feineren Granularität entscheiden und von dort aus starten können. Stattdessen muss ein Informationsverlust entweder akzeptiert oder inhaltlich angegangen werden.

Eine Lösung (oder zumindest eine Abmilderung) der Situation wird in der Regel durch Workarounds während des Integrationsprozesses erreicht. Die größte Herausforderung ist in der Regel die begrenzte Bereitschaft einer Organisation, dafür in die Modifikation von Werkzeugen und Prozessen zu investieren, die nach der Integration planmäßig außer Betrieb genommen werden sollen.

Eine typische Lösung ist die Neuzuordnung bestehender, aber bisher ungenutzter Codes. Dies birgt ein hohes Risiko für Mehrdeutigkeit oder Missverständnisse. Aus diesem Grund müssen solche Fälle sorgfältig dokumentiert, kommuniziert und vor allem in sämtlichen relevanten Geschäftsprozessen konsequent angewendet werden.

(iv) Kein Code-Gegenstück

In diesem Fall verwendet eine Partei Codes oder Datenelemente, die die andere nicht kennt.

Wenn solche Codes als Bestandteil der Zielkonfiguration erforderlich sind, könnte die Organisation diese Gelegenheit nutzen, sie bereits der Seite vorzustellen, die sie heute noch nicht verwendet.

Wenn sie jedoch nach der Integration verschwinden sollen, ist die Ausrichtung an den Entscheidungen zur Produktintegration von entscheidender Bedeutung: Welche Dienste/Funktionen und Sichtbarkeit werden im Zusammenhang mit welchem Produkt/Service nicht mehr angeboten und ab wann? Diese Entscheidungen werden helfen zu verstehen, ob eher ein Workaround oder eher eine Änderung der vorhandenen Lösungen gerechtfertigt ist.

(v) Eindimensionaler struktureller Unterschied

Hier wird auf beiden Seiten die gleiche Dimension verwendet, diese aber anders strukturiert.

Ein typisches Beispiel ist der Berichtskalender, in dem sich die Basisperiode unterscheiden kann. Dies kann immer dort relativ einfach gemappt werden, wo gemeinsame Nenner existieren: Wenn eine Seite den Kalenderjahresbericht verfolgt, während die andere Seite nach abweichendem Geschäftsjahr berichtet, könnten Sie „monatlicher Bericht" als gemeinsame Basis verwenden.

Die Situation wird anspruchsvoller, wenn wöchentliche Berichte (typischerweise die operative Sicht) auf monatliche Berichte (eine typische finanzielle Sicht) treffen. Das Entwickeln von Möglichkeiten, diese beiden Basisperioden dennoch zu mappen, erfordern Kompromisse oder organisatorische Änderungen.

(vi) Komplexer struktureller Unterschied

Einige Fälle basieren auf völlig unterschiedlichen logischen Ansätzen, so dass Datenstrukturen nicht einfach gemappt werden können.

Ein gutes Beispiel aus dem Transportgewerbe ist, wie „Sendung" (im Sinne von „Gegenstand eines Transportauftrages") definiert wird. Dies geht weit über die mögliche Verwendung unterschiedlicher Begriffe hinaus. Die Bedeutung kann sich in mehreren Dimensionen unterscheiden: Ein Packstück oder mehrere Packstücke, Lebenszyklus, Sichtbarkeit, „zusammen in Rechnung gestellt" gegenüber „zusammen transportiert", Zollabwicklung und so weiter. Es gibt kein Standardrezept für eine ordnungsgemäße Zuordnung, aber es ist offensichtlich, dass eine interdisziplinäre Zusammenarbeit erforderlich ist.

(vii) Sprechende Codes

Dies sind Codes, in denen ein Feld Informationen als Teil einer Zeichenkette enthält. Denken Sie zum Beispiel an Kunden-Identifikatoren, bei denen die ersten zwei Zeichen den Ländercode des Kunden darstellen, oder erinnern Sie sich an die Codes für Kontenpläne, bei denen die erste Ziffer die Art klassifiziert.

Ein Zielmodell sollte niemals derartige „sprechende Codes" vorsehen. Stattdessen sollte es mit gut definierten Attributen arbeiten. Wenn Sie heute mit solch einer Herausforderung konfrontiert sind, sollten Sie den Code zerlegen und dem zukünftigen Kanonischen Modell Attribute hinzufügen (das Modell müssen Sie ja sowieso definieren). Außerdem muss die Code-Struktur als Teil Ihrer Metadaten spezifiziert werden. Der Plan, sprechende Codes zu überwinden, erfordert einen langfristigen Blick sowie eine ausführliche Bestandsaufnahme aller Anwendungen und Prozesse, die auf der Auswertung derartiger Codes basieren.

Daten für Innovationen

„*Innovation? Nein, das haben wir schon einmal versucht. Es hat nicht geklappt*"

Abb. 23-1. Nicht jeder nimmt Innovationen freudig an

© Der/die Autor(en), exklusiv lizenziert an APress Media, LLC, ein Teil von Springer Nature 2023
M. Treder, *Das Management-Handbuch für Chief Data Officer*,
https://doi.org/10.1007/978-1-4842-9346-1_23

Wie können Daten Innovationen vorantreiben?

Entzauberung der Innovation

Wie wäre es, zunächst einmal den Begriff „Innovation" ein wenig zu entzaubern?

(i) Innovation ist immer disruptiv?

Bei Innovation geht es nicht unbedingt um „das nächste große Ding". Um innovativ zu sein, müssen Sie nicht ein Perpetuum mobile oder einen Prozess entwickeln, der Eisen in Gold verwandelt. Schrittweise Verbesserungen können sehr innovativ sein, wenn sie auf einer guten Idee basieren.

Manche Menschen mögen sich weigern, großartige Ideen mit geringem Einfluss „Innovation" zu nennen. Lassen Sie sich dadurch nicht davon abhalten, auf allen Ebenen zu innovieren!

Innovation ist auch eine Einstellung. Sie sollten versuchen, jeden Tag zu innovieren.

(ii) Große Konzerne können nicht innovieren?

Innovation ist keine Frage der Unternehmensgröße.

Das Innovationspotenzial der Mitarbeiter ist nämlich unabhängig von der Größe der Organisation, in der sie arbeiten.

Große Organisationen können manchmal in der Tat zu bürokratisch sein, um Ideen schnell umzusetzen – aber organisatorische Reife vermeidet andererseits oft eine verfrühte Implementierung. Dies hilft, sich auf die vielversprechendsten Ideen zu konzentrieren – ohne dabei weniger innovativ zu sein.

Letztendlich ist Innovation vor allem eine Frage der Ermutigung der einzelnen Personen, nicht der Größe der Organisation.

(iii) Innovation ist nur für kreative Spezialisten?

Nein, es ist kein Thema primär für professionelle „Innovatoren" oder Innovationsabteilungen. Was vielleicht noch wichtiger ist: Innovation ist kein unplanbares Ergebnis zufälliger geistiger Aktivitäten kreativer Menschen.

Kreativität ist tatsächlich entscheidend für Innovation, aber es ist ebenso sehr eine Frage von Techniken und Organisation wie von natürlichem Talent.

Bitte rechnen Sie damit, dass Innovation zu 10 % aus großartigen Ideen und zu 90 % aus harter Arbeit besteht.

Die Abb. 23-2 veranschaulicht, wie viel der Innovationsarbeit in die Schaffung eines innovationfreundlichen Umfelds und in die Umsetzung von Ideen in kommerziell erfolgreiche Innovationen investiert werden muss.

(iv) **Innovatoren müssen ihre Produkte kennen?**

Viele Organisationen entwickeln Innovationen stark rund um ihre bestehenden Produkte, mit technisch oft beeindruckenden Ergebnissen. Aber ein ausgefeiltes Ingenieurswesen oder Prozessdesign ist noch keine Garantie für erfolgreiche Innovation.

Stattdessen müssen Organisationen die Gedanken, Wünsche und Vorlieben von **Kunden und Konsumenten** vorausschauend erkennen. Dies beinhaltet ein gutes Verständnis dafür, was diese dazu bewegt, ihre Meinung zu ändern. Schließlich möchten Sie Ihre Kunden verstehen *und* beeinflussen.

Aber wie steht es um die Notwendigkeit, Ihr eigenes Geschäft zu verstehen? Nun, zu vertraut zu sein mit Ihrem aktuellen Angebot kann sogar kontraproduktiv sein. Sie geraten leicht in eine Sackgasse.

Steven Sasson, Erfinder der digitalen Kamera bei Kodak, soll gesagt haben: „Innovation kommt am besten von Menschen, die wirklich nichts über das Thema wissen."

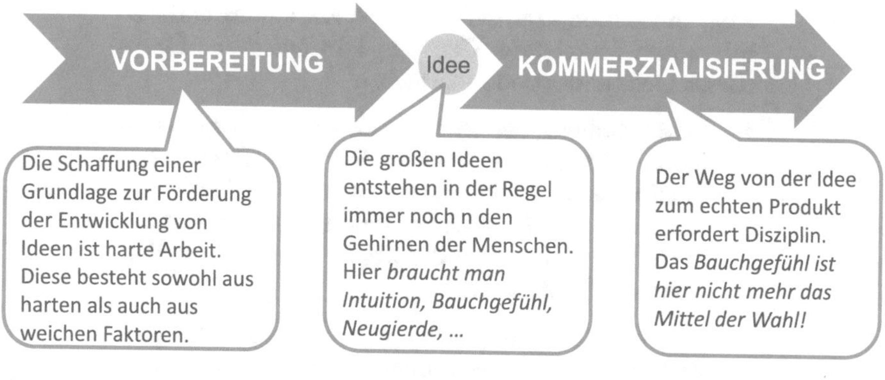

VORBEREITUNG   Idee   KOMMERZIALISIERUNG

Die Schaffung einer Grundlage zur Förderung der Entwicklung von Ideen ist harte Arbeit. Diese besteht sowohl aus harten als auch aus weichen Faktoren.

Die großen Ideen entstehen in der Regel immer noch n den Gehirnen der Menschen. Hier braucht man *Intuition, Bauchgefühl, Neugierde, ...*

Der Weg von der Idee zum echten Produkt erfordert Disziplin. Das *Bauchgefühl ist hier nicht mehr das Mittel der Wahl!*

Abb. 23-2. Innovation ist mehr als eine großartige Idee

Und Kodak selbst hat ihm recht gegeben. Stellen Sie sich vor, wie kreativ es war, eine Kameratechnik zu erfinden, die sich von allen existierenden Kameras unterscheidet. Und wir alle wissen, wie krachend Kodak hier bei dem Schritt von *Kreativität* zu *Innovation* gescheitert ist. Sie dachten, sie wüssten, wie eine Kamera aussehen muss: *Hinter der Linse muss ein Film sein.* Wirklich?

Ein wesentlicher Aspekt der Innovation ist die Fähigkeit, **alles** in Frage zu stellen, was für Sie heute normal ist. Dies ist nicht einfach, da es emotional herausfordernd ist, Dinge, die Sie jahrelang für unverzichtbar gehalten haben (oder die Sie möglicherweise sogar selbst entwickelt haben), dahingehend zu untersuchen.

Es ist diese Fähigkeit, die Menschen entwickeln müssen, nicht ihr Wissen über existierende Produkte.

(v) Innovation konzentriert sich nur auf Kunden?

Innovation ist nicht nur darauf ausgerichtet, neue Dinge zu schaffen, die sofortigen Einfluss auf das Kundenerlebnis haben.

Hier ist ein einfaches Beispiel: Produzieren Sie effizienter oder umweltfreundlicher, kann dies sehr innovativ sein, ohne dass dabei das Produkt selbst verbessert werden muss.

Tatsächlich kann es ein gewünschter Nebeneffekt sein, Ihre Kunden durch Innovation zu beeindrucken, selbst ohne dass Sie für sie einen messbaren Mehrwert schaffen.

Aber Innovation kann sich auch explizit auf die anderen relevanten Stakeholder-Gruppen konzentrieren: Eigentümer, Lieferanten und Mitarbeiter.

- Jede Erhöhung der Effizienz, also des „Output-pro-Input-Verhältnisses" wird in der Regel von **Aktionären** geschätzt, was zu einer Erhöhung des Börsenwerts einer Organisation führt. Investoren definieren „innovativ" viel allgemeiner als nur über Kundenzufriedenheit.

- **Lieferanten** sind nicht nur deshalb eine gute Zielgruppe für Innovationen, damit Sie Ihre Lieferungen und Dienstleistungen effizienter beziehen können. Sie sind auch ein großartiger potenzieller Partner für kollaborative Innovationen entlang der Wertschöpfungskette.

- Innovationen können Ihre Organisation für aktuelle und zukünftige **Mitarbeiter** attraktiver machen, selbst wenn die Qualität der Produkte oder die Effektivität ihrer Produktion unberührt bleibt. Durch Innovationen können bessere Arbeitsbedingungen, klarere Karrierewege oder bessere Möglichkeiten für die persönliche Entwicklung erreicht werden, im Gegensatz zu einer schlichten Erhöhung der Bezüge.

(vi) Innovation erfordert noch mehr Daten?

Heute kämpfen die Innovatoren nicht mehr primär mit dem Sammeln oder Generieren von Daten. Die meisten Organisationen verwenden tatsächlich nur einen kleinen Bruchteil der riesigen Datenmenge, die sie bereits besitzen.

Es ist daher ratsam, sich zunächst auf die Auswertung von Daten zu konzentrieren, die Sie bereits in Ihren Händen haben, die aber noch nicht genutzt werden. Viele nützliche Daten werden darüber hinaus bereits heute erfasst, aber nicht über die unmittelbaren operativen Aktivitäten hinaus verwendet. Und es gibt noch eine dritte interesssante Art von Daten: Diejenigen, die kostenlos oder mit geringem Aufwand erfasst werden könnten.

So viel Innovationskraft liegt allein in diesen Datenquellen, dass die meisten Organisationen nicht einmal die Bandbreite hätten, um mit zusätzlichen, möglicherweise käuflich erworbenen Daten sinnvoll umzugehen.

Es kann natürlich in konkreten Fällen Ausnahmen geben, beispielsweise der Erwerb von Daten, von denen Sie bereits wissen, dass Sie sie benötigen werden. Als Faustregel sollten sich Organisationen aber zunächst darauf konzentrieren, alle verfügbaren[1] Daten zu verwenden, bevor sie noch mehr Bits und Bytes anhäufen.

Und Sie werden sich erinnern, dass personenbezogene Daten sowieso nicht auf Vorrat gesammelt werden sollten, um Konflikte mit Datenschutzbestimmungen wie der DSGVO zu vermeiden.

---

[1] In diesem Kontext bezieht sich „verfügbar" auf Daten in Ihren eigenen Datenbanken sowie externen Daten, auf die Sie kostenlos zugreifen können, d. h. kostenlose Daten oder Daten, für die Sie bereits heute bezahlen.

Was ist eigentlich „Data-driven Innovation"?

Wenn Sie an Daten und Innovation denken, was fällt Ihnen zuerst ein? Innovative Methoden des Data Managements, zum Beispiel neue Anwendungen des „Unsupervised Learning" oder cloudbasiertes Multidomain-Masterdatamanagement?

All dies ist sowohl faszinierend als auch relevant, ein anderer Aspekt wird dadurch aber allzu oft in den Hintergrund gedrängt: Data Management als **Unterstützung für Innovation in den Fachbereichen.**

Mit anderen Worten, datengesteuerte Organisationen würden sich nicht in erster Linie darauf fokussieren, im Namen der Innovation Mitarbeiter und Prozesse zu ändern. Vielmehr würden sie ihre Mitarbeiter mit Daten und Werkzeugen ausstatten, um ihre Innovationsarbeit zu erleichtern.

Und tatsächlich bieten sich enorme Möglichkeiten bei der Erkundung konventioneller, aber innovativer Ideen, die entweder auf Daten basieren oder später durch Daten verifiziert werden.

Und genau das ist „Data-driven Innovation." Es wurde mittlerweile als eigene Disziplin anerkannt und man hat begonnen, das Akronym **DDI** dafür zu verwenden. Die OECD hatte bereits 2013 eine Definition veröffentlicht.[2]

Man sollte sich dessen bewusst sein, dass DDI nicht mit „konventioneller" Innovation konkurriert – es hat eine unterstützende Funktion. Die gleichen Forschungslabors wie bisher werden weiterhin an innovativen Lösungen arbeiten, jedoch zunehmend unterstützt durch Daten.

Daten zur Innovation nutzen

Daten spielen bei der Innovation nicht nur eine Rolle als operative Unterstützung oder für Prognosen. Sie können auf vielfältige Weise selbst Innovationen anstoßen.

Daten können insbesondere Korrelationen und Kausalitäten innerhalb oder außerhalb einer Organisation aufdecken. Sie können auch bisher unbeantwortete Fragen beantworten, indem sie helfen, einen bisher unbekannten Bedarf oder eine neue Produktidee zu ermitteln.

Aber Daten bieten auch alternative Möglichkeiten, ein Produkt oder eine Dienstleistung anzupassen, indem sie helfen, die Bereitschaft der Kunden zu ermitteln, für neue oder andere Produkte zu zahlen.

Schließlich ist die Innovationsfähigkeit der meisten Organisationen nicht durch einen Mangel an Ideen begrenzt – diese finden sich überall dort zuhauf, wo

---

[2] Siehe „Exploring Data-Driven Innovation as a New Source of Growth: Mapping the Policy Issues Raised by ‚Big Data'" (OECD 2013).

Mitarbeiter sich in die Lage der Verbraucher versetzen. Stattdessen wird die Vermarktung einer Idee oft durch ein erhebliches Maß an Unsicherheit über die Erfolgsaussichten auf dem Markt verhindert, anders ausgedrückt, durch Risikoaversion. Hier können Daten helfen.

Aber die Anwendung von Daten ist natürlich nicht auf die Verifizierung bestehender Ideen beschränkt. Auch die Entwicklung neuer Produkte oder Dienstleistungen kann durch Daten unterstützt werden, zum Beispiel durch eine Simulation von Millionen von Kombinationen von Dutzenden von Attributen oder Zutaten – dies manuell zu tun würde im besten Falle Jahre dauern.

Darüber hinaus können Daten eine neue Art der Werbung für ein innovatives Produkt ermöglichen – durch die individuelle Ermittlung und Ansprache einzelner Zielgruppen, für die das Produkt individuell unterschiedliche Bedürfnisse erfüllt.

Aber Daten können sogar profane Innovationen wie die Bestimmung und Verifizierung neuer Produktionsprozesse unterstützen. Solche Prozesse ermöglichen typischerweise bessere Produkte zum gleichen Preis oder die gleichen Produkte zu einem niedrigeren Preis.

Unterstützung datengestützter Innovation

Innovationen finden natürlich nicht statt, wenn Sie lediglich hoffen, dass sie stattfinden, und Organisationen, die nicht innovativ sind, werden von anderen überholt, die es sind. Aus diesem Grund ist es nicht ausreichend, **datengestützte Innovationen lediglich zu ermöglichen.** Stattdessen müssen Organisationen aktiv **eine Kultur datengestützter Innovation schaffen** – nicht primär durch Plakate und Slogans, sondern durch Förderung und Belohnung entsprechenden Verhaltens.

Aber wie kann eine Organisation effektiv Innovationen fördern, die sich der Unterstützung von Daten bedienen? Hierzu möchte ich Ihnen vier Empfehlungen geben.

1) Bestimmen Sie wesentliche Hindernisse

Datengestützte Innovationen können aus mehreren Gründen und auf verschiedenen Ebenen einer Organisation auf Hindernisse treffen.

(i)   Die Führungskräfte.

Ist Innovation positiv? Hier würden tatsächlich nicht alle zustimmen! Führungskräfte, die dazu beigetragen haben, eine erfolgreiche Organisation zu formen, manchmal über Jahrzehnte, werden oft sehr stolz auf den Status quo sein und auf das, was sie mit ihrer Organisation in der Vergangenheit erreicht haben.

Ein zweites Hindernis auf der Führungsebene ist die häufige Verwechslung von Effizienzgewinnen und Kosteneinsparungen mit Innovation:

Kosteneinsparungen werden von Ihren Wettbewerbern ohne Verzögerung kopiert (oder vielleicht kopiert gar *Ihre* Organisation von der Konkurrenz?), sodass Sie durch Kostensenkung alleine kaum Marktanteile gewinnen können.

Innovation hingegen erkennen Sie daran, dass Ihre Wettbewerber Sie nicht so leicht nachahmen können.

(ii) Die Belegschaft.

Die Belegschaft ist offen für eine datengetriebene Organisation, weil Digital Natives ja alle datenaffin sind.

Wirklich?

Um dies angemessen beurteilen zu können, hilft es sich bewusst zu machen, dass der private und der berufliche Umgang mit Daten deutliche Unterschiede aufweisen.

Denken Sie einmal an Ihr Smartphone. Es macht alles, was Sie wollen, auf ein Tippen Ihres Fingers hin. Sie müssen sich mit niemandem abstimmen.

Ist das die Art und Weise, wie Sie mit Daten im geschäftlichen Umfeld umgehen sollten?

Ich denke, Sie sollten dies nicht tun, und das liegt an folgendem Unterschied:

- Im privaten Leben stellt **jemand anderes** sicher, dass Daten **Ihnen** helfen.

- Im Geschäftsleben erwartet man, dass **Sie** dafür sorgen, dass Daten **anderen** helfen.

In diesem Sinne könnten wir sagen, datenorientiert sind die Menschen, die diese Smartphones **entwickeln**, und nicht die Benutzer. Ganz ehrlich: Wie viele dieser Smartphone-Entwickler kennen Sie in Ihrer Organisation?

(iii) Mittleres Management.

Würde irgendein Manager in einer Organisation offen zugeben, gegen eine datengesteuerte Organisation zu sein? Wahrscheinlich nicht!

In der Tat würden Sie kaum jemals offene Opposition gegen die Idee, datengestützt zu arbeiten, sehen. Stattdessen können Sie in vielen traditionellen Organisationen das folgende Muster beobachten:

Schritt 1   **Ihr Vorstand treibt Innovation voran.**
Eine öffentliche Unterstützung von Daten und Digitalisierung ist unter Vorständen weit verbreitet. Wenn Sie Interviews mit CEOs in Zeitschriften wie *Forbes* lesen, wissen Sie, was ich meine ...

Schritt 2   **Ihre Belegschaft liebt es.**
Wenn Technologie Ihr privates Leben jeden Tag einfacher macht, ist es wahrscheinlich, dass Sie diese Art von Fortschritt auch im Beruf begrüßen! Solange er nicht als Konkurrenz (also die Gefahr, den eigenen Job zu gefährden) wahrgenommen wird, stößt der Fortschritt, der von Daten gestützt wird, im Allgemeinen auf positives Echo.

Schritt 3   **Aber Ihr Mittleres Management hat Bedenken.**
An wen denke ich dabei? An alle Manager, die nicht direkt an der Entwicklung der Unternehmensstrategie beteiligt sind, aber über Teams von erheblicher Größe (z. B. als Zweigstellenleiter) verfügen. Diese Manager sollen üblicherweise die Strategie vor Ort als Förderer und Multiplikatoren umsetzen. Aber in sehr vielen Fällen ist genau dies der Moment, an dem die Innovation an Schwung verliert.

Sind das alles Dummköpfe? Verstehen sie es einfach nicht?

Nein, die meisten mittleren Manager sind ausreichend intelligent, und in der Regel haben sie nichts gegen innovative Ideen! Aber sie haben oft gute, sehr individuelle Gründe, Veränderungen zu verhindern.

Als Rainer Meier 2004 Leiter der Konzernkommunikation der Deutschen Post war, hatte er dieses Phänomen bereits beobachtet. Er nannte es die „Cloud of Middle Management", womit er die Managementebenen identifizierte, in denen das Wissen sitzt und wo Veränderungen als Bedrohung wahrgenommen werden (Meier 2004).

Woher kommen diese Bedenken? Und was ist in einer solchen Situation zu tun?

Ein Vorstand, der sich bewusst dem Wandel öffnen möchte, könnte einen Kanal einrichten, um seinem Mittleren Management eine Stimme zu geben. In dem sich ergebenden Feedback müssen Muster entdeckt werden, und zuverlässige Antworten auf kritische (und in der Regel berechtigte) Fragen müssen entwickelt werden. Hier sind einige typische Beispiele für Bedenken des Mittleren Managements im Angesicht kommender Innovationen:

- Was ist, wenn ich scheitere? Habe ich nur einen Schuss? Kann ich mehr verlieren, als ich gewinnen kann?

- Was ist dabei für mich drin? Passt das gut in meine Karriereplanung?

- Wird diese Innovation Energie von den täglichen Aufgaben meines Teams (also von alldem, an dem ich gemessen werde) ablenken?

- Was ist, wenn ich selbst die Neuerungen nicht verstehe? Schließlich kommt Innovation oft mit neuer Technologie, mit der ich mich vor 30 Jahren an der Universität noch nicht vertraut machen konnte.

Erfolgreiche Organisationen behandeln solche Fragen offen als Teil ihrer Führungskräfte-Entwicklung. Hat Ihre Organisation ein solches Programm? Kommen derartige Bedenken darin vor?

2) Organisieren Sie Innovation

Ein gut konzipiertes Framework hilft, datengestützte Innovationen voranzutreiben. Für die Schaffung der erforderlichen soliden Grundlage sind für mich folgende drei Aspekte von entscheidender Bedeutung:

(i) Entwicklung einer geeigneten Organisationsstruktur

Die Umsetzung einer innovativen Idee ist in einem geschützten Innovationsumfeld einfacher. Andernfalls wird Innovation schnell unter einer Vielzahl von täglichen Aufgaben begraben.

Wenn Sie Ihrer Organisation ermöglichen wollen, mit Daten innovativ zu sein, könnten Sie sich für einen datenzentrierten Forschungs- und Entwicklungsansatz entscheiden. Schließlich können die gleichen Datenquellen Innovationen in verschiedenen Produkt- oder Dienstleistungsbereichen anstoßen.

Aber nicht alle innovativen Datenaktivitäten müssen aus dem Tagesgeschäft herausgenommen und in einem Forschungs- und Entwicklungsumfeld durchgeführt werden. Auch innerhalb normaler Abteilungen können Sie organisatorische Unterstützung bereitstellen, damit Menschen eine innovative Idee voranbringen können, ohne dass sie durch die dafür notwendigen organisatorischen Aufgaben abgelenkt werden.

Wenn Ihre Organisation groß genug ist, lohnt es sich, ein Team von Datenexperten auszubilden, die darin geschult sind, Ideen in die Tat umzusetzen. Diese Menschen können Kollegen aus verschiedenen Abteilungen unterstützen, die vielversprechende Ideen haben.

Manchmal erfordern selbst die Formulierung eines innovativen Ansatzes und der Verarbeitung dieses Ansatzes unterschiedliche Fähigkeiten. Wenn also jemand eine großartige Idee hat, zwingen Sie diese Person nicht, auch alle nachfolgenden Schritte auszuführen. Zudem sollten Sie Mitarbeiter haben, die sowohl ausgebildet *als auch* bereit sind, hier Verantwortung zu übernehmen.

(ii) Abdeckung des ganzen Innovationsprozesses

Manche Menschen neigen dazu, sich zu früh zurückzulehnen, typischerweise nachdem ein Zwischenschritt ein beeindruckendes Ergebnis geliefert hat.

Beispiele für solche Ergebnisse sind ein weithin bewundertes Konzept, eine erfolgreich getestete Software und ein erfolgreicher Pilotversuch.

Sie sollten systematisch verhindern, dass Innovationsprozesse an dieser Stelle stoppen.

Hier kann ein explizit beschriebener „Innovationsprozess" helfen. Er muss die gesamte Kette von den ersten Ideen über die Forschungsarbeit bis hin zur Überführung in marktfähige Produke umfassen, um sicherzustellen, dass volle Aufmerksamkeit bis zum letzten Schritt gewährleistet ist.

Sobald sich eine Chance entwickelt, stellt ein guter Innovationsprozess sicher, dass diese Chance erkannt, formalisiert und mit Priorität und Ressourcen versehen wird – einschließlich der „hässlichen Arbeit", zum Beispiel der oft langweiligen Erstellung eines Business Cases.

Beachten Sie, dass eine solche Formalisierung nicht zwangsläufig die Kreativität tötet. Stattdessen verhindert ein gut gestaltetes Verfahren, dass kreative Menschen abgelenkt werden, während gleichzeitig sichergestellt wird, dass alle erforderlichen nichtkreativen Aktivitäten durchgeführt werden.

Darüber hinaus sollten sich alle relevanten Geschäftsbereiche frühzeitig beteiligen müssen. Wenn eine kreative Idee zu lange in einem geschützten Umfeld bleibt, verliert man leicht kritische, nichttechnische Nebenwirkungen aus dem Blickfeld.

BEISPIEL I

Denken Sie an eine Organisation, die mit dem Gedanken spielt, Drohnen für die Zustellung von Gütern zu verwenden.

Diese kreative Idee allein ist noch keine Innovation!

Es ist relativ einfach, ein solches Konzept im Kleinen zu testen, und die kontrollierte Umgebung eines solchen Tests garantiert fast schon den Erfolg.

Durch eine solche Initiative kann eine Organisation sicherlich ihren Ruf als kreativer Treiber von Innovation formen, und die ersten positiven Presseartikel werden nicht lange auf sich warten lassen.

Aber dann fängt die harte Arbeit erst an:

a) Kundenfokus: Die Organisation muss die Fälle bestimmen, in denen die Drohnenzustellung dem Kunden tatsächlich einen Mehrwert bietet. Warum sollte ein Kunde (mehr) für einen solchen Service bezahlen? Wie viele Kunden würden sich für ein solches Produkt entscheiden?

b) Kommerzieller Fokus: Die Organisation muss den Mehrwert ermitteln und durch kommerziell ausgerichtete Pilotprojekte verifizieren. Bringt es uns schlussendlich (mehr) Geld?

c) Fokus auf den praktischen Betrieb: Es ist unerlässlich, alle möglichen Abweichungen vom idealen Ablauf zu bestimmen, wie beispielsweise Vandalismus oder die Gefahr von Kollisionen zwischen Drohnen. Lösungen müssen von den Ingenieuren, im Prozessdesign und in der Software entwickelt werden. Das Ergebnis muss dann an die reale Welt angepasst werden, damit es später im täglichen Betrieb funktioniert und skaliert.

d) Rechtsfokus: Die Einhaltung aller bestehenden Gesetze ist im zunehmend regulierten Drohnengeschäft kritisch – wobei neue, noch unregulierte Aspekte idealerweise ebenfalls schon vorzusehen sind. Sicherheitsaspekte müssen ebenfalls berücksichtigt werden.

Alles in allem sollten Sie davon ausgehen, dass der Aufwand bis zum ersten erfolgreichen Piloten weniger als zehn Prozent der gesamten Arbeit ausmacht.

Es gibt im Übrigen gute Gründe, warum die großen Logistikkonzerne Jahre nach der medienwirksamen Vorstellung von mit ihren Logos versehenen Lieferdronen immer noch kein relevantes Drohnengeschäft etabliert haben.

(iii) Verfügbarkeit Ihrer Daten

Sie sollten Ihre Daten so organisieren, dass alle potenziellen Innovatoren sehen können, welche Daten ihnen zur Verfügung stehen.

Und bitte erlauben Sie allen den Zugriff auf alle (nicht sensitiven) Daten. Ein solcher Zugriff sollte die Unterstützung des Data Office beinhalten. Mit angeboten werden sollten auch alle relevanten Informationen über die Daten, das heißt der Grad der Zuverlässigkeit ihrer Quelle, ihr Alter, ihre Struktur und ihre Metadaten, aber auch ihre Qualität, zum Beispiel ihre Vollständigkeit und syntaktische Korrektheit.

Es ist hilfreich, sich in Erinnerung zu rufen, dass es in Ihrer Organisation weit mehr potenzielle Innovatoren geben könnte als die begrenzte Anzahl formaler Datenexperten und Forschungsingenieuren.

3) Gehen Sie klug mit Business Cases um

Business Cases sind unerlässlich, bevor etwas zum Produktportfolio einer Organisation hinzugefügt wird. Derartige Business Cases sollten jedoch nicht zu früh während des Innovationsprozesses angewendet werden, da dieser Ansatz eine vielversprechende Idee töten kann, bevor alle Möglichkeiten ausgeschöpft wurden, um sie rentabel zu machen.

Wenn für einen umfassenden Business Case Informationen fehlen, sollten Sie einen zweistufigen Ansatz vorsehen: Zunächst starten Sie mit einem kostengünstigen Vorprojekt, um die kommerzielle Machbarkeit der Idee zu bestimmen, bevor Sie im Falle eines bestätigenden Vorprojekts das eigentliche Implementierungsprojekt starten.

4) Machen Sie Daten zum Bestandteil Ihrer Innovationskultur

Selbst in Organisationen mit einer hoch entwickelten Innovationskultur denken viele Mitarbeiter nicht an „Daten" als anregenden Faktor für Innovationen. Sie denken eher an Brainstorming, Marktanalyse, Ideen-management und so weiter.

Hier hilft eine explizite Kultur des „Lasst uns die Daten befragen!" sehr.

Natürlich werden Daten alleine nie innovieren, genauso wie ein Rennwagen alleine keine Rennen gewinnen kann. Aber selbst der beste Rennfahrer wird ein schnelleres Auto begrüßen. Also ermutigen wir die besten Innovatoren, Daten zu verwenden, um ihre Erfolgschancen zu erhöhen!

Um alle für diesen Ansatz zu gewinnen (und nicht nur die „geborenen Innovatoren"), sollten Sie öffentlich das passende Verhalten belohnen:

- Anstatt nur darauf zu hoffen, dass kreative Ideen kommen und zu Innovationen werden, sollten die Mitarbeiter die angebotenen Werkzeuge aktiv verwenden.

- Innovatoren sollten den Mut haben, Projekte sofort zu beenden, sobald die Rentabilität nicht mehr erreicht werden kann. Dies erfordert eine starke Kultur der Belohnung von Menschen für einen solchen Schritt, anstatt einen solchen als Eingeständnis eines Fehlers zu betrachten.

- „Anzahl der Ideen mit einer guten Geschichte pro Abteilung" kann als öffentliche kommunizierte Metrik verwendet werden. Das gleiche gilt für alle weiteren Schritte in der Innovation, einschließlich der weniger attraktiven.

- Während der frühen Phasen von Veränderungsprozessen sollten die Menschen spielen dürfen, um beispielsweise die besten Varianten ihrer ursprünglichen Idee zu finden. Aus diesem Grund sollte das berühmte „Trial & Error" gefördert und belohnt werden. Sie könnten das durch die Schaffung von „Spielplätzen" und die formelle Reservierung von Arbeitszeit für kreative Tätigkeiten erreichen. (Bitte betrachten Sie dies als Teil von „Forschung und Entwicklung", nicht als verlorene Arbeitszeit.)

Gute Beispiele helfen den Mitarbeitern, die Kraft der Daten zu verstehen. Diese Beispiele müssen nicht unbedingt aus Ihrer eigenen Organisation oder Ihrer persönlichen Erfahrung stammen. Sie müssen nur real und glaubwürdig sein!

Datenideen kommerzialisieren

Laut einer Umfrage von NewVantage im Jahr 2019 (Brown 2019) haben lediglich 11 % der Chief Data Officer Umsatzverantwortung.

Viele Organisationen verpassen hier womöglich eine große Chance, da immer mehr Organisationen ihr gesamtes Geschäftsmodell auf Daten aufbauen.

Selbst dort, wo das Hauptziel einer Organisation nicht direkt auf der Kommerzialisierung von Daten basiert, sollte ein CDO nicht auf entsprechende Anfragen aus den Fachbereichen warten müssen.

Stattdessen können sich aus den Daten selbst Möglichkeiten ergeben – sei es intern, sei es als Produkt, dass Sie auf dem freien Markt anbieten.

Die „100.000 Kunden"-Strategie

- Informationen über einen einzigen Kunden sind anekdotisch.

- Die Kenntnis von 100 Kunden ermöglicht erste Einblicke.

- 100.000 regelmäßige Kunden zu haben ist ein Schatz.

Wenn Sie für eine Organisation mit einer solchen großen Anzahl von Kunden arbeiten, sollten Sie eine Strategie entwickeln, um dieses Vermögen zu nutzen, auch über Ihr Kerngeschäft hinaus: Menschen oder Organisationen, die bei Ihrer Organisation kaufen.

Kein anderes Daten-Gebiet bietet solche großartigen Möglichkeiten, Ihre eigenen Informationen mit externen Informationen zu kombinieren, wie Kundendaten es tun: Soziale Medien wissen sehr viel über Ihre Kunden, das diese Ihnen niemals direkt mitteilen würden.

DATENMANAGEMENT-THEOREM #12

100.000 Datensätze sind mehr wert als 100.000-mal der Wert eines einzelnen Datensatzes.

Hier sind einige Ideen für Ihre „100.000 Kunden"-Strategie:

- 100.000 Kunden könnten genug sein, um eine Community zu schaffen: Menschen, die Gedanken, Fragen und Ideen rund um Ihr Kernangebot austauschen – unter der sichtbaren Marke und dem Logo Ihrer Organisation.

- Diese Kunden könnten es Ihnen ermöglichen, Daten zu sammeln, die keine andere Organisation (zumindest keine außerhalb der Branche Ihrer Organisation) erfassen kann. Diese Daten könnten für Organisationen in anderen Sektoren von entscheidender Bedeutung sein.

- Ohne sich mit einzelnen konkreten Kunden (denken Sie an die DSGVO) befassen zu müssen, ermöglicht Ihnen eine Stichprobe von 100.000 anonymisierten Aufzeichnungen, statistisch relevante Präferenzen und Verhaltensmuster zu bestimmen – die Sie möglicherweise sogar verkaufen können: Andere Organisationen sind oft an Korrelationen und Kausalitäten auf der Attributebene interessiert, ohne dass Sie dafür personalisierte Daten weitergeben müssten.

- Sie können diese Kunden dazu bringen, auch andere Dienstleistungen von Ihnen in Anspruch zu nehmen (und so zusätzliche Einnahmen zu generieren), wobei ihre bestehende Beziehung zu Ihnen ihnen vielleicht sogar einen Startbonus geben könnte.

- Sie können Ihr Geschäft vertikal erweitern, um die Kundenerfahrung nahtlos und unkompliziert zu gestalten. (Nicht nur Organisationen von der Größe Amazons können so etwas tun!)

- Auf der Grundlage der statistischen Auswertung von Transaktionsdaten können Sie, statt raten zu müssen, neue Möglichkeiten für das Up- und Cross-Selling finden.

- Sie können fragen, was Ihre abgewanderten Kunden gemeinsam haben. Dies ermöglicht es Ihnen, sich vom (vergangenheitsorientierter) Kundenverlust-Analyse zur (zukunftsorientierten) Verhinderung von Kundenverlust zu bewegen, indem Sie auf die dabei ermittelten Gruppen rechtzeitig vor deren Abwandern eingehen können.

- Sie können Ihre Kunden durch Analytics systematischer verstehen. Eine Weinkellerei würde nicht nur wissen, wie viele ihrer Kunden genug Weißweinflaschen kaufen, um einen Weinkühlschrank möglicherweise gut gebrauchen zu können. Sie könnten auch feststellen, welcher Prozentsatz der Kunden bereit wäre, derartige Angebote seitens ihrer Weinkellerei in Anspruch zu nehmen. Schließlich könnten sie sogar herausfinden, welche Kombinationen von Kundenattributen eine höhere Wahrscheinlichkeit für den Kauf von Zusatzgeräten bedeuten. Daten von 100 Kunden wären bei weitem nicht ausreichend, um dies herauszufinden, da viele der zahlreichen möglichen Attributkombinationen von höchstens einem oder zwei Kunden repräsentiert würden.

- Sie können Ihre gut eingeführte Marke für völlig andere neue Produkte oder Dienstleistungen verwenden, damit die Kunden ihre Erfahrung mit vollständig neuen Produkten mit dem durch Ihre gute Marke geerbten Vertrauen positiv beginnen.

- Eine Umfrage unter 100 Personen ist statistisch fragwürdig. Es ist jedoch schwierig, mit vertretbarem Aufwand und Kosten signifikant mehr Menschen zu befragen. Die Befragung von 100.000 Ihrer bestehenden Kunden gibt Ihnen kostengünstig eine solide statistische Grundlage. Diese Kunden sind zwar nicht repräsentativ für die gesamte Bevölkerung, aber möglicherweise für Ihre Zielgruppe!

- Sie könnten Daten sammeln, die für andere Organisationen von Wert sind, und die Sie daher selbst als Rohdaten verkaufen können.

Es ist eine erhebliche Stärke, neue Ideen immer wieder testen zu können, wenn Ihre Organisation die Größe dazu hat. Kleine Organisationen können agil sein, aber große Organisationen haben eine breite Kundenbasis *und* das Geld, um Dinge immer wieder neu zu versuchen. Sie wissen schließlich nur, dass etwas *nicht* funktioniert, wenn Ihre eigene Organisation es einmal versucht hat. Andere könnten gescheitert sein, weil sie es anders versucht haben – was es riskant macht, daraus sofort Schlüsse für Ihre eigene Organisation zu ziehen.

Wagen Sie sich an **verrückte** Ideen. Betrachtet man die Vergangenheit, so haben die meisten wahren Innovationen auf diese Weise begonnen. Gehen Sie davon aus, dass alle **gewöhnlichen** Ideen bereits erforscht wurden. Sie werden Ihren Ruf nicht ruinieren, indem Sie immer wieder Dinge versuchen und scheitern. Unternehmerischer Mut wird heutzutage zunehmend von Kunden geschätzt.

Daten-Innovationsfabrik

Haben Sie jemals die Lücke zwischen Labor und Markt beobachtet?

Ich habe diese Lücke am häufigsten bei „Datenprodukten" beobachtet – sowohl bei internen Produkten als auch bei Produkten, die externen Kunden angeboten wurden. Sie scheinen dafür prädestiniert zu sein, „akademisch" zu bleiben.

Eine Daten-Innovationsfabrik könnte die nachhaltigste Art der Organisation von datengesteuerten Innovationen sein, wie ich sie in diesem Kapitel beschrieben habe. Eine solche Innovationsfabrik wäre für alle Schritte verantwortlich, von den ersten Ideen bis zur Pilotphase, von der Produktdefinition bis zur ersten Bewertung des entstehenden Angebots.

Eine solche zentrale Einheit würde auch sicherstellen, dass verschiedene Ideen nach denselben Standards bewertet werden. Dies kann helfen, die Verzerrung bei der Priorisierung zu verhindern.

Dies ist Ihre Chance, Ihren Worten Taten folgen zu lassen: Ideen, die Kandidaten für Dateninnovation sind, sollten auch durch DATEN bewertet werden.

Anhang A: Liste der Daten-Theoreme

Nummer	Theorem	Kapitel
1	**Daten benötigen Governance**	2
	Die Organisation datenbezogener Verantwortlichkeiten und Aktivitäten erfordert eine sorgfältige Abwägung zwischen Zentralisierung und Delegation	
	• Jede Zentralisierung erfordert gute Gründe	
	• Jede Delegation muss Vertrauen und Unterstützung beinhalten	
2	**Datenmanagement gehört in die Fachbereiche**	2
	Datenmanagement ist die Aufgabe aller Mitarbeiter – in der gesamten Organisation. Es ist insbesondere keine reine IT-Aufgabe, und es beginnt auch nicht mit Technologie	
	Es geht darum, den Graben zwischen den Geschäftsthemen und der IT zu überbrücken, basierend auf einem soliden Verständnis beider Seiten	
3	**Datenmanagement verwendet ALLE Fakten, und zwar in jedem Fall**	2
	Es ist nicht ausreichend, Entscheidungen auf *einige* Fakten zu stützen. Sie müssen *alle* relevanten Fakten berücksichtigen – in der gesamten Organisation	
4	**Kein Datenmanagement ohne Unterstützung von oben und Zustimmung von unten**	2
	Ein CDO benötigt sowohl ein Vorstands-Mandat als auch die Zustimmung der Mitarbeiter	
	Ersteres muss von Anfang an vorhanden sein.	
	Letzteres muss ein CDO sich erarbeiten	

© Der/die Herausgeber bzw. der/die Autor(en), exklusiv lizenziert an APress Media, LLC, ein Teil von Springer Nature 2023
M. Treder, *Das Management-Handbuch für Chief Data Officer*, https://doi.org/10.1007/978-1-4842-9346-1

Nummer	Theorem	Kapitel
5	**Daten sind fachbereichsübergreifend** Datenmanagement muss fachbereichsübergreifend angelegt sein – weil Daten fachbereichsübergreifend sind	3
6	**Auf Daten zu setzen bedeutet Veränderung** Um wirklich datengesteuert zu werden, bedarf es Veränderungen quer durch die gesamte Organisation.	2
7	**Daten sind für alle da** Datenmanagement ist kein Thema für eine kleine Gruppe von Experten. Datengesteuerte Organisationen müssen ihr gesamtes Personal weiterbilden und ihnen Zugang zu allen benötigten Daten gewähren	2
8	**Die gesamte Daten-Supply Chain zählt** Datenmanagement muss alle Schritte der Daten-Supply Chain abdecken, vom Erstellen oder Erwerben von Daten über deren Pflege und Verwendung bis hin zur finalen Entsorgung	2
9	**Daten gelingen mit globalen Standards und lokaler Umsetzung** Datenmanagement erfordert zentralisierte Governance. Die Ausführung sollte jedoch möglichst delegiert werden.	6
10	**Daten sind ein Vermögenswert** Organisationen sollten Daten als Vermögenswert behandeln, unabhängig davon, ob sie aus rechtlicher oder steuerlicher Sicht als Vermögenswert betrachtet werden müssen	16
11	**Entscheidungen erfordern Daten** Ein effektives Datenmanagement ermöglicht bewusste, gut informierte Entscheidungen auf allen Management-Ebenen	18
12	**Der Wert von Daten wächst exponentiell** 100.000 Datensätze sind mehr wert als 100.000 Mal der Wert eines einuelnen Datensatzes	23

Literatur

Allen, K. (2019). *Radical simplicity*. London: Ebury Press.

BA-Support. (2019, July 18). Business Analytics for Managers. www.ba-support. com: www.ba-support.com/doc/stat/Content/anova/anova.htm. Zugegriffen: 10. Dez. 2019.

Baxter, M. (2019, April 23). The future of the CDO: Chief Data Officers need to sit near the top. information-age.com: www.information-age.com/future-role-cdo-data-scientist-123481892/#. Zugegriffen: 17. Dez. 2019.

Bean, R. (2018, 29. Januar). Die CDO-Dilemma. forbes.com: www.forbes.com/sites/ciocentral/2018/01/29/the-chief-data-officer-dilemma/#678dedee3896. Zugegriffen: 17. Dez. 2019.

Beatie, K. (2018, 18. Januar). Die Bedeutung von Datenmanagement in der Rekrutierung. hanrec.com: https://hanrec.com/2018/01/18/the-importance-of-data-management-in-recruitment/. Zugegriffen: 9. Febr. 2020.

Brown, S. (2019, 15. August). Machen Sie Platz im Vorstand: Hier kommt CDO 2.0. (M. S. Management, Editor). mitsloan.mit.edu: https://mitsloan.mit.edu/ideas-made-to-matter/make-room-executive-suite-here-comes-cdo-2-0. Zugegriffen: 18. Dez. 2019.

Davenport, T. H. (2017, Mai). Welche Datenstrategie verfolgen Sie? Abgerufen von Harvard Business Review: https://hbr.org/2017/05/whats-your-data-strategy.

Delesalle, P., and Van Wesemael, T. (2019). Deloitte Global CPO Survey. https://www2.deloitte.com/si/en/pages/strategy-operations/articles/global-cpo-survey.html

© Der/die Herausgeber bzw. der/die Autor(en), exklusiv lizenziert an APress Media, LLC, ein Teil von Springer Nature 2023
M. Treder, *Das Management-Handbuch für Chief Data Officer*,
https://doi.org/10.1007/978-1-4842-9346-1

Deloitte. (2019, 05. Dezember). Wie Unternehmen intelligente Automatisierung nutzen, um innovativer zu sein. Abgerufen von *Harvard Business Review*: https://hbr.org/sponsored/2019/12/how-companies-are-using-intelligent-automation-to-be-more-innovative.

Dykes, B. (2016, 24. August). Der Erfolg von Daten basiert auf der Schulter eines starken Executive Sponsors. Forbes.com: www.forbes.com/sites/brentdykes/2016/08/24/data-driven-success-rests-on-the-shoulders-of-a-strong-executive-sponsor/#31c68cb52233. Zugegriffen: 10. Dez. 2019.

EU Commission. (2019, 27. November). Welche Bereiche regelt die Datenschutz-Grundverordnung (DSGVO)? Abgerufen am Website der Europäischen Kommission: https://ec.europa.eu/info/law/law-topic/data-protection/reform/what-does-general-data-protection-regulation-gdpr-govern_en.

European Commission. (2020, 19. Februar). Weißbuch zur künstlichen Intelligenz – Ein europäischer Ansatz für Exzellenz und Vertrauen. https://ec.europa.eu: https://ec.europa.eu/info/sites/info/files/commission-white-paper-artificial-intelligence-feb2020_en.pdf.

Gieselmann, H. (2020, 1. Februar). IT-Sicherheit: Von Clowns und Affen. c't (4/2020), S. 3. Zugegriffen: 1. Febr. 2020.

GoFair. (2019). FAIRification Process. go-fair.org: www.go-fair.org/fair-principles/fairification-process/. Zugegriffen: 10. Dez. 2019.

Goyvaerts, J. (2019, 22. November). Regular-Expressions.info. www.regular-expressions.info/: https://www.regular-expressions.info/. Zugegriffen: 25. Dez. 2019.

Hellard, B. (2019, 30. September). AI and facial analysis used in job interviews for the "first time". ITPro.: www.itpro.co.uk/business-strategy/careers-training/34522/ai-and-facial-analysis-used-in-job-interviews-for-the-first. Zugegriffen: 12. Dez. 2019.

IFRS. (2017). IAS 38 Intangible Assets. Abgerufen von IFRS: www.ifrs.org/issued-standards/list-of-standards/ias-38-intangible-assets/.

InformationAge. (2006, 22. Dezember). Intelligence as a service. information-age.com: www.information-age.com/intelligence-as-a-service-276141. Zugegriffen: 14. Nov. 2019.

Labovitz, G., Chang, Y., and Rosansky, V. (1993, 11 01). *Making Quality Work: A Leadership Guide for the Results-Driven Manager*. Harper Collins: New York.

Logan, V. (2019, 07. März). Be the centre of gravity not control. Abgerufen von Information-Age.com: www.information-age.com/gartners-chief-data-officer-survey-123480481.

Luke. (1971). *Holy Bible – English Standard Version.* In *Holy Bible – English Standard Version.* Crossway.

Marr, B. (2019). Why every business needs a data and analytics strategy. bernardmarr.com: www.bernardmarr.com/default.asp?contentID=768. Zugegriffen: 10. Dez. 2019.

Meier, R. (2004, 3. Mai). Communication in time of change. DHL Advanced Business Leadership Programme. Boston.

Möller, A. (2019, November 25). Heading AI lighthouse cases at Bayer. LinkedIn.com. Zugegriffen: 3. Dez. 2019.

Moran, M., and Logan, V. (2018, June 25). Success Patterns of CDOs Driving Business. Retrieved from Gartner.com.

OECD. (2013, June 18). Exploring Data-Driven Innovation as a New Source of Growth: Mapping the Policy Issues Raised by "Big Data". OECD. Paris: OECD Publishing. https://doi.org/10.1787/5k47zw3fcp43-en.

Parker, S., and Walker, S. (2019, 10 28). Think Big, Start Small, Be Prepared – Master Data Management. gartner.com: www.gartner.com/doc/reprints?id=1-1XTK8FUK&ct=191127&st=sb. Zugegriffen: 14. Nov. 2019.

TOGAF. (2019, 12 01). The Open Group. (S. Nunn, Editor). www.opengroup.org/togaf. Zugegriffen: 25. Dez. 2019

Treder, M. (2012, March 31). Basics of Label and Identifier. Retrieved from SlideShare: www.slideshare.net/martintreder16/2012-03-basics-of-label-and-identifier.

Treder, M. (2012, November 30). License Plate – The ISO Standard For Transport Package Identifiers. Retrieved from SlideShare: https://de.slideshare.net/martintreder16/license-plate-the-iso-standard-for-transport-package-identifiers.

Treder, M. (2019). *Becoming a data-driven organisation.* Heidelberg: Springer Vieweg.

UPU. (2019, December 1). About Postcodes. www.upu.int: www.upu.int/en/resources/postcodes/about-postcodes.html. Zugegriffen: 24. Dez. 2019.

Wikipedia – Boiling Frog. (2019, October 13). wikipedia.org: https://en.wikipedia.org/wiki/Boiling_frog. Zugegriffen: 30. Nov. 2019.

Wikiquote – Helmuth von Moltke the Elder. (2019, December 16). https://en.wikiquote.org/: https://en.wikiquote.org/wiki/Helmuth_von_Moltke_the_Elder.

Printed in the United States
by Baker & Taylor Publisher Services